高等教育"十三五"规划教材

材料成形过程数值模拟

CAILIAO CHENGXING GUOCHENG SHUZHI MONI

◉ 傅建 肖兵 编

第二版

U0224026

化学工业出版社

·北京·

本书为高等教育"十三五"规划教材，作者结合常用材料成形方法（铸造、冲压、锻造、焊接和塑料注射）介绍数值模拟的基本概念、原理、技术、方法和应用，内容主要包括有限元与有限差分法基础，金属铸造、冲压、锻压、焊接和塑料注射成形数值模拟所涉及的相关理论、数值方法、实现过程、应用案例等。

本书是为高等院校材料成形与控制工程专业铸造、锻压、焊接、模具等方向学生编写的教材，也可供材料学科和机械学科相关专业的师生以及从事材料加工与工模具设计制造的工程技术人员参考。

图书在版编目（CIP）数据

材料成形过程数值模拟/傅建，肖兵编 . —2 版 . —北京：
化学工业出版社，2018.12（2024.11重印）
高等教育"十三五"规划教材
ISBN 978-7-122-33185-4

Ⅰ.①材…　Ⅱ.①傅…②肖…　Ⅲ.①工程材料-成
形过程-数值模拟-高等学校-教材　Ⅳ.①TB3

中国版本图书馆 CIP 数据核字（2018）第 237530 号

责任编辑：陶艳玲　　　　　　　　装帧设计：史利平
责任校对：王素芹

出版发行：化学工业出版社（北京市东城区青年湖南街 13 号　邮政编码 100011）
印　　装：北京天宇星印刷厂
787mm×1092mm　1/16　印张 17½　字数 435 千字　2024 年 11 月北京第 2 版第 5 次印刷

购书咨询：010-64518888　　售后服务：010-64518899
网　　址：http://www.cip.com.cn
凡购买本书，如有缺损质量问题，本社销售中心负责调换。

定　　价：49.00 元

前言
Preface

材料成形数值模拟技术在工业发达国家已得到较为广泛的认同与应用，它为材料成形方案制定、工模具设计、工艺参数优化、产品质量控制等方法和手段的变革带来意义深远的影响。 设计人员和工艺人员可借助计算机平台仿真和预测材料成形过程中潜在的各种问题，及时修改和优化设计，以减少物理试验次数，缩短工模具开发周期，降低产品生产成本。

由于材料成形数值模拟技术涉及的学科领域较多，对专业综合基础理论及其应用的要求较高，所以，《材料成形过程数值模拟》或类似课程原来只面向研究生开设。 然而，基于市场竞争加剧和劳动力成本压力，迫使部分企业开始逐渐重视本科毕业生掌握 CAE 技术的能力。 但由于起步较晚、知识点较多、教学难度较大，以及过于偏重理论与数学公式推导等诸多因素，造成《材料成形过程数值模拟》或类似教材的内容不能很好地满足当前本科教学需要。 考虑到本科层面的《材料成形过程数值模拟》教学主要是《材料成形 CAD/CAE/CAM 基础》或类似课程的延伸，且绝大多数高校将其作为专业选修（必选或任选）课对待，因此，本书在内容编排上，侧重于将学习材料成形过程数值模拟必须的基础理论与实用的专业知识及专业技能有机地结合，舍去过多的理论阐述和数学公式推导，为每一章增加若干可以举一反三的应用实例，使本科学生能够在较短的时间内，了解支撑材料成形数值模拟应用的基础理论与相关技术，初步熟悉借助CAE 方法解决实际问题的基本思路及其过程，配合必要的上机实验，掌握 1~2 款主流 CAE 软件操作，为后续毕业设计和今后参加工作奠定某些基础。

本书共分 7 章，其中，第 1 章介绍材料成形过程数值模拟的基本概念、工程意义、应用现状及其发展趋势；第 2 章主要介绍有限元法和有限差分法的入门知识，以及应用数值方法模拟材料成形的若干技术问题；第 3~7 章则重点介绍数值模拟技术在金属铸造成形、冲压成形、锻压成形和焊接成形以及塑料注射成形中的应用，包括相关理论、数值方法、实现过程、应用案例等内容。 为方便读者自学，在每一章后附有复习思考题。

本次再版主要修正了第 1 版中发现的问题，增添了一些新内容（例如第 1 章中的材料成形数值模拟发展趋势和第 2 章中的控制体积法简介），替换了部分数值模拟主流软件简介（例如第4、5、6、7 章），统一了各章的编写风格（例如第 4 章中的概述），精简了个别章节的内容（例如第 7 章的 7.4.1.1 小节），改写了第 5 章的部分应用案例。

本书由西华大学材料科学与工程学院的傅建负责修编第 1、2、5、7 章并统稿，肖兵负责修编第 3、4、6 章。 鉴于笔者水平有限，书中难免有不当之处，敬请读者和同行批评指正。

编者

2018 年 10 月

第1版前言
Preface

　　材料成形数值模拟技术在工业发达国家已得到较为广泛的认同与应用，它为材料成形过程研究、工模具设计、工艺参数优化、产品质量控制等方法和手段的变革带来意义深远的影响。 设计人员和工艺人员可以借助计算机平台模拟和预测材料成形过程中潜在的各种问题，及时修改和优化设计，从而减少物理试验次数，缩短工模具开发周期，降低产品生产成本。

　　由于材料成形数值模拟技术涉及的学科领域较多，对专业综合基础理论及其应用的要求较高，所以，《材料成形过程数值模拟》或类似课程原来只面向研究生开设。 但是，基于市场竞争加剧和劳动力成本压力，迫使部分企业开始逐渐重视本科毕业生掌握CAE技术的能力。 由于起步较晚、知识点较多、教学难度较大，以及过于偏重理论与数学公式推导等诸多因素，造成《材料成形过程数值模拟》或类似教材的内容不能很好地满足当前本科教学需要。 考虑到本科层面的《材料成形过程数值模拟》教学主要是《材料成形CAD/CAE/CAM基础》或类似课程的延伸，且绝大多数高校将其作为专业选修(必选或任选)课对待，因此，本书在内容编排上，侧重于将学习材料成形过程数值模拟必需的基础理论与实用的专业知识及专业技能有机地结合，舍去过多的理论阐述和数学公式推导，为每一章增加若干可以举一反三的应用实例，使本科学生能够在较短的时间内，了解支撑材料成形数值模拟应用的基础理论与相关技术，初步熟悉借助CAE方法解决实际问题的基本思路及其过程，配合必要的上机实验，掌握1~2个主流CAE软件操作，为后续毕业设计和今后参加工作奠定某些基础。

　　本书共分7章，其中，第1章介绍材料成形过程数值模拟的基本概念、工程意义、应用现状及其发展趋势；第2章主要介绍有限元与有限差分法的入门知识，以及应用数值方法模拟材料成形的若干技术问题；而第3~7章则重点介绍数值模拟技术在金属铸造成形、冲压成形、锻压成形、焊接成形以及塑料注射成形中的应用，包括相关理论、数值方法、实现过程、应用案例等内容。 为方便读者自学，在每一章后还附有复习思考题。

　　本书由西华大学材料科学与工程学院和四川大学制造科学与工程学院共同完成，其中傅建编写第1、2、5章，彭必友编写第3、6章，曹建国编写第4、7章。 此外，参加编写工作的还有四川工程职业技术学院张光明、成都航天模塑股份有限公司余玲。 全书由傅建统稿。 鉴于作者水平有限，书中难免有不当之处，敬请读者和同行批评指正。

编者

2009 年 5 月

目 录
Contents

第1章	绪论	1

1.1 ▶ 材料成形数值模拟的基本概念 ………………………………………………………… 1
1.2 ▶ 材料成形数值模拟的工程意义及应用现状 …………………………………………… 1
    1.2.1 工程意义 ………………………………………………………………………… 1
    1.2.2 应用现状 ………………………………………………………………………… 2
1.3 ▶ 材料成形数值模拟的发展趋势 ………………………………………………………… 6
复习思考题 ……………………………………………………………………………………… 8

第2章	有限元与有限差分法基础	9

2.1 ▶ 有限元法基础 …………………………………………………………………………… 9
    2.1.1 基本概念与技术优势 …………………………………………………………… 9
    2.1.2 有限元方程的建立与应用 ……………………………………………………… 11
    2.1.3 有限元解的收敛性与误差控制 ………………………………………………… 23
    2.1.4 非线性问题的有限元法 ………………………………………………………… 25
2.2 ▶ 有限差分法基础 ………………………………………………………………………… 27
    2.2.1 有限差分法的特点 ……………………………………………………………… 27
    2.2.2 有限差分数学知识 ……………………………………………………………… 28
    2.2.3 利用有限差分法求解应用问题的一般步骤 …………………………………… 34
2.3 ▶ 边界元法和有限体积法简介 …………………………………………………………… 35
    2.3.1 边界元法 ………………………………………………………………………… 35
    2.3.2 有限体积法 ……………………………………………………………………… 36
2.4 ▶ 应用数值方法模拟材料成形的若干注意事项 ………………………………………… 36
    2.4.1 简化模型 ………………………………………………………………………… 36
    2.4.2 选择单元 ………………………………………………………………………… 38
    2.4.3 划分网格 ………………………………………………………………………… 39
    2.4.4 建立初始条件和边界条件 ……………………………………………………… 41
    2.4.5 定义材料参数 …………………………………………………………………… 41
复习思考题 ……………………………………………………………………………………… 41

第3章	金属铸造成形中的数值模拟	43

3.1 ▶ 概述 ……………………………………………………………………………………… 43

3. 2 ▶ 技术基础 ··· 43

    3. 2. 1 铸件凝固过程的数值模拟 ··· 43

    3. 2. 2 铸液充型过程的数值模拟 ··· 50

    3. 2. 3 铸件凝固收缩缺陷的数值模拟 ································· 56

    3. 2. 4 铸造应力场的数值模拟 ·· 61

3. 3 ▶ 金属铸造成形数值模拟主流软件简介 ····························· 66

    3. 3. 1 MAGMAsoft ·· 66

    3. 3. 2 PROCAST ··· 67

    3. 3. 3 FLOW-3D Cast ·· 68

    3. 3. 4 JSCAST ·· 69

    3. 3. 5 AnyCasting ·· 70

    3. 3. 6 华铸 CAE ··· 70

3. 4 ▶ 应用案例 ··· 70

    3. 4. 1 防喷器壳体铸件凝固分析 ··· 70

    3. 4. 2 防喷器活塞的工艺结构设计 ····································· 77

    3. 4. 3 变速箱上盖压铸件的流动与凝固分析 ······················ 81

    3. 4. 4 其他案例 ··· 85

复习思考题 ··· 88

第 4 章　金属冲压成形中的数值模拟　　　　　　　　　89

4. 1 ▶ 概述 ·· 89

4. 2 ▶ 技术基础 ··· 89

    4. 2. 1 小变形弹塑性有限元法 ·· 90

    4. 2. 2 大变形弹塑性有限元法 ·· 95

    4. 2. 3 弹塑性有限元法应用中的若干技术问题 ··················· 102

4. 3 ▶ 金属冲压成形数值模拟主流软件简介 ····························· 108

    4. 3. 1 DynaForm ··· 109

    4. 3. 2 AutoForm ··· 111

    4. 3. 3 PAM-STAMP 2G ·· 111

    4. 3. 4 FTI Forming Suite ·· 112

    4. 3. 5 FASTAMP-NX ··· 112

    4. 3. 6 KMAS ··· 113

4. 4 ▶ 应用案例 ··· 113

    4. 4. 1 DynaForm 工作界面 ·· 113

    4. 4. 2 利用 DynaForm 模拟冲压成形过程的一般步骤 ·········· 114

    4. 4. 3 S 轨制件的冲压成形 ·· 116

    4. 4. 4 摩托车后挡泥板的冲压成形 ····································· 124

    4. 4. 5 建筑扣件的弯曲成形 ··· 128

复习思考题 ·· 131

第 5 章　金属锻压成形中的数值模拟　　　　　　　　　133

5. 1 ▶ 概述 ·· 133

5.2 ▶ 技术基础 ·· 135

    5.2.1 刚（黏）塑性有限元法 ···································· 135

    5.2.2 热力耦合分析 ·· 148

5.3 ▶ 金属锻压成形数值模拟主流软件简介 ······················ 152

    5.3.1 Deform ·· 152

    5.3.2 Simufact. forming ·· 153

    5.3.3 Qform ·· 155

    5.3.4 Tranvalor FORGE ·· 156

    5.3.5 CASFORM ·· 157

5.4 ▶ 应用案例 ·· 158

    5.4.1 Deform 工作界面 ··· 158

    5.4.2 叶片模锻 ·· 160

    5.4.3 其他应用案例 ·· 174

复习思考题 ·· 177

第 6 章　金属焊接成形中的数值模拟　　179

6.1 ▶ 概述 ·· 179

6.2 ▶ 技术基础 ·· 180

    6.2.1 焊接热过程的数值模拟 ···································· 180

    6.2.2 焊接应力与变形的数值模拟 ··························· 193

    6.2.3 电阻点焊数值模拟 ·· 197

6.3 ▶ 金属焊接成形数值模拟主流软件简介 ······················ 201

    6.3.1 SYSWELD ·· 201

    6.3.2 Simufact. Welding ·· 202

6.4 ▶ 应用案例 ·· 202

    6.4.1 Sumifact. Welding 工作界面 ························· 202

    6.4.2 前处理操作过程 ·· 202

    6.4.3 模拟结果分析 ·· 207

    6.4.4 其他案例 ·· 209

复习思考题 ·· 214

第 7 章　塑料注射成形中的数值模拟　　216

7.1 ▶ 概述 ·· 216

7.2 ▶ 技术基础 ·· 217

    7.2.1 注射成形流动模拟 ·· 217

    7.2.2 注射成形保压模拟 ·· 228

    7.2.3 注射成形冷却模拟 ·· 231

    7.2.4 注射成形应力与翘曲模拟 ······························ 239

7.3 ▶ 塑料注射成形数值模拟主流软件简介 ······················ 246

    7.3.1 Moldflow ·· 246

    7.3.2 Moldex3D ·· 248

7.3.3 HsCAE3D ································· 249

7.3.4 Z-MOLD ·································· 249

7.3.5 其他 ··································· 249

7.4 ▶ 应用案例 ································· 250

7.4.1 MPI 操作界面与应用流程 ················· 250

7.4.2 塑料堵盖的注射成形 ····················· 252

7.4.3 电器底座的成形外观质量改进 ··············· 264

7.4.4 汽车空调除霜口的注射浇口定位 ············· 267

7.4.5 汽车内饰覆盖件的成形材料选择 ············· 268

复习思考题 ·································· 269

参考文献   271

第1章

绪论

▶▶

1.1 材料成形数值模拟的基本概念

以液态铸造成形、固态塑性成形和连接成形以及黏流态注射成形等为代表的材料加工工程是现代制造业的重要组成部分，材料加工不仅赋予成品件或半成品件几何形状，而且还决定其组织结构与使用性能。

材料成形数值模拟是计算机辅助工程分析（CAE）技术在材料成形领域的具体应用，其基本含义是指：将一个成形过程（或过程的某一方面）定义为由一组控制方程加上边界条件构成的定解问题，利用合适的数值方法求解该定解问题，从而获得对成形过程的定量认识。或者简而言之，材料成形数值模拟是指在计算机系统平台上利用数值方法仿真（虚拟）材料的成形过程（或过程的某一方面）。材料成形数值模拟的目的是帮助人们认识与掌握材料特性、成形方案、工艺参数、产品形状、模面结构、浇注系统、工装夹具、载荷输入等内外因素对材料成形质量和工模具寿命的影响；同时，为缩短成形制品与成形模具的开发周期、减少物理试模次数、优化现场成形工艺、选用成形设备、控制产品质量、降低生产成本，提供定量或定性数据支持。

材料成形数值模拟涉及工程力学、流体力学、物理化学、冶金学、材料学、材料成形原理、材料成形工艺、应用数学、计算数学，以及图形学、电磁学、软件工程和计算机技术等诸多相关学科，是多学科知识及技术的交叉与融合。当然，对于不同的材料成形领域（铸造、锻压、焊接、注射等）所涉及的学科种类会有所不同。

广泛的学科理论、合理的数学模型（数理方程）、高效的计算方法、准确的材料参数、严格的边界定义、可靠的检测手段、必要的物理实验，以及坚实的专业知识、丰富的现场经验和成熟的 CAE 系统是确保数值模拟技术在材料成形领域成功应用的关键。

1.2 材料成形数值模拟的工程意义及应用现状

1.2.1 工程意义

材料成形数值模拟的工程意义主要体现在辅助工模具开发和成形工艺设计等行业的工程技术人员完成下述三个方面的工作。

（1）制定和优化材料成形方案与模具设计方案

① 选择最佳成形工艺方法（例如：对于给定的金属制品，是采用压力成形、铸造成形，或是采用机械加工成形？如果采用压力成形，具体工艺方法是冲压、挤压、锻造或其他？）；

② 制定成形工艺流程与工艺参数（例如：利用级进模成形制件的工步顺序安排、每一工步的冲压速度和压边力确定等），并对其流程及其参数进行优化，以提高成形能源和成形材料的利用率（例如：焊接热输入、热处理保温时间、冲压板料排样、模锻件飞边控制等）；

③ 确定或改进模具设计方案（例如：注射模具的型腔数及其布局、浇注系统类型及其结构、模温调节系统结构及其孔路布局等）；

④ 预测在已知条件（材料一定、结构一定、工艺方法和工艺参数一定）下，产品成形的可行性及其成形质量，为成形方案和模具设计方案的改进与优化提供依据；

⑤ 确定成形设备及其辅助设备必须具备的生产能力（例如：压铸机的锁型力、压射力、压射比压、压室直径等，同压铸机配套的保温电炉容量、炉膛温度等）；

⑥ 改善和优化成形制件的工艺结构（例如：板料拉深的最小圆角半径、模锻零件的最小脱模斜度等）。

（2）解决工模具调试或产品试成形过程中的技术问题

成形工模具制造出来后需要进行一系列调试。调试目的：一是检查成形工模具的结构是否正确、各组成机构的动作次序是否合理，以及机构运动是否顺畅；二是检验成形工模具是否匹配成形设备和成形方案设计中拟定的工艺参数，能否生产出合格的成形制品。前者属于工模具的结构性调试，后者则为工模具与制品生产相结合的综合性调试。工模具的物理调试或制品试成形是一个费时、费事的反复迭代过程，利用材料成形数值模拟可以辅助现场人员迅速地、有针对性地发现和定位综合调试中存在的技术问题，提出相应的解决方案，缩短综合调试周期。

（3）解决成形制品批量生产中的质量控制问题

成形制品在批量生产过程中，材料批次、环境条件、设备控制、人员操作等差异都将给产品质量的稳定性带来一定影响。对此，可利用材料成形数值模拟系统或其他 CAE 系统，仿真成形质量波动的生产现场，找出造成质量波动的关键因素，分析质量问题产生的原因，有针对性地进行成形质量控制。同时，还可利用材料成形数值模拟系统进一步优化产品的现场成形工艺参数，改善产品质量，提高生产效率，降低设备能耗等。

除此之外，还可将材料成形数值模拟技术与物理实验技术结合起来，研究新材料的成形特性，研究材料在模腔（例如：铸造、注塑、熔化焊）、模膛（例如：锻造、挤压）、凸凹模（例如：冲压）或其他特殊工模具（例如：轧制、拉拔等）中的流动过程、特点及其规律，研究材料成形中各物理场（例如：应力应变场、温度场、流动场等）的变化及其交互影响，以及研究成形（包括热处理）过程中的材料相变化与组织变化，等等。即把材料成形数值模拟技术作为现代理论研究和应用研究的重要辅助工具之一。

1.2.2 应用现状

（1）材料液态成形

材料液态成形数值模拟多应用于模拟液态金属重力铸造、高/低压铸造、熔模铸造、壳型铸造、离心铸造、连续铸造、半固态铸造等成形工艺方法中的充型、凝固和冷却过程，预测铸造缺陷（例如：缩孔、缩松、裂纹、裹气、冲砂、冷隔、浇不足），分析液/固（凝固、结晶）和固/固（含热处理）相变、铸件组织（相组成物和晶粒形貌及尺寸）、应力和变形以及金属模具寿命等，为工艺设计、模具设计和过程控制的调整与优化提供定量或半定量依据。

图 1-1 是某砂型铸件的充型过程模拟，根据对液态金属流动状况和液面变化的观察分析，可以了解是否有冲砂、裹气、充型不足等缺陷产生。

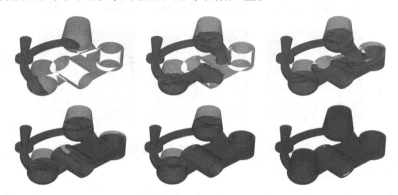

图 1-1　砂型铸造中的液态金属充型过程模拟

图 1-2 是模拟铸件的冷却凝固过程。通过观察，可以了解铸液的凝固顺序，发现缩孔、缩松、冷隔等铸造缺陷的潜在部位。

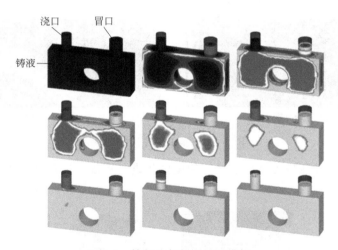

图 1-2　铸件冷却凝固过程模拟

图 1-3 是过冷度对 Al-13Si 铸造合金结晶组织的影响。由图可见，随凝固时合金液的过冷度 ΔT 增加，试样截面铸态组织由粗大的柱状晶转变成细小的纯等轴晶。该模拟结果对于控制铸件结晶的工艺条件、获取满意的微观组织及使用性能很有帮助。

（2）**材料塑性成形**

材料塑性成形的工艺方法很多，包括冲压、挤压、锻造、轧制、拉拔等。目前，数值模拟在金属板料冲压、金属块料锻造、挤压和轧制领域的应用较为成功。通过数值仿真实验，可以直观展示金属塑性成形过程中的材料流动、加工硬化、应力应变、回弹变形、动/静态再结晶、热处理相变等物理现象，揭示材料内部的微观组织形貌及其变化，考察对材料成形质量产生影响的温度、摩擦、模面结构、界面约束、加载速度等工艺条件，预测潜在的材料

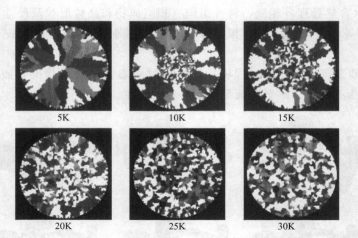

图 1-3　过冷度 ΔT 对 Al-13Si 铸造合金结晶组织的影响

成形缺陷以及对应的工模具寿命。

图 1-4 是利用数值模拟软件仿真汽车覆盖件和骨架件的拉深过程（最终结果截图）。透过对未充分拉深区、起皱区和破裂区的分析，可以判断制件拉深成形质量，并结合材料成形极限图（FLD）了解制件内的应变状况及其分布，预测给定工艺条件（包括模面工艺结构、冲压速度、压边力等）下产生缺陷的趋势。

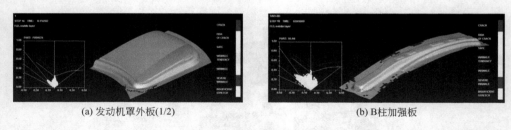

(a) 发动机罩外板(1/2)　　　　　　　　　　(b) B柱加强板

图 1-4　汽车覆盖件拉深成形

图 1-5 是对材料冲压成形件中已产生缺陷的仿真与再现，以便进一步定量分析和揭示产生缺陷的原因。

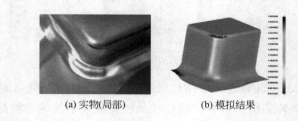

(a) 实物(局部)　　　　　(b) 模拟结果

图 1-5　方形盒拉深过程中的边角破裂分析

图 1-6 是模拟钢轨的辊压成形过程。

图 1-7 是十字接头和伞形齿轮多工步精密模锻成形的仿真实例。在伞齿轮成形数值模拟实验中，根据锻件的轴对称结构特点，采用了对象简化分析技术（即先任意截取其中一个齿进行建模和求解，然后再按约束关系将该齿的分析结果移植到整个齿轮），以提高求解计算速度。

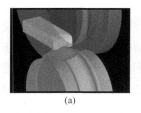 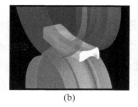 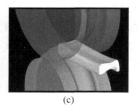

(a)　　　　　　　　(b)　　　　　　　　(c)

图 1-6　钢轨的辊压成形模拟

（3）材料黏流态成形

材料黏流态成形主要指塑料熔体在黏流状态下的注射、挤出等成形。目前，材料黏流态成形数值模拟技术普遍应用在塑料注射成形领域，涉及的成形工艺方法有普通流道注射、热流道注射、气辅注射、双料注射、反应注射、微发泡注射和芯片注射封装等。通过对材料注射成形的数值模拟，了解成形方案、工艺参数、产品形状、模具结构、浇注系统、冷却水道等因素对材料成形质量和模具寿命的影响；并且在物理实验的支撑下，研究新材料（或不同填料成分）的注射成形性能、熔体在模腔中的流动和冷却规律、塑件分子取向、应力分布、翘曲变形等物理现象及其起因等。

图 1-8 是塑料熔体多腔注射的流道平衡分析。根据模拟分析结果，调整和优化各分流道截面尺寸，以确保熔体能够在同一时间内充满各个模腔。

(a) 十字接头　　　　　　　　(b) 伞形齿轮

图 1-7　多工步精密模锻成形（左下方为锻件实物）　　　图 1-8　多腔注射的流道平衡分析

图 1-9 是某电视机前罩的气辅注射成形模拟实例，通过观察分析模拟结果，确认气道设置是否合理、气辅参数是否满足成形质量要求。

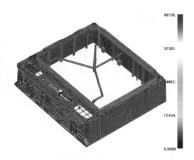  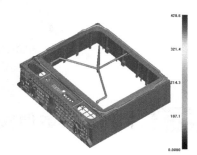

(a) 熔体充模过程中的
流速分布(9.85s)

(b) 充模结束时的温度
分布(深色条为气道)

(c) 脱模前塑件内的残余
应力分布

图 1-9　电视机前罩的气辅注射成形

（4）材料焊接成形

材料焊接成形是指利用焊接工艺方法将预先制备好的单个零部件或毛坯拼接（焊装）成产品或半成品（例如：用于钣金冲压的拼焊板）的过程。利用数值模拟技术分析焊接热过程（包括焊接热源的大小与分布、温度变化对热物理性能的影响、焊接熔池中的流体动力与传热、传质等）、焊接冶金过程（包括焊接熔池中的化学反应和气体吸收、焊缝金属的结晶、溶质的再分配和显微偏析、气孔、夹渣和热裂纹的形成、热影响区在焊接热循环作用下发生的相变和组织性能变化，以及氢扩散和冷裂纹等）、焊接应力应变（包括动态应力应变、残余应力与残余变形、拘束度与拘束应力等），以及对焊接结构的完整性进行评定（包括焊接接头的应力分布、焊接构件的断裂力学分析、疲劳裂纹的扩展、残余应力对脆断的影响、焊缝金属和热影响区对焊接构件性能的影响等）。

图 1-10 是利用数值模拟技术对某摩托车轮圈焊接过程进行仿真的最终结果（部分截图）。目的是评价产品的焊接变形、最小化残余应力，同时了解制件几何结构、材料特性和工艺参数对焊接质量的影响。

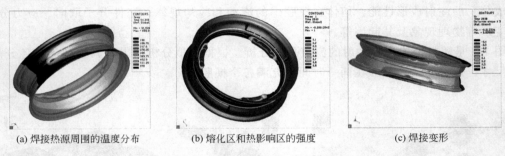

(a) 焊接热源周围的温度分布　　　(b) 熔化区和热影响区的强度　　　(c) 焊接变形

图 1-10　某摩托车轮圈的焊接分析

图 1-11(a) 是利用焊接方法组装产品的实例，图中被装配的各个零件均属钣金成形制品（当然也可是机械加工、铸造、锻造等制品）。图 1-11(b) 是对图 1-11(a) 实例的焊装应力进行数值模拟的结果，根据该结果可以预测焊接变形和焊接裂纹等缺陷。

(a) 焊接组装产品实物　　　　　　(b) 焊接应力分析

图 1-11　焊接组装数值模拟举例

1.3　材料成形数值模拟的发展趋势

下面列举的发展趋势有的已部分投入实际应用，有的仍在不断完善和深入研发之中。

（1）模拟分析由宏观进入到微观

材料成形数值模拟的研究由建立在温度场、速度场、变形场基础上的旨在预测形状、尺寸、轮廓的宏观尺度模拟进入到以预测组织、结构、性能为目的的微观尺度模拟阶段，研究对象涉及结晶、再结晶、重结晶、偏析、扩散、气体析出、相变、组织组成物等微观层次，以及与微观组织相关的机械和理化性能等。

（2）加大多物理场的耦合分析

加大多物理场的耦合与集成分析（包括：流动/温度、温度/速度/流变、电/磁/温度、温度/应力应变、温度/组织、应力应变/组织、温度/浓度/组织等物理场之间的耦合），以模拟真实复杂的材料成形过程。

（3）拓宽在材料特种成形中的应用

在特种成形领域应用数值模拟技术相对于在基于温度场、流动场、应力/应变场的通用成形领域应用难度大，例如：铸造成形中的连续铸造、半固态铸造和电渣熔铸，锻压成形中的液压胀形、楔横轧和辊锻，焊接成形中的电阻焊、激光焊，塑料成形中的振荡注射、吹塑和热成形，以及金属粉末注射、粉末冶金压制等。可以确信，一旦各特种成形的理论研究与应用开发取得突破，利用数值模拟解决和研究特种成形技术问题的手段将会大大增加。

（4）强化基础性研究

材料成形数值模拟基础性研究包括成形理论、数学模型、计算方法、应用技术、测试手段、材料特性和物理实验等研究，这些都是事关数值模拟结果真实性、可靠性、精确性，以及模拟速度、模拟效率的热点研究。

（5）关注反向模拟技术应用

所谓反向模拟是指从最终产品的几何结构出发，结合成形工序或工步，一步步反推至原始毛坯的演绎过程。反向模拟技术主要用于固体材料塑性成形毛坯的推演，例如：冲压件展开、模锻件预成形。通过反向模拟，可以解决诸如成形材料利用率、毛坯形状优化等实际生产问题。目前，反向模拟技术在材料的冲压成形和锻造成形中均有所体现。

（6）模拟软件的发展

面向产品开发、模具设计和成形工艺编制等技术人员，屏蔽过于繁杂的前处理操作（特别是网格划分、接触边界定义和求解参数设置等操作）；利用专业向导模块（例如：锻造开坯、冷挤压、热处理、模面设计、浇注系统设计和冷却水道布局等），简化分析模型的建立过程；加入专家系统等人工智能技术，帮助用户更快更好地关注和解决材料成形中的实质性问题而不被一些具体的工程分析术语和技能技巧所困扰；增加正交实验、方差分析等设计理论，在高性能计算机的支持下，较大范围地综合优化材料成形工艺参数等。

（7）改进和优化计算方法

充分利用计算数学的最新研究成果，不断创新、改进或完善相关数值方法和计算方法，优化求解器内核，在现代计算机系统和互联网技术的支持下，提升计算能力，通过大规模或超大规模的并行计算和云计算，为解决现实生产中复杂多样的材料成形问题搭建更加快速、更加高效的数值仿真平台。

（8）协同工作

利用计算机网络和产品数据模型（PDM）等先进技术，将基于过程仿真的成形工艺模拟与企业生产的其他系统要素有机集成，从而彻底实现从产品开发、模具设计、工艺优化到产品质量控制、技术创新、成本核算的全过程协同。此外，透过网格计算、远程服务和超文本格式分析报告，让分布在不同地域的产品设计师和模具开发师借助本地计算机系统迅速获取相关信息，在可视化环境中共同会商或解决某特定材料成形中遇到的技术难题。

（9）模拟结果与设备控制关联

通过模拟结果与设备控制的关联，将优化的工艺参数直接输送给成形设备，实现控制参数的自动调整和成形过程的自动监测，以消除或减少结果判读、数据转换和人工设置的误差。

 复习思考题

1. 材料成形数值模拟的基本含义和目的？
2. 材料成形数值模拟技术的成功应用将取决于哪些因素？
3. 材料成形数值模拟主要应用在哪些方面？
4. 举例说明你在认识实习或生产实习中见到的材料成形数值模拟应用。
5. 简述和补充材料成形数值模拟的发展趋势。

第 2 章

chapter 02

有限元与有限差分法基础

▶▶

有限元和有限差分是目前支撑 CAE 技术的两类主流数值方法，绝大多数材料成形数值模拟软件都是在这两种方法（或其中之一）基础上开发的或多多少少包含有这两种方法的成分。本章将介绍有限元法与有限差法的入门知识及其应用数值方法模拟材料成形的一些注意事项，以便为后续章节的学习打下基础。

2.1 有限元法基础

2.1.1 基本概念与技术优势

（1）基本概念

有限元法（Finite Element Method，FEM）的中心思想是：将一个连续求解域（对象）离散（剖分）成有限个形状简单的子域（单元），利用有限个节点将各子域连接起来，使其分别承受相应的等效节点载荷（如应力载荷、热载荷、流速载荷等），并传递子域间的相互作用；在此基础上，借助子域插值函数和"平衡"条件构建各子域的物理场控制方程；将这些方程按照某种规则组合起来，在给定的初始条件和边界条件下进行综合计算求解，从而获得对复杂工程问题的近似数值解。其中，离散和子域（或曰分片）插值是有限元法的技术基础。

图 2-1 是对离散概念的图解说明。离散求解域的目的是为了将原来具有无限自由度的连续变量微分方程和边界条件转换成只含有限个节点变量的代数方程组，以方便计算机处理。

分片插值的概念可以借助图 2-2 加以说明。假设真实函数为曲线 c_1，求解域为 $[a，b]$。理论上讲，只要定义在 $[a，b]$ 上的试探函数（亦称插值函数）c_2 具有足够高的阶次就能逼近真实函数 c_1，但实际上 c_2 对 c_1 局部特征的逼近并不理想。如果将求解域划分成若干长度不等的小区间，则可在每一个小区间内用较低阶（例如一阶或二阶）的试探函数 c_3 来逼近 c_1，并且通过适当调整求解域局部小区间的数量或尺寸来提高逼近精度，从而获得真实函数 c_1 的近似解。

通常，将构建子域物理场方程的过程称为"单元分析"，将在初边值条件支持下综合求解子域方程组的过程称为"整体分析"。因此，有限元法的中心思想又可简略描述为：离散求解域→单元分析→整体分析。

利用子域（单元体）离散连续求解域（实体模型或对象）的过程又被形象地称为网格划

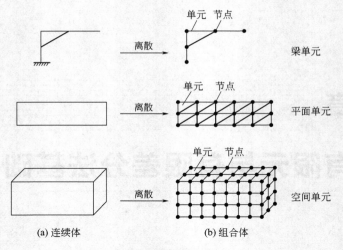

图 2-1　离散求解对象（域）

分，由此得到的离散模型被称为网格模型。

（2）技术优势

有限元法的技术优势主要体现在：该方法把连续体简化成由有限个单元组成的等效体（物理上的简化），针对等效体建立的基本方程是一组代数方程，而不是原先用于描述真实连续体的常微分或偏微分方程。由于不存在数学上的近似，故有限元法的物理概念清晰，通用性强，能够灵活处理各种复杂的工程问题。

（3）应用有限元法求解工程问题的一般流程

图 2-3 为应用有限元法求解工程问题的一

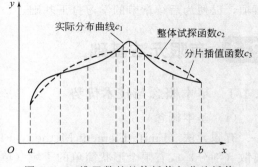

图 2-2　一维函数的整体插值与分片插值

般流程。注意，图 2-3 中的载荷是广义的，视具体工程问题而定。例如：分析模拟塑料制件的注射模塑过程，其载荷主要为注射压力和注射速率；分析模拟汽车覆盖件的拉深过程，其载荷主要为拉深速率和压边力。此外，图中的几何模型仅仅是有限元模型的物理载体，只有

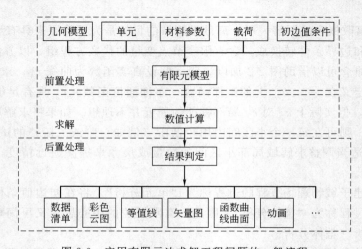

图 2-3　应用有限元法求解工程问题的一般流程

将其他相关元素（单元、材料参数、载荷、初边值条件）加入到这个载体上，才会获得求解实际工程问题的有限元模型。

2.1.2 有限元方程的建立与应用

针对不同工程问题构建的有限元方程（有限元模型）是有限元法应用的基础，而变分法和加权余量法是建立有限元方程的两类常用数学方法。本节将以求解平面弹性力学刚度问题和稳态热传导问题为例，分别介绍这两类方法的实施要点。

2.1.2.1 预备知识

（1）弹性力学基本方程

① 平衡方程　当弹性体中任一质点上的应力达到平衡时，有

$$L\sigma + b = 0 \qquad 在（\Omega \text{ 域内}） \tag{2-1}$$

式中　L——微分算子，对于平面问题 $L = \begin{bmatrix} \dfrac{\partial}{\partial x} & 0 & \dfrac{\partial}{\partial y} \\ 0 & \dfrac{\partial}{\partial y} & \dfrac{\partial}{\partial x} \end{bmatrix}$；

　　　σ——应力，对于平面问题 $\sigma^T = \{\sigma_x \quad \sigma_y \quad \tau_{xy}\}$；

　　　b——体积力（一般为重力）向量，对于平面问题 $b^T = \{b_x \quad b_y\}$。

② 几何方程　几何方程表征质点位移与应变之间的关系

$$\varepsilon = Lu \qquad （在 \Omega \text{ 域内}） \tag{2-2}$$

式中　ε——应变，对于平面问题 $\varepsilon^T = \{\varepsilon_x \quad \varepsilon_y \quad \gamma_{xy}\}$；

　　　u——质点位移矢量，对于平面问题 $u^T = \{u_x \quad u_y\}$。

③ 本构方程　即材料的应力-应变关系

$$\sigma = D\varepsilon \qquad （在 \Omega \text{ 域内}） \tag{2-3}$$

式中　D——弹性矩阵，对于平面问题 $D = \dfrac{E}{1-\mu^2} \begin{bmatrix} 1 & \mu & 0 \\ \mu & 1 & 0 \\ 0 & 0 & \dfrac{1-\mu}{2} \end{bmatrix}$；

　　　E、μ——材料的弹性模量和泊松比。

④ 边界条件

$$\Gamma = \Gamma_F + \Gamma_u \qquad （在 \Omega \text{ 的边界上}） \tag{2-4}$$

式中　Γ_F——面力和集中力边界；

　　　Γ_u——位移边界。

（2）变分法

变分法的基础是变分原理，而变分原理是求解连续介质问题的常用数学方法之一。

例如：一维稳态热传导的定解问题

$$\begin{cases} A(\phi) = k \dfrac{\mathrm{d}^2\phi}{\mathrm{d}x^2} + Q(x) = 0 \quad （0 < x < l） \\ x = 0, \ \phi = 0; \ x = l, \ \phi = \overline{\phi} \end{cases} \tag{2-5}$$

式中　ϕ——未知温度场函数；

　　　k——热导率；

$Q(x)$——沿 x 方向分布的热载荷，$Q(x) = \begin{cases} 0 & 0 \leqslant x \leqslant l/2 \\ 1 & l/2 < x \leqslant l \end{cases}$。

式(2-5)中的温度场 ϕ 可以借助傅里叶积分求得。

如果采用变分原理求解这类定解问题，则应首先建立定解问题的积分形式

$$\Pi = \int_\Omega F\left(u, \frac{\partial u}{\partial x}, \cdots\right) d\Omega + \int_\Gamma E\left(u, \frac{\partial u}{\partial x}, \cdots\right) d\Gamma \tag{2-6}$$

式中　u——未知函数；

　F、E——特定算子；

　　Ω——连续求解域；

　　Γ——Ω 的边界；

　　Π——泛函数（即未知函数 u 的函数）。

此时，如果连续介质问题有解 u，则解 u 必定使泛函 Π 对于微小变化 δu 取驻值（极值），即泛函的"一阶变分"等于零

$$\delta \Pi = 0 \tag{2-7}$$

这就是所谓求解连续介质问题的变分原理。

可以证明：用微分方程加边界条件求解连续介质问题同用约束或非约束变分法求解连续介质问题等价。即一方面满足微分方程及其边界条件的函数将使泛函取得驻值（极值）；另一方面，从变分角度看，使泛函取得驻值（极值）的函数正是满足连续介质问题的微分方程及其边界条件的解。

应用变分法建立有限元方程的目的，就是将求微分方程的定解问题转变成求泛函的驻值问题，以方便试探函数的分片插值和分片积分（见图 2-2）。

（3）虚位移方程（位移变分方程）

虚位移方程是变分原理在求解弹性力学问题中的具体应用，它等价于几何微分方程和应力边界条件。所谓虚位移是指：在约束条件允许的范围内，弹性体内质点可能发生的任意微小位移。虚位移的产生与弹性体所受外力及其时间无关。

弹性体在外力的作用下发生变形，表明外力对弹性体做了功。若不考虑变形过程中的热损失、弹性体的动能和外界阻尼，则外力功将全部转换为贮存于弹性体内的位能（应变能）。根据能量守恒定律，有

$$\int_\Omega \delta \varepsilon^T \sigma d\Omega = \int_\Omega \delta u^T b d\Omega + \int_{\Gamma_f} \delta u^T \vec{f} d\Gamma_f \tag{2-8}$$

式中　$\delta \varepsilon$——虚应变（即对应虚位移的任意可能应变），$\delta \varepsilon^T = \{\delta \varepsilon_x \delta \varepsilon_y \delta \varepsilon_z \delta \gamma_{yz} \delta \gamma_{zx} \delta \gamma_{xy}\}$；

　　δu——虚位移，$\delta u^T = \{\delta u \quad \delta v \quad \delta w\}$；

　　Ω——弹性体内部；

　　Γ_f——Ω 的面力边界（假设边界上无离散的集中力）；

　$\vec{f}$，b——面力和体积力。

式(2-8)表明，外力（包括 Ω 内的体积力和边界 Γ_f 上的面力）使弹性体内质点产生虚位移所做的功等于弹性体内部虚应变产生的能量。

2.1.2.2　平面刚度问题

（1）离散处理

假设分析对象（构件）的厚度尺寸非常小，可以近似将其处理成厚度为常数的平面问题。用三节点三角形单元离散该对象及其边界条件 [图 2-4(a)]，并从中任取一子域进行单

元分析［图 2-4(b)］。

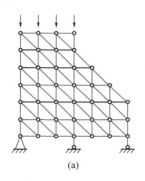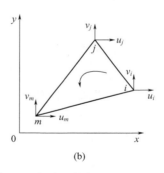

图 2-4　离散后的分析对象（a）与单元结构（b）

图 2-4 中，单元节点 i、j、m 按逆时针排布。

（2）单元刚度分析

① 单元位移与单元形函数　一个三节点三角形单元共有 12 个自由度（6 个节点位移分量和 6 个节点转动分量），在线弹性范围内，6 个节点转动分量可忽略不计，由此给出单元位移 a^e 的向量表达式如下

$$a^e=\{a_i \quad a_j \quad a_m\}^T=\{u_i \quad v_i \quad u_j \quad v_j \quad u_m \quad v_m\}^T \tag{2-9}$$

求解离散后的平面刚度问题存在两种情况：a. 位移分量是节点坐标的已知函数，对此可直接利用单元节点位移分量求出单元应变分量（几何方程），再由单元应变分量求出单元应力分量（本构方程），最后综合起来便可得到整个平面刚度问题的解；b. 只有几个节点的位移分量已知，不能直接求出单元应变分量和应力分量。对于后者，为了利用节点位移表示单元应变和应力，必须构造一个位移模式（位移函数）。理论上，定义于某一闭区域内的任意函数总可被一个多项式逼近，所以位移函数常常取为多项式。现选用一次多项式作为三节点三角形单元的位移模式(位移插值函数)，于是有

$$u=a_1+a_2x+a_3y$$
$$v=a_4+a_5x+a_6y \tag{2-10}$$

式中　u、v——单元内任意一质点的位移分量；

$a_1 \sim a_6$——待定系数。

将三角形的三个节点坐标代入式(2-10)，可得

$$u_i=a_1+a_2x_i+a_3y_i \qquad v_i=a_4+a_5x_i+a_6y_i$$
$$u_j=a_1+a_2x_j+a_3y_j \qquad v_j=a_4+a_5x_j+a_6y_j$$
$$u_m=a_1+a_2x_m+a_3y_m \qquad v_m=a_4+a_5x_m+a_6y_m \tag{2-11}$$

应用克莱姆法则求解式(2-11)，并化简

$$u=N_iu_i+N_ju_j+N_mu_m$$
$$v=N_iv_i+N_jv_j+N_mv_m \tag{2-12}$$

式中　　　u_k、v_k——节点位移，$k=i$，j，m（下同）；

$N_k(x,y)$——三节点三角形单元的形函数（一个与单元类型和单元内部节点坐标

有关的连续函数），$N_k(x,y)=\dfrac{1}{2A}(a_k+b_kx+c_ky)$；

$$A=\frac{1}{2}\begin{vmatrix}1&x_i&y_i\\1&x_j&y_j\\1&x_m&y_m\end{vmatrix}$$——三角形单元的面积；

a_k，b_k，c_k——与节点坐标有关的常数，$a_k=x_jy_m-x_my_j$，$b_k=y_j-y_m$，$c_k=-x_j+x_m$。

用矩阵表示式(2-12)，得：

$$\begin{Bmatrix}u\\v\end{Bmatrix}=\begin{bmatrix}N_i&0&N_j&0&N_m&0\\0&N_i&0&N_j&0&N_m\end{bmatrix}\{u_i\quad v_i\quad u_j\quad v_j\quad u_m\quad v_m\}^T$$

$$=\begin{bmatrix}IN_i&IN_j&IN_m\end{bmatrix}\begin{Bmatrix}a_i\\a_j\\a_m\end{Bmatrix}=\begin{bmatrix}N_i&N_j&N_m\end{bmatrix}a^e=Na^e \qquad (2\text{-}13)$$

式中　I——单位矩阵；

N——形函数矩阵；

a^e——单元节点位移列矩阵。

式(2-12) 和式(2-13) 即为采用多项式插值构造的三节点三角形单元的位移模式，表明只要知道了节点位移，就能借助单元形函数求得单元内任意一质点的位移。换句话说，节点位移通过形函数控制整个单元内部的质点位移分布。

单元形函数具有以下两条基本性质。

a. 在任一节点上，形函数满足

$$N_k(x_s,y_s)=\begin{cases}1&s=k\\0&s\neq k\end{cases}\quad(k=i,j,m;s=i,j,m)$$

b. 针对单元内任一质点，有

$$N_i(x,y)+N_j(x,y)+N_m(x,y)=1$$

② 单元应变矩阵与应力矩阵　将式(2-13) 代入几何方程 (2-2)，可得单元应变表达式

$$\varepsilon=Lu=LNa^e$$
$$=\begin{bmatrix}B_i&B_j&B_m\end{bmatrix}a^e=Ba^e \qquad (2\text{-}14)$$

式中　B——单元应变矩阵，其分块子矩阵为：

$$B_k=\frac{1}{2A}\begin{bmatrix}b_k&0\\0&c_k\\c_k&b_k\end{bmatrix}\quad(k=i,j,m) \qquad (2\text{-}15)$$

再将单元应变表达式(2-14)代入本构方程式(2-3)，可得单元应力表达式

$$\sigma=D\varepsilon=DBa^e=sa^e \qquad (2\text{-}16)$$

式中　$s=DB=D\begin{bmatrix}B_i&B_j&B_m\end{bmatrix}=\begin{bmatrix}s_i&s_j&s_m\end{bmatrix}$——单元应力矩阵，其分块矩阵为：

$$s_k = DB_k = \frac{E_0}{2(1-\mu_0^2)A} \begin{bmatrix} b_k & \mu_0 \\ \mu_0 b_k & c_k \\ \dfrac{1-\mu_0}{2}c_k & \dfrac{1-\mu_0}{2}b_k \end{bmatrix} \quad (k=i,j,m) \tag{2-17}$$

式中 E_0、μ_0——材料常数，对于平面应力问题 $E_0=E$，$\mu_0=\mu$，对于平面应变问题 $E_0=\dfrac{E}{1-\mu^2}$，$\mu_0=\dfrac{\mu}{1-\mu}$。

E，μ 为材料的弹性模量和泊松。

由于应变矩阵 B 中的每一个非零元素均是由节点坐标决定的常数，而节点坐标为定值，所以应变矩阵 B 是常量矩阵。同理，应力矩阵 s 也是常量矩阵。这表明由式（2-14）和式（2-16）计算获得的单元内各质点的应变值相同，应力值亦相同。可以证明，在弹性力学范围内，由节点位移引发的应变和应力主要通过相邻单元的边界节点进行传递。

③ 单元刚度矩阵与单元刚度方程　现利用 2.1.2.1 小节介绍的虚位移原理建立单元刚度方程。假设：在来自相邻单元"外力" q^e 的作用下，单元节点 i，j，m 发生了虚位移 δa^e，虚位移引起虚应变 $\delta\varepsilon$，由此得到单元的虚位移方程：

$$\begin{aligned}(\delta a^e)^T q^e &= \iint_{\Omega^e} \delta\varepsilon^T \sigma t \,\mathrm{d}x\,\mathrm{d}y \\ &= (\delta a^e)^T \iint_{\Omega^e} B^T DB t\,\mathrm{d}x\,\mathrm{d}y a^e\end{aligned} \tag{2-18}$$

式中 t——单元厚度。

因虚位移是任意的，由此得单元刚度方程（单元刚度模型）

$$q^e = k^e a^e \tag{2-19}$$

式中 k^e——单元刚度矩阵，表明单元 e 中各节点产生单位位移而引发（或需要）的节点力

$$k^e = \begin{bmatrix} k_{ii} & k_{ij} & k_{im} \\ k_{ji} & k_{jj} & k_{jm} \\ k_{mi} & k_{mj} & k_{mm} \end{bmatrix} \tag{2-20}$$

其中

$$\begin{aligned}k_{rs} &= \iint_{\Omega^e} B_r^T DB_s t\,\mathrm{d}x\,\mathrm{d}y \\ &= \frac{E_0 t}{4(1-\mu_0^2)A} \begin{bmatrix} b_r b_s + \dfrac{1-\mu_0}{2}c_r c_s & \mu_0 b_r c_s + \dfrac{1-\mu_0}{2}c_r b_s \\ \mu_0 c_r b_s + \dfrac{1-\mu_0}{2}b_r c_s & c_r c_s + \dfrac{1-\mu_0}{2}b_r b_s \end{bmatrix}\end{aligned}$$

$$(r=i,j,m; \quad s=i,j,m)$$

单元刚度矩阵 k^e 具有以下特征。

a. 对称性，即 $k_{rs}=k_{sr}$；

b. 奇异性，即单元刚度矩阵不存在其逆矩阵；

c. 各行、各列元素之和恒为 0（因在力的作用下，整个单元处于平衡状态）；

d. 主对角元素恒为正，即 $k_{ii}>0$，表明节点位移与施加其上的节点力同向。

④ 单元等效节点力　作用在单元上的外力 q^e 由等效节点力构成，即

$$q^e = q_p^e + q_f^e + q_c^e \tag{2-21}$$

式中 $q_p^e = \int_{\Omega^e} N^T bt\,\mathrm{d}\Omega$，$q_f^e = \int_{\Gamma^e} N^T \vec{f} t\,\mathrm{d}\Gamma$、$q_c^e = N^T p_c$，分别为体积力 b、面力 $\vec{f}$ 和集中力 p_c 产生的等效节点力。

所谓等效节点力是指：由作用在单元上的体积力、面力和集中力按照能量等效原则（即原载荷与等效节点载荷在虚位移上做功相等原则）移至节点上而形成的节点力。

图 2-5 是作用在单元上的外力举例，表 2-1 是对应于图 2-5 的等效节点力表达式。

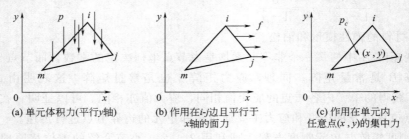

(a) 单元体积力(平行y轴)　　(b) 作用在i-j边且平行于　　(c) 作用在单元内
　　　　　　　　　　　　　　　x轴的面力　　　　　　　　任意点(x,y)的集中力

图 2-5　体积力、面力和集中力举例

表 2-1　对应于图 2-5 的等效节点力

外力类型	作用力表达式	等效节点力表达式	说明
体积力	$b = \{0 \quad -\rho g\}^T$	$q_p^e = -\dfrac{1}{3}\rho gtA\{0 \ 1 \ 0 \ 1 \ 0 \ 1\}^T$	ρ——单元密度；g——重力加速度；A——单元面积；t——单元厚度
面力	$\vec{f} = \{q \quad 0\}^T$	$q_f^e = \dfrac{1}{2}qlt\{1 \ 0 \ 1 \ 0 \ 0 \ 0\}^T$	q——单位面力；l——ij 边的边长
集中力	$p_c = \{p_{cx} \quad p_{cy}\}^T$	$q_c^e = \{q_{ix} \quad q_{iy} \quad q_{jx} \quad q_{jy} \quad q_{mx} \quad q_{my}\}^T$	

（3）整体刚度分析

① 建立总刚度矩阵与总刚度方程　将式（2-19）改写成如下形式

$$q_r^e = \sum_{s=i,j,m} k_{rs} a_s^e \quad (r=i,j,m) \tag{2-22}$$

式（2-22）表明，当单元中任一节点发生位移时，都将在该节点处产生节点力（实际上是由节点力引起位移），且大小等于单元中各节点位移所引起的节点力之和。

因为在被离散对象的整体结构中，一个节点往往为若干比邻单元所共有，根据线性叠加原理，作用在该节点上的力应等于所有比邻单元的等效节点力之和，即

$$Q_i = \sum_{e=1}^{n_e} q_i^e \tag{2-23}$$

式中 Q_i——作用在节点 i 上的合力；

$\sum\limits_{e=1}^{n_e} q_i^e$——比邻单元施加给 i 的等效节点力之和；

n_e——比邻单元个数。

将式（2-22）代入式（2-23），并取 $r=i$，得到当节点 i 处于平衡状态时的合力表达式

$$Q_i = \sum_{e=1}^{n_e} \sum_{s=i,j,m} k_{is} a_s^e \tag{2-24}$$

假设被离散对象（区域）有 n 个节点，于是该对象中所有节点的平衡方程为

$$\sum_{i=1}^{n} Q_i = \sum_{i=1}^{n} \sum_{e=1}^{n_e} \sum_{s=i,j,m} k_{is} a_s^e \qquad (2-25)$$

用矩阵表示，有

$$Ka = Q \qquad (2-26)$$

式中　K——总刚度矩阵，$K = \sum_{i=1}^{n} \sum_{e=1}^{n_e} \sum_{s=i,j,m} k_{is} = \sum_{e=1}^{n_e} k^e$；

　　　Q——总节点载荷列矩阵，$Q = \sum_{i=1}^{n} Q_i$；

　　　a——总节点位移列矩阵。

式(2-26)为利用虚位移方程和节点力叠加原理建立起来的平面刚度问题的整体平衡方程（整体刚度模型），即用有限元格式表示的平面问题总刚度方程。

总刚度矩阵 K 具有以下性质。

a. 对称性　总刚度矩阵由单元刚度矩阵叠加形成，所以与单元刚度矩阵一样具有对称性，即 $K = K^T$。

b. 稀疏性　由于任一节点仅与少数节点和单元比邻，相对于该节点，其无关节点在 K 中的对应元素为零。因此，存在于 K 中的大量零元素使总刚度矩阵具有稀疏性（稀疏矩阵）。

c. 带状性　总刚度矩阵中的所有非零元素均集中分布在主对角线附近，从而形成所谓的带状矩阵。

d. 奇异性　对于无任何节点约束或约束不足的结构件，其总刚度矩阵奇异（$|K| = 0$），物理上表现为在力的作用下，结构件整体作刚性运动，即式(2-26)的解非唯一。

总刚度矩阵的上述特性，为其在计算机中的存储与处理，以及解的唯一性判别和计算方法的选取提供了良好的数学依据。

② 位移边界条件　由于总刚度矩阵具有奇异性，因此，在求解总刚度方程式(2-26)之前必须设置一些节点位移约束，以防止结构件产生整体刚性运动。节点的位移约束一般施加在被离散对象的边界上，故称之为位移边界条件，见图 2-4(a)。边界上节点的位移约束通常分为两大类。

a. 零位移约束　设某一节点沿某一方向的位移为零（例如 $a_m = 0$），则平面构件的总刚度方程变成

$$\begin{Bmatrix} Q_1 \\ Q_2 \\ \vdots \\ 0 \\ \vdots \\ Q_n \end{Bmatrix} = \begin{bmatrix} k_{11} & k_{12} & \cdots & 0 & \cdots & k_{1n} \\ k_{21} & k_{22} & \cdots & 0 & \cdots & k_{2n} \\ \vdots & \vdots & \ddots & \vdots & \ddots & \vdots \\ 0 & 0 & \cdots & 1 & \cdots & 0 \\ \vdots & \vdots & \ddots & \vdots & \ddots & \vdots \\ k_{n1} & k_{n2} & \cdots & 0 & \cdots & k_{nn} \end{bmatrix} \begin{Bmatrix} a_1 \\ a_2 \\ \vdots \\ a_m \\ \vdots \\ a_n \end{Bmatrix} \qquad (2-27)$$

观察式(2-27)可以发现：总刚度矩阵中与零位移节点 a_m 对应的主对角元素 k_{mm} 为 1，其余相关元素（即足标中含有 m 的 k 元素）均为 0；载荷列矩阵中与零位移节点对应的元素 Q_m 为 0。

b. 非零已知位移约束　已知某一节点沿某约束方向位移为 $\vec{a}_m$，其平面构件的总刚度方程转变成

$$
\left\{
\begin{array}{c}
Q_1 \\
Q_2 \\
\vdots \\
\alpha k_{mm}\vec{a}_m \\
\vdots \\
Q_n
\end{array}
\right\}
=
\left[
\begin{array}{cccccc}
k_{11} & k_{12} & \cdots & 0 & \cdots & k_{1n} \\
k_{21} & k_{22} & \cdots & 0 & \cdots & k_{2n} \\
\vdots & \vdots & \ddots & \vdots & \ddots & \vdots \\
k_{m1} & k_{m2} & \cdots & \alpha k_{mm} & \cdots & k_{mn} \\
\vdots & \vdots & \ddots & \vdots & \ddots & \vdots \\
k_{n1} & k_{n2} & \cdots & 0 & \cdots & k_{nn}
\end{array}
\right]
\left\{
\begin{array}{c}
a_1 \\
a_2 \\
\vdots \\
a_m \\
\vdots \\
a_n
\end{array}
\right\}
\tag{2-28}
$$

此时，式（2-28）表现为：总刚度矩阵中与已知节点位移 $\vec{a}_m$ 对应的主对角元素 k_{mm} 乘以一个足够大的正数 α（例如，$\alpha=10^{20}$），相关列元素（即第二个下标是 m 的 k 元素）均为零，并且载荷列矩阵中的 Q_m 被 $\alpha k_{mm}\vec{a}_m$ 所代替。

实际上，两类位移边界条件常常同时存在，所以可根据情况将式（2-27）和式（2-28）组合在一块进行化简。

③ 设置载荷边界条件　设置载荷边界条件实际上是为总载荷列矩阵中的各分量元素赋初值。结合位移边界条件设置可以简化赋值过程，即只针对未经式（2-27）和式（2-28）处理的载荷元素赋值。需要注意的是：除零位移和已知位移节点外，载荷中的等效体积力应平均加载到所有剩余节点上，等效面力应加载到面力边界节点上，而等效集中力则应根据情况加载到相应单元的节点上。这样处理后的总载荷列矩阵中，有的载荷分量可能为零（对应零位移节点），有的载荷分量可能是 2～3 种等效节点力的叠加（例如，某边界节点既受等效面力作用，又受等效体积力作用）。

（4）求解总刚度方程

代入约束边界条件和载荷边界条件的总刚度方程可写成

$$
\overline{K}a = \overline{Q} \tag{2-29}
$$

式中　$\overline{K}$、$\overline{Q}$——经约束边界条件和载荷边界条件处理后的总刚度矩阵与总节点载荷列矩阵。

式（2-29）是一个关于节点位移分量的线性方程组，利用迭代法、高斯法、波前法或带宽法等数值方法可以求出节点位移列矩阵 a 中的各分量，然后代入几何方程求解应变分量，再代入本构方程求解应力分量，于是便获得已知边界条件下平面刚度问题的全部近似解。

（5）平面刚度问题应用举例

① 离散处理　假设：将如图 2-6 所示平面构件离散成 8 个三节点三角形单元；已知面载荷 P，其等效结点力 $F=P/3$ 均布在 4、6、8 三个节点上且垂直于 x-z 坐标面；各结点在 z 轴方向上的位移忽略不计（z 方向尺寸很小，可固定设置为 t），并忽略各节点的转动；构件受力时，节点 1 和 9 的 x 位移分量为 0，1、9、2、10 的 y 位移分量也为 0。

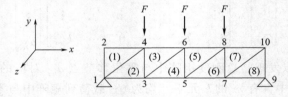

图 2-6　平面刚度问题举例

② 单元刚度分析　例如：针对图 2-6 中的单元 1 建立节点 1、4、2 的平衡方程（单元刚度方程）

$$
\begin{bmatrix}
Q_{1x}^{(1)} \\
Q_{1y}^{(1)} \\
Q_{4x}^{(1)} \\
Q_{4y}^{(1)} \\
Q_{2x}^{(1)} \\
Q_{2y}^{(1)}
\end{bmatrix}
\begin{bmatrix}
k_{11} & k_{12} & k_{13} & k_{14} & k_{15} & k_{16} \\
k_{21} & k_{22} & k_{23} & k_{24} & k_{25} & k_{26} \\
k_{31} & k_{32} & k_{33} & k_{34} & k_{35} & k_{36} \\
k_{41} & k_{42} & k_{43} & k_{44} & k_{45} & k_{46} \\
k_{51} & k_{52} & k_{53} & k_{54} & k_{55} & k_{56} \\
k_{61} & k_{62} & k_{63} & k_{64} & k_{65} & k_{66}
\end{bmatrix}
\begin{bmatrix}
a_{1x}^{(1)} \\
a_{1y}^{(1)} \\
a_{4x}^{(1)} \\
a_{4y}^{(1)} \\
a_{2x}^{(1)} \\
a_{2y}^{(1)}
\end{bmatrix}
$$

式中　$k_{11} \sim k_{66}$——2×2 阶子矩阵，其子矩阵中的各元素与材料的弹性模量 E、泊松系数 μ、节点坐标 (x_i, y_i)，以及单元厚度 t 有关，见式（2-20）。

③ 整体刚度分析　将所有单元分析结果依次组合，得到图 2-6 平面构件的总刚度方程（有限元方程）。

$$\{F\} = [K]\{\delta\}$$

式中　$\{F\} = \{F_1 F_2 \cdots F_{10}\}^T = \{F_{1x} F_{1y} F_{2x} F_{2y} \cdots F_{10x} F_{10y}\}^T$；

$\{\delta\} = \{\delta_1 \delta_2 \cdots \delta_{10}\}^T = \{\delta_{1x} \delta_{1y} \delta_{2x} \delta_{2y} \cdots \delta_{10x} \delta_{10y}\}^T$；

$$
[K] = \begin{bmatrix}
K_{11} & K_{12} & \cdots & K_{110} \\
K_{21} & K_{22} & \cdots & K_{220} \\
\vdots & \vdots & \ddots & \vdots \\
K_{101} & K_{102} & \cdots & K_{1010}
\end{bmatrix}
$$

④ 设置边界条件　将位移约束 $\delta_{1x} = \delta_{9x} = \delta_{1y} = \delta_{9y} = \delta_{2y} = \delta_{10y} = 0$ 和等效节点力 $F_{4y} = F_{6y} = F_{8y} = P/3$ 分别代入总刚度方程的位移列矩阵和载荷列矩阵，整理并化简。

⑤ 计算求解　求解总刚度方程中剩余节点的位移分量，然后再分别利用几何方程和本构方程求解单元应变与单元应力。

⑥ 分析求解结果　可将计算获得的单元最大等效应力值与构件的许用强度进行比较，将节点最大位移值与构件的许用挠度（刚度）进行比较，以确定构件在面载荷 P 的作用下是否失效。取最大等效应力值和最大位移值作为失效判断的基本依据是：单元应力和节点位移在离散区域内不会发生突变，这与实际工程问题相吻合。

2.1.2.3　平面变温问题

变化的温度场会在弹性体内部诱导热应力，这种热应力主要来自于温度场变化所引起的弹性体不均匀热胀冷缩。平面变温问题的本构方程可表示为

$$\sigma = D(\varepsilon - \varepsilon_0) \quad 在 \ \Omega \ 域内 \tag{2-30}$$

式中　ε_0——温度变化引起的温度应变，$\varepsilon_0 = \alpha(\phi - \phi_0)\{1 \quad 1 \quad 0\}^T$；

α——材料的线胀系数(假设各向同性)；

ϕ——温度场；

ϕ_0——初始温度场；

ε——力载荷引起的应变；

σ——应力；

D——弹性矩阵。

同无温度场变化的本构方程相比，式（2-30）用 $(\varepsilon - \varepsilon_0)$ 替代了式（2-3）中的 ε。

将单元应变方程 $\varepsilon = Ba^e$ 代入式（2-30），得平面变温问题的单元本构方程

$$\sigma^e = DBa^e - D\varepsilon_0 \tag{2-31}$$

若不考虑外力作用，则变温条件下单元位能的泛函表达式为

$$\Pi_p^e = \frac{1}{2} \int_{\Omega^e} (\varepsilon - \varepsilon_0)^T D (\varepsilon - \varepsilon_0) \mathrm{d}\Omega$$

$$= \frac{1}{2} (a^e)^T k^e (a^e) - (a^e)^T Q_t^e + \frac{1}{2} \int_{\Omega^e} \varepsilon_0^T D\varepsilon_0 \mathrm{d}\Omega \tag{2-32}$$

式中 $\quad k^e = \int_{\Omega^e} B^T DB \mathrm{d}\Omega$ ——单元刚度矩阵；

$\quad\quad Q_t^e = \int_{\Omega^e} B^T D\varepsilon \mathrm{d}\Omega$ ——等效节点热载荷。

总位能的泛函表达式

$$\Pi_p = \frac{1}{2} a^T K a - a^T Q_t + \frac{1}{2} \sum_e \int_{\Omega^e} \varepsilon_0^T D\varepsilon_0 \mathrm{d}\Omega \tag{2-33}$$

式中 $\quad K = \sum_e k^e$ ——总刚度矩阵；

$\quad\quad Q_t = \sum_e Q_t^e$ ——总变温载荷列矩阵。

根据能量泛函取驻值条件（最小位能原理）$\delta\Pi_p = 0$，对式（2-33）求一阶变分并化简，得

$$Ka = Q \tag{2-34}$$

式（2-34）即为求解平面变温引起节点位移的有限元刚度方程。需要注意的是：求解变温问题的平面应力时，应将式（2-34）的计算结果代回变温问题的本构方程式（2-30）。利用泛函变分取驻值法建立限元方程是变分原理在弹性力学中的又一应用。同样，方程（2-34）中的 Q 也可包括表面、体积、集中等载荷。

2.1.2.4 平面稳态热传导问题

（1）热传导基本方程与边界条件

$$\rho c \frac{\partial \phi}{\partial t} - \frac{\partial}{\partial x}\left(k_x \frac{\partial \phi}{\partial x}\right) - \frac{\partial}{\partial y}\left(k_y \frac{\partial \phi}{\partial y}\right) - \frac{\partial}{\partial z}\left(k_z \frac{\partial \phi}{\partial z}\right) - Q = 0 \quad \text{在 } \Omega \text{ 域内} \tag{2-35}$$

$$\phi = \vec{\phi}(\Gamma, t) \quad\quad\quad\quad\quad\quad\quad\quad\quad \text{在 } \Gamma_1 \text{ 边界上} \tag{2-36}$$

$$k_x \frac{\partial \phi}{\partial x} n_x + k_y \frac{\partial \phi}{\partial y} n_y + k_z \frac{\partial \phi}{\partial z} n_z = q(\Gamma, t) \quad\quad \text{在 } \Gamma_2 \text{ 边界上} \tag{2-37}$$

$$k_x \frac{\partial \phi}{\partial x} n_x + k_y \frac{\partial \phi}{\partial y} n_y + k_z \frac{\partial \phi}{\partial z} n_z = h(\phi_a - \phi) \quad \text{在 } \Gamma_3 \text{ 边界上} \tag{2-38}$$

式中 $\quad\quad \rho$ ——密度；

$\quad\quad\quad c$ ——比热；

$\quad\quad\quad t$ ——时间；

k_x、k_y、k_z ——沿 x、y、z 方向的传热系数；

$\quad\quad\quad Q$ ——固体材料内部的热源密度，$Q = Q(x, y, z, t)$；

n_x、n_y、n_z ——边界外法线的方向余弦；

$\quad\quad\quad \vec{\phi}$ ——Γ_1 边界上给定温度，$\vec{\phi} = \vec{\phi}(\Gamma, t)$；

q——Γ_2 边界上给定热流密度（当 $q=0$ 时，绝热边界），$q=q(\Gamma, t)$；

$h(\phi_a-\phi)$——Γ_3 边界上给定界面传热；

$\qquad\quad h$——界面传热系数；

$\qquad\quad \phi$——待求温度场（即与空间和时间相关的温度函数）；

$\qquad\quad \phi_a$——环境温度（自然对流条件下）或边界层绝热温度（强制对流条件下），

$\qquad\qquad\quad \phi_a=\phi_a(\Gamma, t)$；

$\qquad\quad \Gamma$——域 Ω 的边界，$\Gamma=\Gamma_1+\Gamma_2+\Gamma_3$。

热传导基本方程（2-35）表示：当图 2-7 所示微元体的传热达到平衡时，微元体升温（或降温）所需（或减少）热量（方程左边第 1 项）应与传入（或传出）微元体的热量（方程左边第 2～4 项）和微元体内部释放（或吸收）的热量（方程左边第 5 项）相等。其中，热源密度 Q 与具体工程问题有关，可以是固态相变产生的相变潜热，也可以是压力加工的能量转换热，或热处理感应加热产生的欧姆热等。式（2-36）～式（2-38）分别称为第一类（强制）边界条件、第二类（自然）边界条件和第三类（自然）边界条件。

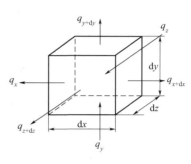

图 2-7　微元体的热传导

如果微元体传热与时间无关或温度场随时间变化非常缓慢，并且微元体的某一尺寸（例如 z 尺寸）非常小，则热传导基本方程及边界条件将改写成

$$\frac{\partial}{\partial x}\left(k_x\frac{\partial\phi}{\partial x}\right)+\frac{\partial}{\partial y}\left(k_y\frac{\partial\phi}{\partial y}\right)+Q=0 \qquad （在 \Omega 域内） \qquad (2-39)$$

$$\phi=\vec{\phi}(\Gamma, t) \qquad （在 \Gamma_1 边界上） \qquad (2-40)$$

$$k_x\frac{\partial\phi}{\partial x}n_x+k_y\frac{\partial\phi}{\partial y}n_y=q(\Gamma, t) \qquad （在 \Gamma_2 边界上） \qquad (2-41)$$

$$k_x\frac{\partial\phi}{\partial x}n_x+k_y\frac{\partial\phi}{\partial y}n_y=h(\phi_a-\phi) \qquad （在 \Gamma_3 边界上） \qquad (2-42)$$

上述式（2-39）～式（2-42）即为平面稳态热传导问题的微分表达式。

（2）加权余量法

加权余量法也是建立有限元方程最常用的数学方法之一。现以建立平面稳态热传导问题的有限元方程为例，说明加权余量法的使用要点。

① 构造近似温度场函数 $\tilde{\phi}$，假设 $\tilde{\phi}$ 已满足强制边界条件。

② 将 $\tilde{\phi}$ 代入二维稳态热传导方程式（2-39），并考虑其边界条件，有

$$R_\Omega=\frac{\partial}{\partial x}\left(k_x\frac{\partial\tilde{\phi}}{\partial x}\right)+\frac{\partial}{\partial y}\left(k_y\frac{\partial\tilde{\phi}}{\partial y}\right)+Q$$

$$R_{\Gamma_2}=k_x\frac{\partial\tilde{\phi}}{\partial x}n_x+k_y\frac{\partial\tilde{\phi}}{\partial y}n_y-q \qquad\qquad (2-43)$$

$$R_{\Gamma_3}=k_x\frac{\partial\tilde{\phi}}{\partial x}n_x+k_y\frac{\partial\tilde{\phi}}{\partial y}n_y-h(\tilde{\phi}_a-\tilde{\phi})$$

式中　R_Ω、R_{Γ_2}、R_{Γ_3}——在域内和边界上的近似温度场函数 $\tilde{\phi}$ 与真实温度场函数 ϕ 之差（余量）；由于第一类边界条件已经强制满足，故无 R_{Γ_1} 项。

③ 令 $$\int_\Omega R_\Omega w_1 \mathrm{d}\Omega + \int_{\Gamma_2} R_{\Gamma_2} w_2 \mathrm{d}\Gamma + \int_{\Gamma_3} R_{\Gamma_3} w_3 \mathrm{d}\Gamma = 0 \qquad (2\text{-}44)$$

式中 w_1，w_2，w_3——权函数。

式（2-44）表示，定解问题式（2-43）有近似解的前提条件是各余量的加权积分之和等于零。

④ 将式（2-43）中的各式代入式（2-44）并应用格林公式，得：

$$\int_\Omega R_\Omega w_1 \mathrm{d}\Omega + \int_{\Gamma_2} R_{\Gamma_2} w_2 \mathrm{d}\Gamma + \int_{\Gamma_3} R_{\Gamma_3} w_3 \mathrm{d}\Gamma$$

$$= \int_\Omega \left[\frac{\partial w_1}{\partial x}\left(k_x \frac{\partial \tilde{\phi}}{\partial x}\right)\mathrm{d}x\,\mathrm{d}y + \frac{\partial w_1}{\partial y}\left(k_y \frac{\partial \tilde{\phi}}{\partial y}\right)\mathrm{d}x\,\mathrm{d}y + w_1 Q \right]\mathrm{d}\Omega$$

$$+ \oint_\Gamma w_1 \left(k_x \frac{\partial \tilde{\phi}}{\partial x}n_x + k_x \frac{\partial \tilde{\phi}}{\partial y}n_y\right)\mathrm{d}\Gamma$$

$$+ \int_{\Gamma_2} w_2 \left(k_x \frac{\partial \tilde{\phi}}{\partial x}n_x + k_y \frac{\partial \tilde{\phi}}{\partial y}n_y - q\right)\mathrm{d}\Gamma$$

$$+ \int_{\Gamma_3} w_3 \left(k_x \frac{\partial \tilde{\phi}}{\partial x}n_x + k_y \frac{\partial \tilde{\phi}}{\partial y}n_y - h(\phi_a - \tilde{\phi})\right)\mathrm{d}\Gamma \qquad (2\text{-}45)$$

⑤ 用合适的单元（例如三节点三角形单元）离散平面域 Ω。此时，单元内任一质点的温度 $\tilde{\phi}$ 可近似由单元节点温度插值获得，即

$$\tilde{\phi} = \sum_{i=1}^{n_e} N_i(x,y)\phi_i = N\phi^e \qquad (2\text{-}46)$$

式中 ϕ^e——单元节点温度列矩阵；

ϕ_i——节点 i 的温度；

$N_i(x,y)$——节点 i 上的形函数；

n_e——单元中的节点个数。

⑥ 利用伽辽金法选择权函数

在域 Ω 内 $\qquad w_1 = N_j \qquad (j=1,2,\cdots,n) \qquad (2\text{-}47)$

在边界上 $\qquad w_2 = w_3 = -w_1 = -N_j \qquad (j=1,2,\cdots,m) \qquad (2\text{-}48)$

⑦ 将式（2-46）～式（2-48）代入式（2-45）并化简。由于已假设 $\tilde{\phi}$ 满足强制边界条件，所以令边界全积分 Γ 对应的 $w_1 = 0$，于是可得到利用加权余量法建立的平面稳态热传导问题的有限元方程

$$\sum_e \int_{\Omega^e} \left[\left(\frac{\partial N}{\partial x}\right)^T k_x \frac{\partial N}{\partial x} + \left(\frac{\partial N}{\partial y}\right)^T k_y \frac{\partial N}{\partial y}\right]\phi^e \mathrm{d}\Omega + \sum_e \int_{\Gamma_3^e} hN^T N\phi^e \mathrm{d}\Gamma$$

$$- \sum_e \int_{\Gamma_2^e} N^T q \mathrm{d}\Gamma - \sum_e \int_{\Gamma_3^e} N^T h\phi_a \mathrm{d}\Gamma + \sum_e \int_{\Omega^e} N^T Q \mathrm{d}\Omega = 0 \qquad (2\text{-}49)$$

式（2-49）中每一项 $\sum\limits_e$ 含义从左到右依次为：域内各单元对热传导矩阵的贡献（K_{ij}^e）、第三类边界条件对热传导矩阵的修正（H_{ij}^e）、边界给定热流产生的温度载荷（P_{qi}^e）、边界热交换产生的温度载荷（P_{Hi}^e）和各单元热源产生的温度载荷（P_{Qi}^e）。

将式（2-49）写成一般格式

$$K\phi = P \qquad (2\text{-}50)$$

式中 K——热传导矩阵；

ϕ——节点温度列矩阵；

P——温度总载荷列矩阵。

2.1.3　有限元解的收敛性与误差控制

基于单元形函数插值的有限元解是原应用问题的近似解。近似解是否收敛于真实解，近似解收敛速度有多快，近似解是否稳定，近似解误差有多大，这些都是决定有限元法能否成功用于具体工程问题的关键。

2.1.3.1　解的收敛性

有限元解的收敛性取决于所构建的试探函数（插值函数）逼近真实函数的程度，因此，试探函数的选择是关键。试探函数的选择必须遵循两条基本准则。

① 完备性准则　如果出现在泛函表达式(2-6)中的场函数最高导数是 m 阶，则有限元解收敛的条件之一是单元内场函数的试探函数至少是 m 次完全多项式。

满足完备性准则的单元被称为完备单元。

② 协调性准则　如果出现在泛函表达式(2-6)中的场函数最高导数是 m 阶，则试探函数在单元的交界面上必须具有 C_{m-1} 连续性，即在相邻单元的界面上，试探函数应具有直至 $m-1$ 阶连续导数。

满足协调性准则的单元被称为协调单元。

完备性是有限元解收敛的必要条件，而协调性是有限元解收敛的充分条件。显然，对于绝大多数工程问题而言，选择多项式作为单元插值函数一般都能满足完备性和协调性准则。采用既完备又协调的单元离散求解域，所获得的有限元解一定收敛，即当单元尺寸趋近于零时，有限元解趋近于真实解。但是，某些非协调单元在一定的条件下也能使有限元解收敛于真实解。

2.1.3.2　误差来源与控制

有限元解的误差主要来源于有限元建模误差和数值计算误差，其中，有限元建模误差包括求解对象（域）离散误差、边界条件误差和单元形状误差。图 2-8 是有限元解的误差组成。

（1）离散误差

离散误差有物理离散误差与几何离散误差之分。前者是插值函数（试探函数）与真实函数之间的差异，后者是单元组合体与原求解对象在几何形状上的差异。

图 2-8　有限元解的误差组成

物理离散误差量级可以定性地用下式估计

$$E = O(h^{p-m+1}) \tag{2-51}$$

式中 h——单元特征尺寸；

p——单元插值函数（一般为多项式）的最高阶次；

m——单元插值函数的最高导数阶次。

对于三节点三角形单元，其插值函数是线性的，即 $p=1$。由于求解位移不涉及插值函数的求导，所以 $m=0$，于是可推断出位移误差的量级为 $O(h^2)$，位移解的收敛速度量级与位移误差相同，也为 $O(h^2)$。反之，节点位移与单元应变的几何方程中存在位移函数的一阶求导（$m=1$），故应变误差的量级为 $O(h)$，应变解收敛速度的量级也为 $O(h)$。同理，根据本构方程可推断出应力误差与应力解收敛速度的量级均为 $O(h)$。由此可见，在弹性力学刚度分析中，节点位移误差对其后应力应变解的精确度影响极大。

控制物理离散（即用插值函数代替真实函数）误差的方法主要有以下两种。

① 减小单元特征尺寸　换句话说，就是增加网格划分密度。通过减小单元特征尺寸来提高有限元解精确度的方法被称之为 h 法。

② 提高插值函数的阶次　即采用较高阶的多项式插值单元离散求解域。通过增加插值函数的阶次来提高有限元解精确度的方法被称之为 p 法。

此外，根据工程实际问题，混合使用高、低阶插值函数单元离散求解域的不同部分，也是控制物理离散误差的有效方法之一。

几何离散误差主要来自被离散对象的边界。如图 2-9 所示，中心带孔的平面圆被四边形单元均匀离散，其四边形的直边与内外圆周边之间存在间隙（即几何离散误差）。控制几何离散误差常用的方法有如下两种。

① 网格局部加密（图 2-10）；

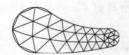

图 2-9　几何离散误差　　　图 2-10　网格局部加密

② 选择边和（或）面上带有节点的单元，因为这类单元的边和（或）面可以弯曲（图 2-11）。

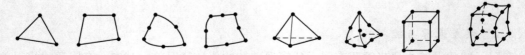

图 2-11　常用 2D 和 3D 单元举例

（2）边界条件误差

边界条件误差主要源于以下两个方面。

① 物理边界的量化误差　物理边界量化误差实际上包括边界数据采集误差和边界数学模型误差，前者与某些边界条件的复杂性和边界数据采集的难度有关，后者与边界条件的理论研究和数学建模有关。例如：在钣金件冲压过程中，板料与模具之间的摩擦是动态变化的，而且依赖于具体的界面工况，很难准确地测定其摩擦数据，并利用基于理论分析与物理实验的界面摩擦模型加以描述。

② 边界载荷等效移置误差　这类误差主要影响与边界载荷等效移置相关的局部区域特征，而对工程问题的整体求解影响不大。

控制边界条件误差的途径：针对第一种误差，尽量采用各种先进的技术方法与实验手段，准确测定工程问题求解所需的边界数据；同时深入开展理论与实验研究，不断完善描述界面条件的数学模型。针对第二种误差，细分重点关注的边界区域网格（例如：模拟焊接热应力时的热影响区），以减少或消除因载荷等效移置带来的求解精度损失。

（3）单元形状误差

单元形状误差由极度不规则的单元结构产生。例如：当如图 2-12 所示三节点三角形单元的底高比（即 a/b）非常大时，就会造成单元的严重畸变或退化，从而影响有限元求解精度，极端情况下还将导致求解失败或数值计算无法进行。

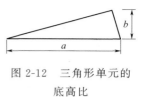

图 2-12　三角形单元的底高比

单元形状误差的影响一般仅限于畸变单元内部或相邻单元，因此，应有针对性地通过局部细分或单元编辑等方式调整关键区域（例如应力集中区）的网格。

（4）计算误差

计算误差可能来源于计算方法、程序设计、运算次数、误差累积以及解题性质与解题规模等多个方面。计算误差又分为舍入误差和截断误差，前者主要与计算机内部用于数据存储和字长处理、求解线性方程组和数值积分所需要的运算次数、数值计算采用的计算方法以及计算方法在程序实现中的误差控制等因素有关，而后者主要与数值计算采用的计算方法、解题性质和解题规模有关。

对于计算误差的控制，可根据实际计算情况，具体问题具体解决。例如：如果计算误差是由解题规模过大引起，则应采用适当措施降低解题规模，以减少运算次数和由此带来的累积误差；如果属于因计算方法选择不当而导致计算效率降低和计算误差增大，则应重新选择高效高精度的计算方法。

2.1.4　非线性问题的有限元法

前面结合有限元方程建立与应用所举的例子均为线性或稳态问题，例如：平面刚度分析和平面稳态热传导分析等。在材料成形领域，线弹性体系的刚度分析可用于各种成形模具、工装夹具和焊接结构等的开发与设计，稳态传热分析可用于工件保温、退火、自然冷却、人工时效和砂型铸模传热等过程模拟。然而，材料成形过程中大量遇到的却是一些非线性工程问题，例如：固态金属锻压中的冷、热塑性变形，液态金属充型中的流动、凝固与传热，固体材料熔化焊中的传热、物理冶金与焊缝凝固，热塑性塑料注射成形中的黏性流动与冷却固化，模具零件淬火热处理中的传热与相变等。

有限元法在材料成形领域（如冲压、锻压、铸造、焊接、注射等）中应用所涉及的某些专业知识，将根据需要分散到后续章节讨论与补充，本小节仅简要介绍与材料成形相关的非线性问题基本概念和求解非线性方程组的基本方法。

2.1.4.1　材料成形领域中的非线性问题

材料成形领域遇到的非线性问题主要体现在以下三个方面。

（1）材料非线性

材料非线性多指材料变形时的应力与应变关系（本构关系）非线性。图 2-13 分别为弹塑性、刚塑性、刚黏塑性和黏弹塑性材料在拉伸或压缩变形时的典型应力-应变曲线。

比较图 2-13 中的各曲线特征可知，当前三类材料的变形进入塑性区后，均存在某种程度的应变硬化现象，即随着材料塑性变形量的增加，维持其变形所需的应力（流动应力）也增加，并且两者之间的关系是非线性的；刚黏塑性材料与弹塑性材料的区别在于前者的弹性变形相对于其塑性变形可以忽略不计，即假设材料屈服前为刚性；刚塑性材料与刚黏塑性材料的区别在于后者的应力应变关系还与应变速率有关；最后一类黏弹塑性材料的应力应变关

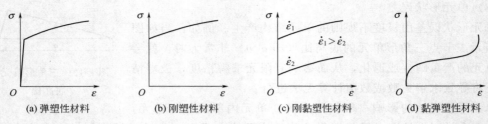

(a) 弹塑性材料　　　　(b) 刚塑性材料　　　　(c) 刚黏塑性材料　　　　(d) 黏弹塑性材料

图 2-13　典型的应力-应变曲线

系属于高度非线性，其典型代表为（中等结晶的）热塑性塑料。

实际上，不同的成形加工方法会使同样的材料呈现不同的非线性性质。例如：金属材料的冲压成形，其应力应变遵循弹塑性本构关系；热锻成形，遵循刚黏塑性本构关系；铸造成形，遵循牛顿黏性流体本构关系。

（2）几何非线性

几何非线性是指由物体内质点的大位移和大转动引起的非线性，力学上表现为研究对象的几何方程不满足线性关系。例如图 2-14 所示的材料弯曲，塑变区的材料质点不仅存在大位移，而且还存在某种程度的转动。

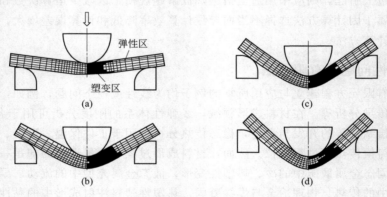

图 2-14　几何非线性举例（材料弯曲）

（3）边界非线性

边界非线性是指边界条件呈现非线性变化。例如：模锻时，毛坯与模膛表面的接触和摩擦（图 2-15），即使不考虑软硬质点的黏着问题，其接触点 3 也不会沿模膛表面呈线性滑动。

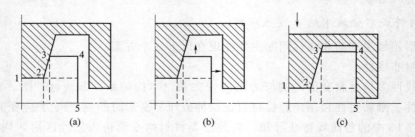

图 2-15　边界非线性举例（毛坯与模具的接触）

2.1.4.2　求解非线性方程组的基本方法

无论是材料非线性问题或是几何非线性问题，经有限元法处理后，最终都将被归结为求

解非线性方程组。离散化的非线性方程组一般可表示为

$$K(a)a = Q \qquad (2\text{-}52)$$

或 $$\Psi(a) \equiv P(a) - Q \equiv K(a)a - Q = 0$$

式中 a——未知场函数的近似解；

    $K(a)$——非线性方程组的系数矩阵；

    Q——外载荷列矩阵。

由式(2-52)可知，非线性方程组的系数矩阵是变量矩阵。在工程上，常常借助增量法将载荷或时间离散成若干个增量步，针对每一步载荷或时间增量，"线性化"方程组[式(2-52)]将非线性问题转化成一系列线性问题进行求解。具体做法概括起来就是：

① 离散载荷或时间为 m 个增量步；

② 设全局载荷初值或时间初值，利用迭代法计算第一增量步（$i=1$）内的"线性"方程组；

③ 当第一增量步内的迭代计算误差小于规定值后，即将最后一次的迭代结果作为第一增量步（当前增量步）的解；

④ 判断 m 个增量步是否全部计算完毕，即不等式 $i>m$ 是否成立；

⑤ 如果 $i \leqslant m$，则 $i=i+1$，并以当前增量步的迭代解作为初值，进行下一增量步的迭代计算；

⑥ 循环第④、⑤步工作，直到 $i>m$。

2.1.4.3 非线性有限元解的稳定性

当利用增量−迭代混合法求解方程组[式(2-52)]时，增量步长的选取对有限元解的稳定性影响极大。所谓有限元解的稳定性是指：当载荷步或时间步的长度（步长）取不同值时，方程组[式(2-52)]的收敛误差是否趋于恒定或波动最小。如果增量步长取任意值，误差都不会无限增长，则称有限元解为无条件稳定；如果增量步长只有在满足一定条件时，误差才不会无限增长，则称有限元解为

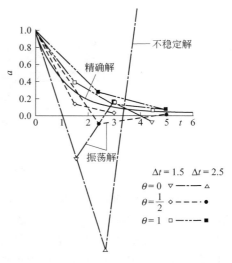

图 2-16　有限元解的稳定性举例

条件稳定。图 2-16 表示计算某瞬态传热过程，当时间步长 Δt 分别取 1.5 和 2.6 时所对应的有限元解收敛误差变化轨迹，其中，横坐标表示迭代次数，纵坐标表示迭代计算的收敛误差。增量步长的选取受多种因素影响，具体方法请参阅后续章节的相关内容。

2.2　有限差分法基础

2.2.1　有限差分法的特点

有限差分法（Finite Difference Method，FDM）是计算机数值模拟最早采用的方法之一，在材料成形领域的应用较为普遍，同有限元法一道成为材料成形计算机模拟的两种主要方法。目前，有限差分法在材料加工的传热分析（如铸造过程传热、锻压过程传热、焊接过程传热等）和流动分析（如铸液充型、焊接熔池移动等）方面占有较大比例。特别是在流动

场分析方面，有限差分法显示出独特的优势，因而成为 MAGMA（德国）、NOVACAST（瑞典）、华铸 CAE（中国）等铸造模拟软件的技术内核之一。此外，一向被认为是有限差分法弱项的应力分析，如今也在技术开发与工程应用上取得了长足进步。即使是在有限元法占主导地位的一些材料加工领域，也能见到有限差分法涉足的身影，例如材料非稳态成形中与时间交互相关的部分，常常用有限差分法进行离散求解。由此可以预见，随着有限差分技术与计算机技术的不断发展，有限差分法将在材料加工领域得到更加广泛的应用。

有限差分法的基本思想是将连续求解域划分成差分网格（最简单的差分网格为矩形网格），用有限个节点代替原连续求解域，用差商代替控制微分方程中的导数，并在此基础上建立含有限个未知数的节点差分方程组；代入初始条件和边界条件后求解差分方程组，该差分方程组的解就是原微分方程定解问题的数值近似解。

有限差分法是一种直接将微分问题转变成代数问题的近似数值解法，其最大特点是网格划分规整，无需构建形函数，不存在单元分析和整体分析，数学建模简便，但不太适合处理具有复杂边界条件的工程问题。如图 2-17 所示，有限差分网格在处理求解对象的几何边界上缺乏灵活性，即边界节点没有全部坐落在边界线（面）上。有限差分法多用于传热、流动等工程问题的求解。

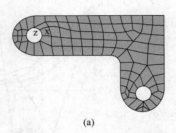
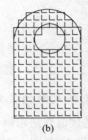

(a)　　　　　　　　　　　(b)

图 2-17　有限元网格（a）与有限差分网格（b）

构造有限差分的数学方法有多种，目前普遍采用的是泰勒（Taylor）级数展开法，即将展开式中求解连续场控制方程的导数用网格节点上函数值的差商代替，进而建立起基于网格节点函数为未知量的代数方程组。常见的差分格式有：一阶向前差分、一阶向后差分、一阶中心差分和二阶中心差分等，其中前两种格式为一阶计算精度，后两种格式为二阶计算精度。考虑到时间因子的影响，差分格式可以分为显格式、隐格式和显隐交替格式等。通过不同差分格式的组合，可以灵活求解时间与空间的交互问题。

2.2.2　有限差分数学知识

2.2.2.1　差分概念与逼近误差

（1）差分概念

设自变量 x 的解析函数为 $y=f(x)$，则根据微分学中的函数求导原理，有

$$\frac{\mathrm{d}y}{\mathrm{d}x} = \lim_{\Delta x \to 0} \frac{\Delta y}{\Delta x} = \lim_{\Delta x \to 0} \frac{f(x+\Delta x)-f(x)}{\Delta x} \tag{2-53}$$

式中　　$\mathrm{d}y$，$\mathrm{d}x$——函数和自变量的微分；

　　　　$\mathrm{d}y/\mathrm{d}x$——函数对自变量的一阶导数（亦称微商）；

　　　　Δy，Δx——函数和自变量的差分；

　　　　$\Delta y/\Delta x$——函数对自变量的一阶差商。

因为 Δx 趋近于零的方向任意，所以，与微分对应的差分项有三种表达方式

向前差分 $$\Delta y = f(x + \Delta x) - f(x) \tag{2-54}$$

向后差分 $$\Delta y = f(x) - f(x - \Delta x) \tag{2-55}$$

中心差分 $$\Delta y = f\left(x + \frac{1}{2}\Delta x\right) - f\left(x - \frac{1}{2}\Delta x\right) \tag{2-56}$$

仿照式(2-54)～式(2-56)，可以推导出二阶差分、二阶差商和 n 阶差分、n 阶差商的数学表达式。以向前差分和差商格式为例

$$
\begin{aligned}
\Delta^2 y &= \Delta(\Delta y) \\
&= \Delta[f(x + \Delta x) - f(x)] \\
&= \Delta f(x + \Delta x) - \Delta f(x) \\
&= [f(x + 2\Delta x) - f(x + \Delta x)] - [f(x + \Delta x) - f(x)] \\
&= f(x + 2\Delta x) - 2f(x + \Delta x) - f(x)
\end{aligned} \tag{2-57}
$$

$$\frac{\Delta^2 y}{\Delta x^2} = \frac{f(x + 2\Delta x) - 2f(x + \Delta x) - f(x)}{(\Delta x)^2} \tag{2-58}$$

$$
\begin{aligned}
\Delta^n y &= \Delta(\Delta^{n-1} y) \\
&= \Delta\left[\Delta(\Delta^{n-2} y)\right] \\
&\cdots \\
&= \Delta\{\Delta \cdots [\Delta(f(x + \Delta x) - f(x))]\}
\end{aligned} \tag{2-59}
$$

$$\frac{\Delta^n y}{\Delta x^n} = \frac{\Delta\{\Delta \cdots [\Delta(f(x + \Delta x) - f(x))]\}}{(\Delta x)^n} \tag{2-60}$$

以及多元函数差分、差商的一阶、二阶和 n 阶等表达式，例如，自变量为 x_1，x_2，$\cdots$，x_n 的多元函数 $f(x_1, x_2, \cdots, x_n)$ 的一阶向前差商

$$\frac{\Delta f(x_1, x_2, \cdots, x_n)}{\Delta x_1} = \frac{f(x_1 + \Delta x_1, x_2, \cdots, x_n) - f(x_1, x_2, \cdots, x_n)}{\Delta x_1} \tag{2-61}$$

$$\frac{\Delta f(x_1, x_2, \cdots, x_n)}{\Delta x_2} = \frac{f(x_1, x_2 + \Delta x_2, \cdots, x_n) - f(x_1, x_2, \cdots, x_n)}{\Delta x_2} \tag{2-62}$$

$$\frac{\Delta f(x_1, x_2, \cdots, x_n)}{\Delta x_n} = \frac{f(x_1, x_2, \cdots, x_n + \Delta x_n) - f(x_1, x_2, \cdots, x_n)}{\Delta x_n} \tag{2-63}$$

（2）逼近误差

逼近误差是指：当自变量的差分（增量）趋近于零时，差商逼近导数的程度。如果逼近误差在工程应用允许的范围内，则可用差商代替导数求解实际问题。由函数的泰勒（Taylor）展开式，可以预测逼近误差相对自变量差分的量级，该量级称为差商代替导数的精度，简称差商的精度。

对于只有一个自变量的函数 $f(x)$，将其差分 $f(x + \Delta x)$ 在 x 邻域 Δx 内作 Taylor 展开，有

$$f(x + \Delta x) = f(x) + \Delta x f'(x) + \frac{(\Delta x)^2}{2} f''(x) + \cdots + \frac{(\Delta x)^n}{n!} f^{(n)}(x) + O[(\Delta x)^n] \tag{2-64}$$

基于式(2-64)可以证明，差商的逼近误差（精度）与 $O[(\Delta x)^n]$ 的量级相当，且一阶向前、向后差商均具有一阶精度（$n=1$）；而一阶中心差商和二阶中心差商具有二阶精度（$n=2$）。

例如：针对一阶向前差分，可将式（2-64）简化成

$$f(x+\Delta x)=f(x)+\Delta xf'(x)+O(\Delta x)$$

或

$$\frac{f(x+\Delta x)-f(x)}{\Delta x}=f'(x)+\frac{O(\Delta x)}{\Delta x}=f'(x)+\frac{\Delta x}{2!}f''(\xi)$$

当 $\Delta x \to 0$ 时

$$\frac{f(x+\Delta x)-f(x)}{\Delta x} \to f'(x)$$

2.2.2.2 差分方程、截断误差和相容性

（1）差分方程

在数学上，微分和导数对应于连续数域，而差分和差商对应于离散数域。同理，在工程应用上，微分方程用于求解连续对象问题，而差分方程用于求解离散对象问题。例如：求解一维非稳态对流的初值问题，其微分格式为

$$\begin{cases} \dfrac{\partial \zeta(x,t)}{\partial t}+\alpha\,\dfrac{\partial \zeta(x,t)}{\partial x}=0 \\[2mm] \zeta(x,0)=\bar{\zeta}(x) \end{cases} \tag{2-65}$$

式中　　α——对流系数；

$\zeta(x,t)$——对流场函数；

$\bar{\zeta}(x)$——初始条件下的已知对流畅函数。

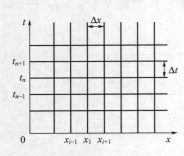

图 2-18　有限差分网格

将式（2-65）的求解域离散成有限差分网格（见图 2-18），其中：Δx、Δt 分别称为空间步长和时间步长。通常，差分网格中的水平间距 Δx 取等步长（空间等距差分），当然也可取变步长（空间变距差分）；而垂直间距 Δt 一般同 Δx 和 α 有关，当 Δx 和 α 为常数时，Δt 也取常数（时间等距差分）。对于等距差分，域内任一节点 (x_i,t_n) 的坐标可以用初始节点坐标 $(x_0,0)$ 表示，即

$$x_i=x_0+i\Delta x \quad i=0,1,2,\cdots$$

$$t_n=n\Delta t \qquad n=0,1,2,\cdots$$

于是，初值问题式（2-65）在离散域节点 (x_i,t_n) 处可表示为

$$\begin{cases} \left(\dfrac{\partial \zeta}{\partial t}\right)_i^n+\alpha\left(\dfrac{\partial \zeta}{\partial x}\right)_i^n=0 \\[2mm] \zeta_i^0=\bar{\zeta}(x_i) \end{cases} \tag{2-66}$$

式中，α 被假设为常数。若 α 是 x 的函数，则应改写成 α_i。

如果式（2-66）中的时间导数用一阶向前差商、空间导数用一阶中心差商表示，即

$$\left(\frac{\partial \zeta}{\partial t}\right)_i^n \approx \frac{\zeta_i^{n+1}-\zeta_i^n}{\Delta t}, \quad \left(\frac{\partial \zeta}{\partial x}\right)_i^n \approx \frac{\zeta_{i+1}^n-\zeta_{i-1}^n}{2\Delta x}$$

则有

$$\begin{cases} \dfrac{\zeta_i^{n+1}-\zeta_i^n}{\Delta t}+\alpha\dfrac{\zeta_{i+1}^n-\zeta_{i-1}^n}{2\Delta x}=0 \\[3mm] \zeta_i^0=\overline{\zeta}(x_i) \end{cases}$$
（2-67）

式（2-67）即为一维对流问题的时间向前差分、空间中心差分（FTCS）格式。其中

$$\frac{\zeta_i^{n+1}-\zeta_i^n}{\Delta t}+\alpha\frac{\zeta_{i+1}^n-\zeta_{i-1}^n}{2\Delta x}=0,\quad \zeta_i^0=\overline{\zeta}(x_i)$$

被分别称为一维非稳态对流初值问题的差分格式控制方程（简称差分方程）和初始条件。

同理，还可用时间和空间均向前差分（FTFS），或时间向前、空间向后差分（FTBS）等格式表示初值问题［式(2-65)］。

三种差分格式的几何示意见图 2-19。

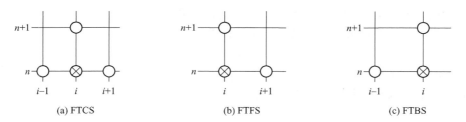

| (a) FTCS | (b) FTFS | (c) FTBS |

图 2-19 三种差分格式几何示意

（2）截断误差

根据 2.2.1.2 小节的逼近误差分析可知，由于用时间向前差商代替时间导数、用空间中心差商代替空间导数时分别存在量级为 $O(\Delta t)$ 和 $O[(\Delta x)^2]$ 的逼近误差，因此，一维对流的微分方程与差分方程之间也存在某种误差。数学上将这种用差分方程代替微分方程所引起的误差称为截断误差。可以证明，FTCS 格式的截断误差为

$$R_i^n=O(\Delta t)+O[(\Delta x)^2]=O[\Delta t,(\Delta x)^2]$$
（2-68）

而 FTFS 和 FTBS 格式的截断误差均为

$$R_i^n=O(\Delta t)+O[(\Delta x)]=O[\Delta t,\Delta x]$$
（2-69）

上述两式中的 R_i^n 实际上代表了时间与空间的累积误差，其误差量级对于 FTCS 格式的差分方程而言为时间一阶、空间二阶；对于 FTFS 和 FTBS 格式的差分方程而言，时间和空间均为一阶。

（3）定解问题的相容性

定解问题的相容性表示同一问题的差分格式与微分格式之间的逼近程度，取决于控制方程（即表征物理问题的数学方程）的逼近程度和定解条件（即初、边值条件）的逼近程度。

① 方程相容 设微分方程

$$D(\zeta)=f$$
（2-70）

对应的差分方程

$$D_\Delta(\zeta)=f$$
（2-71）

式中 D——微分算子；

D_Δ——差分算子；

ζ——未知函数；

f ——已知函数。

现用差分方程代替微分方程，于是有截断误差

$$R = D_\Delta(\phi) - D(\phi) \tag{2-72}$$

式中 ϕ ——定义在求解域上的一个足够光滑的函数（例如代数函数）。

如果截断误差的范数 $\|R\|$ 满足

$$\lim_{\substack{\Delta x \to 0 \\ \Delta t \to 0}} \|R\| = 0 \tag{2-73}$$

则差分方程与相应的微分方程相容（方程相容），否则不相容。

② 定解条件相容　设微分方程式(2-70) 的定解条件

$$B(\zeta) = g$$

差分方程式（2-71）的定解条件

$$B_\Delta(\zeta) = g$$

式中 B、B_Δ、g —— 微分算子、差分算子和已知函数。

用差分定解条件代替微分定解条件产生的误差

$$r = B_\Delta(\phi) - B(\phi) \tag{2-74}$$

称为定解条件截断误差。

如果定解条件截断误差的范数 $\|r\|$ 满足

$$\lim_{\substack{\Delta x \to 0 \\ \Delta t \to 0}} \|r\| = 0 \tag{2-75}$$

则称方程式(2-71) 和式(2-70) 的定解条件相容，否则不相容。

③ 定解问题相容　如果差分方程和微分方程相容，并且差分定解条件和微分定解条件也相容，即

$$\lim_{\substack{\Delta x \to 0 \\ \Delta t \to 0}} \|R\| = 0 \quad 且 \quad \lim_{\substack{\Delta x \to 0 \\ \Delta t \to 0}} \|r\| = 0 \tag{2-76}$$

则定解问题相容。换句话说，只有在式(2-76) 成立的前提下，才可以用同一定解问题的差分格式代替微分格式进行求解。

由于 Δx、$\Delta t \to 0$ 有两种情况，所以，定解问题相容也有两种情况。当 Δx、Δt 各自独立趋近于零时，定解问题无条件相容；而当其以一定关系（例如 $\Delta t = K \times \Delta x$）趋近于零时，定解问题条件相容。

2.2.2.3　收敛性与稳定性

（1）差分解的收敛性

① 收敛性定义　设：差分网格上任一节点 (x_i, t_n) 的差分解为 ζ_i^n，而该节点对应的微分解为 $\zeta(x_i, t_n)$，两者之间的误差（离散误差）$e_i^n = \zeta_i^n - \zeta(x_i, t_n)$。

如果离散误差的范数 $\|e_i^n\|$ 满足

$$\lim_{\substack{\Delta x \to 0 \\ \Delta t \to 0}} \|e_i^n\| = 0 \tag{2-77}$$

则差分格式的解收敛于相应微分格式的定解。

可以证明，如果 Δx、Δt 各自独立趋近于零，则差分解无条件收敛于微分解，反之，差分解条件收敛于微分解。

② 相容性与收敛性的关系　相容性回答差分方程逼近微分方程、差分定解条件逼近微

分定解条件的程度问题，即在什么前提下，可以用同一定解问题的差分格式代替微分格式求解。但是相容性并没有说明获得的对应解之间存在多大误差，即差分格式解能否收敛于微分格式解。收敛性回答在差分问题和微分问题相容的前提下，对应解之间的逼近程度（即一致性）问题。

由于讨论方程相容和定解条件相容时，是在定解问题的差分格式和微分格式具有同一解 $\zeta(t,x)$ 或定解域内存在一个足够光滑的函数 ϕ、并且可以在点 (x_i,t_n) 的邻域内对函数 ϕ 作 Taylor 展开的基础上，推导出的方程截断误差和定解条件截断误差。也就是说，截断误差 R、r 实质上是在假设同一问题的差分格式和微分格式具有同一解的前提下，推导出的两种方程、两种定解条件之间的误差。从收敛性定义可知，R、r 并不代表定解问题的真正误差，即不同格式对应解之间的逼近程度，因为还存在着一个求解域的离散误差。所以，定解问题的相容性仅仅是其解具有收敛性的必要条件。

（2）差分格式的稳定性

差分格式的稳定性是指定解条件的微小变化和计算误差的累积是否对求解结果有显著影响。由于差分格式的稳定性与具体的差分格式有关，所以这里仅给出一种利用差分解判断差分格式是否稳定的通式。

设差分解 $\zeta_i^n = Z(x,t)$，若式

$$\| Z \| \leqslant K_1 \| D_\Delta(Z) \| + K_2 \| B_\Delta(Z) \| \tag{2-78}$$

成立，则给定差分格式是稳定的，否则是不稳定的。也就是说，如果差分解的范数 $\| Z \|$ 始终小于或等于差分方程范数与经差分处理的定解条件范数之和，则差分格式是稳定的。在式（2-78）中，D_Δ、B_Δ 是对应于微分方程和定解条件的差分算子；K_1、K_2 是不受 $\Delta x \to 0$、$\Delta t \to 0$ 影响的 Lipschitz 常数。若取

$$K = \max(K_1, K_2)$$

则

$$\| Z \| \leqslant K [\| D_\Delta(Z) \| + \| B_\Delta(Z) \|] \tag{2-79}$$

差分格式的稳定性有条件稳定和完全稳定之分。如果在一定条件下，某一节点解对后续节点解的影响很小或保持在某个限度内，则该差分格式是条件稳定的。如果在任何条件下得到的差分解都稳定，则该差分格式是完全稳定的。

2.2.2.4 相容性、收敛性和稳定性之间的联系

定解问题的相容性、差分解的收敛性和差分格式的稳定性之间存在某种联系，该联系可以用 Lax 等价定理加以描述，即：对于一个适定的线性微分问题及一个与之相容的差分格式，如果该格式稳定，则必收敛；不稳定，则必不收敛。换言之，若线性微分问题适定，差分格式相容，则稳定性是收敛性的必要和充分条件。

现给出 Lax 等价定理的简单证明：设 D、D_Δ 分别为控制方程的线性微分算子和差分算子，B、B_Δ 分别为定解条件的线性微分算子和差分算子，ζ、Z 分别为微分格式解和差分格式解，f、g 分别为对应于控制方程和定解条件的已知函数，R、r 分别为控制方程和定解条件的截断误差。

在定解域内，有

$$\begin{cases} D(\zeta)=f \\ B(\zeta)=g \end{cases} \qquad \begin{cases} D_\Delta(Z)=f \\ B_\Delta(Z)=g \end{cases}$$

上述对应表达式相减，得

$$D_\Delta(Z)-D(\zeta)=0, \quad B_\Delta(Z)-B(\zeta)=0$$

或

$$[D_\Delta(Z)-D_\Delta(\zeta)]+[D_\Delta(\zeta)-D(\zeta)]=0 \tag{2-80}$$

$$[B_\Delta(Z)-B_\Delta(\zeta)]+[B_\Delta(\zeta)-B(\zeta)]=0 \tag{2-81}$$

因 D、D_Δ、B、B_Δ 均为线性，故有

$$D_\Delta(Z)-D_\Delta(\zeta)=D_\Delta(Z-\zeta), \quad D_\Delta(\zeta)-D(\zeta)=R$$

$$B_\Delta(Z)-B_\Delta(\zeta)=B_\Delta(Z-\zeta), \quad B_\Delta(\zeta)-B(\zeta)=r$$

将其分别代回式(2-80) 和式(2-81)，得：

$$D_\Delta(Z-\zeta)=-R, \quad B_\Delta(Z-\zeta)=-r \tag{2-82}$$

若差分格式是稳定的，则按稳定性定义，存在

$$\|Z-\zeta\| \leqslant K[\|D_\Delta(Z-\zeta)\|+\|B_\Delta(Z-\zeta)\|] \tag{2-83}$$

将式(2-82) 中的两个截断误差代入式(2-83) 的对应项，得

$$\|Z-\zeta\| \leqslant K[\|R\|+\|r\|] \tag{2-84}$$

当定解问题相容时，因

$$\lim_{\substack{\Delta x \to 0 \\ \Delta t \to 0}}\|R\|=0, \lim_{\substack{\Delta x \to 0 \\ \Delta t \to 0}}\|r\|=0$$

于是有

$$\lim_{\substack{\Delta x \to 0 \\ \Delta t \to 0}}\|Z-\zeta\|=0 \tag{2-85}$$

即差分解收敛于微分解。

2.2.3 利用有限差分法求解应用问题的一般步骤

现仍以一维非稳态传热问题为例，介绍利用有限差分法求解的一般步骤。其中，建立满足实际应用需要的差分格式(包括控制方程和初边值条件) 是求解问题的关键。

设一维对象的长度为 L，材料的热物性已知并为常数；初始条件为 T_0（即被求解对象的初始温度），边界条件固定且已知为 T_w（即对象两端的界面温度）。在此基础上建立定解问题的微分格式如下

$$\frac{\partial T}{\partial t}=\alpha\frac{\partial^2 T}{\partial x^2} \quad (0<x<L, \ t>0) \tag{2-86}$$

$$T(x,0)=T_0 \tag{2-87}$$

$$T(0,t)=T(L,t)=T_w \tag{2-88}$$

式中 $\alpha=\lambda/(\rho C_p)$——热扩散系数；

λ、ρ、C_p——材料的热导率、密度和比热。

① 离散求解域（$0<x<L$, $t>0$）

$$x_i=i\Delta x \quad (i=1,2,\cdots,m-1)$$
$$t^n=n\Delta t \quad (n=0,1,2,\cdots) \tag{2-89}$$

式中 $i=0 \to x_i=0$；$i=m \to x_i=L$。

② 用时间向前差分和空间中间差分格式代替控制方程式(2-86) 的对应项

$$\left(\frac{\partial T}{\partial t}\right)_i^n=\frac{T_i^{n+1}-T_i^n}{\Delta t}, \quad \left(\frac{\partial^2 T}{\partial x^2}\right)_i^n=\frac{T_{i+1}^n-2T_i^n+T_{i-1}^n}{(\Delta x)^2} \tag{2-90}$$

③ 将式 (2-90) 代入式(2-86) 并改写成显式差分格式，同时将初边值条件式(2-87)、

式（2-88）也差分化，最后得

$$\begin{cases} T_i^{n+1} = f T_{i+1}^n + (1-2f) T_i^n + f T_{i-1}^n \\ T_i^0 = T_0 \\ T_0^n = T_w , \ T_m^n = T_w \end{cases} \tag{2-91}$$

式中，$f = \dfrac{\alpha \Delta t}{(\Delta x)^2}$。

④ 选择适当的计算方法求解线性代数方程组［式（2-91）］。

⑤ 将求解结果用云图、等值线、动画等方式展示出来，供实际应用参考。

从上述一般步骤可知，利用有限差分法求解工程问题不需要构建形函数，也无积分矩阵计算，其数学处理要比有限元法简洁得多。

2.3 边界元法和有限体积法简介

2.3.1 边界元法

边界元法（Boundary Element Method，BEM）是在综合有限元法和经典边界积分法基础上发展起来的一种数值方法。边界元法的中心思想是：以微分控制方程的基本解为权函数，利用加权余量法将区域积分转化为边界积分，并结合求解域边界的离散，构建基于边界单元的代数方程组，然后进行计算求解。同有限元法相比，边界元法具有下述特点。

① 网格的划分只在求解域边界上进行（图 2-20），使得其前处理工作量大大减少；

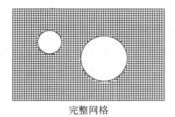

完整网格　　　　　　　　边界网格

图 2-20　网格划分举例

② 一旦获得边界解，便可利用积分表达式直接求解域内任意一点的变量值，从而大大降低数值计算规模；

③ 基本解自身的奇异性导致边界元法在求解奇异性问题时具有较高的计算精度；

④ 在处理载荷集中、半无限域等特殊问题上具有优势。

边界元法的弱点主要表现在：

① 边界元法以存在相应微分控制方程基本解为前提，而对于非均质和非线性问题其基本解很难获得；

② 基于边界元法建立的代数方程组，其系数矩阵满秩不对称，不能有效利用有限元法开发的成熟技术进行计算求解；

③ 对非线性问题，由于在方程中会出现域内积分项，从而部分抵消了边界元法只离散边界的优点。

此外，同有限元法相比，边界元法的研究、开发和应用历史较短，所以，基于边界元法的软件系统功能及其商品化程度远不如有限元法。

尽管如此，边界元法的应用研究已经遍及弹性力学、断裂、接触、多相、耦合、大变形、塑性、黏弹塑性、热传导、热弹性、流体岩土、电磁场、过程优化等多个领域。边界元法在材料成形数值模拟领域也有涉足，例如，著名的注射成形分析软件 Moldflow 利用基于边界元法的程序来模拟塑件的冷却过程和冷却系统的热交换过程。

2.3.2　有限体积法

有限体积法（Finite Volume Method，FVM）又称控制体积法（Control Volume Method，CVM）是在综合有限元法和有限差分法基础上发展起来的一种数值方法。有限体

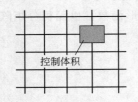

图 2-21　FVM 网格举例

积法的基本思想是：将求解计算域划分成网格并使每个网格结点周围都有一个互不重叠的控制体积（图 2-21），在每一个控制体积内对待解微分方程（控制方程）进行积分，从而获得一组离散方程，其中的未知量即为网格结点上的待求物理量（函数值）。

有限体积法具体以下特点。

① FVM 构造的离散方程是基于有限尺寸体积上某种物理量守恒的数学表达式（例如：能量守恒、动量守恒、质量守恒），离散方程中各构成项均有明确的物理意义。

② FVM 依据的是积分形式的守恒方程而非微分方程，该积分形式的守恒方程描述的是计算网格定义的每一个控制体。

③ FVM 物理概念清晰，网格划分灵活，易于编程。

④ 因 FVM 在数值求解高度非线性问题过程中，不存在网格畸变问题，无需重新划分网格，故其计算效率普遍高于有限元法。

基于有限体积法研发的 CAE 求解器（程序集）特别适合于解决流体力学、传热学以及流/固、热/固耦合类问题，因而在材料成形数值模拟领域得到较为广泛的应用。例如：业界著名的金属铸造成形仿真软件 Flow 3D Cast 和 NOVACAST 以及金属塑性成形仿真软件 Simufact. forming 就内置有 FVM 求解器。

在实际求解材料成形等工程问题时，常常是若干种数值方法交叉或混合使用。例如：利用有限元法与有限差分法耦合求解动量守恒方程和能量守恒方程，以模拟塑料熔体流动充模过程中的压力场、温度场、速度场等。又例如：为了求解应力场等问题，一些以有限差分法或有限体积法为技术核心的主流金属液态成形数值模拟系统现在也将有限元法求解器集成其中。

2.4　应用数值方法模拟材料成形的若干注意事项

为了提高数值模拟的计算效率和精度，使数值模拟结果与实际材料成形问题尽量吻合，一些必要的注意事项需在此加以说明。

2.4.1　简化模型

在不影响模拟结果的真实性或关注数据的准确性前提下，适当简化分析对象的几何模型或有限元模型，对于节约计算资源，缩短求解时间，提高模拟速度非常有帮助。

例如：在热分析中，由于结构细部对结构整体的温度分布影响很小，一般不会引起局部高温，如果不计算热应力，则细部结构可以忽略（图 2-22）。

又例如：分析图 2-23（a）砂型铸件的凝固过程。理论与实践证明，除了两端部区外，铸件主体各截面的凝固属性完全相同，因此，仅需在铸件主体区任意取一截面进行凝固模拟［见图 2-23（b）］即可。此外，考虑到截面的对称性，还可进一步将分析模型简化成图 2-23（c）的形式（已划分网格）。

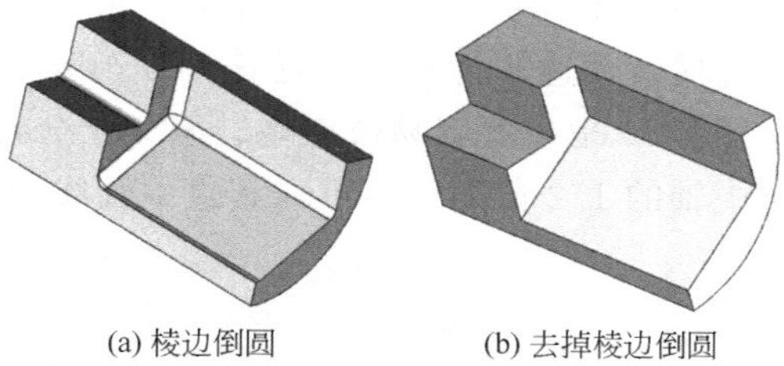

再例如：分析图 2-24（a）所示 S 轨零件的冷冲压过程。由于冲压板料的厚度尺寸相对于其长、宽尺寸而言可以忽略不计，因此，可将板料抽象成二维或三维面。同理，如果忽略冲压过程中的模具应力传递和摩擦热传递以及弹性变形，可把凸、凹模和压料圈等模具零部件简化成三维刚性面［图 2-24（b）］，这样处理将极大减少后续网格划分的单元数，从而缩短计算求解时间。

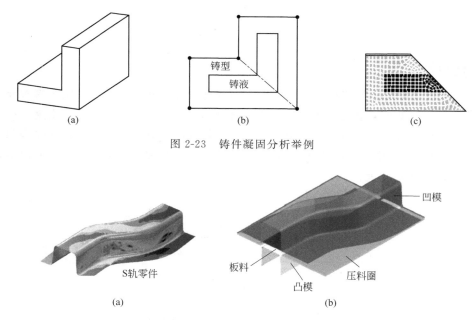

（a）棱边倒圆　　　（b）去掉棱边倒圆

图 2-22　棱边倒圆的简化

图 2-23　铸件凝固分析举例

图 2-24　S 轨零件冲压分析

在应用对称结构简化模型时，一定要注意对称面（或称为对称边界）的处理，以保证后续模拟分析的真实性。例如：转向杆零件的热模锻成形，采用一模两件［图 2-25（a）］，既可改善模具受力状况，又能提高锻件生产率。不过，为了节约计算资源，加快求解速度，可只取锻件的一半进行建模（包括上、下模膛和坯料）。如图 2-25（b）是锻件右半部对应的坯

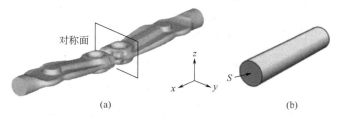

图 2-25　对称性应用举例

料，其中 S 面与锻件的对称面重合。假设坯料轴线与坐标系 x 轴平行，故在 S 面上，x 方向的金属流动速率为零，并且 S 面不与外部环境进行热交换，据此设置 S 面上的边界条件。

图 2-26 是一些容易被忽略、但又十分常见的对称结构举例。其中，轴对称结构既可取其过中轴的 1/2 截面，也可取其过中轴线的 $1/n$ 实体进行建模。

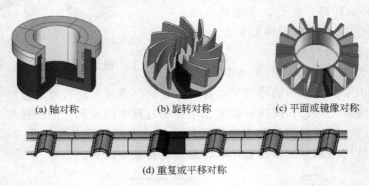

(a) 轴对称　　　　(b) 旋转对称　　　　(c) 平面或镜像对称

(d) 重复或平移对称

图 2-26　对称结构举例

2.4.2　选择单元

通常，分析对象的几何特征、数学模型（即数理方程）和求解精度决定了有限元的单元类型及其属性，而单元类型及其属性又与单元自身的几何结构、节点数、自由度、内部坐标以及依附在单元上的材料性质、表面载荷和特殊参数等因素有关。当以多项式作为单元插值函数时，单元形函数的阶次与项数由单元类型、单元节点数和单元节点的分布所决定，例如图 2-27 所示的三角形单元。

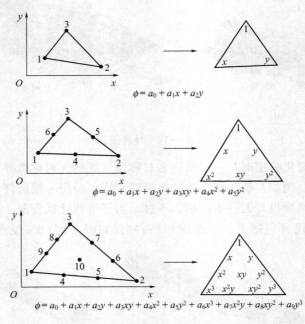

图 2-27　三角形单元的形函数阶次与项数

可以证明，对于二维单元，其形函数阶次与项数的选择必须满足数学上的巴斯卡三角形（图 2-28）法则，而对于三维单元，其形函数阶次与项数的选择则必须满足数学上的帕斯卡尔三角锥（图 2-29）法则。

巴斯卡三角形	多项式最高阶次	完备多项式项数
1	0	1
x　　y	1	3
x^2　　xy　　y^2	2	6
x^3　　x^2y　　xy^2　　y^3	3	10
x^4　　x^3y　　x^2y^2　　xy^3　　y^4	4	15

图 2-28　巴斯卡三角形对应的多项式阶次与项数

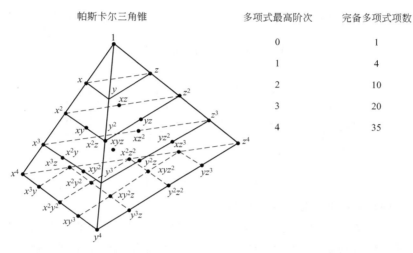

帕斯卡尔三角锥	多项式最高阶次	完备多项式项数
	0	1
	1	4
	2	10
	3	20
	4	35

图 2-29　帕斯卡尔三角锥对应的多项式阶次与项数

　　尽管采用高阶次形函数将有助于提高单元插值精度（见图 2-30），但是却使求解有限元方程组的计算量大大增加，因此，在选择单元时应遵循以下原则：

　　① 针对具体问题，尽量采用节点数较少的单元。

　　② 如果分析对象的边界比较规整，则尽量选择只有端节点的单元；如果边界是曲线或曲面，则可考虑选用带边节点或面节点的单元。

　　③ 对于具有轴对称结构的分析对象，可考虑选择轴对称单元（见图 2-31）。

　　此外，选择单元时还需考虑使其类型与分析对象的数学模型相吻合。例如，金属板料冲压成形一般选用壳单元或膜单元，铸件成形一般选用六面体或四面体单元，而构建塑料注射成形的浇注系统一般选用梁单元或杆单元。

　　对于利用有限差分法计算仿真材料成形过程，不存在单元选择问题。

2.4.3　划分网格

　　所谓划分网格实际上就是利用选择好的单元去离散连续的分析对象（求解域）。一般说来，增加网格密度（即缩小单元尺寸）可以：

　　① 减少几何离散误差，使网格边界更好地逼近分析对象的真实边界；

　　② 在单元尺度内，使同一单元插值函数更好地逼近真实函数；

　　③ 使计算结果更好地反映求解对象物理场的分布及其变化细节。

　　但是，网格划分得越细，节点数就越多，形成的方程组规模就越大，最终将导致计算资

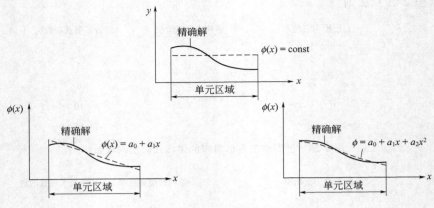

图 2-30　形函数阶次对单元插值的影响

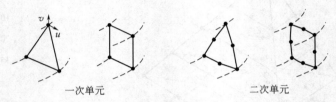

图 2-31　常用轴对称单元类型

源占用量增加、网格划分和计算求解时间延长。

为了解决上述矛盾，通常采用变网格技术，即根据求解实际工程问题的需要，在分析对象的不同区域静态地或动态地定义不同的网格密度。动态定义网格密度的技术又称为网格自适应技术（注：除了动态定义或调整网格密度外，网格自适应技术也包括动态增加或降低单元形函数阶次）。如图 2-32 所示是为了仿真某叶片模锻成形过程，其上、下模和锻件的网格划分实例。其中，上、下模腔的网格密度远大于模具主体，属于静态变密度网格（即在前处理中一次性划分，不随后续叶片成形过程变化）；而叶片各成形阶段（例如第二锤、第六锤）

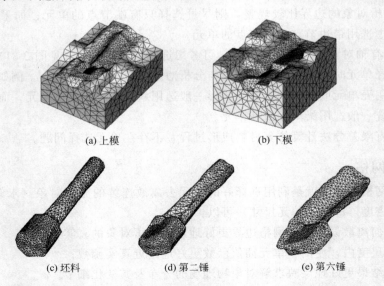

图 2-32　叶片模锻成形过程的网格划分，以及上、下模的网格划分

的网格采用自适应技术，由数值模拟系统根据网格畸变程度自动重新划分。

目前，变网格技术在有限差分法中也得到广泛应用。

2.4.4 建立初始条件和边界条件

对于绝大多数材料成形过程模拟，初始条件一般为分析对象的初始温度场、初始速度场等；而边界条件主要包括几何边界（自由边界、约束边界）和载荷边界（点、线、面、体载荷，以及静、动态载荷等）条件。必须根据实际问题建立合理的初始条件和边界条件，以保证求解结果的正确性。例如：针对图 2-23 的砂型铸件凝固过程模拟，所需要的初始条件为金属液浇注温度和铸型预热温度（忽略金属液充型结束前的热交换），边界条件为环境温度和铸型表面与环境之间的热交换系数（对流传热膜系数）。

确定初始条件和边界条件的常用方法有物理实验法、现场经验法、类比法（同类成形对象与过程的借鉴）和近似计算法（利用传统公式或前一阶段模拟结果）等。例如模具零件的淬火热处理，其初始温度有时可近似取其出炉温度（忽略零件与夹持工具、空气等的热交换）。

动态边界条件通常是指随时间、载荷或行程变化的边界条件，例如图 2-15。根据实际工况及具体过程，动态建立行之有效的边界条件仍然是目前需要花大力解决的难题。

2.4.5 定义材料参数

准确定义材料参数无疑是保证分析结果与工程实际相吻合的关键因素之一，应该根据具体分析任务合理定义或选用材料参数。例如，模拟图 2-23 的砂型铸件凝固过程，由于不涉及金属液的流动充型，所以，需要的材料参数仅为：型砂的密度、比热容和热导率，铸件金属随温度变化的热导率和热焓。又例如，热锻模具应力分析需要的材料参数主要是：基于不同温度的弹性模量、泊松比、热膨胀系数以及热导率和热容。再例如，模拟塑料熔体注射充模所需的材料参数一般为：黏度（与剪切速率和温度相关）、密度、比热容和 PVT 数据等。如果热塑性塑料熔体流动充模结束后，还要模拟其保压补缩和冷却凝固过程，则需补充热导率、收缩率、结晶度（结晶型塑料）以及熔/固转变温度（已包含在 PVT 数据中）等材料参数。

材料参数数据库一般由数值模拟系统的开发商及其合作伙伴提供。但是需要注意，即使同一种牌号的材料，由于生产厂家、生产批次不同，其材质可能会存在一些差异，因此，在条件允许的前提下，最好通过物理实验，测试并获取尽量准确的材料参数。

复习思考题

1. 有限元法的中心思想是什么？其技术核心是什么？

2. 应用有限元法求解工程问题一般经历三个过程，请简述这三个过程的作用。

3. 弹性力学的基本方程有哪些？各有何物理意义？

4. 线弹性体系的基本特点有哪些？成立的前提条件是什么？

5. 求解线弹性问题需要哪些物理参数和边界条件？

6. 何谓虚位移、虚应变？虚位移方程的物理意义是什么？

7. 何谓单元形函数？形函数对求解对象而言是几何近似还是物理近似？为什么？

8. 分别简述单元刚度矩阵和总刚度矩阵的基本特征，这些特征对于数值求解有何意义？

9. 求解物体内部由于温度变化而引发的热应力需要哪些物理参数？

10. 求解稳态热传导问题需要哪些物理参数和边界条件？

11. 简述有限元解收敛的必要条件和充分条件？

12. 有限元解的误差主要来自何方？怎样解决？

13. 有限元解的收敛性、收敛速度和稳定性对工程应用有何影响？

14. 材料成形的非线性问题主要表现在哪几个方面？

15. 数学上怎样求解非线性方程组？

16. 建立有限元方程的主要途径有哪些？请简述其基本原理。

17. 有限差分基本原理是什么？同有限元法相比，利用有限差分法求解工程问题有何特点？

18. 何谓差分、差商、差分方程，以及逼近误差、截断误差？

19. 定解问题相容性的含义是什么？有何现实意义？

20. 简述定解问题相容性、差分解收敛性和差分格式稳定性之间的联系。

21. 边界元法的中心思想是什么？

22. 利用边界元法求解工程问题有哪些特点？

23. 应用数值方法模拟材料成形应该注意哪些事项？

24. 为什么要简化分析模型？简化模型有哪些技巧？

25. 怎样选择离散连续体的有限单元类型？

26. 怎样确定有限元或有限差分的网格密度？

27. 怎样使定义的材料参数和初边值条件准确？

第 **3** 章

金属铸造成形中的数值模拟 ▶▶

3.1 概述

    金属材料铸造成形历史悠久，铸造行业一直是材料加工领域重要的支柱之一。然而，铸造生产常常伴随较大废品率，究其原因，主要是传统的铸造工艺设计和铸型设计多依赖于经验积累，缺乏在动态、定量数据支持下的结果预测方法与设计优化手段，进而很难把握铸造产品的最终质量。事实上，造成废品率过高的铸造缺陷（例如缩孔、缩松、裂纹、变形等）绝大部分形成于铸液充型与凝固过程。正是由于对准确揭示铸液充型与凝固过程的物理细节及其变化规律、科学预测铸件成形质量、有针对性地优化工艺方案与铸型设计、大力提高铸造产品的合格率等迫切需求促进了数值模拟技术在铸造行业的推广应用。

    目前，数值模拟技术在金属铸造成形中的应用主要包括以下几个方面。

    ① 流动场模拟　利用流体力学原理，分析并仿真铸液在浇冒口系统和铸型型腔中的流动状态及其吸气过程，通过优化浇注条件和浇冒系统设计，减轻或消除流股分离、卷气和夹渣现象，降低铸液对铸型的冲蚀。

    ② 温度场模拟　利用传热学原理，分析铸造成形的传热过程及其对应的温度场变化，在此基础上仿真铸件的冷却凝固细节，检验工艺条件，预测凝固缺陷，优化冷却系统设计。

    ③ 热-流耦合模拟　利用流体力学和传热学原理，在仿真铸液充型流动的同时计算其传热过程，以预测和控制氧化、冷隔、浇不足等铸造缺陷的产生，同时为铸件后续的凝固过程模拟计算提供初始温度条件。

    ④ 应力场模拟　利用力学原理和温度场模拟数据，分析铸件的应力分布，仿真铸件内的应力应变分布及其变化，预测和控制热裂、冷裂、变形等铸造缺陷的产生。

    ⑤ 铸件组织模拟　利用金属学原理和温度场模拟数据，分析并仿真铸液在凝固过程中的晶粒形成和溶质扩散等物理现象，并以此为基础，预测、控制和优化铸件的宏/微观组织结构及其分布，预测、控制和优化同铸件宏/微观组织相适应的机械性能。

3.2 技术基础

3.2.1 铸件凝固过程的数值模拟

    金属铸造成形中的凝固过程是指高温液态金属由液相向固相的转变过程。在这一过程中，高温液态金属所含热量必然会通过各种途径向铸型和周围环境传递，逐步冷却并凝固，最终形成铸件。其中，铸件/铸型系统的热量传递主要包括：铸液内部的热对流，铸件和铸型内部的热传导，铸液、铸件和铸型的热辐射，以及铸液/铸型、铸液/凝固层、铸件/铸型、铸型/环境等界面的热交换。实际上，自然界中的三类基本传热方式在金属铸造成形过程中均有所体现。

铸件凝固过程数值模拟的主要任务就是建立凝固过程的传热模型，然后在已知初边值条件下利用数值方法求解该传热模型，获取其温度场变化信息，并根据温度场的分布及其变化仿真铸件凝固过程，了解与温度场或温度梯度变化相关的物理现象和预测铸件成形质量，例如：冷却速度、凝固时间与凝固分数、液/固相变、晶粒形核与生长以及缩孔、缩松、冷隔、残余应力与应变、宏微观组织与性能等。

数值求解凝固过程温度场的常用方法包括：有限差分法、有限元法和边界元法。其中，前两种方法的基本原理已在第 2 章分别介绍，第三种方法（边界元法）将在第 7 章结合塑料注射成形冷却模拟介绍。考虑到有限差分法在处理诸如铸造温度场、流动场方面的简捷性与广泛性，本章只介绍利用有限差分法求解铸件凝固过程的温度场变化。

3.2.1.1　基本假设

① 铸液充型时间极短，充型期间铸液和铸型内的温度变化可忽略不计；

② 铸液充满模腔后瞬间开始凝固；

③ 不考虑凝固过程中的液/固相界面推移，即不考虑传质影响（该假设不适合厚大铸件）；

④ 忽略铸液过冷，即凝固是从给定的液相线温度开始至固相线温度结束，金属液的凝固在平衡状态下完成；

⑤ 铸件/铸型系统传热主要受铸件、铸件凝固层、铸型以及铸件/铸型界面和铸件/铸型界面涂料层（如果有）的热传导控制。

3.2.1.2　热传导控制方程（Fourier 方程）

$$\rho c \frac{\partial T}{\partial t} = \frac{\partial}{\partial x}\left(k_x \frac{\partial T}{\partial x}\right) + \frac{\partial}{\partial y}\left(k_y \frac{\partial T}{\partial y}\right) + \frac{\partial}{\partial z}\left(k_z \frac{\partial T}{\partial z}\right) + \rho L \frac{\partial f_s}{\partial t} \tag{3-1}$$

式中　　T——温度场；

　　　　t——时间；

k_x，k_y，k_z——沿 x、y、z 方向的导热系数；

　　ρ，c——材料密度和比热容；

　　　L——比潜热（单位质量液相转变成固相所释放的结晶潜热）；

　　　f_s——凝固温度区间内的固相质量分数。

式(3-1) 表明：基于能量守恒原理，微元体单位时间温度变化获得（或散失）的热量等于单位时间由 x，y，z 三个方向传入（或传出）微元体的热量加上微元体单位时间相变释放（或吸收）的热量。对于铸件/铸型系统中无相变材料（例如铸型）的导热而言，式(3-1)右边最后一项等于零。

在实际生产中，铸件/铸型系统的热传导控制分三种情况：

① 铸件热导率远大于铸型热导率（例如砂型铸造），铸件中的温差相对于砂型温差而言可以忽略不计，铸件/铸型系统的热传导取决于砂型导热；

② 铸件在厚涂料金属型中凝固，铸件和铸型的热导率相对于涂料而言很大，铸件/铸型系统的热传导取决于涂料导热；

③ 铸件在金属型中凝固，铸件与铸型紧密接触，铸件、铸型和铸件/铸型界面的热导率接近，铸件/铸型系统的热传导由铸件、铸型共同决定。

3.2.1.3 结晶潜热的处理

由于凝固金属的液相内能大于固相内能，因此，当铸件金属由液相转变为固相时，会发生内能的变化。这个内能变化以凝固（结晶）潜热的形式展现。潜热的处理与铸件材料的凝固特性有关，常用方法有：等效比热容法、热焓法和温度补偿法。

（1）等效比热容法

该方法认为：铸件凝固过程中的比热容由两部分组成，一是铸件材料的真实比热容，二是结晶潜热对相变过程比热容的贡献，即

$$c_E = c + L_0 \tag{3-2}$$

式中 c_E——等效（或当量）比热容；

c——真实比热容；

L_0——结晶潜热对相变比热容的贡献。

现将式(3-1)的潜热项移到等号左边并化简，得：

$$\rho\left(c - L\,\frac{\partial f_s}{\partial T}\right)\frac{\partial T}{\partial t} = \frac{\partial}{\partial x}\left(k_x\,\frac{\partial T}{\partial x}\right) + \frac{\partial}{\partial y}\left(k_y\,\frac{\partial T}{\partial y}\right) + \frac{\partial}{\partial z}\left(k_z\,\frac{\partial T}{\partial z}\right)$$

或 $$\rho c_E\,\frac{\partial T}{\partial t} = \frac{\partial}{\partial x}\left(k_x\,\frac{\partial T}{\partial x}\right) + \frac{\partial}{\partial y}\left(k_y\,\frac{\partial T}{\partial y}\right) + \frac{\partial}{\partial z}\left(k_z\,\frac{\partial T}{\partial z}\right) \tag{3-3}$$

显然：

$$c_E = c - L\,\frac{\partial f_s}{\partial T},\quad L_0 = -L\,\frac{\partial f_s}{\partial T} \tag{3-4}$$

由式(3-4)可知，当铸件材料一定时，其凝固过程所释放的结晶潜热与固相质量分数 f_s 和实际凝固温度 T 有关。因此，等效比热容法的关键是确定凝固过程中 f_s 与 T 之间的关系。通常，利用铸件合金的平衡相图可以较好地解决该问题。

图 3-1 是某二元合金相图的一部分，其中：C_0、C_S、C_L 分别为给定合金的原始成分（组元 B 的质量分数，下同）、温度为 T 时的固相成分和液相成分，T_f、T_L、T_S 分别为组元 A 的熔点、合金 C_0 开始结晶的液相线温度和结晶完毕的固相线温度。为了简化数学处理，假设相图中的液相线和固相线均为直线，因而在凝固区间的任何温度下，液固两相的浓度（成分）分配比为一常数，即：

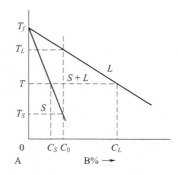

图 3-1 二元合金相图（局部）

$$k = \frac{C_S}{C_L} \tag{3-5}$$

针对图 3-1 应用杠杆定理，可计算获得凝固温度为 T 时，单位质量合金 C_0 结晶出的固相质量分数

$$f_s = \frac{C_0 - C_L}{C_S - C_L} \tag{3-6}$$

将式(3-5)代入式(3-6)得到液相成分 C_L 与原始成分 C_0、已结晶固相质量分数 f_s 和浓度分配比 k 之间的关系。

$$C_L = \frac{C_0}{1 + f_s(k-1)} \tag{3-7}$$

由于假设液相线为直线,因此有:

$$T = T_f - \frac{T_f - T_L}{C_0} C_L \tag{3-8}$$

将式(3-7)代入式(3-8)并化简,得:

$$T = T_f - \frac{T_f - T_L}{1 + f_s(k-1)}$$

于是有:

$$f_s = \frac{1}{(1-k)} \frac{T_L - T}{(T_f - T)} \tag{3-9}$$

$$\frac{\partial f_s}{\partial T} = \frac{1}{(1-k)} \times \frac{T_L - T_f}{(T_f - T)^2} \tag{3-10}$$

如果合金凝固期间液、固两相的浓度分配比 k 不为常数或未知,则可借助下述方法处理 $\partial f_s / \partial T$:

先利用热分析法求出合金凝固开始温度 T_L 和结束温度 T_S,然后假设如下:

① T 与 f_s 呈线性关系,即 $T = T_L - (T_L - T_S)f_s$,于是

$$\frac{\partial f_s}{\partial T} = -\frac{1}{T_L - T_S} \tag{3-11}$$

② T 与 f_s 呈二次关系,即 $T = T_L - (T_L - T_S)f_s^2$,于是

$$\frac{\partial f_s}{\partial T} = \frac{1}{2\sqrt{(T_L - T_S)(T_L - T)}} \tag{3-12}$$

根据应用情况,将 $\partial f_s / \partial T$ 代入式(3-4),即可获得二元合金凝固过程中的等效比热容 c_E。需要注意的是,合金凝固过程中的等效比热容选取与实际冷却温度 T 有关,一般

$$c_E = \begin{cases} c_L & T \geqslant T_L \\ c + L_0 & T_S < T < T_L \\ c_S & T \leqslant T_S \end{cases} \tag{3-13}$$

式中　c_L,c_S——液态和固态下的合金比热容;

　　　　c——真实比热容(可以理解为无结晶潜热的系统比热容)。

等效比热容法适合于处理凝固温度区间较宽合金的潜热问题。对于凝固温度区间较窄合金和共晶合金的潜热处理必须进行温度修正,否则便会产生显著误差。

(2)热焓法

热焓法是利用铸件凝固过程中的热焓随温度变化来处理结晶潜热。对于历经凝固的已知成分合金系统,其热焓 H 被定义为:

$$H = \int_0^T c \, dT + (1 - f_s)L \tag{3-14}$$

式(3-14)对温度求导:

$$\frac{\partial H}{\partial T} = c - L \frac{\partial f_s}{\partial T} \tag{3-15}$$

将式(3-15) 代入式(3-1) 即得：

$$\rho \frac{\partial H}{\partial t} = \frac{\partial}{\partial x}\left(k_x \frac{\partial T}{\partial x}\right) + \frac{\partial}{\partial y}\left(k_y \frac{\partial T}{\partial y}\right) + \frac{\partial}{\partial z}\left(k_z \frac{\partial T}{\partial z}\right) \tag{3-16}$$

热焓法与等效比热容法类似，适用于有一定结晶温度范围的合金。

（3）温度回升法

对于纯金属或凝固温度区间很窄或共晶成分合金的结晶潜热处理，通常采用温度回升法。

就上述合金或纯金属而言，在整个凝固过程中，其温度基本上维持在凝固点附近。这是由于铸件凝固释放的结晶潜热补偿了其"显"热的散失，从而抵消了冷却传热造成的温度下降。假设在时间 Δt 内，从液相中结晶出质量分数为 f_s 的固相释放热量

$$Q_1 = L f_s \tag{3-17}$$

同一时间内，该固相散失热量

$$Q_2 = c f_s \Delta T \tag{3-18}$$

式中 ΔT——因热量散失导致的温度下降。

当 $Q_1 = Q_2$ 时，意味着释放的潜热完全弥补了冷却的散热，于是又使温度回升 ΔT。最后由式(3-17) 和式(3-18) 可得：

$$L = \Delta T c \tag{3-19}$$

式(3-19) 即是利用温度回升法导出的结晶潜热表达式。

3.2.1.4 铸件/铸型系统的其他传热方式

（1）对流传热

铸液与铸型内壁、铸液与已凝固铸件层、铸型外壁与周围空气以及铸液内部存在对流换热。对流换热的数理描述通常依据牛顿（Newton）冷却公式

$$q_f = \alpha(T_f - T_w) \tag{3-20}$$

式中 q_f——热流密度（单位面积界面上的对流传热量）；

$\quad\quad \alpha$——对流传热系数；

$\quad\quad T_f$——流体（例如铸液、空气等）温度；

$\quad\quad T_w$——固体（例如铸型、已凝固铸件层等）边界温度。

需要注意的是，式(3-20) 并不涉及铸液（流体）内部的对流传热。由于处理对流传热比处理单纯热传导复杂，因此，在实际计算中常予以简化。

（2）辐射传热

铸件、铸型与周围空气之间的换热方式还包括辐射传热，特别是在静止空气中冷却且铸件或铸型温度相对较高时，铸件或铸型表面与大气之间的换热以辐射方式为主。辐射传热遵循斯忒藩－玻耳兹曼定律（Stefan-Boltzman）定理

$$q_r = ES(T^4 - T_\infty^4) \tag{3-21}$$

式中 q_r——单位面积界面上的辐射传热量；

$\quad\quad E$——铸件或铸型的表面黑度；

$\quad\quad S$——Stefan-Boltzman 常数；

$\quad\quad T，T_\infty$——铸件或铸型的表面温度和环境（空气）温度。

3.2.1.5 热传导控制方程的差分格式

根据第 2 章介绍的有限差分原理，将式(3-1) 中的各项改写成差分格式，例如

$$\frac{\partial T}{\partial t} \approx \frac{T'-T}{\Delta t}$$

$$\frac{\partial^2 T}{\partial x^2} \approx \frac{(T_{x+\Delta x}-T_x)-(T_x-T_{x-\Delta x})}{\Delta x \Delta x} = \frac{T_{x+\Delta x}+T_{x-\Delta x}-2T_x}{\Delta x \Delta x}$$

当 $\Delta x = \Delta y = \Delta z$ （微元体边长相等）时，有

$$\frac{\partial^2 T}{\partial x^2}+\frac{\partial^2 T}{\partial y^2}+\frac{\partial^2 T}{\partial z^2} = \frac{T_{x+\Delta x}+T_{x-\Delta x}+T_{y+\Delta y}+T_{y-\Delta y}+T_{z+\Delta z}+T_{z-\Delta z}-6T}{\Delta x \Delta x}$$

综合上述各式，得铸件/铸型系统热传导控制方程的差分格式（假设 $k_x = k_y = k_z = \lambda$）

$$\rho c \frac{T'-T}{\Delta t} = \frac{\lambda(T_{x+\Delta x}+T_{x-\Delta x}+T_{y+\Delta y}+T_{y-\Delta y}+T_{z+\Delta z}+T_{z-\Delta z}-6T)}{\Delta x \Delta x} + \rho L \frac{\partial f_s}{\partial t}$$

$$(3-22)$$

式中　T——当前 （即 t）时刻温度；

　　　T'——下一 （即 $t+\Delta t$）时刻温度；

　　　Δt——时间步长。

3.2.1.6 温度场数值解稳定收敛的基本条件

将式(3-22) 改写成数值迭代形式

$$T' = T + a \frac{\sum\limits_{i=1}^{6} T_i - 6T}{\Delta x \Delta x} \Delta t + \frac{L}{c} \frac{\partial f_s}{\partial t} \Delta t \qquad (3-23)$$

式中　$a = \dfrac{\lambda}{\rho c}$——热扩散系数；$\sum\limits_{i=1}^{6} T_i = T_{x+\Delta x}+T_{x-\Delta x}+T_{y+\Delta y}+T_{y-\Delta y}+T_{z+\Delta z}+T_{z-\Delta z}$。

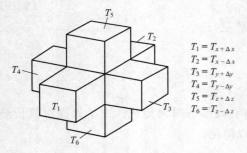

$T_1 = T_{x+\Delta x}$
$T_2 = T_{x-\Delta x}$
$T_3 = T_{y+\Delta y}$
$T_4 = T_{y-\Delta y}$
$T_5 = T_{z+\Delta z}$
$T_6 = T_{z-\Delta z}$

令 $\overline{T_i} = \sum\limits_{i=1}^{6} T_i /6$ ［与微元 i 相邻的 6 个微元温度的平均值 （见图 3-2）］，于是有

$$\Delta T = a \frac{6(\overline{T_i}-T)}{\Delta x \Delta x} \Delta t + \frac{L}{c} \times \frac{\partial f_s}{\partial t} \Delta t \qquad (3-24)$$

无相变时 （例如铸型导热），式(3-24) 转变成

$$\Delta T = a \frac{6(\overline{T_i}-T)}{\Delta x \Delta x} \Delta t \qquad (3-25)$$

图 3-2　当前微元位于 6 个邻接微元中间

此时，微元 i 的温度变化 ΔT 取决于该微元当前温度 T 与相邻 6 个微元平均温度之差 $\overline{T_i}-T$。

差值 $\overline{T_i}-T$ 即为驱使微元 i 温度变化的动力，而微元 i 温度变化的终极目标是趋向周围 6 个相邻微元温度的平均值，即 $\Delta T = 0$。作为实际过程数值模拟的迭代计算，必须真实地反映这一现象：任何时刻，任何单元都不能出现温度变化的反常。显然，如果式(3-25)中的时间步长 Δt 取值不当，就会造成迭代计算的温度值振荡。换句话说，Δt 的取值必须保证微元温度的变化 ΔT 满足条件

$$|\Delta T| < |\overline{T_i}-T| \qquad (3-26)$$

将式(3-25) 代入式(3-26)，有

$$a\frac{6|\overline{T_i}-T|}{\Delta x \Delta x}\Delta t < |\overline{T_i}-T|$$

化简得到温度场数值解稳定收敛的基本条件

$$\Delta t < \frac{\Delta x \Delta x}{6a} = \frac{\rho c}{6\lambda}\Delta x \Delta x \tag{3-27}$$

即：按式（3-27）选取时间步长，可保证式（3-25）在无相变前提下存在稳定收敛的数值解。对存在液、固相变的铸件导热，将 3.2.1.3 小节对结晶潜热处理的表达式代入式（3-24），然后再代入式（3-26），同样可推导出相应热传导控制方程的有限差分格式和稳定数值解的收敛条件。

3.2.1.7 初边值条件的设定

（1）初始条件

根据基本假设①和②，当 $t=0$ 时，有

$$T(x,0)=T_c \quad （铸件区）$$
$$T(x,0)=T_m \quad （铸型区）$$

通常将铸件初始温度 T_c 定义为等于或略低于铸液浇注温度，铸型初始温度 T_m 定义为铸型预热温度或室温。若假设充型结束时，铸液与铸型完全接触，且其界面温度瞬间趋于一致（如图 3-3 所示），于是可用下式计算 $t=0$ 时的界面温度 T_0。

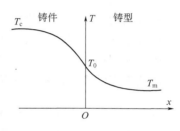

图 3-3　界面初始温度

$$T_0=\frac{b_c T_c + b_m T_m}{b_c + b_m} \tag{3-28}$$

式中　b_c，b_m——铸件和铸型的储热系数，$b_c=\sqrt{a_c}$，$b_m=\sqrt{a_m}$；

　　　　a_c，a_m——铸件和铸型的热扩散系数。

（2）边界条件

计算铸件凝固过程温度场的边界条件参见第 2 章式（2-36）～式（2-38），其中最重要的边界条件是界面传热（换热）系数 h。涉及铸造凝固传热的界面按物质分类通常有：铸件/铸型、铸件/空气、铸件/涂料、涂料/铸型、铸件/冷铁、冷铁/砂型、冒口/空气、铸型/空气以及铸型/大地等。应根据生产实际（如铸造方法、铸型类别、界面性质等）分别设置各界面的传热系数。此外，还需重视一些特殊边界的处理。例如：当铸件和铸型之间无涂料过渡时，应考虑界面间隙的辐射传热或（和）空气对流传热；同理，在金属型铸造或铸件明冒口顶部不加覆盖剂的场合，需适当考虑对流传热和辐射传热。又例如：当铸件/铸型系统的几何形状和边界条件之间存在某种对称关系时，为了节约计算工作量，往往只对铸件/铸型系统中的一部分区域进行求解，此时的对称边界类似绝热边界，即在对称边界上，求解热传导方程式（3-1）的第一、第二类边界条件应设置为 $T|_B=0$、$\partial T/\partial n|_B=0$。表 3-1 是金属铸造成形中常见界面传热系数的经验值，可作为一般数值计算参考。

表 3-1　常见界面传热系数

界面	传热系数 /[W/(m²·K)]	粗略计算 /[W/(m²·K)]	界面	传热系数 /[W/(m²·K)]	粗略计算 /[W/(m²·K)]
金属铸件/金属型	1000～5000	1000	铸型/空气	5～10	静止空气 5；流动空气 10
金属铸件/砂型	300～1000	500	铸型/水	3000～5000	流动水 3000；喷淋水 5000

应严格说来，界面传热系数是温度和界面性质的函数，如果条件允许，应尽可能选择（或通过物理实验获取）真实的界面传热系数。

3.2.2 铸液充型过程的数值模拟

铸液在充型流动过程中会产生氧化、裹气、散热，以及压力、温度、速度、黏度波动等一系列化学和物理变化，因此，充型流动与铸件质量密切相关。采用数值模拟实验，不仅可以仿真铸液在铸型和浇冒系统中的流动状态（包括流速、压力等物理量的分布与变化），而且还可以仿真铸液流动过程中的温度分布及其变化，从而根据流速、压力、温度等物理量变化特征或规律优化浇冒系统设计，防止铸液吸气和氧化，减轻铸液对铸型的冲蚀，控制浇注不足和冷隔等缺陷的产生。铸液充型过程的数值模拟主要涉及铸液流动的自由表面处理、非稳态流场中的速度和压力求解，以及流动与传热的耦合计算等多个方面。需要说明的是，目前比较成熟的充型流动数值模拟技术大都基于层流模型或修正的层流模型，这给流动充型的实际仿真带来一定误差，因为铸液充型时的真实流动通常为非完全展开的紊流流动。尽管业界对铸液充型过程的紊流流动进行了长期深入的研究，而且也取得了一些有益的成果，但是，铸液充型的紊流问题仍然是当今流体力学和计算力学研究的热点。

3.2.2.1 铸液流动充型的数学模型

铸液充型过程的流动属于带有自由表面的不可压缩黏性非稳态流动。该流动过程包含质量传递、动量传递和能量传递，可用相应的数学模型（基本方程）加以描述。

（1）连续方程（质量守恒方程）

连续方程是质量守恒定律在流体力学中的具体体现。对于带有自由表面不可压缩黏性非稳态流体流动，有：

$$D = \frac{\partial u}{\partial x} + \frac{\partial v}{\partial y} + \frac{\partial w}{\partial z} = 0 \tag{3-29}$$

式中　D——散度；

u、v、w——流体在 x、y、z 三个方向上的流速分量。

方程（3-29）表明：对于不可压缩流体的无源流动场而言，在充满流体的流动域中任何一点，流速的散度等于 0，即无源无漏，质量守恒。

（2）动量守恒方程

动量守恒方程是根据牛顿第二定律导出的黏性流体运动方程，该运动方程又称纳维－斯托克斯（Navier-Stokes）方程（简称 N-S 方程）。对于带有自由表面不可压缩黏性非稳态流体流动，动量守恒方程的表现形式如下。

$$\rho \frac{\partial u}{\partial t} + \rho \left(u \frac{\partial u}{\partial x} + v \frac{\partial u}{\partial y} + w \frac{\partial u}{\partial z} \right) = -\frac{\partial p}{\partial x} + \rho g_x + \rho \mu \left(\frac{\partial^2 u}{\partial x^2} + \frac{\partial^2 u}{\partial y^2} + \frac{\partial^2 u}{\partial z^2} \right) \tag{3-30a}$$

$$\rho \frac{\partial v}{\partial t} + \rho \left(u \frac{\partial v}{\partial x} + v \frac{\partial v}{\partial y} + w \frac{\partial v}{\partial z} \right) = -\frac{\partial p}{\partial y} + \rho g_y + \rho \mu \left(\frac{\partial^2 v}{\partial x^2} + \frac{\partial^2 v}{\partial y^2} + \frac{\partial^2 v}{\partial z^2} \right) \tag{3-30b}$$

$$\rho \frac{\partial w}{\partial t} + \rho \left(u \frac{\partial w}{\partial x} + v \frac{\partial w}{\partial y} + w \frac{\partial w}{\partial z} \right) = -\frac{\partial p}{\partial z} + \rho g_z + \rho \mu \left(\frac{\partial^2 w}{\partial x^2} + \frac{\partial^2 w}{\partial y^2} + \frac{\partial^2 w}{\partial z^2} \right) \tag{3-30c}$$

式中　g——重力加速度；

ρ——流体密度；

p——流体压强；

μ——流体运动黏度，$\mu=\eta/\rho$；

η——流体动力黏度。

方程（3-30）表明：由微元体内流体重力、微元体表面压力和流体自身运动的动力（惯性力与黏性力之差）所产生的动量之和为零。其中：等式左边第一项代表加速力，第二项代表惯性力；等式右边第一项代表作用在微元体表面的压力，第二项代表流体重力，第三项代表黏性力。

（3）能量守恒方程

能量守恒方程是热力学第一定律在流体力学中的具体体现。对于带有自由表面不可压缩黏性非稳态流体流动，有

$$\rho c \frac{\partial T}{\partial t} + \rho c \left(u \frac{\partial T}{\partial x} + v \frac{\partial T}{\partial y} + w \frac{\partial T}{\partial z} \right) = \lambda \left(\frac{\partial^2 T}{\partial x^2} + \frac{\partial^2 T}{\partial y^2} + \frac{\partial^2 T}{\partial z^2} \right) + Q \tag{3-31}$$

式中　c——流体比热容；

　　　Q——流体内热源；

　　　λ——流体热导率。

方程（3-31）表明：流体流动引起的温度变化主要由流体自身导热和流体对流传热造成。其中：等式左边第一项代表同温度变化相关的能量，第二项代表同对流传热相关的能量；等式右边第一项代表同流体自身导热相关的能量，第二项代表同流体内热源相关的能量。

3.2.2.2　求解流动充型问题的初边值条件

（1）初始条件

铸液充型流动的初始条件通常包括铸液进入铸型型腔或浇注系统瞬间（$t=0$）的初始速度和初始压力。

① 初始速度　初始速度一般是指 $t=0$ 时的浇注系统入口处或铸型内浇道入口处（如果不考虑浇注系统）的铸液流动速度，该速度与浇注方式有关。

② 初始压力　初始压力一般是指 $t=0$ 时的铸型内压。当铸型排气良好时，铸型内压可设为零，否则应根据具体情况将初始压力设为背压。

③ 其他初始条件　如果在求解速度场和压力场时需要耦合温度场计算，则还应给出初始温度条件。一般情况下，铸液流动充型的初始温度取铸液的浇注温度或浇注系统入口处的铸液温度。

（2）边界条件

边界条件指流体在其流动边界上应该满足的条件。铸液充型流动过程中经常遇到的边界条件有：

① 自由表面速度　自由表面是指铸液流动前沿的非约束表面（即不与铸型壁接触的表面）。在处理铸液流动的自由表面时，动量守恒方程依然可用，但连续方程因流动域的改变而不再适用，因此必须仔细设置其速度边界条件。如果铸液前沿液/气界面互不渗透，而且又满足不发生分离的连续性条件，则界面处的法向流速相等。

② 自由表面压力　自由表面的边界压力一般由两部分组成：一是因铸型排气不畅产生的阻碍铸液前沿流动的空气压力（背压）；二是铸液前沿自由表面的张力。通常情况下，如果型腔内的气体压力已知（例如背压 P_0），则自由表面压力的法向分量 P_n 和切向分量 P_t

满足 $P_n = -P_0$，$P_t = 0$。

③ 约束表面的速度与压力 约束表面一般是指铸液与型腔壁接触的表面（亦称为铸液/铸型界面）。当铸液沿固定型腔壁流动时，其法向和切向速度分别为零，这就是所谓无滑移边界条件。当铸液沿运动型腔壁（例如离心铸造）流动时，液/固体界面处的铸液流速等于型腔壁速度。当型腔壁多孔（例如砂型铸造）且有铸液穿越壁面时，则切向速度为零，而法向速度等于铸液穿过壁面的速度。

④ 温度边界条件 是否给出温度边界条件一般由铸液充型流动数值模拟是否需要耦合温度场计算［即同时计算能量控制方程（3-31）］决定。耦合求解流动场与温度场能够更加准确地描述铸液充型的真实流动状态。

3.2.2.3 数学模型的差分离散

为了统一本章的差分格式，以方便学习和理解，现采用非交错差分格式离散相应的连续方程（3-29）、动量方程（3-30）和能量方程（3-31）。

（1）连续方程的离散

$$D \approx \frac{u_{x+\Delta x} - u_x}{\Delta x} + \frac{v_{y+\Delta y} - v_y}{\Delta y} + \frac{w_{z+\Delta z} - w_z}{\Delta z} = 0 \quad (3\text{-}32a)$$

或

$$D \approx \frac{u_x - u_{x-\Delta x}}{\Delta x} + \frac{v_y - v_{y-\Delta y}}{\Delta y} + \frac{w_z - w_{z-\Delta z}}{\Delta z} = 0 \quad (3\text{-}32b)$$

（2）N-S 方程的离散

以式（3-30a）为例，将方程中的各偏微分项用相应的差分项代替

$$u\frac{\partial u}{\partial x} + v\frac{\partial u}{\partial y} + w\frac{\partial u}{\partial z} \approx u\frac{u_{x+\Delta x} - u_x}{\Delta x} + v\frac{u_{y+\Delta y} - u_y}{\Delta y} + w\frac{u_{z+\Delta z} - u_z}{\Delta z}$$

$$\mu\left(\frac{\partial^2 u}{\partial x^2} + \frac{\partial^2 u}{\partial y^2} + \frac{\partial^2 u}{\partial z^2}\right) \approx \mu\left(\frac{u_{x+\Delta x} + u_{x-\Delta x} - 2u_x}{\Delta x \Delta x} + \frac{u_{y+\Delta y} + u_{y-\Delta y} - 2u_y}{\Delta y \Delta y} + \frac{u_{z+\Delta z} + u_{z-\Delta z} - 2u_z}{\Delta z \Delta z}\right)$$

$$\frac{\partial u}{\partial t} \approx \frac{u' - u}{\Delta t}, \frac{\partial p}{\partial x} \approx \frac{p_{x+\Delta x} - p_x}{\Delta x}$$

将上述四式代入方程（3-30a），取 $\Delta x = \Delta y = \Delta z$，并化简成数值迭代形式

$$u' = u + g_x \Delta t - \frac{1}{\rho}\frac{p_{x+\Delta x} - p_x}{\Delta x}\Delta t - \frac{uu_{x+\Delta x} + vu_{y+\Delta y} + wu_{z+\Delta z} - (u+v+w)u}{\Delta x}\Delta t$$

$$+ \mu\frac{u_{x+\Delta x} + u_{x-\Delta x} + u_{y+\Delta y} + u_{y-\Delta y} + u_{z+\Delta z} + u_{z-\Delta z} - 6u}{\Delta x \Delta x}\Delta t \quad (3\text{-}33a)$$

同理，也有

$$v' = v + g_y \Delta t - \frac{1}{\rho}\frac{p_{y+\Delta y} - p_y}{\Delta y}\Delta t - \frac{uv_{x+\Delta x} + vv_{y+\Delta y} + wv_{z+\Delta z} - (u+v+w)v}{\Delta y}\Delta t$$

$$+ \mu\frac{v_{x+\Delta x} + v_{x-\Delta x} + v_{y+\Delta y} + v_{y-\Delta y} + v_{z+\Delta z} + v_{z-\Delta z} - 6v}{\Delta y \Delta y}\Delta t \quad (3\text{-}33b)$$

$$w' = w + g_z \Delta t - \frac{1}{\rho}\frac{p_{z+\Delta z} - p_z}{\Delta z}\Delta t - \frac{uw_{x+\Delta x} + vw_{y+\Delta y} + ww_{z+\Delta z} - (u+v+w)w}{\Delta z}\Delta t$$

$$+ \mu\frac{w_{x+\Delta x} + w_{x-\Delta x} + w_{y+\Delta y} + w_{y-\Delta y} + w_{z+\Delta z} + w_{z-\Delta z} - 6w}{\Delta z \Delta z}\Delta t \quad (3\text{-}33c)$$

式中　u、v、w——坐标为 (x,y,z) 的流体微元当前时刻的流速分量；

u'、v'、w'——同一微元在下一时刻的流速分量；带足标的 u、v、w 为当前时刻与微元 (x,y,z) 相邻的其他 6 个微元的流速分量；

Δt——时间步长。

借助式(3-33)，可以利用当前时刻的微元流速分量 u，v，w 求得同一微元下一时刻的流速分量 u'，v'，w'。

（3）能量方程的离散

将能量方程（3-31）等式两边各偏微分格式转换成相应的差分格式

$$\frac{\partial T}{\partial t}+u\frac{\partial T}{\partial x}+v\frac{\partial T}{\partial y}+w\frac{\partial T}{\partial z}\approx\frac{T'-T}{\Delta t}+u\frac{T_{x+\Delta x}-T_x}{\Delta x}+v\frac{T_{y+\Delta y}-T_y}{\Delta y}+w\frac{T_{z+\Delta z}-T_z}{\Delta z}$$

$$\frac{\partial^2 T}{\partial x^2}+\frac{\partial^2 T}{\partial y^2}+\frac{\partial^2 T}{\partial z^2}\approx\frac{T_{x+\Delta x}+T_{x-\Delta x}-2T_x}{\Delta x\Delta x}+\frac{T_{y+\Delta y}+T_{y-\Delta y}-2T_y}{\Delta y\Delta y}+\frac{T_{z+\Delta z}+T_{z-\Delta z}-2T_z}{\Delta z\Delta z}$$

把上述两式代入能量方程（3-31），令 $\Delta x=\Delta y=\Delta z$，并化简成迭代形式，有

$$\begin{aligned}T'=T&+a\frac{T_{x+\Delta x}+T_{x-\Delta x}+T_{y+\Delta y}+T_{y-\Delta y}+T_{z+\Delta z}+T_{z-\Delta z}-6T}{\Delta x\Delta x}\Delta t\\&-\frac{uT_{x+\Delta x}+vT_{y+\Delta y}+wT_{z+\Delta z}-(u+v+w)T}{\Delta x}\Delta t+\frac{Q}{\rho c}\Delta t\end{aligned}$$

$$(3\text{-}34)$$

式中　a——热扩散系数，$a=\dfrac{\lambda}{\rho c}$；

T、T'——当前时刻与下一时刻的微元体温度；

带足标的 T——当前时刻与微元体 (x,y,z) 紧邻的其他 6 个微元的温度值（见图 3-2）。

3.2.2.4　SOLA-VOF 求解法

求解带有自由表面非稳态流动问题的关键在于确定自由表面的位置，跟踪自由表面的移动，处理自由表面的边界条件。鉴于 SOLA-VOF 法在解决上述三个关键环节上的优势（例如：计算速度快、内存要求低等），目前，铸液充型过程数值模拟多采用 SOLA-VOF 法。

SOLA-VOF 法由两部分组成，其中的 SOLA 部分负责迭代求解流动域内各微元体的速度场和压力场，VOF 部分负责处理流动前沿（自由表面）的推进变化。为了简化求解过程，暂且不考虑铸液充型流动中的热量散失，即仅利用式(3-33) 和式(3-32) 求解铸液的恒温流动。

（1）SOLA 法求解速度场和压力场

SOLA 法求解速度场和压力场的基本思路如下。

① 粗算速度值　以初始速度和初始压力 u_0、v_0、w_0、p_0 或当前时刻的速度和压力 u、v、w、p 为基础，利用差分方程（3-33），粗算下一时刻的速度值 u'、v'、w'。

② 压力、速度的修正及连续性校验　以粗算速度值 u'、v'、w' 为基础，利用式(3-32)校正压力值，并将该校正值回代到式(3-33) 中修正速度值。校正压力值的目的是迫使铸液充型流动的速度场满足连续性条件［即质量守恒方程式(3-32)］，也就是通过修正压力和修正速度将非零值的散度拉回到零或使之趋近于零。修正压力和修正速度的计算过程是一个循环迭代过程（见图 3-4）。其中，每一步迭代计算获得的速度逼近值，同时也是下一步计算修正压力的速度校验值；而每一步迭代计算获得的压力修正值又是下一步计算修正速度的初始值；如此循环，直到计算速度场满足连续性条件或接近连续性条件为止。

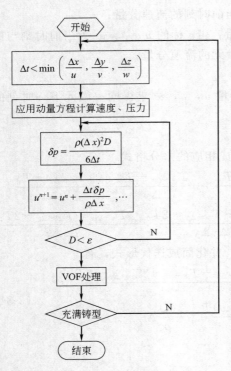

图 3-4 SOLA-VOF 法计算流程

由于压力值校正过程不能破坏流体流动的动量守恒关系，因此，必须在 N-S 方程的约束下进行压力值校正。计算压力值校正的方法简述如下。

分别用 $u'+\delta u$、$p_x+\delta p$ 取代方程（3-33a）中的 u' 和 p_x，再减去未取代前的原方程，得

$$\delta u = \frac{\delta p}{\rho \Delta x}\Delta t$$

对于微元 $x+\Delta x$，采用类似步骤也有

$$\delta u_{x+\Delta x} = -\frac{\delta p}{\rho \Delta x}\Delta t$$

将 δu 改写成迭代形式，并注意到 $\delta u^n = u^{n+1}-u^n$，于是可得上述两式的迭代过程表达式：

$$u_x^{n+1}=u_x^n+\frac{\Delta t\delta p}{\rho \Delta x}, \quad u_{x+\Delta x}^{n+1}=u_{x+\Delta x}^n-\frac{\Delta t\delta p}{\rho \Delta x}$$

$$(3-35a)$$

式中　n、$n+1$——第 n 次迭代计算和第 $n+1$ 迭代计算。

同理，可推导获得

$$v_y^{n+1}=v_y^n+\frac{\Delta t\delta p}{\rho \Delta y}, \quad v_{y+\Delta y}^{n+1}=v_{y+\Delta y}^n-\frac{\Delta t\delta p}{\rho \Delta y}$$

$$(3-35b)$$

$$w_z^{n+1}=w_z^n+\frac{\Delta t\delta p}{\rho \Delta z}, \quad w_{z+\Delta z}^{n+1}=w_{z+\Delta z}^n-\frac{\Delta t\delta p}{\rho \Delta z} \qquad (3-35c)$$

将式（3-35）代入连续方程（3-32a），整理，得

$$D^{n+1}=D^n-\frac{2\Delta t\delta p}{\rho}\left[\frac{1}{(\Delta x)^2}+\frac{1}{(\Delta y)^2}+\frac{1}{(\Delta z)^2}\right]$$

或

$$\frac{D^{n+1}-D^n}{\delta p}=-\frac{2\Delta t}{\rho}\left[\frac{1}{(\Delta x)^2}+\frac{1}{(\Delta y)^2}+\frac{1}{(\Delta z)^2}\right]$$

考虑近似关系 $\dfrac{\partial D}{\partial p}\approx\dfrac{D^{n+1}-D^n}{\delta p}\approx\dfrac{D}{\delta p}$，于是有

$$\delta p = -\frac{\dfrac{u_{x+\Delta x}-u_x}{\Delta x}+\dfrac{v_{y+\Delta y}-v_y}{\Delta y}+\dfrac{w_{z+\Delta z}-w_z}{\Delta z}}{\dfrac{\partial D}{\partial p}} \qquad (3-36)$$

式中　$\dfrac{\partial D}{\partial p}=-\dfrac{2\Delta t}{\rho}\left[\dfrac{1}{(\Delta x)^2}+\dfrac{1}{(\Delta y)^2}+\dfrac{1}{(\Delta z)^2}\right]$。

由于 D 是连续性校验中计算出的散度值，校正压力的作用是要抵消不等于 0 的散度，使 D 回到 0，因此，式（3-36）前面有一负号。

当 $\Delta x=\Delta y=\Delta z$ 时，式（3-36）变成

$$\delta p=-\frac{\rho \Delta x(u_{x+\Delta x}+v_{y+\Delta y}+w_{z+\Delta z}-u-v-w)}{6\Delta t} \qquad (3-37)$$

式（3-37）即为立方体微元校正压力值的计算公式。将该式计算结果代入式（3-33）便可

得到新的修正速度。

在实际计算中，常常应用松弛迭代法来提高数值解的收敛速度，即给式 (3-35) 右边第二项乘上一个松弛因子 ω，使之成为

$$u_x^{n+1} = u_x^n + \frac{\Delta t \delta p}{\rho \Delta x}\omega, \quad u_{x+\Delta x}^{n+1} = u_{x+\Delta x}^n - \frac{\Delta t \delta p}{\rho \Delta x}\omega$$

$$v_y^{n+1} = v_y^n + \frac{\Delta t \delta p}{\rho \Delta y}\omega, \quad v_{y+\Delta y}^{n+1} = v_{y+\Delta y}^n - \frac{\Delta t \delta p}{\rho \Delta y}\omega \tag{3-38}$$

$$w_z^{n+1} = w_z^n + \frac{\Delta t \delta p}{\rho \Delta z}\omega, \quad w_{z+\Delta z}^{n+1} = w_{z+\Delta z}^n - \frac{\Delta t \delta p}{\rho \Delta z}\omega$$

可以根据情况调整 ω 的取值，以改变迭代收敛的速度。一般，$0 < \omega < 2$；其中，$\omega \in (0, 1)$ 为低松弛，$\omega \in (1, 2)$ 为超松弛。

（2）VOF 法处理流动前沿的推进变化

利用 VOF 法处理铸液充型流动前沿推进变化的基本原理是：为流动域中的每一个微元定义一个标志变量 F，用以跟踪流动前沿的推进；其中，流动前沿微元被定义成已填充区域与未填充区域之间的边界微元，而标志变量 F 被定义成微元内的流体体积与该微元容积之比，称为体积函数。由于微元内的流体净体积由相邻微元穿过界面的流量（即流速乘以时间）积累获得，因此，$F = 0$ 表明该微元为空，处于未填充域；$0 < F < 1$ 表明该微元部分充填，处于流动前沿；$F = 1$ 表明该微元已充填结束，处于流动域内。

从上述基本原理可知，确定自由表面的移动，需要求解体积函数方程

$$\frac{\partial F}{\partial t} + u\frac{\partial F}{\partial x} + v\frac{\partial F}{\partial y} + w\frac{\partial F}{\partial z} = 0 \tag{3-39}$$

式中　F——体积函数，$F = V_{flow}/V$；

　　　V_{flow}——微元内的流体体积；

　　　V——微元容积。

边长为 Δx 的立方体微元在 Δt 时间段内的体积函数变化可由下式计算获得

$$\Delta F = -\frac{\Delta t}{2\Delta x}(u_{x+\Delta x} - u_{x-\Delta x} + v_{y+\Delta y} - v_{y-\Delta y} + w_{z+\Delta z} - w_{z-\Delta z}) \tag{3-40}$$

实际上，式 (3-40) 表示由 6 个相邻微元供给微元 (x, y, z) 的流体净体积。显然：当 $\Delta F > 0$ 时，流入微元 (x, y, z) 的流体量大于其流出量，意味着该微元内的流体体积增加；$\Delta F = 0$，流入量等于流出量，微元内的流体体积不变；$\Delta F < 0$，流入量小于流出量，微元内的流体体积减小。若出现 $\Delta F > 1$，则表明微元 (x, y, z) 已经填充满，并由此产生新的边界微元。

在求解计算流动场之初，令浇注系统入口处或内浇道入口处（若不考虑浇注系统填充）微元层的标志变量 $F = 1$，充型区（包括浇注系统与型腔或只含型腔）内其他所有微元的 $F = 0$。此外，作为流体填充源的浇注系统入口处或内浇道入口处的微元层还必须赋予非 0 的初始速度值。一旦利用 SOLA 法迭代计算获得当前时刻微元的 u、v、w、p 值，就将其速度解代入式 (3-40) 计算体积函数的变化，然后根据变化的积累值判断流动前沿（自由表面）微元的状态与位置，并重新处理和设置其边界条件。

3.2.2.5　流动与传热的耦合计算

严格说来，高温铸液充型流动过程总伴随有热量的散失，特别是铸液在金属型中流动时

（例如金属型铸造、高压铸造、低压铸造等），其热量损失速度将比较快。如果因热量损失导致温度下降过大，则会影响铸液的充型流动，最终可能在铸件中形成诸如冷隔、欠浇等质量缺陷。由动量守恒方程（3-30）和能量守恒方程（3-31）可知，铸液充型流动的温度变化将影响铸液的热熔、密度、热导率，以及黏度和流速等物理量，进而改变铸液充型的流动形式与流动状态。

流动与传热的耦合计算实际上就是将能量方程（3-31）纳入铸液充型流动过程一道求解，即利用每一时刻（增量步）的铸液流速更新铸液温度，再利用更新后的铸液温度修正动量方程和能量方程中的相关物理量（如铸液黏度 μ、密度 ρ、比热容 c 和热导率 λ），为下一时刻（下一增量步）迭代计算速度场和压力场准备参数。

3.2.2.6　充型流动数值计算的稳定性条件

同凝固过程数值计算稳定性条件的处理方式相同，就是怎样选取充型流动控制方程(3-32)～方程(3-34)中增量计算的时间步长 Δt。时间步长的选取一般应考虑以下几个因素：

① 在一个时间步长内，铸液流动前沿充满的微元数不超过一个（一维流动）或一层（二维和三维流动），于是有

$$\Delta t_1 < \min\left\{\frac{\Delta x}{|u|}, \frac{\Delta y}{|v|}, \frac{\Delta z}{|w|}\right\} \tag{3-41}$$

② 在一个时间步长内，动量扩散不超过一个或一层微元，由此得

$$\Delta t_2 < \frac{3}{4}\frac{\rho}{\mu}\left(\frac{(\Delta x)^2 (\Delta y)^2 (\Delta z)^2}{(\Delta x)^2 (\Delta y)^2 + (\Delta y)^2 (\Delta z)^2 + (\Delta z)^2 (\Delta x)^2}\right) \tag{3-42}$$

③ 在一个时间步长内，表面张力不得穿过一个以上或一层以上的网格微元，于是有

$$\Delta t_3 < \left(\frac{\rho v}{4\sigma}\Delta x\right)^{1/2} \tag{3-43}$$

④ 如果考虑权重因子 a，则有

$$\max\left\{\left|u\frac{\Delta t_4}{\Delta x}\right|, \left|v\frac{\Delta t_4}{\Delta y}\right|, \left|w\frac{\Delta t_4}{\Delta z}\right|\right\} < a \leqslant 1 \tag{3-44}$$

最终，可根据下式选取满足数值计算稳定性条件的最小时间步长 Δt

$$\Delta t = \min(\Delta t_1, \Delta t_2, \Delta t_3, \Delta t_4) \tag{3-45}$$

3.2.3　铸件凝固收缩缺陷的数值模拟

大多数金属铸件在凝固过程中，随着温度降低，体积都将缩小。这是由于分子间距随温度降低而减小所致，这种现象通常被称为收缩。金属铸件在凝固中因相变收缩而产生的缩孔及缩松缺陷一直是铸造生产质量控制的重要对象之一。

铸件收缩缺陷数值模拟的基础是凝固过程中的温度场计算和缩孔及缩松判据的选择。目前，大多数判据在预测铸钢件（包括诸如铸铝、铸铜等不含石墨的铸造合金）的缩孔及缩松缺陷方面比较成功，但是用在预测含石墨的铸铁件收缩缺陷方面却存在较大误差，这是因为铸铁件在凝固时的体积变化较铸钢件要复杂得多。

3.2.3.1　铸钢件的收缩缺陷模拟

（1）铸钢件凝固过程缩孔及缩松形成机理

金属铸件在凝固过程中，由于合金的体积收缩，往往会在铸件最后凝固部位出现孔洞。容积大而集中的孔洞被称为集中缩孔（简称缩孔）；细小而分散的孔洞被称为分散缩孔（亦称缩松）。一般认为，金属凝固时，液固相线之间的体积收缩是形成缩孔及缩松的主要原因；当然，溶解在铸液中的气体对缩孔及缩松形成的影响有时也不能忽略。当铸液补缩通道畅通、枝晶没有形成骨架时，体积收缩表现为集中缩孔（一次或二次缩孔）且多位于铸件上部；而当枝晶形成骨架或者一些局部小区域被众多晶粒分割包围时，铸液补缩受阻，于是体积收缩表现为缩松（区域缩松或显微缩松）。

（2）铸钢件的缩孔及缩松预测

在数值模拟计算中，常用于铸钢件的缩孔及缩松预测方法及判据有以下几种。

① 等值曲线法　等值曲线法是指利用反映铸件凝固过程中某参数变化的等值曲线（或等值曲面）在各个时刻的分布来判断收缩缺陷的一种方法。常用的等值曲线法是等固相线法和临界固相率法。

a. 等固相线法　该法以固相线温度作为铸液停止流动和补缩的临界温度，通过等值曲线（或等值曲面）形成的闭合回路（或闭合空间）来预测缩孔及缩松的产生。

b. 临界固相率法　该法以铸液停止宏观流动时的固相率（固体的质量分数或体积分数）作为临界固相率，同样通过等值线（或等值曲面）形成的闭合回路（或闭合空间）来预测缩孔及缩松的产生。铸造合金的临界固相率取决于材质特性和工艺因素，常见合金的临界固相率见表 3-2 所示。临界固相率 f_{sc} 对缩孔形成的影响见图 3-5。

表 3-2　临界固相率举例

合金	临界固相率
Al-2.4%Si	0.67
Al-4.5%Cu	0.85～0.87
Al-13.8%Mg	0.7±0.1
Cu-0.8%Sn	0.8
球墨铸铁	0.75
铸钢	0.65
不锈钢	0.70

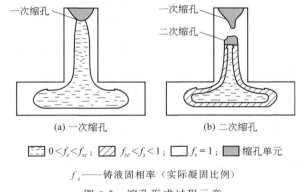

$\square\ 0<f_s<f_{sc}$ ；　$\diagup\diagup\ f_{sc}<f_s<1$ ；　$\square\ f_s=1$ ；　■ 缩孔单元

f_s——铸液固相率（实际凝固比例）

图 3-5　缩孔形成过程示意

需要注意的是，利用等值曲线法判断铸件顶部是否形成缩孔比较困难，因为在顶部区域，等值曲线往往并不闭合，所以，通常需同时借助其他方法（例如液面下降法）判断和处理铸件顶部的一次缩孔。

② 收缩量计算法　该法计算每一时间步长 Δt 内达到临界固相率的所有凝固微元总收缩体积 ΔV_s，如果总收缩体积大于凝固微元总体积，则从冒口或铸件顶部依次减去同凝固微元收缩体积相当的流动微元数，这样在宏观上即表现为冒口或铸件顶部的集中缩孔。可用以下方法计算时间步长 Δt 内的凝固微元总收缩体积 ΔV_s（忽略微元的液相收缩量和固相自身收缩量）

$$\Delta V_{si} = \beta \Delta f_{si} \, \mathrm{d}x \, \mathrm{d}y \, \mathrm{d}z, \quad \Delta V_s = \sum_{i=1}^{n} \Delta V_{si} \tag{3-46}$$

式中　ΔV_{si}——微元 i 的固态收缩量；

　　　β——凝固（液固相变）收缩率；

Δf_{si}——微元 i 的固相率；

$\mathrm{d}x\,\mathrm{d}y\,\mathrm{d}z$——微元体积；

n——凝固微元数。

收缩量计算法的关键是可流动微元的判断，因为只有固相率小于临界固相率的微元（即图 3-5 中的 $0<f_s<f_{sc}$ 微元）才能作为流动微元进行补缩。值得注意的是，如果从冒口或铸件顶部减去了流动微元（实际是给被减流动微元作一标记），则一般需要重新设置相应的边界条件，以便反映真实液面的传热特性和温度场变化。

③ 温度梯度法　温度梯度法的基本思路为：根据铸件凝固进程中的温度场分布情况，分别计算正在凝固的微元在时间步长 Δt 内与相邻可流动微元之间的温度梯度 G（代表铸液流动补缩的驱动力）；取其中最大的温度梯度值 $G_{\max}$ 同表征铸液宏观流动和补缩停止的临界温度梯度值 G_{crt} 进行比较，若 $G_{\max}<G_{crt}$，则表示该凝固微元将产生收缩缺陷。以图 3-6 为例，假设微元 2 是正在凝固的微元，微元 1 和微元 3 是相邻 8 个微元中的可流动微元，微元 2 与微元 1、3 之间的温度梯度分别为：

$$G_{2-1}=\frac{T_2-T_1}{\Delta l_{21}},\quad G_{2-3}=\frac{T_2-T_3}{\Delta l_{23}}$$

式中　T_1，T_2，T_3——微元 1~3 在 $t+\Delta t$ 时刻的温度；

　　　Δl_{21}，Δl_{23}——三个微元中心点之间的距离。如果 $\max\,(G_{2-1}，G_{2-3})<G_{crt}$ 成立，则微元 2 将产生收缩缺陷，因为流动微元 1 或 3 已经不可能在温度梯度的驱动下向微元 2 补缩了。

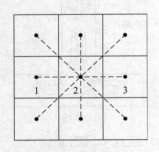

图 3-6　温度梯度法举例

④ $G/\sqrt{R}$ 法　$G/\sqrt{R}$ 法可看成是对温度梯度法的改进，因为 $G/\sqrt{R}$ 法将铸件形状、尺寸等因素对凝固特性的影响也纳入到缩孔及缩松的判据中。同温度梯度法类似，$G/\sqrt{R}$ 法先分别计算正在凝固的微元在时间步长 Δt 内同相邻可流动微元之间的温度梯度 G 和该凝固微元自身的冷却速度 R，例如图 3-6 中微元 2 凝固时的冷却速度：

$$R_{2-3}=\frac{T_2'-T_2}{\Delta t}$$

式中　T_2，T_2'——微元 2 在 t 和 $t+\Delta t$ 时刻的温度；取其中最大的 $G/\sqrt{R}$ 值（代表周边微元向该微元补缩的能力）与给定临界值 $(G/\sqrt{R})_{sc}$ 进行比较，如果小于临界值，则该凝固微元便是可能产生收缩缺陷的微元。对碳钢而言，当 $G/\sqrt{R}<(0.8\sim1.2)$ 时就会产生缩松；一般，小件取下限，大件取上限。

图 3-7 是利用上述方法通过数值模拟预测的某铸钢试样收缩缺陷。同物理试验的解剖结果比较，基于 $G/\sqrt{R}$ 法的计算结果更接近真实收缩缺陷。

3.2.3.2　球墨铸铁的收缩缺陷模拟

（1）球墨铸铁的凝固特点

球墨铸铁的凝固同铸钢和灰铸铁凝固相比有着显著的差异，主要表现在：①共晶凝固温度范围较宽，液—固两相共存区间大；②粥状凝固特性强，凝固时间比铸钢和灰铸铁长得多；③石墨晶核多，严重阻碍铸液的流动补缩；④凝固收缩和石墨化膨胀共存，给收缩缺陷

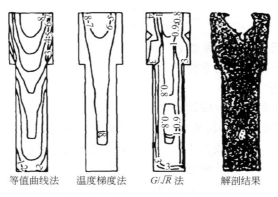

等值曲线法　温度梯度法　$G/\sqrt{R}$ 法　解剖结果

图 3-7　铸件缺陷预测比较

的预测带来一定困难；⑤石墨化膨胀产生的胀形力容易使铸件外形尺寸变大。由于球墨铸铁具有上述凝固特点，因此在实际生产中，其铸件形成缩孔及缩松的倾向大于灰铸铁，并且缩松多属显微型。

（2）球墨铸铁件的缩孔及缩松预测

目前，预测球墨铸铁件的缩孔缩松多采用 DECAM 法 （Dynamic Expansion and Contraction Accumulation Method，动态膨胀收缩叠加法）。该方法假设：

① 铸液在良好的冶金条件下凝固，球化彻底，基体组织中几乎无碳化物（＜3％体积分数）；

② 只有固相率小于临界固相率 f_{sc} 的凝固微元才能自由流动、补缩和膨胀；

③ 铸液在重力和石墨化膨胀力的共同作用下流动，忽略凝固期间铸液的热对流影响；

④ 在石墨化膨胀力的作用下，型壁微元可以位移；

⑤ 铸件缩孔及缩松的总体积由液态收缩、初生石墨膨胀、共晶石墨膨胀、初生奥氏体收缩、共晶奥氏体收缩，以及型壁移动所引起的体积变化叠加而成；

⑥ 微元自身的几何体积保持不变，计算中涉及的微元体积膨胀或收缩仅仅是物理意义上的变化；

⑦ 凝固期间铸件的体积收缩和膨胀与温度及固相率呈线性关系。

基于上述假设，可建立在时间步长 Δt 内，反映球墨铸铁凝固时总体积变化的数学模型

$$\Delta V = \sum \Delta V_{iSL} + \sum \Delta V_{iGP} + \sum \Delta V_{iGl} + \sum \Delta V_{iAP} + \sum \Delta V_{iAl} + \Delta V_{nE} \qquad (3\text{-}47)$$

为了准确反映铸件凝固过程中总体积的净变化量 ΔV，特规定式（3-47）中收缩体积变化项为正、膨胀体积变化项为负。

现借助 $Fe\text{-}C$ 双重平衡相图（见图 3-8）和杠杆原理知识，简述式（3-47）中各部分体积变化的含义及其计算公式。

a. 铸液从浇注温度冷却到液相线温度引起微元 i 的体积收缩量 ΔV_{iSL}

$$\Delta V_{iSL} = \alpha_{SL} \Delta T_i V_i \qquad (3\text{-}48)$$

式中　α_{SL}——铸液的收缩系数；

ΔT_i——微元 i 的温度变化，$\Delta T_i = T_i^{t+\Delta t} - T_i^t$；

V_i——微元 i 的体积。

b. 析出初生奥氏体引起微元 i 的体积收缩量 ΔV_{iAP}

$$\Delta V_{iAP} = \alpha_{AP} \frac{C_E - C_X}{C_E - C_A} (V_i - \Delta V_{iSL}) \tag{3-49}$$

式中　α_{AP}——初生奥氏体的收缩系数；

C_X——亚共晶球墨铸铁的含碳量；

C_E——共晶点的含碳量；

C_A——奥氏体中的最大含碳量。

式(3-49) 表示即将发生共晶转变瞬间（即冷却温度到达图 3-8 中 A-E-G 线的瞬间，下同），从体积为（$V_i - \Delta V_{iSL}$）、成分为 C_X 的亚共晶铸液中析出全部初生奥氏体所产生的体积收缩量。

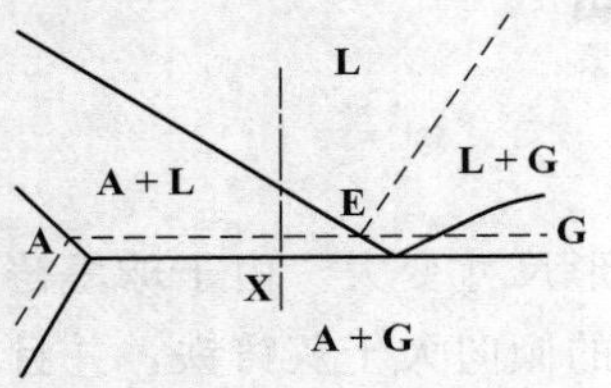

图 3-8　Fe-C 相图局部示意

c. 析出初生石墨引起微元 i 的体积膨胀量 ΔV_{iGP}

$$\Delta V_{iGP} = \alpha_{GP} \frac{C_X - C_E}{C_G - C_E} (V_i - \Delta V_{iSL}) \tag{3-50}$$

式中　α_{GP}——初生石墨的体积膨胀系数；

C_X——过共晶球墨铸铁的含碳量；

C_G——石墨的含碳量，$C_G = 100\%$。

式(3-50) 表示即将发生共晶转变瞬间，从体积为（$V_i - \Delta V_{iSL}$）、成分为 C_X 的过共晶铸液中析出全部初生石墨所产生的体积膨胀量。

d. 析出共晶石墨引起微元 i 的体积膨胀量 ΔV_{iGl}

$$C_A < C_X < C_E : \Delta V_{iGl} = \alpha_{Gl} \frac{C_E - C_A}{C_G - C_A} \cdot \frac{C_X - C_A}{C_E - C_A} (V_i - \Delta V_{iSL}) \tag{3-51a}$$

$$C_X = C_E : \Delta V_{iGl} = \alpha_{Gl} \frac{C_E - C_A}{C_G - C_A} (V_i - \Delta V_{iSL}) \tag{3-51b}$$

$$C_E < C_X < C_G : \Delta V_{iGl} = \alpha_{Gl} \frac{C_E - C_A}{C_G - C_A} \cdot \frac{C_X - C_E}{C_G - C_E} (V_i - \Delta V_{iSL}) \tag{3-51c}$$

式中　　　　　α_{Gl}——共晶石墨的体积膨胀系数；

$\dfrac{C_X - C_A}{C_E - C_A} (V_i - \Delta V_{iSL})$——从成分为 C_X 的亚共晶合金铸液中先析出初生奥氏体后剩余的液相体积；

$\dfrac{C_X - C_E}{C_G - C_E} (V_i - \Delta V_{iSL})$——从成分为 C_X 的过共晶合金铸液中先析出初生石墨后剩余的液相体积。

e. 析出共晶奥氏体引起的微元 i 体积收缩量 ΔV_{iAl}

$$C_A < C_X < C_E : \Delta V_{iAl} = \alpha_{Al} \frac{(C_G - C_E)}{(C_G - C_A)} \cdot \frac{C_X - C_A}{C_E - C_A} (V_i - \Delta V_{iSL}) \tag{3-52a}$$

$$C_X = C_E : \Delta V_{iAl} = \alpha_{Al} \frac{C_G - C_E}{C_G - C_A} (V_i - \Delta V_{iSL}) \tag{3-52b}$$

$$C_E < C_X < C_G : \Delta V_{iAl} = \alpha_{Al} \frac{C_G - C_E}{C_G - C_A} \cdot \frac{C_X - C_E}{C_G - C_E} (V_i - \Delta V_{iSL}) \tag{3-52c}$$

式中　α_{Al}——共晶奥氏体的体积收缩系数。

f. 型壁位移产生的铸件体积膨胀量 ΔV_{nE}

$$\Delta V_{nE} = V_{nE}^{t+\Delta t} - V_{nE}^{t} \tag{3-53}$$

一旦利用式(3-47) 计算出球墨铸铁凝固过程中的体积变化后，就可以结合相应判据预测其是否产生缩孔缩及松缺陷了。实际上，预测球墨铸铁缩孔形状、大小、位置的方法和铸钢件基本一致，二者的区别主要在于凝固过程中的收缩量计算。由于铸件中各区域并非同时凝固，其体积收缩和膨胀也非均匀进行，因此需要通过适当算法找出在不同时间步长内可能产生收缩缺陷的区域。一种较为常用的算法思路如下。

① 根据温度场模拟结果，搜索铸件凝固过程计算中落在当前时间步长 Δt 内的封闭区和孤立区。

所谓封闭区是指被临界固相率 f_{sc} 等值面围成的或汇同铸型壁（含自由表面，例如液面）一道围成的空间域。封闭区内部的铸液固相率 f_s 小于临界固相率 f_{sc}（即 $f_s < f_{sc}$），并在其后的凝固过程中得不到外界的任何补缩（相当于孤立熔池）。而孤立区则是指固相率介于临界固相率和 1 之间（即 $f_{sc} < f_s < 1$）并包括了封闭区的空间域。两个区域的几何示意及其关系参见图3-5。随凝固时间的延长，已有的封闭区将逐渐缩小并派生出新的更小的封闭区。

② 计算封闭区中全部微元的净体积变化；

③ 如果净体积变化表现为收缩，则在封闭区上部减去同净收缩体积相当的流动微元体积数；如果表现为膨胀，则在封闭区上部加上同净收缩体积相当的流动微元体积数；

④ 判断凝固过程是否结束，如果没有结束，则返回到第①步进行下一个时间步长的搜索计算。

实践证明，DECAM 法在预测球墨铸铁一次、二次缩孔方面非常有效，见图 3-9。为了提高预测球墨铸铁缩松的精度，一些文献通过引入合金成分、球化孕育等影响因子对在预测铸钢件缩松方面行之有效的 $G/\sqrt{R}$ 法进行了改造，从而获得适用于球墨铸铁件的缩松判据

$$K(G_i/\sqrt{R_i}) < C \qquad (3-54)$$

式中　G_i——微元 i 与相邻微元 k 间的最大温度梯度；

　　　R_i——微元 i 的冷却速度；

　　　C——缩松产生的临界判据值；

　　　K——与球墨铸铁的碳硅含量及球化处理有关的影响

物理试验　　　数值模拟

图 3-9　球墨铸件缩孔预测

因子，一般情况下碳硅含量越高，K 值越大，球化剂加入量和 Mg 残量越大，K 值越小。

3.2.4　铸造应力场的数值模拟

根据 3.2.3 小节的相关内容可知，铸件凝固不但存在因相变收缩不均而产生的缩孔及缩松缺陷，而且还存在因铸件内部各区域冷却速度差异而造成的收缩不均现象，后者将产生收缩应力。与此同时，冷却速度的差异还造成铸件内部同一时刻的温度分布差异，致使各区域的材料特性参数发生变化，进而在铸件中引发热应力；加上铸型（模具）对铸件自由收缩施加的机械约束力和铸型自身热胀冷缩施加给铸件的附加力，于是，铸件在冷却凝固过程中其内部就有可能同时存在收缩应力、热应力和机械应力。当然，铸件凝固后的组织应力和固态相变应力（如果有）有时也不可忽略。各种应力的综合作用结果最终可能在铸件中留下残余应力和残余应变，严重者还可能导致铸件变形、热裂或冷裂。

　　铸件应力场数值模拟的主要任务之一是：分析计算铸件在凝固过程中的热应力（通常将收缩应力归并成热应力的一种特殊形式，而将机械应力作为边界条件纳入热应力分析中）的产生与变化，预测铸件内的残余应力、残余应变和热裂倾向；并且借助计算分析结果优化铸件结构或/和铸造工艺，进而消除热裂，减小变形，降低残余应变和残余应力。

3.2.4.1　铸造应力分析的数学模型

　　研究发现，当铸件冷却到液相线温度下某一温度时，即开始有了强度和应变，并且随着温度的进一步降低，强度逐渐增加，当达到固相线温度时，强度和应变将会急剧增加。如果把合金凝固过程中开始显现强度的温度定义为准固相线，则铸件凝固区间以准固相线为界，可以分为有强度的准固相区和无强度的准液相区。因此，铸件凝固过程应力场数值模拟须同时考虑准固相区和固相线以下的高温冷却区。一旦温度低于固相线温度后，完全凝固的铸件就进入高温冷却区，此时表现出较强的热弹塑性或热黏弹塑性特征。处于准固相区的铸件，其强度和延伸率都很低，一旦收缩（主要体现在相变收缩）受阻，就很容易产生热裂纹。但是，由于表征铸造合金在准固态下力学行为的数据（尤其是本构方程等方面）缺乏，因此，建立准固相区力学本构方程是进行铸件凝固过程热应力场模拟的关键。

　　目前，准固相区的铸件应力场分析和热裂预测趋向于采用材料流变学模型，而高温固相区的应力场分析却多采用材料热弹塑性模型。

　　（1）准固相区的流变学模型

　　流变学是专门研究固体、液体、液-固（液）混合体、液-气混合体以及固-气混合体的流动与变形规律的科学。流变学理论原来主要应用在土木工程、石油化工、生物学和水利工程等领域，后来被引入到铸造领域并逐渐发展成为一门新的边缘学科，即铸造流变学。

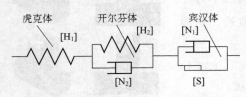

图 3-10　固液共存区的五元件流变模型

　　铸造流变学的中心思想是：以机械学中的串并联原理为基础，利用理想的弹性体、黏性体和塑性体等力学模型构建能够表示真实材料复杂流动及其变形规律、并能准确反映材料流变特性随时间变化的组合模型。其中，五元件机械模型是铸造流变学理论及其方法在研究铸件凝固过程流变性能上应用最为成功的模型之一（见图 3-10）。五元件机械模型在铸造流变学中被称为 $[H]-[H|N]-[N|S]$ 流变模型，该模型中的 $[H]$ 代表弹性体、$[H|N]$ 代表黏弹性体、$[N|S]$ 代表黏塑性体。由图 3-10 可见，弹性体 $[H]$（即虎克体，Hooker body）和黏性体 $[N]$（即牛顿体，Newton body）并联构成黏弹性体 $[H|N]$（亦称开尔芬体，Kelvin body），黏性体 $[N]$ 和塑性体 $[S]$（即圣维南体，Saint Venant body）并联构成黏塑性体 $[N|S]$（亦称宾汉体，Bingham body）。各元件及其组合体的流变特性简述如下：

　　① 虎克体（类似弹簧）的变形与恢复是一个瞬间过程，不依赖于时间，其应力与应变成正比，即

$$\sigma_{ij}=D_{ijkl}\varepsilon_{kl} \tag{3-55}$$

式中　D_{ijkl}——弹性张量（即弹性矩阵的张量描述）；

　　　　σ_{ij}，ε_{kl}——应力张量和应变张量。

　　② 牛顿体（类似油缸）的变形与恢复强烈依赖于时间，其应力与应变速率成正比，即

$$\sigma'_{ij}=C_{ijkl}\dot{\varepsilon}_{kl} \tag{3-56}$$

式中　σ'_{ij}，$\dot{\varepsilon}_{kl}$——应力偏张量和应变速率张量；

C_{ijkl}——剪切张量（即剪切矩阵的张量形式），$C_{ijkl}=2G\left(\delta_{ik}\delta_{jl}+\dfrac{\nu}{1-2\nu}\delta_{ij}\delta_{kl}\right)$；

G——剪切模量，$G=\dfrac{E}{2(1+\nu)}$；

E——弹性模量；

ν——泊松比；

δ_{kl}——Kronecker 符号函数。

$$\delta_{kl}=\begin{cases}1 & k=l\\0 & k\neq l\end{cases}$$

对于各向同性且不可压缩的黏性流体（例如金属或合金铸液），式(3-56) 可简化成

$$\sigma'_{ij}=2\mu\,\dot{\varepsilon}_{kl}\tag{3-57}$$

式中　μ——流体运动黏度。

③ 圣维南体（类似干摩擦对）存在一个应力屈服值（相当于最大静摩擦力），只有当应力超过其屈服值时，才会产生塑性变形，且应力恒定、应变随时间增大，即

$$\varepsilon=\begin{cases}0 & \tau<\tau_s\\\varepsilon(t) & \tau=\tau_s\end{cases}\tag{3-58}$$

式中　ε——圣维南体塑性应变，$\varepsilon=\varepsilon(t)$；

τ_s——剪切屈服应力。

如果借助刚性杆将上述元件并联或串联在一块，则会显现出满足某种相关法则的组合特性。例如，利用刚性杆并联两元件，则两并联元件的应变相等，且应变速率也相等，而总应力却等于两并联元件的应力之和。反之，若利用刚性杆串联两元件，则两串联元件上的应力相等，而总应变与总应变速率却分别等于两串联元件的应变之和与应变速率之和。

④ 在给开尔芬体施加应力时，并不会产生瞬时黏弹性应变；而且在恒应力的作用下，其黏弹性应变随时间逐渐增大；卸载后，应变亦随时间逐渐回复至零。根据组合特性规则，开尔芬体的本构关系可表示为

$$\sigma^K_{ij}=D_{ijkl}\varepsilon^K_{kl}+C_{ijkl}\dot{\varepsilon}^K_{kl}\tag{3-59}$$

式中　σ^K_{ij}——开尔芬体的应力张量；

ε^K_{kl}，$\dot{\varepsilon}^K_{kl}$——开尔芬体应变张量和应变速率张量。

⑤ 图 3-10 中所示的宾汉体是一种特殊的宾汉体，当作用其上的应力小于屈服应力时，不产生任何应变；只有当应力大于屈服应力时，才会产生随时间逐渐增大的黏塑性应变；卸载后，黏塑性应变被完全保留下来。宾汉体的本构关系可描述为

$$\dot{\varepsilon}^B_{kl}=\frac{1}{3\lambda_B}<\phi(F)>\frac{\partial Q}{\partial\sigma_{ij}}\tag{3-60}$$

式中　$\dot{\varepsilon}^B_{kl}$——宾汉体的应变速率张量；

λ_B——宾汉体的拉伸黏度；

F——黏塑性屈服函数，$F=F(\sigma,\varepsilon_{vp},T)$；

ε_{vp}——黏塑性应变；

σ——应力；

T——温度；

Q——黏塑性势（黏塑性应变能）函数；

$<\phi(F)>$——开关函数，$<\phi(F)>=\begin{cases}\phi(F) & F>0 \\ 0 & F\leqslant 0\end{cases}$。

由于金属材料一般满足关联流动，故有 $Q=F$（黏塑性势函数面与屈服函数面重合），此时如果取 $\phi(F)=F$，则式（3-60）可改写成

$$\dot{\varepsilon}_{kl}^{B}=\frac{1}{3\lambda_{B}}F\frac{\partial F}{\partial\sigma_{ij}} \qquad 当\ \sigma_{ij}'>\sigma_{s0}(T)时 \tag{3-61}$$

式中 σ_{s0}——初始屈服应力。

通常情况下，黏塑性材料的屈服函数中还应包括硬化系数 κ，即 $F=F(\sigma,\varepsilon_{vp},\kappa,T)$；但准固相区一般没有硬化现象，因此 $\kappa=0$。

最后，得到基于图 3-10 流变模型的应力、应变表达式

$$屈服前\begin{cases}\sigma_{ij}=D_{ijkl}\varepsilon_{kl} \\ \sigma_{ij}^{K}=D_{ijkl}\varepsilon_{kl}^{K}+C_{ijkl}\dot{\varepsilon}_{kl}^{K} \\ \varepsilon_{ij}=\varepsilon_{ij}^{H}+\varepsilon_{ij}^{K}+\varepsilon_{ij}^{T}\end{cases} \tag{3-62}$$

$$屈服后\begin{cases}\sigma_{ij}=D_{ijkl}\varepsilon_{kl} \\ \sigma_{ij}^{K}=D_{ijkl}\varepsilon_{kl}^{K}+C_{ijkl}\dot{\varepsilon}_{kl}^{K} \\ \dot{\varepsilon}_{kl}^{B}=\frac{1}{3\lambda_{B}}F\frac{\partial F}{\partial\sigma_{ij}} \\ \varepsilon_{ij}=\varepsilon_{ij}^{H}+\varepsilon_{ij}^{K}+\varepsilon_{ij}^{B}+\varepsilon_{ij}^{T}\end{cases} \tag{3-63}$$

式中 ε_{ij}^{T}——温度应变。

上述两式表明，处于准固相区的铸件材料，屈服前只有弹性和黏弹性变形，屈服后才出现黏塑性变形。

基于 [H]-[H｜N]-[N｜S] 流变模型的研究表明，铸件凝固期间产生的热裂起源于准固相区的宾汉体，受到虎克体和开尔芬体施加的"类表面张力"作用而扩展。铸件凝固时间越长，宾汉体的变形就越大，其热裂倾向就越明显。一种比较认同的理论是：铸件凝固后期，补缩流动使开尔芬体的变形越来越困难，以至于表现出某种类似刚体的性质。一旦补缩的宏微观流动停止，铸件凝固收缩和温度降低等引起的变形几乎全部由宾汉体承担。当宾汉体上的应变值超过其塑性储备值后，就会引发微小的初始裂纹，而此时串联在 [H]-[H｜N]-[N｜S] 模型上的虎克体和开尔芬体因部分弹性回复产生的"类表面张力"作用又造成了初始裂纹的扩展。根据上述理论建立的准固相区微裂纹产生的数理判据为

$$当\ \tau>\tau_{s}\ 时：\quad \varepsilon^{B}=(\tau-\tau_{s})t/\eta_{l}$$

式中 ε^{B}——宾汉体应变；

η_{l}——牛顿体黏度；

τ_{s}——圣维南体屈服应力；

t——应变时间。

显然，当其他条件不变时，ε^{B} 随凝固时间的延长而增加，如果 ε^{B} 超过黏塑性临界值（一般都比较小），就容易引发微裂纹。

（2）高温固相区的热弹塑性模型

在不考虑黏性效应的前提下，热弹塑性本构理论认为：材料屈服前为弹性体，屈服后为塑性体；弹性模量和屈服应力是温度的函数，两者均随温度的升高而减小；当温度接近材料

熔点时，材料的弹性模量和屈服应力将全部变成零。于是可得到基于热弹塑性本构理论的应力应变关系模型：

$$d\sigma_{ij} = D_{ijkl}\left(d\varepsilon_{kl} - \frac{\partial M_{klmn}}{\partial T}\sigma_{mn}dT - \alpha\delta_{kl}dT - d\varepsilon_{kl}^{p}\right) \tag{3-64}$$

式中　$d\sigma_{ij}$——总应力增量张量；

　　　$d\varepsilon_{kl}$——总应变增量张量；

　　　D_{ijkl}——弹性张量；

　　　M_{klmn}——柔性张量，$M_{klmn} = D_{ijkl}^{-1}$；

　　　α——热胀系数；

　　　σ_{mn}——应力张量；

　　　dT——温度增量；

　　　$d\varepsilon_{kl}^{p}$——塑性应变增量张量；

　　　δ_{kl}——Kronecker 符号函数。

式（3-64）括号中的第二项代表因材料温度变化（影响弹性模量和泊松比）产生的弹性应变增量张量；第三项代表因材料热胀冷缩产生的应变增量张量。根据塑性力学中的流动法则，塑性应变增量张量 $d\varepsilon_{kl}^{p}$ 可表示成

$$d\varepsilon_{kl}^{p} = d\lambda\frac{\partial Q}{\partial\sigma_{kl}} \tag{3-65}$$

对于稳定应变硬化材料，如果存在关联流动（即 $Q = F$），则有

$$d\varepsilon_{kl}^{p} = d\lambda\frac{\partial F}{\partial\sigma_{kl}} \tag{3-66}$$

式中　λ——与材料硬化法则有关的参数；

　　　F——后继屈服函数（或称后继加载函数或加载曲面），即与加载历史有关的屈服函数。

假设高温条件下的后继屈服函数为

$$F[\sigma_{ij},\kappa,a_{ij},T] = 0 \tag{3-67}$$

式中　a_{ij}——加载曲面（塑性屈服面）中心在应力空间的位移张量，$a_{ij} = \int Cd\varepsilon_{ij}^{p}$；

　　　C——材料参数；

　　　κ——材料"硬化"系数，相当于塑性功，即 $\kappa = \int\sigma_{ji}d\varepsilon_{ij}^{p}$。

对于等向硬化和运动硬化材料，式（3-67）变成如下形式。

等向硬化　$F[\sigma_{ij},\kappa,\bar{\varepsilon}_{ij}^{p},T] = 0$

运动硬化　$F[\sigma_{ij},a_{ij},T] = 0$

式中　$\bar{\varepsilon}_{ij}^{p}$——等效塑性应变张量，$\bar{\varepsilon}_{ij}^{p} = \int\left(\frac{2}{3}d\varepsilon_{lk}^{p}d\varepsilon_{kl}^{p}\right)^{1/2}$。

对式（3-67）微分，得

$$dF = \frac{\partial F}{\partial\sigma_{ij}}d\sigma_{ij} + \frac{\partial F}{\partial\kappa}d\kappa + \frac{\partial F}{\partial a_{ij}}da_{ij} + \frac{\partial F}{\partial T}dT = 0 \tag{3-68}$$

式中，$da_{ij} = Cd\varepsilon_{ij}^{p}$；$d\kappa = \sigma_{ji}d\varepsilon_{ij}^{p}$。

将式（3-66）分别代入式（3-64）和式（3-68），有

$$\mathrm{d}\sigma_{ij}=D_{ijkl}\left(\mathrm{d}\varepsilon_{kl}-\frac{\partial M_{klmn}}{\partial T}\sigma_{mn}\mathrm{d}T-\alpha\delta_{kl}\mathrm{d}T-\mathrm{d}\lambda\frac{\partial F}{\partial\sigma_{kl}}\right) \tag{3-69}$$

$$\frac{\partial F}{\partial\sigma_{ij}}\mathrm{d}\sigma_{ij}+\frac{\partial F}{\partial\boldsymbol{\kappa}}\sigma_{ji}\mathrm{d}\lambda\frac{\partial F}{\partial\sigma_{ij}}+\frac{\partial F}{\partial a_{ij}}C\mathrm{d}\lambda\frac{\partial F}{\partial\sigma_{ij}}+\frac{\partial F}{\partial T}\mathrm{d}T=0 \tag{3-70}$$

再将式(3-69)代入式(3-70)，并化简得

$$\mathrm{d}\lambda=\frac{\dfrac{\partial F}{\partial\sigma_{ij}}D_{ijkl}\left(\mathrm{d}\varepsilon_{kl}-\dfrac{\partial M_{klmn}}{\partial T}\sigma_{mn}\mathrm{d}T-\alpha\delta_{kl}\mathrm{d}T\right)+\dfrac{\partial F}{\partial T}\mathrm{d}T}{\left(\dfrac{\partial F}{\partial\sigma_{lk}}D_{ijkl}-\dfrac{\partial F}{\partial\boldsymbol{\kappa}}\sigma_{lk}-C\dfrac{\partial F}{\partial a_{lk}}\right)\dfrac{\partial F}{\partial\sigma_{kl}}} \tag{3-71}$$

此时将式(3-71)代入式(3-65)便可求得塑性应变增量，进而再利用式(3-64)求得处于高温弹塑性状态下的材料应力或应变。如果计算的应力或应变大于同等温度条件下的材料应力或应变，铸件就有可能产生局部或整体的塑性变形（超过该温度关联的屈服极限）、冷/热裂纹（超过该温度关联的抗拉极限）或留下较大残余应力和应变（未超过该温度关联的屈服极限）。

3.2.4.2　铸造应力模拟过程

由于铸件凝固过程存在热力耦合效应，因此，传热分析是应力场数值模拟的基础。通常情况下是先计算铸件凝固和冷却过程中的温度场，然后再将温度场求解结果作为温度载荷传递到数值模拟系统的应力分析模块中进行应力计算（图 3-11）。其中，高温固相区的应力场计算相对简单，只要将固态铸件冷却过程中若干关键时刻的温度场载荷作为初始条件之一，依次加载到热弹塑性模型上求解计算即可（假设不考虑可能存在的塑性变形热功效应以及潜在的合金铸件固态相变热效应等）。不过需要注意的是，此时的材料参数应该是温度的函数。同高温固相区的应力场计算相比，准固相区的应力场计算要困难得多，这主要表现在：

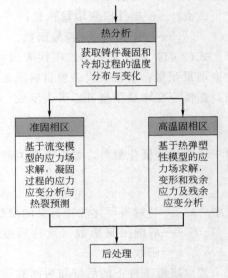

图 3-11　铸造应力分析

① 每一时刻结晶出的固相量是变化的，宏观上固相内部的应力分布与变化不好把握，前后结晶出的固相之间相互作用产生的应力也无法准确描述；

② 变化的边界条件增加了数值求解的不定因素；

③ 数值模拟结果很难通过物理手段加以检测、验证。

3.3 金属铸造成形数值模拟主流软件简介

3.3.1　MAGMAsoft

MAGMAsoft 是德国 MAGMA 公司开发的专业用于解决铸件生产和模具设计问题的 CAE 软件。该软件能够为企业改善产品质量、优化铸造工艺和模具设计、降低生产成本提供有力工具。MAGMAsoft 支持从合金熔炼、铸型制作、铸液浇注，到冷却凝固、铸件热处

理，再到熔炉材料和熔炉修补等整个生产过程，适用于几乎所有铸造合金材料的成形（包括铸钢、铸铁、铸铝、铸镁等）。与此同时，MAGMAsoft 还针对不同的铸造工艺开发有专用技术模块（例如：压力铸造、重力铸造、倾转浇铸、半固态铸造、离心铸造、消失模铸造、应力应变分析、工艺优化和连铸生产线等）。

在有限差分技术的支持下，MAGMAsoft 利用经典物理学方程对铸造过程进行了更加接近实际的描述，从而获得准确度极高的模拟结果，其分析计算速度也非常快。

MAGMASOFT 软件的主要功能模块包括：

① MAGMAProject（作业管理）　存取铸件和模具的几何模型与属性以及铸造工艺、环境条件等数据供后续模块调用；管理同一作业中不同版本，以便比较各种优化工艺与模具方案。

② MAGMAPre（前处理）　简便、快捷地构建铸件或模具的几何模型，并自动生成计算网格，也可通过接口程序直接输入其他 CAD 软件生成的几何数据加以利用。

③ MAGMAfill（充型分析）　研究铸液充型顺序及其流动模式，帮助优化浇冒系统设计。

④ MAGMASolid（凝固分析）　研究铸件凝固时间、温度梯度及其分布，帮助优化冷却系统设计。

⑤ MAGMAPost（后处理）　根据计算结果，可视化铸件关键区域信息，形象地观察铸件和模具的温度变化，精确透视气孔、缩松等位置，动画显示铸液充型与凝固过程。

⑥ MAGMAdata（材料数据库）　提供各种材料的热物理特性数据和过程参数，用户也可编辑或加入自己的材料数据。

⑦ MAGMAbatch（多循环分析）　研究若干铸造周期后的金属模热负荷，帮助优化工艺参数设计。

⑧ MAGMAstress（应力分析）　用于识别铸件和金属型中所有过程步骤（包括热处理和机加工）的热感应应力，以预测裂纹和变形。

3.3.2　PROCAST

ProCAST 是 ESI 集团所属 Procast 公司（美国马里兰州）于 1985 年推出的旗舰产品，业界领先的铸造过程模拟软件。

ProCAST 为铸造业提供整体软件解决方案，可进行完整的铸造工艺过程预测评估，包括充型、凝固、微观组织，以及热力耦合模拟等，帮助设计人员和工艺人员方便快捷地观察、更改、优化模具开发与工艺设计，尽早做出正确的选择与决策。ProCAST 涵盖了各种铸造工艺（包括高压铸造、低压铸造、砂型铸造、金属型铸造及倾斜浇注、熔模铸造、壳型铸造、消失模铸造、离心铸造和半固态铸造等）与铸造材料（包括：铁基、铝基、钴基、铜基、镁基、镍基、钛基和锌基合金以及某些非传统合金与聚合体）。

（1）重力铸造（含砂型铸造、金属型铸造、倾斜浇注）

重力铸造工艺成功的关键因素在于优化浇注系统，消除可能的收缩区域。基于对各种合金收缩缺陷的精确预测，技术人员可在计算机上研究冒口位置、保温套或放热套的作用，并直接从屏幕上观察结果，以达到最佳的铸件质量。

（2）熔模铸造（含熔模铸造、壳模铸造）

ProCAST 设计了多种专业功能以满足用户的特殊需要。例如，ProCAST 能够生成代表壳模的网格，该功能已考虑了非均匀厚度的混合与合并；含有角系数的辐射模型，包括阴影效应，可用于高温合金的熔模铸造工艺。

（3）低压铸造

为重现工业生产条件，应进行模具循环模拟，直至模具达到稳定温度状态。根据模具的热状态、充型过程及凝固结果，就可以调整工艺参数，实现最优工艺质量，同时缩短产品面市时间。

（4）压力铸造

ProCAST 功能能够满足各种压力铸造（包括挤压铸造和半固态铸造）工艺的特殊要求。压头最优速度曲线、浇口设计以及溢流槽位置确定等，都可以采用模拟方法轻松完成，同样适用于薄壁结构铸件的成形。

（5）消失模铸造

消失模铸造工艺的模拟要求详细的背压物理模型，需要综合考虑泡沫材料的燃烧、涂料与砂子的渗透性等因素。ProCAST 利用优选方法处理消失模铸造工艺中的复杂物理现象。

（6）应力分析与模具寿命

ProCAST 具有处理传热、流动、应力耦合计算的独特能力，这种全面分析可同时在同样的网格上完成。技术人员能够研究充型铸液对模具的热冲击、铸件与模具界面气隙对凝固过程的影响等问题。同时，为解决铸件热裂、塑性变形、残余应力与模具寿命等业界普遍关心的问题提供可靠的数据支撑。

（7）反求工程

适用于科研或高级模拟计算，借助实测温度数据确定边界条件和材料热物理性能。

（8）独特的材料热力学数据求解器

通过直接输入合金的化学成分，自动解析出并输出基于该合金成分的精确热力学数据（例如热熔曲线、固相率曲线、黏度曲线和热导率曲线等）。

3.3.3　FLOW-3D Cast

FLOW-3D 是由美国流动科学公司（Flow Science Inc）于 1985 年正式推出的国际著名三维计算流体动力学和传热学分析软件。该软件功能强大，简单易用，能够很好地解决航天航空、金属铸造、镀膜处理、消费品生产、微喷墨头制造、海洋运输、微机电系统、水力开发等诸多领域的工程应用问题。FLOW-3D Cast 是 Flow Science 公司为了解决金属铸造成形问题而深度开发的一个基于 FLOW-3D 软件系统的专业模块。

（1）FLOW-3D 的主要特色

① FLOW-3D 采用了一种网格与几何体相互独立的技术（自由网格法），可以利用简单的矩形网格来表示任意复杂的几何形体，从而降低内存需求，提高求解的精度。

② 流体体积法（VOF）是目前最成功的自由表面跟踪方法。该方法主要由三部分组成：一是定位表面；二是跟踪自由表面运动到计算网格时的流体表面；三是应用表面边界条件。许多计算流体动力学（CFD）软件仅仅执行了 VOF 中的两步，而 FLOW-3D 却开创了真实三步 VOF 法（Tru-VOF）来跟踪和处理流动前沿的推进变化，从而有效地避免了因"假VOF法"导致的某些错误结果。

③ FLOW-3D 提供三种计算方法（分离隐式、显式和可改变方向的隐式算法），使之不但能够模拟低速不可压缩流动和跨声速流动，而且还可模拟压缩性较强的超声速和高超声速流动。支持求解牛顿流体和非牛顿流体。

④ FLOW-3D 包含有丰富而先进的物理模型，使用户能够模拟无粘流、层流、湍流、传热、化学反应、颗粒运动、多相流、自由表面流、表面张力、相变流、凝固等复杂的物理现象。同时内置丰富的流体、固体材料库，支持材料属性的用户自定义。

⑤ 支持对流、热传导、热辐射等多种换热方式。

⑥ 提供友好的用户界面和二次开发接口，具有强大的后处理功能，能够以图形、曲线、矢量等多种方式对计算结果进行处理和显式。

（2）FLOW-3D 在金属铸造方面的应用

高品质的铸件生产通常需要进行大量工艺实验和反复修模试模才能获得。利用 FLOW-3D Cast 软件可以准确模拟铸液的浇注过程，给出金属液充型的速度场、压力场、温度场和自由表面状态变化，以及铸型的温度场；既能精确描述凝固过程，又能精确评估加热冒口和冷却或加热通道设计，给出用宏观变量（如温度梯度、凝固速率和凝固时间）表示的微观缩松判据〔如 Niyama 准则、Lee. Chang. Chieu（LCC）准则等〕，预测可能发生缩松、缩孔等缺陷的位置。为铸造工程师研制和开发新产品提供科学依据，缩短产品和模具的开发周期；并且帮助工艺人员分析工艺质量，优化工艺设计。

FLOW-3D Cast 可以模拟尺寸大小不限的金属薄壁、厚壁零件的铸造成形和砂芯制造工艺中的气流冲砂过程。支持铸钢、铸铁、铝合金、高温合金等五十多种铸造金属和呋喃树脂、酚醛树脂、壳型树脂、干型砂、湿型砂等十几种铸型材料，同时还提供数据资料丰富的铸造工艺库，包括：砂型铸造、消失模铸造、高/低压铸造、差压铸造、重力铸造、倾斜铸造、熔模铸造、壳型铸造、触变铸造（半固态铸造）等工艺。

考虑到铸液凝固过程所耗费的时间比浇注过程时间长得多，FLOW-3D Cast 在保证计算结果精度的前提下，允许单独对两个过程分别进行模拟。同时，为了提高铸件凝固模拟的计算效率，FLOW-3D Cast 提供了功能强大的快速凝固收缩（RSS）物理模型，在计算机上只需用很短的时间就可模拟很长的凝固过程。

3.3.4 JSCAST

1986 年，由小松软件公司（现日本高力科公司）的长坂悦敬博士和村上俊彦先生联合日本大阪大学的大中逸雄教授共同研发出 JSCAST 的前身 SOLDIA（铸件凝固模拟），并成功推向市场；次年 PC 版的 SOLDIA（SOLDIA-EX）发行；1995 年面向充型模拟的企业版 SOLDIA-FLOW 在伦敦国际会议（MCWASP-VII，TMS，1995）上荣获最佳充型流动模拟奖；1996 年企业版的 JSCAST（包括企业版 SOLDIA-EX 和 SOLDIA-FLOW 等）开始正式发行；1999 年 JSCAST for Windows 发行；2005 年，JSCAST 开始销售中文版；到 2014 年 JSCAST 推出第 12 版。至此，JSCAST 成为日本乃至全球最著名的真正面向用户、面向工程实际的铸造模拟和优化系统之一。

JSCAST 适用于高/低压铸造、砂型铸造、金属型铸造、精密铸造、壳型铸造、重力铸造、倾斜铸造、减压铸造、差压铸造、半固态铸造等过程的动态模拟，支持铸铁、铸钢、高锰钢、不锈钢、高温合金、铝合金、镁合金、铜合金、钛合金等铸造材料，以及发热、保温、绝热、冷铁、冷却水、空气、加热器、金属模具、砂型（生砂、呋喃树脂砂）、型壳（陶瓷，石膏）和型芯等辅助材料或材料特性。

由于采用了标准化的通用的用户界面，以及高性能的流动凝固求解器，因此，JSCAST 可以分析和优化几乎任何一种铸造工艺，既能评估设计方案（例如浇注系统、排气孔和溢流槽位置及个数、冒口位置及大小、冷铁布局、模具冷却等），也能评估现有铸造方案及铸造参数条件下，各种铸造缺陷的形成倾向。目前，JSCAST 可以准确地模拟型腔内部金属液的流动过程、型腔充满后的凝固过程、流动与凝固过程中卷气和夹杂的形成、卷入、流动及在浮力/重力作用下的沉浮，以及凝固过程中的缩孔、缩松等。

此外，JSCAST 完全基于 Windows 风格的操作界面、独特的工程化四视图显示、所有模块高度集成无需切换，以及面向普通用户的向导式菜单设计使之成为日本销量第一的铸造模拟软件。

3.3.5　AnyCasting

AnyCasting 是韩国 AnyCasting 公司自主研发的新一代基于 Windows 操作平台的金属铸造成形模拟软件系统，于 1990 年作为商品化软件正式推向市场。AnyCasting 可以仿真各种铸造工艺过程（包括：砂型铸造、熔模铸造、金属型铸造、倾转铸造、高压铸造、低压铸造、真空压铸、挤压铸造、离心铸造，以及连续铸造等）中的充型、传热、凝固和应力场等物理现象，预测铸造缺陷与铸件微观组织。

AnyCasting 的特色主要表现在：

a. 真正基于 Windows 平台，易学易用；

b. 求解器模型先进，计算速度快；

c. 创新的充型和凝固缺陷预测模型及判据，使模拟结果更精确；

d. 完全面向铸造工艺过程，参数设置方便，界面传热系数自动设置；

e. 完全基于 OpenGL 的真 3D 图形功能支持动态剖面技术；

f. 自动变差分网格技术，划网速度极快；

g. 关系型材料数据库支持高达 80 多种黑色金属、100 多种有色金属和 30 多种非金属，用户可自定义材料或编辑、更新已有材料；

h. 后处理功能强大，多模型分析，完善的铸件质量评价体系，图片、动画自动输出。

3.3.6　华铸 CAE

华铸 CAE（InteCAST）是华中科技大学（原华中理工大学）经二十多年研究开发，并在长期生产实践检验中不断改进、完善起来的国内著名的铸造工艺分析系统，目前有数百套华铸 CAE 软件在国内一百多家工矿企业和科研院所运行使用，深受用户的好评。

华铸 CAE 以铸件充型过程、凝固过程数值模拟技术为核心对铸件进行铸造工艺分析，可以完成多种合金材质（包括铸钢、球铁、灰铁、铸造铝合金、铜合金等）、多种铸造方法（砂型铸造、金属型铸造、压铸、低压铸造、熔模铸造等）下的铸件凝固分析、流动分析以及流动和传热耦合计算分析。实践应用证明，华铸 CAE 系统在预测铸件缩孔及缩松缺陷的倾向、改进和优化工艺，提高产品质量，降低废品率、减少浇冒口消耗，提高工艺出品率、缩短产品试制周期，降低生产成本、减少工艺设计对经验、对人员的依赖，保持工艺设计水平稳定等诸多方面都有明显的效果。

3.4　应用案例

3.4.1　防喷器壳体铸件凝固分析

3.4.1.1　问题描述

防喷器壳体是一个成形工艺难度较大的大中型铸钢件，其三维实体模型如图 3-12 所示。

该防喷器壳体的外形尺寸为：$\phi 1200mm \times 700mm$，最大壁厚：152.5mm，最小壁厚：80.5mm，重量约2.4t。批量生产，铸件材料 ZG25CrNiMo（$\sigma_b \geqslant 655MPa$、$\sigma_{0.2} \geqslant 517MPa$、$\delta \geqslant 18\%$、$\psi \geqslant 35\%$），其化学成分列于表 3-3。要求铸件尺寸偏差控制在 II 级精度，超声波探伤，最大允许缺陷均为 II 级，静水压强度实验 70MPa。此外对铸件缩孔、缩松也有严格限制。

图 3-12　防喷器壳体的实体模型

表 3-3　ZG25CrNiMo 的化学成分

化学成分	C	Si	Mn	P	S
质量分数/%	0.25	0.24	0.54	0.017	0.012

在实际生产中，常常发现铸件的某些部位容易形成热节（见图 3-13 所示的 1～3 处），而且铸件材料的消耗率偏高。因此，本案例的任务是：利用铸件凝固过程数值模拟实验，找到和消除不合理的工艺设计，进而改善铸件质量，提高其材料利用率。

根据现场经验，初步设计防喷器壳体的铸造工艺如下（见图 3-14）。

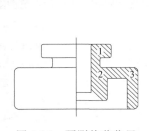

图 3-13　预测热节位置

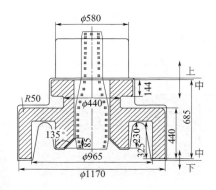

图 3-14　铸造工艺图

① 砂型铸造，型砂材料取水玻璃砂，一箱一件，采用开放式顶注浇注系统。

② 铸件上部侧面开设一个 $\phi 400mm \times 340mm$ 的圆柱形搭边保温型暗冒口，冒口套厚度 60mm。

③ 在热节 1 处增加工艺尺寸，使颈部凹轮廓与顶部圆环齐平；在 2、3 两个热节处增加补贴以实现顺序凝固。

④ 采用重力补缩，浇注时间 50s。

将铸件、浇注系统、芯子、冒口、铸型的三维实体模型装配后划分网格（网目尺寸10mm，网格数 5508000）。数值实验平台为华铸 CAE，模拟计算需要的物性参数见表 3-4，其他所需参数见表 3-5。

3.4.1.2　模拟过程

（1）新建工程项目

启动华铸 CAE 系统进入主控平台（图 3-15），单击"新建工程"图标，弹出新建工程

表 3-4　物性参数

物性参数	密度/(g/cm³)	热导率/[cal/(cm²·s·℃)]	热容/[cal/(g·℃)]	初始温度/℃
铸件	7.6000	0.053989	0.15	1530
铸型	1.6000	0.001680	0.27	20
空气	0.0012	0.000062	0.24	20
冒口套	0.8000	0.000800	0.15	20
芯子	1.5500	0.001920	0.26	20

注：1cal＝4.18J。

表 3-5　其他参数

参数名	参数值	参数名	参数值	参数名	参数值
浇注温度/℃	1550	结晶潜热/(cal/g)	60	热辐射系数	0.375
环境温度/℃	20	液相线温度/℃	1513	液相收缩率/(1/℃)	0.0001
临界固相率	0.65	固相线温度/℃	1454	相变收缩率	0.04
界面换热系数/[cal/(cm²·s·℃)]					
铸件/空气	0.023	铸件/铸型	0.023	铸件/芯子	0.020
铸件/冒口套	0.005	空气/铸型	0.023	空气/芯子	0.020
空气/冒口套	0.005	铸型/芯子	0.020	铸型/冒口套	0.005
芯子/冒口套	0.005				

对话框（图 3-16）。在对话框上依次输入：单位、操作人、铸件名、工艺号和材料类型等基本信息，并在"硬盘选择"栏中指定工程项目保存路径；然后单击"确认"，关闭对话框。

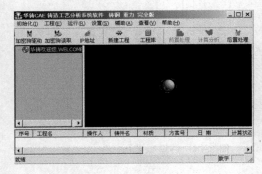

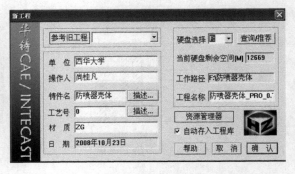

图 3-15　华铸 CAE 主控平台　　　　图 3-16　新建工程对话框

（2）CAD 模型导入及其属性设置

单击图 3-15 中的"前置处理"图标，进入华铸 CAE 前处理子系统（图 3-17）。单击工具栏"新建"图标，在弹出的网格剖分任务对话框中单击"下一步"，然后再弹出为 CAD 模型设置材质属性对话框（图 3-18）；分别选择 STL 文件格式的 CAD 模型及其对应的材质属性，完成属性设置后的关联信息列于图 3-18 左下部的列表框。

单击图 3-18 中的">>>（下一步）"按钮，进入优先级别选择对话框。在优先级别选择对话框的材质列表中依次选择铸件—冷铁—铸型。优先级别是华铸 CAE 特有的功能，灵活应用可以大大降低用户的三维造型工作量。以图 3-19 为例，分析对象由铸件与砂芯组成。如没有"优先级别"功能，则必须将铸件（铸件内部为空）和砂芯的实际模型输入计算机，再进行准确装配［图 3-19（a）］。利用优先级别功能，可以只输入铸件实体的外部形状［内部不必挖空，见图 3-19（b）］和砂芯实体模型［图 3-19（c）］，然后再正确装配两者。这样装配

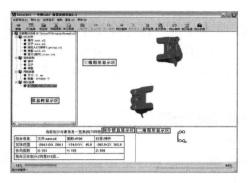

图 3-17 华铸 CAE 前处理子系统界面

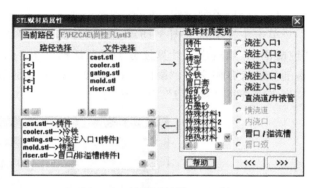

图 3-18 材质属性设置对话框

后的砂芯占据铸件的一部分空间 [称为公共空间, 见图 3-19 (d)]。在后续进行的网格剖分中, 因为定义砂芯的优先级别高于铸件, 所以公共空间属于砂芯, 于是铸件自动被掏空, 从而形成准确的铸件实体模型。

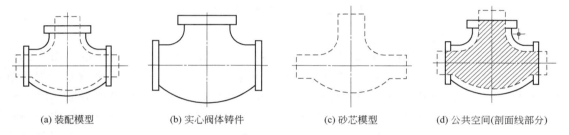

(a) 装配模型 (b) 实心阀体铸件 (c) 砂芯模型 (d) 公共空间(剖面线部分)

图 3-19 优先级别举例

（3）网格划分及检查

单击"下一步"按钮, 进入网格划分参数设置对话框, 输入均匀网格尺寸 10mm。华铸 CAE 采用等边长立方体网格离散分析对象, 故只需输入边长即可。输入的边长值应根据铸件结构的复杂程度和尺寸大小确定。原则上, 温度场计算时应保证铸件壁厚最薄处有两个或两个以上网格; 流动场计算时不能出现线（或点）接触网格, 以保证铸液的流动贯通。当前划分的网格数可点击"网格数"按钮查看。单击"下一步"进入其他参数设置对话框（图 3-20）, 输入存储剖分结果的文件名, 例如"凝固（10mm）"。单击"接受", 前处理子系统开始对模型进行网格划分。重力铸造的直浇道应竖直向上, 如果剖分结果显示与之不符, 就要对之进行相应的旋转。图 3-21 是绕 X 轴顺时针旋转 90°后的铸件模型（包括浇注系统和冒口）。

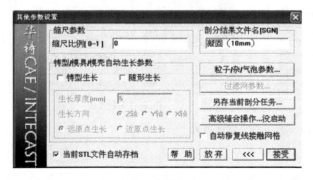

图 3-20 其他参数设置对话框

图 3-21 网格划分结果

（4）分析类型设定

单击主控平台（图 3-15）上的"计算分析"图标，在弹出的分析类型设置页面上选择"纯凝固"，然后进入计算任务设置对话框（图 3-22）。从"选择 SGN"的下拉列表中选择网格剖分结果存储文件"凝固（10mm）"；再分别从"文件夹选择"和"金属大类选择"下拉列表中选择"凝固 1"和"铸钢"。

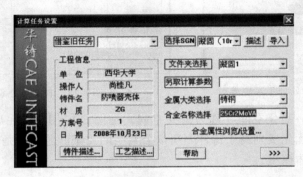

图 3-22　计算任务设置对话框

（5）材料参数设置

单击图 3-22 中的"合金属性浏览/设置"按钮，弹出合金属性设置对话框（图 3-23）。在"合金成分"卡［图 3-23（a）］上依次输入合金元素碳、硅、锰、硫和磷的含量，然后单击"应用"。再点击该对话框上的"物性参数"卡，切换到合金热物性设置界面［图 3-23（b）］。其中：临界固相率是指铸液停止宏观流动时的固相百分数。当合金铸液的实际固相率大于临界固相率时，合金将失去流动性，不能再进行补缩，因此，凝固分析一般计算到临界固相率对应的温度即可。凝固系数用来估算铸件的凝固时间，为终止计算提供控制依据；相变收缩（率）是合金由液相转变成固相时的体积收缩率；液态收缩率指温度每降低 1℃，液态合金的体积缩小百分数，可点击"液态收缩率"按钮得到帮助。在"物性参数"卡中输入或选择相应参数，例如相变收缩 0.04、液态收缩率 0.0001；完成后单击"应用"；然后通过单击"确定"关闭合金属性设置对话框。

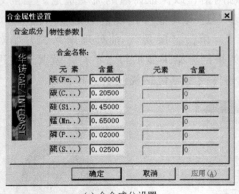

(a) 合金成分设置

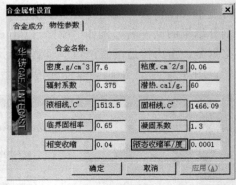

(b) 物性参数设置

图 3-23　合金属性设置

（6）物性参数设置

单击图 3-22 中"下一步"按钮，进入物性参数设置对话框（图 3-24）。从对话框顶部的

"欲设置材料"下拉列表中选择铸件，并输入铸件的初始温度（浇注温度）"1550"，然后单击"应用"。再从同一下拉列表中选择铸型和冷铁，并按表 3-4 数据设置相应的物性参数。

单击"下一步"，进入界面参数设置对话框设置界面热交换系数。常用砂型（砂芯）铸造的界面热交换系数见表 3-6；常用金属型铸造的界面热交换系数有的与砂型铸造类似，也有不同于砂型铸造的界面热交换系数，例如铸型/铸件＝0.08，铸型/空气＝0.001，铸型/型芯＝0.08。

表 3-6　常用砂型铸造的界面热交换系数

单位：cal·cm^{-2}·s^{-1}·K^{-1}

界面	铸件	砂型	界面	铸件	砂型
砂型	0.023	—	砂芯	0.023	0.023
空气	0.023	0.023	冷铁	0.08	0.08
锆砂	0.06	—	铬铁矿	0.05	—
石墨	0.04	—	保温套	0.001	0.001

注：1cal＝4.18J。

完成后，再单击"下一步"，进入重力补缩设置对话框（图 3-25），激活"重力补缩功能"选项，输入大致浇注时间"50"s。

图 3-24　物性参数设置对话框

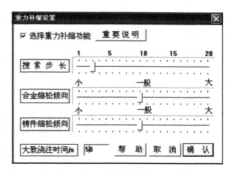

图 3-25　重力补缩设置对话框

单击"确定"，返回到其他参数设置对话框（图 3-26）；单击该对话框上的"下一步"按钮，进入计算任务总结对话框（图 3-27）；查看信息，确定无误后，单击"接受任务"，开始进行防喷器壳体铸件的凝固分析计算。

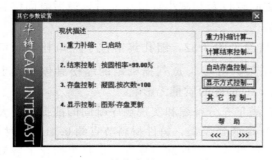

图 3-26　其他参数设置对话框

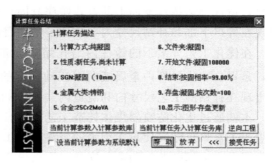

图 3-27　计算任务总结对话框

3.4.1.3 模拟结果与分析

图 3-28 是数值模拟计算出的防喷器壳体铸件缩孔及缩松分布。由图可见，缩孔主要集中在浇口杯和冒口区域，而缩松则多分散在直浇道内、直浇道与横浇道交接处以及冒口内和补贴尺寸内。利用 $G/\sqrt{R}$ 判据得到缩松的确切位置如图 3-29 所示，与图 3-28 显示的缩松大致位置完全相符。这些部位在铸件的后处理工序中将被切除，不会影响防喷器壳体的最终质量。

 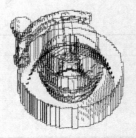

图 3-28 缩孔及缩松分布　　　　图 3-29 利用 $G/\sqrt{R}$ 法确定缩松位置

从分析结果看，使用初定工艺进行生产能够成形出符合技术要求的铸件，但存在以下两个问题。

① 铸件中间的砂芯造成补贴不足而降低了冒口的补缩能力，致使冒口体积过大，从而减小了工艺出品率；

② 保温冒口的使用增加了工序，同时将耗费更多的材料，并且会延长生产周期。

3.4.1.4 防喷器壳体的铸造工艺优化

根据上述模拟结果及分析，可以从以下三个方面对防喷器壳体的铸造工艺进行优化：

① 去除上段砂芯，使冒口内的金属液形成连续流体；

② 去除冒口套，减小冒口直径和高度，将冒口顶部设计成半球形；

③ 增加补贴尺寸，将分型面处小圆环内的圆孔去除 150mm 的深度，下半部使用砂芯，保留补贴斜度，并在顶部倒圆角 R60mm。

优化后的铸件工艺示意见图 3-30。

在优化工艺的基础上，再次进行数值模拟实验，最终得到较为理想的铸件凝固结果。如图 3-31 所示为工艺优化后的铸件凝固过程（初定工艺方案中的其他参数不变），从图中可以看出，铸件仍然按自下而上的方式顺序凝固，去除冒口套和减小冒口尺寸后，最后凝固位置出现在冒口下部和补贴尺寸内，达到了预期目的。

在优化工艺方案下的铸件内缩孔缩松分布情况见图 3-32，缩孔集中位于浇口杯和冒口内，是冒口和浇口杯内金属液向下流动补缩的结果。由 $G/\sqrt{R}$ 判据确定的缩松具体位置也仅出现在补贴的工艺尺寸内和浇道内（图 3-33），对铸件的质量无影响。

本例通过优化防喷器壳体铸造工艺方案，在满足充分补缩和实现顺序凝固的前提下，大大缩小了冒口尺寸，使每次钢水的浇注量从 4.2t 降低到 3.8t，铸件材料节省约 0.4t。同时，省去了一个上部砂芯的制造与安装，不仅提高了铸型的稳定性和可靠性，而且也简化了造型工装；加上铸件材料消耗的减少，最终使得生产成本大大降低。

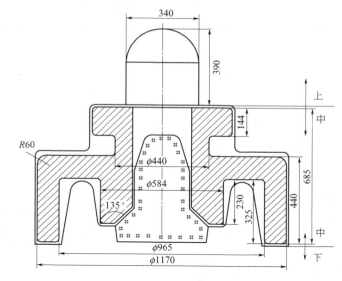

图 3-30　优化后的铸件工艺图

(a) 凝固时间 0s

(b) 凝固时间 4471s

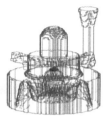

(c) 凝固时间 13814s

图 3-31　优化后铸件凝固过程

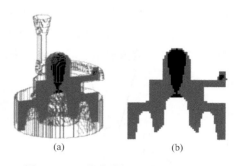

(a)　　　　　　　　　(b)

图 3-32　工艺优化后的缩孔缩松分布

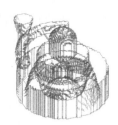

图 3-33　利用 $G/\sqrt{R}$ 法确定缩松位置

3.4.2　防喷器活塞的工艺结构设计

3.4.2.1　问题描述

图 3-34 是某环形防喷器上的活塞零件图，所用材料为 ZG25CrNiMo，砂型铸造，年产 800 件。活塞铸件的质量要求非常高：其超声波探伤结果必须符合 GB/T 7233 标准规定，最大允许缺陷为 2 级；成品活塞的所有润湿面和密封面还要求进行液体渗透探伤，探伤结果应分别满足 GB/T 9444 与 GB/T 9443 标准规定，最大允许缺陷均为 2 级；静水压强度试验

70MPa；同时对铸件缩孔及缩松有严格的限制。为了保证铸件质量，缩短试模周期，降低生产成本，有必要利用数值模拟实验发现和解决活塞零件铸造工艺设计中的潜在问题。

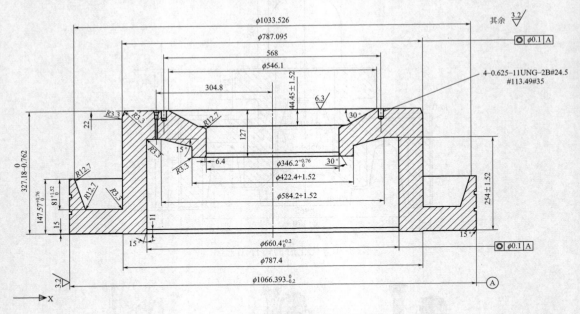

图 3-34　环形防喷器活塞零件图

3.4.2.2　根据数值模拟实验拟定的工艺结构方案

（1）工艺结构方案一

方案一（图 3-35）采用四个标准圆柱形暗冒口，其直径与高度均为 310mm。顶部进浇，内浇道从冒口下方引入。补贴厚度 15mm，斜角 6°。在底部与底部内环面设置冷铁（以 1♯、2♯命名）激冷，冷铁块呈圆周对称分布。1♯和 2♯冷铁各 4 块。1♯冷铁厚 80mm，2♯冷铁厚 60mm；冷铁长（以弧长表示）均为 πd/3，冷铁间距 πd/6，d 为铸件底部或底部内环面直径；冷铁宽与安放部位的圆环面等宽。浇注温度 1550℃。数值模拟实验平台为华铸 CAE。

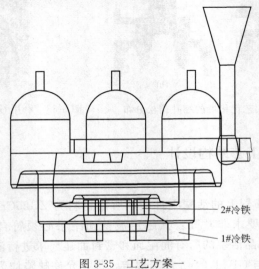

2#冷铁
1#冷铁

图 3-35　工艺方案一

数值模拟发现，铸造缩孔全部集中在各冒口上部和主浇道入口处，但是各冒口下方均存在不同程度的缩松现象，初步判断有可能是 1♯ 冷铁的间距太大（1♯ 冷铁位于铸件底部且不正对冒口），激冷范围不够造成；而位于底部内环面的 2♯ 冷铁之间也同样存在松缩现象，见图 3-36。因此决定增加 1♯ 和 2♯ 冷铁的长度。

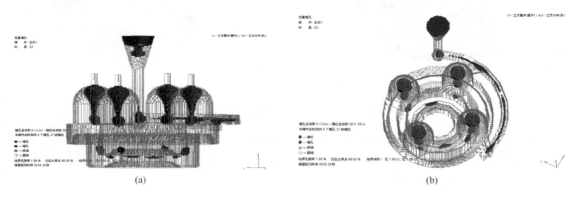

(a)　　　　　　　　　　　　　　　(b)

图 3-36　方案一的缩孔与缩松分布

（2）工艺结构方案二

在方案一的基础上，将 1♯ 和 2♯ 冷铁弧长增加至 $7\pi d/18$，冷铁间距相应缩短成 $\pi d/9$，其他工艺条件不变。再次进行数值模拟发现，冒口下方的缩松明显减少，仅有 2 个冒口下方存在少量缩松；然而 2♯ 冷铁之间的底部环内依然有较多缩松，见图 3-37。由于 1♯ 和 2♯ 冷铁之间的角度为 45°，底部环内的缩松恰好是 1♯ 冷铁的径向方向，那么可以猜想底部环的补缩通道可能不畅通。因此，不妨把 1♯ 冷铁的厚度减小到 40mm。

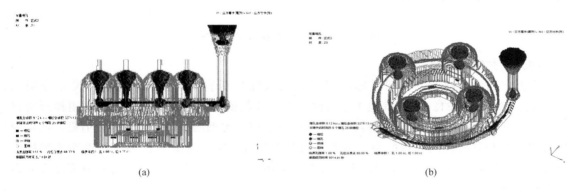

(a)　　　　　　　　　　　　　　　(b)

图 3-37　方案二的缩孔与缩松分布

（3）工艺结构方案三

在方案二的基础上将 1♯ 冷铁的厚度减小到 40mm，其他工艺条件不变。从数值模拟结果看，底部内环区的缩松明显减少（见图 3-38），因此，补缩通道不畅通的猜想是正确的。反之，由于过度减小 1♯ 冷铁的厚度，致使底部铸液的冷却凝固速度低于上部对应补缩通道的凝固速度，所以在冒口下方出现较大区域的缩松也属预料之中，要想消除它，不妨将补贴的厚度尺寸设计大一点，让来自冒口的铸液能够顺利补缩底部热节。

（4）工艺结构方案四

在方案三的基础上，将补贴的厚度尺寸由 15mm 增加到 40mm，其他工艺条件不变。最

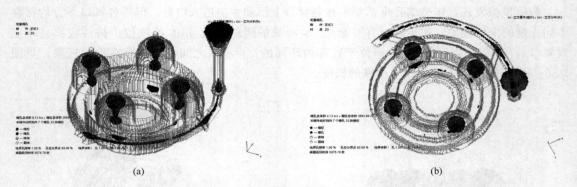

图 3-38　方案三的缩孔与缩松分布

终，缩松体积大量减少，仅在底部内环对应于两个冒口之间的部位存在体积很小的缩松；但是冒口内部的缩松区却延伸到了铸件内部（图 3-39），这是绝对不允许的，必须加以解决。于是，决定将冒口类型更改成腰形明冒口。

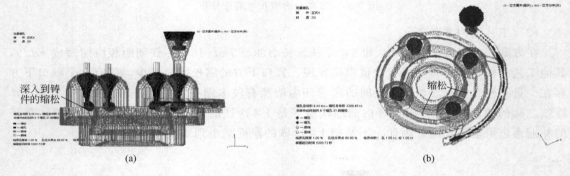

图 3-39　方案四的缩孔与缩松分布

（5）工艺结构方案五

在方案四的基础上，将圆柱形暗冒口更改成腰形明冒口，其长、宽、高尺寸分别为 375mm、250mm、312mm，其他工艺条件不变。从数值模拟分析的结果看，采用腰形明冒口后，其下方的缩松区未延伸入铸件内部，所以，冒口类型的更改是合理的；但是，底部内环对应于两个冒口之间部位的小范围缩松问题仍没有解决。如图 3-40 所示的两个小缩松区域处于两个冒口的正中间，初步认定是补缩距离不够造成，因此，适当增加补贴厚度尺寸后再进行数值模拟实验。

（6）工艺结构方案六

在方案五的基础上，适当增加补贴厚度尺寸至 45mm，斜角 11°，并且将 1♯和 2♯冷铁的尺寸减小，数量增加，具体尺寸为：弧长 $5\pi d/36$，间距 $\pi d/12$。从最终模拟的结果可以看出，按照工艺方案六铸造成形，无论是底部缩松还是冒口下方缩松的问题均得到很好解决（图 3-41）。因此，最终确定将方案六作为防喷器活塞实际铸造生产的工艺结构设计依据。

图 3-42 是根据方案六设计的防喷器活塞铸造工艺结构（示意）。其中，浇注系统采用顶注式，2 个内浇道，分别位于冒口下方；标准腰形明冒口的模数为 5.17，其长、宽、高尺寸分别取 375mm、宽 250mm、高 312mm；补贴厚 45mm，斜角 11°；1♯冷铁厚 40mm，弧长 $5\pi d/36$，间距 $\pi d/12$；2♯冷铁厚 60mm，弧长 $5\pi d/36$，间距 $\pi d/12$。

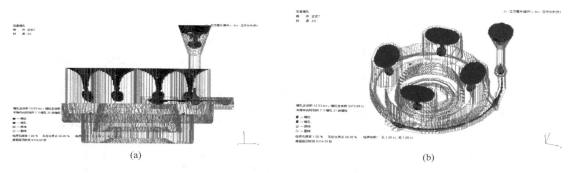

图 3-40　方案五定量缩孔分布图

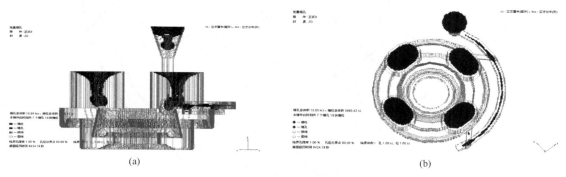

图 3-41　方案六的缩孔与缩松分布

3.4.3　变速箱上盖压铸件的流动与凝固分析

3.4.3.1　问题描述

图 3-43 是某款车用变速箱上盖压铸件及其原工艺方案下的浇注系统、溢料系统和模具外形的三维数字模型。铸件材质为 ZL112Y，模具材料为 4Cr5MoSiV1。原生产中出现的问

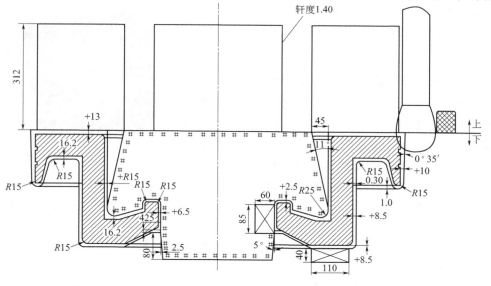

图 3-42

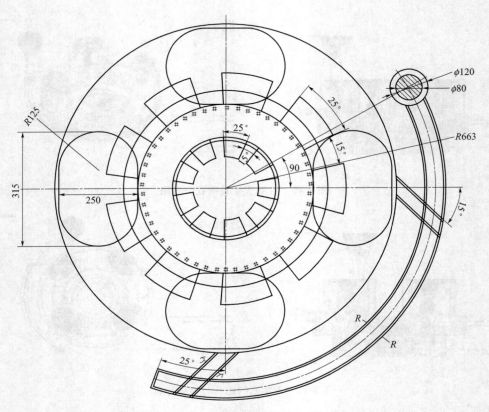

图 3-42　防喷器活塞的铸造工艺结构示意

题可归纳为以下两点：①铸件大端一头经常产生气孔、夹杂和冷料缺陷；②成形铸件中部两"腰形"孔的模具型面经常出现裂纹，模具修复困难。结合压铸工艺特点与现场经验，初步认定：缺陷①可能与压铸充型过程的流动状况有关，缺陷②可能与模具的温度场分布有关。为了印证上述推测，找到解决问题的关键因素，在华铸CAE 系统上开展压铸合金的充型流动分析和冷却凝固分析。

3.4.3.2　流动过程数值模拟及结果分析

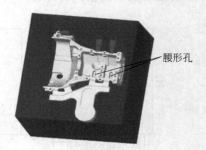

图 3-43　压铸件与模具

首先在原工艺方案下进行压铸充型流动过程模拟，采用的有关工艺参数分别为：压射比压 60MPa，模具预热温度 200℃，合金压铸温度 700℃。对于大型压铸件、箱体类和框架类压铸件以及结构比较特殊的压铸件，一般采用多内浇道进浇、并增加溢流系统和排气系统的设计方案。从图 3-43 可以看到，沿铸件轴向分布着多个内浇道，三个溢流槽开在内浇道的对面，符合压铸件浇注系统设置的一般原则。

根据流动充型数值模拟的结果，可以清楚地了解合金液充填变速箱上盖模腔的先后顺序，见图 3-44。

由图 3-44 可见，原压铸工艺中分型面上的三处溢流槽属金属液最后填充的部位，起到了溢流作用，设置合理；同时可以看出，压铸件大端一头在充型过程中不断有液流前端汇聚

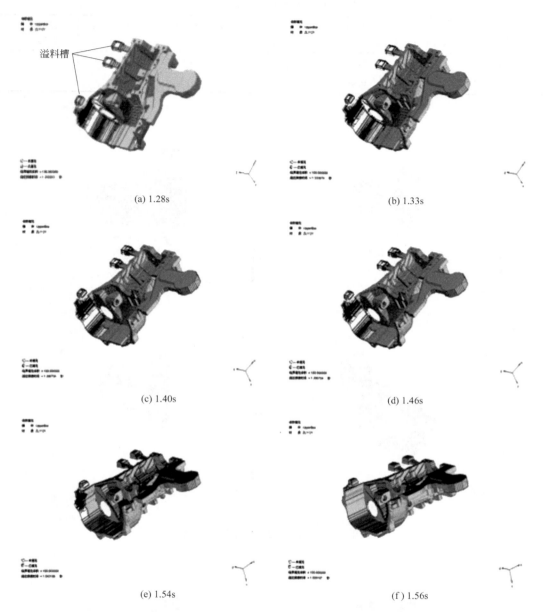

溢料槽

(a) 1.28s

(b) 1.33s

(c) 1.40s

(d) 1.46s

(e) 1.54s

(f) 1.56s

图 3-44　金属液充型末期几个时刻的铸液前沿位置

于此，极易在此出现气孔、夹杂、冷料等缺陷。

根据上述模拟结果分析，对原模具设计方案进行了修改，主要是增加铸件大端处的溢料槽尺寸，以消除原大端处的缺陷。

3.4.3.3　凝固过程数值模拟及结果分析

同变速箱上盖压铸凝固过程数值模拟计算相关的材料热物性参数列于表 3-7。图 3-45 和图 3-46 分别表示凝固过程中，铸件在不同时刻的温度场变化和液、固相分布。图 3-46 中的块状部分为液相，线框状部分为固相。

表 3-7　材料的热物性参数

材质牌号	密度/(g/cm³)	比热容/[kJ/(kg·K)]	热导率/[W/(K·m)]	液相线温度/℃	固相线温度/℃	结晶潜热/(kJ/kg)
ZL112Y	2.5	0.97	109.2	594	540	420
4Cr5MoSiV1	7.8	0.46	27.6			

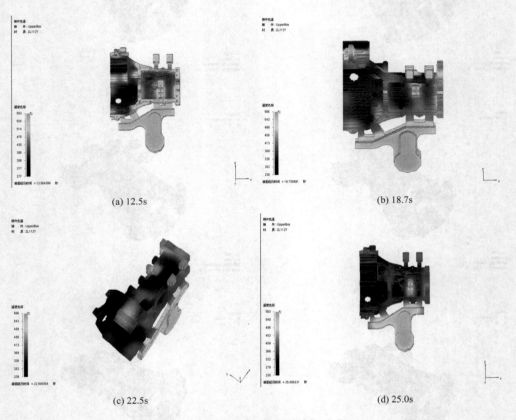

(a) 12.5s　　(b) 18.7s

(c) 22.5s　　(d) 25.0s

图 3-45　凝固过程中的温度场变化

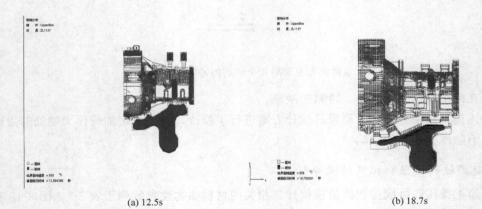

(a) 12.5s　　(b) 18.7s

图 3-46　凝固过程中的液、固相分布

为了更清楚地了解缺陷②所处位置的温度分布，利用华铸 CAE 提供的剖片显示功能，得到铸型截面色温图，见图 3-47。

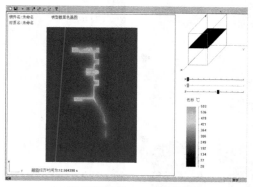
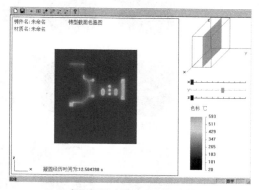

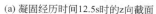

(a) 凝固经历时间12.5s时的z向截面　　　　　　(b) 凝固经历时间12.5s时的y向截面

图 3-47　铸型截面色温图

由图 3-45 和图 3-47 可以看出，铸件中部两"腰形"孔附近的模具在铸件凝固过程中始终处于较高温度区，承受较高的热载荷，"工作环境"较恶劣，加之成形两"腰形"孔的模具工作结构尺寸较小，仅 11.1mm 宽，传热和承载的能力有限，所以此处容易出现裂纹而失效。因此，根据模拟分析结果将"腰形"孔处的模具结构改成组合式：一者可以利用综合性能较好的异种材料制作成冷却镶件，二者可以在成形"腰形"孔的冷却镶件失效后予以快速更换，从而保证压铸生产的顺利进行。

另外，从压铸件/压铸模温度场模拟结果还可看出，温度的分布主要取决于铸件的几何结构。在铸件上几个壁厚尺寸较大的部位其温度较高，冷却较慢，凝固对应的液相分数也较大，这与压铸件凝固的一般原则相吻合。

3.4.4　其他案例

（1）铝合金轮毂的重力铸造

图 3-48～图 3-50 所示是台湾一家企业提供的铝合金轮毂在重力铸造中的充型流动与冷却凝固案例，数值实验平台为 ProCAST。由图 3-48 可知，整个铝合金液的充型时间为 16s，且充型过程存在热交换现象，这将影响后续凝固模拟时铸液和铸型初始温度的确定。此外，从图 3-48 第 8s 钟对应的小图上可观察到卷气现象（一个明显的空洞），虽说该铝合金液的流动性良好，卷气产生的气泡最终可以顺利排除，但是如果能够避免此现象，则将有助于进一步提高铸件质量。图 3-48 中的圆圈代表轮毂铸件上可能形成热节的部位。铸件凝固期间传热的不均匀致使其无法自下而上的有序冷却，于是在胎圈和轮辐的交接区出现集中热，如果位于该区域的铝合金液在凝固过程中无法顺利得到胎圈上部冒口或中央冒口的补缩，则将导致铸件缺陷的产生。图 3-49 反映了 80～120s 期间的轮毂凝固情况（以固相率表示），图中圆圈所示部位的固相率低于该铸铝合金液宏观流动的临界固相率（0.7），而圆圈周围合金的固相率均高于圆圈所示部位，因此，圆圈内将出现缩孔和缩松。数值模拟预测的缺陷部位同轮毂铸件实物的收缩缺陷部位非常吻合（图 3-50）。

（2）优化压铸件工艺结构

准备利用数值模拟实验优化的一模五腔压铸件 CAD 模型如图 3-51 所示。其中，压铸零件在实际生产中遇到的问题主要有两个：①铸液不能同时充模，②铸件中气孔较多。因此，

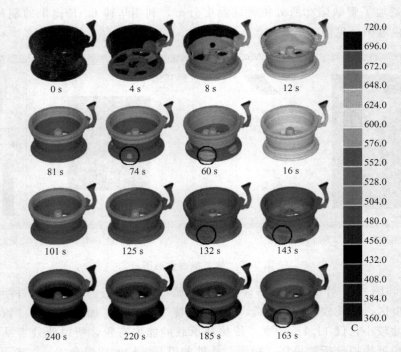

图 3-48　铸液充型与冷却凝固（图右侧为温度场色标）

图 3-49　固相率分布（图右侧为固相分数色标）

对数值模拟实验提出的要求是：①优化浇口结构，②重新定位溢料槽与排气穴。

　　原始设计采用分叉型浇口，造成其后部区域和中央大孔后部区域充型不足（图 3-52）。

　　将原浇口结构改成扇形后，浇口后部区域的充型不足现象被消除，但中央大孔后部区域的充型不足现象依然存在（图 3-53）。

　　将位于中央大孔内的集液槽入口改成 2 个，并使 2 个入口的轴线与浇口轴线共线。再次模拟发现（图 3-54）：虽然可以让充型铸液提前进入中央集液槽来减轻大孔后部区域的充型不足，但是困气问题还是存在。

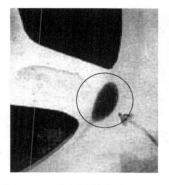

图 3-50　轮毂铸件的收缩缺陷

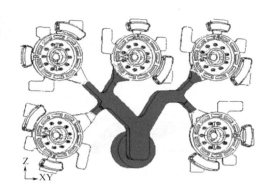

图 3-51　CAD 模型

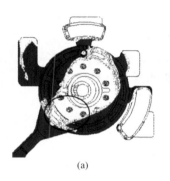

(a)

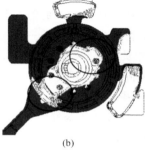

(b)

图 3-52　原浇口设计缺陷

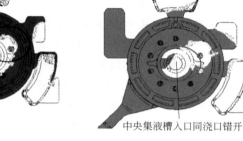

中央集液槽入口同浇口错开

图 3-53　浇口结构改成扇形

　　修改浇口结构为切向进浇，由于切入角设计不正确，尽管阻止了铸液过早进入中央集液槽，但中央大孔后部的困气问题并没有得到有效解决（图 3-55）。

　　将浇口切入角改成 30°，并在铸液最后充型部位增加一个溢料槽（兼有排气作用，见图 3-56）。这样，铸件中的多孔问题得到了圆满解决。

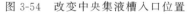

2 个集液槽入口

图 3-54　改变中央集液槽入口位置

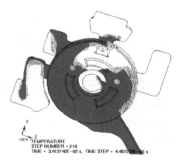

图 3-55　切向进浇

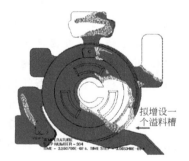

拟增设一个溢料槽

图 3-56　将切入角改成 30°

　　图 3-57 是在模拟分析基础上拟定的铸件工艺结构优化方案，图 3-58 是根据图 3-57 工艺结构获得的数值模拟结果。从图 3-58 中可以观察到，通过工艺结构的优化，基本上解决了铸件中的多气孔问题，同时还减少了铝合金用料近 20%。注意：本案例的所有截图均未取自最终计算结果。

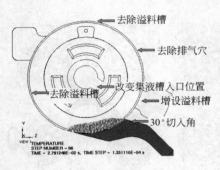

图 3-57　优化方案

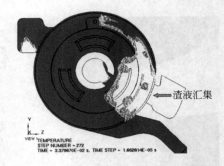

图 3-58　优化方案的验证

 复习思考题

1. 数值模拟技术目前在金属铸造成形中主要有哪些应用？

2. 凝固过程数值模拟技术可以解决铸造生产中的哪些问题？

3. 在建立铸造相关热传导数学模型时，给出的每一条基本假设有何意义？

4. 怎样确定热传导方程（3-1）中的结晶潜热和固相率（固相质量分数）？

5. 三种确定结晶潜热的方法各有何长处与短处？

6. 求解热传导方程（3-1）需要哪些边界条件？

7. 怎样确定求解热传导方程（3-1）的初始条件？

8. 铸液充型过程数值模拟技术可以解决铸造生产中的哪些问题。

9. 描述铸液充型流动的三个数学模型含义及其联系。

10. 求解充型流动的初边值条件有哪些？

11. 怎样利用 SOLA 法求解每一增量步的速度场和压力场？

12. 利用 VOF 法处理流动前沿推进变化的原理是什么？

13. 怎样确定铸液充型数值计算的时间步长？

14. 流动与传热的耦合计算对真实铸液充型有何意义？

15. 铸件凝固过程中有哪些收缩缺陷？是怎样形成的？

16. 常见的缩孔、缩松判据有哪些？简述其使用方法。

17. 球墨铸铁在凝固期间的体积变化有何特点？怎样计算？

18. 用哪些方法可以预测（判断）球墨铸铁的收缩缺陷？

19. 铸造应力一般由哪几部分组成？铸造应力场数值模拟的主要任务是什么？

20. 简述铸造流变学中的五元件模型。

21. 怎样利用计算的应力应变值判断铸件的塑性变形和冷、热裂纹产生倾向。

22. 从专业软件简介中能够获得什么信息（应用现状、发展趋势等）？

第4章

金属冲压成形中的数值模拟 ▶▶

4.1 概述

金属板料冲压成形是金属材料塑性加工的一个重要分支，它广泛应用于汽车、航天、航空、家电等各个领域。长期以来，冲压成形工艺和冲压模具设计主要依赖于实际经验、行业标准和传统理论。然而，由于实际经验的非确定性、行业标准的实效性以及传统理论对真实变形条件和变形过程的简化，因此很难把握复杂结构制件的成形规律与成形特点，使得设计制造出来的冲压模具，往往需要经过反复调试才能正式投入使用，工作量大、效率低、周期长、成本高。通常情况下，为了保证冲压工艺与冲压模具的可行、可靠和安全，多采用保守设计方案，造成工序增多，模具结构尺寸偏大。此外，对于冲压过程中的板料成形性，单凭经验和理论很难准确分析与评估，只有等到试模阶段才能将一些潜在问题暴露出来，这样就给冲压产品的开发和冲压模具的设计带来许多不利因素。利用计算机仿真技术可以及早发现问题，优化冲压工艺，改进模具设计，缩短模具调试周期，降低设计制造成本。

目前，金属冲压成形数值模拟技术的应用主要集中在落料、冲孔、拉深、胀形、修边、翻边、弯曲等传统工艺以及热成形、旋压成形、液压弯管和超塑成形等特殊工艺的计算仿真上。

4.2 技术基础

大部分金属塑性成形属于弹塑性变形，例如：金属板料的冲压成形。求解弹塑性定解问题可用弹塑性有限元法。弹塑性有限元法的主要特点如下。

① 多采用逐步加载法（亦称增量法）求解弹塑性有限元对应的矩阵表达式（非线性方程组）；

② 在每一步加载计算之前，首先检查塑性区内各单元所处状态（加载或卸载）；

③ 弹塑性矩阵表达式与应力、应变和形变硬化假设有关；

④ 对于大变形弹塑性问题，为了保证计算精度，必须考虑每个加载步内单元形状的变化和旋转。

本节所讨论弹塑性定解问题的前提条件如下。

① 变形材料各向同性硬化；

② 服从 Mises 屈服准则和 Prandtl-Reuss 应力应变关系；

③ 材料物性不随时间变化。

4.2.1 小变形弹塑性有限元法

小变形弹塑性的特点：变形体内质点的位移和转动较小，单元应变与质点位移基本上满足线性关系。例如，精压、整形等冲压过程。

4.2.1.1 弹塑性矩阵

（1）等效应力与等效应变

等效应力和等效应变是衡量变形体屈服与加/卸载状态的两个重要物理量。等效应力 $\bar{\sigma}$ 与等效应变增量 $\mathrm{d}\bar{\varepsilon}$ 的数学表达式分别为

$$\bar{\sigma}=\sqrt{\frac{3}{2}\sigma'_{ij}\sigma'_{ij}} \tag{4-1}$$

$$\mathrm{d}\bar{\varepsilon}=\sqrt{\frac{2}{3}\mathrm{d}\varepsilon'_{ij}\mathrm{d}\varepsilon'_{ij}} \tag{4-2}$$

式中　σ'_{ij}——应力偏张量，$\sigma'_{ij}=\sigma_{ij}-\delta_{ij}\sigma_m$，$\sigma_m=\frac{1}{3}(\sigma_{11}+\sigma_{22}+\sigma_{33})$；

　　$\mathrm{d}\varepsilon'_{ij}$——应变偏张量增量。

当实际材料处于塑性变形状态时，其总变形量中既包含有塑性成分，也包含有弹性成分，故应变分量的微小变化量可以表示为

$$\mathrm{d}\varepsilon_{ij}=\mathrm{d}\varepsilon^e_{ij}+\mathrm{d}\varepsilon^p_{ij} \tag{4-3a}$$

或　　　　　　　　　　　　　　$$\mathrm{d}\varepsilon=\mathrm{d}\varepsilon^e+\mathrm{d}\varepsilon^p \tag{4-3b}$$

根据 Levy-Mises 理论，材料在塑性变形过程中其体积不变，所以，应变分量增量与应变偏张量增量相等，即

$$\mathrm{d}\varepsilon_{ij}=\mathrm{d}\varepsilon'_{ij} \tag{4-4}$$

综合式（4-2）～式（4-4）可以导出塑性等效应变增量

$$\mathrm{d}\bar{\varepsilon}^p=\sqrt{\frac{2}{3}\mathrm{d}\varepsilon^p_{ij}\mathrm{d}\varepsilon^p_{ij}} \tag{4-5}$$

（2）弹塑性变形中的屈服条件与加工硬化特性

初始屈服条件（材料由弹性变形转化为塑性变形的基本条件）

$$f=\bar{\sigma}-\sigma_s=0 \tag{4-6}$$

后继屈服条件（处于塑性状态的材料继续变形所必须满足的基本条件）

$$f=\bar{\sigma}-Y(\bar{\varepsilon}^p)=0 \tag{4-7}$$

式中　σ_s——初始屈服应力；

　　$Y(\bar{\varepsilon}^p)$——后继屈服应力，为等效塑性应变 $\bar{\varepsilon}^p$ 的函数。

当材料发生加工硬化时，存在力学特征

$$\bar{\sigma}=Y(\bar{\varepsilon}^p) \tag{4-8}$$

即材料进一步屈服所需的等效应力是当前等效塑性应变的函数。

常用加工硬化模型

$$Y=c(a+\bar{\varepsilon}^p)^n \tag{4-9}$$

$$Y = \sigma_s + k\,(\overline{\varepsilon}^p)^n \tag{4-10}$$

式中　n——硬化系数；

　　　k——强度系数。

（3）弹塑性矩阵

当变形体处于弹塑性状态时，其应力与应变之间存在关系（小变形弹塑性本构方程）。

$$d\sigma = C^{ep}\,d\varepsilon \tag{4-11}$$

式中　C^{ep}——弹塑性矩阵，$C^{ep} = C^e - C^p$；

　　　C^e——弹性矩阵；

　　　C^p——塑性矩阵，为变形历史和应力状态的函数，其一般形式

$$C^p = \frac{C^e \dfrac{\partial \overline{\sigma}}{\partial \sigma}\left(\dfrac{\partial \overline{\sigma}}{\partial \sigma}\right)^T C^e}{H' + \left(\dfrac{\partial \overline{\sigma}}{\partial \sigma}\right)^T C^e \dfrac{\partial \overline{\sigma}}{\partial \sigma}} \tag{4-12}$$

式中　H'——单向拉伸弹塑性曲线上塑性加载区任一点的斜率（等效加工硬化因子），

$H' = \dfrac{d\overline{\sigma}}{d\varepsilon^p}$；$d\varepsilon^p = \dfrac{\partial \overline{\sigma}}{\partial \sigma} d\overline{\varepsilon}^p$。

针对一些具体问题，C^p 的显式表达式如下。

① 平面应力问题（$d\gamma_{xz} = d\gamma_{yz} = 0$，$d\sigma_z = d\tau_{xz} = d\tau_{yz} = 0$）

$$C^p = \frac{E}{Q(1-v^2)}\begin{bmatrix} (\sigma'_x + v\sigma'_y)^2 & (\sigma'_x + v\sigma'_y)(\sigma'_y + v\sigma'_x) & (1-v)(\sigma'_x + v\sigma'_y)\tau_{xy} \\ & (\sigma'_y + v\sigma'_x)^2 & (1-v)(\sigma'_y + v\sigma'_x)\tau_{xy} \\ \text{对称} & & (1-v)\tau_{xy}^2 \end{bmatrix} \tag{4-13}$$

式中　$Q = \sigma'^2_x + \sigma'^2_y + 2v\sigma'_x\sigma'_y + 2(1-v)\tau_{xy}^2 + \dfrac{2H'(1-v)\overline{\sigma}^2}{9G}$；

　　　$\overline{\sigma} = \sqrt{\sigma'^2_x + \sigma'^2_y - \sigma'_x\sigma'_y + 3\tau_{xy}^2}$；

　　　v——泊松比，在塑性区，$v = 1/2$；

　　　E——弹性模量；

　　　G——剪切模量。

② 平面应变问题（$d\varepsilon_z = d\gamma_{xz} = d\gamma_{yz} = 0$，$d\tau_{xz} = d\tau_{yz} = 0$）

$$C^p = \frac{9G^2}{(H'+3G)\overline{\sigma}^2}\begin{bmatrix} \sigma'^2_x & \sigma'_x\sigma'_y & \sigma'_x\tau_{xy} \\ & \sigma'^2_y & \sigma'_y\tau_{xy} \\ \text{对称} & & \tau_{xy}^2 \end{bmatrix} \tag{4-14}$$

式中　$\overline{\sigma} = \sqrt{\dfrac{3}{4}(\sigma_x - \sigma_y)^2 + 3\tau_{xy}^2}$。

③ 轴对称问题（$d\gamma_{r\theta} = d\gamma_{z\theta} = 0$，$d\tau_{r\theta} = d\tau_{z\theta} = 0$）

$$C^p = \frac{9G^2}{(H'+3G)\overline{\sigma}^2}\begin{bmatrix} \sigma'^2_r & \sigma'_r\sigma'_z & \sigma'_r\tau_{rz} & \sigma'_r\sigma'_\theta \\ & \sigma'^2_z & \sigma'_z\tau_{rz} & \sigma'_z\sigma'_\theta \\ & & \tau_{rz}^2 & \tau_{rz}\sigma'_\theta \\ \text{对称} & & & \sigma'^2_\theta \end{bmatrix} \tag{4-15}$$

④ 三维问题

$$C^p = \frac{9G^2}{(H'+3G)\bar{\sigma}^2} \begin{bmatrix} \sigma'^2_x & \sigma'_x\sigma'_y & \sigma'_x\sigma'_z & \sigma'_x\tau_{xy} & \sigma'_x\tau_{yz} & \sigma'_x\tau_{zx} \\ & \sigma'^2_y & \sigma'_y\sigma'_z & \sigma'_y\tau_{xy} & \sigma'_y\tau_{yz} & \sigma'_x\tau_{zx} \\ & & \sigma'^2_z & \sigma'_z\tau_{xy} & \sigma'_z\tau_{yz} & \sigma'_z\tau_{zx} \\ & & & \tau^2_{xy} & \tau_{xy}\tau_{yz} & \tau_{xy}\tau_{zx} \\ & & & & \tau^2_{yz} & \tau_{yz}\tau_{zx} \\ 对称 & & & & & \tau^2_{zx} \end{bmatrix} \tag{4-16}$$

4.2.1.2 弹塑性有限元方程

由于材料的弹塑性行为与加载历史或变形历史有关，所以，在求解弹塑性问题时，通常把整个载荷分解成若干增量步，针对每一个增量步，线性化弹塑性方程，即将非线性问题转化成一系列线性问题求解（按载荷步求解）。

假设 t 时刻作用在变形体上的体力 ^tb_i 和面力 ^tp_i 引起其内部质点位移 ^tu_i，导致应变 $^t\varepsilon_{ij}$ 和应力 $^t\sigma_{ij}$ 产生；以此为基础，当时间增量为 Δt 时，体力增加 Δb_i，面力增加 Δp_i，引起变形体中质点位移 Δu_i，导致应变 $\Delta\varepsilon_{ij}$ 和应力 $\Delta\sigma_{ij}$。于是，可建立 $t+\Delta t$ 时刻的增量形式虚功方程

$$\int_V (^t\sigma_{ij} + \Delta\sigma_{ij})\delta(\Delta\varepsilon_{ij})\mathrm{d}V = \int_{S_p} (^tp_i + \Delta p_i)\delta(\Delta u_i)\mathrm{d}S + \int_V (^tb_i + \Delta b_i)\delta(\Delta u_i)\mathrm{d}V \tag{4-17}$$

将增量形式的本构方程(4-11) 代入式(4-17)，忽略二阶微量，得

$$\int_V C^{ep}_{ijkl}\Delta\varepsilon_{ij}\delta(\Delta\varepsilon_{ij})\mathrm{d}V = \int_{S_p} {}^{t+\Delta t}p_i\delta(\Delta u_i)\mathrm{d}S + \int_V {}^{t+\Delta t}b_i\delta(\Delta u_i)\mathrm{d}V - \int_V {}^t\sigma_{ij}\delta(\Delta\varepsilon_{ij})\mathrm{d}V \tag{4-18}$$

离散式(4-18)，取单元形函数 N，由此可建立单元内任一质点的位移增量与节点位移增量的关系

$$\Delta u = N\Delta u^e \tag{4-19}$$

以及增量形式的几何方程

$$\Delta\varepsilon = B\Delta u^e \tag{4-20}$$

和增量形式的本构方程

$$\Delta\sigma = C^{ep}B\Delta u^e \tag{4-21}$$

式中　$\Delta\varepsilon = \begin{bmatrix} \Delta\varepsilon_x & \Delta\varepsilon_y & \Delta\varepsilon_z & 2\Delta\varepsilon_{xy} & 2\Delta\varepsilon_{yz} & 2\Delta\varepsilon_{zx} \end{bmatrix}^T$；

$\Delta\sigma = \begin{bmatrix} \Delta\sigma_x & \Delta\sigma_y & \Delta\sigma_z & \Delta\tau_{xy} & \Delta\tau_{yz} & \Delta\tau_{zx} \end{bmatrix}^T$。

将式(4-19)～式(4-21) 代入式(4-18) 并化简，得增量形式的单元刚度方程

$$K^e\Delta u^e = \Delta P^e \tag{4-22}$$

式中　K^e——单元刚度矩阵，与当前变形状态和变形历史有关，是位移 u 的函数；

　　　Δu^e——单元节点位移增量矩阵；

　　　ΔP^e——单元等效节点载荷增量矩阵。且

$$K^e = \int_\Omega B^T C^{ep}B\mathrm{d}\Omega$$
$$\Delta P^e = P^e - {}^tF^e$$
$$P^e = \int_\Gamma (N^T)^{t+\Delta t}p\mathrm{d}\Gamma + \int_\Omega (N^T)^{t+\Delta t}b\mathrm{d}\Omega$$
$$^tF^e = \int_\Omega (B^T)^t\sigma\mathrm{d}\Omega \tag{4-23}$$

式中　　P^e——单元等效节点体载荷；

　　　　${}^tF^e$——当前时刻的单元等效节点面载荷；

　　　　Ω——求解域；

　　　　Γ——Ω 的边界。

组合单元刚度方程，可得增量形式的整体刚度方程（即弹塑性有限元方程）

$$K\Delta U = \Delta P \tag{4-24}$$

式中　　K——整体刚度矩阵，$K = \sum_e K^e$；

　　　　ΔU——整体节点位移增量矩阵，$\Delta U = \sum_e \Delta u^e$；

　　　　ΔP——整体等效节点载荷增量矩阵，$\Delta P = \sum_e \Delta P^e$。

4.2.1.3　计算弹塑性有限元方程需注意的几个问题

（1）求解方案的确定

通常根据材料的硬化特性和载荷特征确定求解方案。其要点为：

① 按加载路径上的载荷步将非线性方程组线性化；

② 针对每个载荷步进行迭代计算，直至满足本载荷步指定的求解精度为止；

③ 继续下一载荷步的迭代计算；

④ ……；

⑤ 直到所有载荷步加载计算完毕。

（2）变形区的弹塑性状态判定

判定变形体内部不同区域当前所处何种状态。由于在弹塑性变形过程中，变形体内部的不同区域可能会处于弹性、弹塑性过渡、塑性加载或弹性卸载等不同状态，因此需要针对不同的区域和单元应用不同的有限元方程。

（3）加载步长的选取

加载步长（即增量步长）选取的基本原则是确保求解精度和收敛性。设：t 时刻的载荷为 P，载荷增量为 ΔP，载荷约束因子（步长控制因子）为 r_{min}，对应于增量步 $t + \Delta t$ 时刻的载荷为 P'，于是有

$$P' = P + r_{min}\Delta P \tag{4-25}$$

式中，r_{min} 的选取应控制在每一载荷步内：

① 新增屈服的单元数最少（r_{min1}），即在弹塑性有限元计算中，每次增加的载荷应尽可能地小，使每次加载过程中只有一二个单元屈服；

② 已屈服单元的等效塑性应变量不超过某一限定值（r_{min2}）；

③ 限定各单元高斯积分点的刚体转动量小于额定值（r_{min3}）；

④ 变形体与工具之间新增接触点或脱离点的数量最少（r_{min4}）；

⑤ 变形体与工具界面间摩擦状态由滑动摩擦转变为黏着摩擦，或由黏着摩擦转变为滑动摩擦的接触点数最少（r_{min5}）；

⑥ 已屈服单元卸载转变为弹性单元的新增数目控制在最少（r_{min6}）；

⑦ 其他因素（r_{min7}）。

综合上述考虑，最终的步长控制因子

$$r_{\min} = \min(r_{\min1} + r_{\min2} + r_{\min3} + r_{\min4} + r_{\min5} + r_{\min6} + r_{\min7}) \qquad (4\text{-}26)$$

4.2.1.4 非线性方程组求解方法简介

由 4.2.1.2 小节建立的增量形式的弹塑性有限元方程式（4-24）是一个非线性方程组，其刚度矩阵 K 与当前变形状态和变形历史有关，为位移 u 的函数。求解非线性方程组的方法很多，这里仅简介两种最常用方法的基本思路和求解特点，两种方法的理论依据与计算步骤可参考相关文献。

（1）变刚度法（切线刚度法）

① 基本思路　在计算过程中，每增加一个载荷步，均需根据对应加载段的应力应变状态初值重新计算整体刚度矩阵 K，即将 K 视为分段常数矩阵。变刚度法的几何示例见图 4-1，其中，刚度矩阵 K 对应载荷—位移曲线上各加载段的切线斜率。

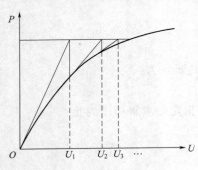

图 4-1　变刚度法的几何示例

② 求解特点　每次加载前，都必须重新计算刚度矩阵，计算工作量大。但变刚度计算是本构方程和平衡方程级的迭代计算，精度较高，一般不存在收敛与否的问题。变刚度法的最大缺陷是不能应用于软性材料的塑性问题求解，因为容易造成迭代计算的不收敛。

（2）初载荷法

① 基本思路　初载荷法是将材料的塑性变形部分转化成初应力或初应变，使弹塑性变形问题简化为在初应力或初应变参与下对弹性问题的求解。按照初载荷的不同，初载荷法又可细分为初应力法和初应变法。

初应力法将式（4-11）中塑性部分应力定义为初应力，即

$$\mathrm{d}\sigma = (C^e - C^p)\mathrm{d}\varepsilon = C^e\mathrm{d}\varepsilon - C^p\mathrm{d}\varepsilon = C^e\mathrm{d}\varepsilon + \sigma_0 \qquad (4\text{-}27)$$

式中　σ_0——初应力，$\sigma_0 = -C^p\mathrm{d}\varepsilon$ 其几何示例见图 4-2，其中，三角形 A 的斜边斜率对应弹性矩阵 C^e（常量矩阵）。

初应变法将式（4-3b）的塑性应变增量定义为初应变，即

$$\mathrm{d}\sigma = C^e\mathrm{d}\varepsilon = C^e(\mathrm{d}\varepsilon^e + \mathrm{d}\varepsilon^p) = C^e(\mathrm{d}\varepsilon^e + \varepsilon_0) \qquad (4\text{-}28)$$

式中　ε_0——初应变，$\varepsilon_0 = \mathrm{d}\varepsilon^p$，其几何示例见图 4-3，其中，三角形 A 的斜边斜率对应弹性矩阵 C^e（常量矩阵）。

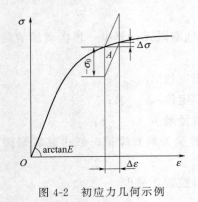

图 4-2　初应力几何示例　　　　图 4-3　初应变几何示例

② 求解特点　在初载荷法中，由于刚度矩阵是由弹性矩阵计算而得，因此每次加载时

其刚度矩阵不变，这样使计算工作量大大减少。但在每个加载步内，都必须进行初应力或初应变的迭代计算，于是就存在迭代是否收敛的问题。可以证明，对于一般硬化材料，初应力法的迭代过程一定收敛，而对初应变法，一般来说收敛的充分条件是

$$3G/H' < 1 \tag{4-29}$$

式中　G——剪切模量；

　　　H'——等效加工硬化因子。

对于理想塑性材料，基于初载荷法的迭代计算是发散的。另外，当已屈服单元数较多，即塑性区较大时，用初载荷法计算其收敛过程缓慢。

（3）常用的迭代计算收敛准则

位移收敛准则　　$\| \Delta U_n \| \leqslant \varepsilon_D \| {}^{t+\Delta t}U \|$

平衡收敛准则　　$\| \Delta P_n \| \leqslant \varepsilon_F \| \Delta P_0 \|$ $\qquad$ (4-30)

能量收敛准则　　$\Delta U_n^T \Delta P_n \leqslant \varepsilon_E \Delta U_1^T \Delta P_0$

式中　$\| A \|$——范数表达式，$\| A \| = \sqrt{\sum A_i^2}$（$\| A \|$ 代表 $\| \Delta U_n \|$、$\| {}^{t+\Delta t}U \|$、$\| \Delta P_0 \|$）；

　　ΔU_n、ΔP_n——第 n 次迭代收敛时的位移增量和残余力（不平衡力）；

　　ε_D、ε_F、ε_E——给定的允许误差，一般取 $10^{-5} \sim 10^{-3}$。

4.2.2　大变形弹塑性有限元法

大变形弹塑性特点：变形体内质点的位移或转动较大，应变与位移的关系基本为非线性。例如，板料的弯曲与拉深。

4.2.2.1　大变形下的应变与应力

当物体产生大变形时，变形体内的微元在变形的同时可能产生较大的刚性旋转和刚性平移。若用小应变理论，则不能消除刚性运动的影响，无法度量大变形物体的变形状态。为了度量大变形物体的变形与应力状态，必须更精确地研究物体的变形，重新定义应变与应力张量。

（1）物体的构形与描述

物体中所有质点瞬间位置的集合称物体的构形或位形。现以图 4-4 所示变形物体为例，说明不同时刻的构形描述方法。

假设：对应 t_0、t 和 $t+\Delta t$ 时刻的物体构形分别为 C_0、C 和 $\overline{C}$；其中，X、x、$\overline{x}$ 表示任一质点 P 在形构 C_0、C、$\overline{C}$ 中的空间坐标。

显然，P 点在 t 时刻的空间坐标 x 是其 t_0 时刻所在空间坐标 X 的函数，即

$$x_i = x_i(X, t_0) \quad i = 1, 2, 3 \tag{4-31}$$

由于 P 点在上述三个构形中的空间坐标是唯一的，所以，通过坐标变换，有

$$X_i = X_i(x, t) \quad i = 1, 2, 3 \tag{4-32}$$

式(4-32)说明 P 点在 t_0 时刻的空间坐标 X 可用 t 时刻的空间坐标 x 表示。

同理，P 点的位移也可用 t 时刻构形对应的

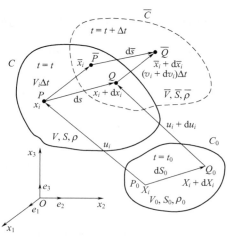

图 4-4　笛卡儿坐标系中物体的运动与变形

空间坐标 x 表示

$$u_i = u_i(x, t) \quad i = 1, 2, 3 \tag{4-33}$$

或用 t_0 时刻构形对应的空间坐标 X 表示

$$u_i = u_i(X, t_0) \quad i = 1, 2, 3 \tag{4-34}$$

式(4-33)和式(4-34)被分别称为构形的欧拉（Euler）描述和拉格朗日（Lagrange）描述。换句话说：如果将 t_0 时刻的构形 C_0 定义为初始构形（或称参考构形），t 时刻的构形 C 定义为当前构形（或称现时构形），则以当前构形为参照基准的各物理量（例如质点位移、应力、应变等）描述称为欧拉描述；以初始构形为参照基准的各物理量描述称为拉格朗日描述。在大变形弹塑性有限元法中，拉格朗日描述较为常用。

当利用增量法求解大变形弹塑性有限元方程时，由于参照基准的选择不同，拉格朗日描述又可分为全拉格朗日（Total Lagrange）格式和更新的拉格朗日（Updated Lagrange）格式；前者以原始构形（区别初始构形）为参照，而后者以上一时刻构形（区别当前构形）为参照，见图 4-5 示例。

图 4-5　拉格朗日描述的两种格式

（2）应变度量

分别对式(4-31)和式(4-32)进行微分，得

$$dx_i = \frac{\partial x_i}{\partial X_j} dX_j, \quad dX_i = \frac{\partial X_i}{\partial x_j} dx_j \tag{4-35}$$

根据图 4-4 可推导出 t 和 t_0 时刻的 P、Q 两点距离（用平方数表示）。

$$(ds)^2 = dx_i dx_i = \frac{\partial x_i}{\partial X_m} \frac{\partial x_i}{\partial X_n} dX_m dX_n$$

$$(ds_0)^2 = dX_i dX_i = \frac{\partial X_i}{\partial x_m} \frac{\partial X_i}{\partial x_n} dx_m dx_n \tag{4-36}$$

由此可得物体变形前后 PQ 线段长度的变化值。

Lagrange 描述 $\quad (ds)^2 - (ds_0)^2 = \left(\frac{\partial x_k}{\partial X_i} \frac{\partial x_k}{\partial X_j} - \delta_{ij} \right) dX_i dX_j = 2E_{ij} dX_i dX_j \tag{4-37}$

Euler 描述 $\quad (ds)^2 - (ds_0)^2 = \left(\delta_{ij} - \frac{\partial X_k}{\partial x_i} \frac{\partial X_k}{\partial x_j} \right) dx_i dx_j = 2\varepsilon_{ij} dx_i dx_j \tag{4-38}$

式中 $\quad \delta_{ij} = \begin{cases} 1 & (i = j) \\ 0 & (i \neq j) \end{cases}$

$$E_{ij} = \frac{1}{2} \left(\frac{\partial x_k}{\partial X_i} \frac{\partial x_k}{\partial X_j} - \delta_{ij} \right) \tag{4-39}$$

$$\varepsilon_{ij} = \frac{1}{2} \left(\delta_{ij} - \frac{\partial X_k}{\partial x_i} \frac{\partial X_k}{\partial x_j} \right) \tag{4-40}$$

式(4-39)、式(4-40)分别为采用 Lagrange 描述和 Euler 描述的大变形应变度量。

式中　E_{ij}——Green-Lagrange 应变张量（简称 Green 应变张量），定义在初始构形基础上，为 Lagrange 坐标的函数；

ε_{ij}——Almansi 应变张量，定义在当前构形的基础上，为 Euler 坐标的函数。

两种张量之间的存在如下变换关系

$$E_{ij} = \frac{\partial x_k}{\partial X_i}\frac{\partial x_l}{\partial X_j}\varepsilon_{kl}, \quad \varepsilon_{ij} = \frac{\partial X_k}{\partial x_i}\frac{\partial X_l}{\partial x_j}E_{kl} \tag{4-41}$$

（3）大变形几何方程

为了构建应变度量与质点位移之间的关系，设变形物体内任一质点在 t_0 时刻的坐标为 X_i，t 时刻的坐标为 x_i，于是可得该质点从初始构形到当前构形的位移分量 u_i 表达式

$$u_i = x_i - X_i \quad (i = 1, 2, 3) \tag{4-42}$$

该位移分量还可表示成

$$\frac{\partial x_i}{\partial X_j} = \delta_{ij} + \frac{\partial u_i}{\partial X_j} \qquad \text{Lagrange 描述}$$

或

$$\frac{\partial X_i}{\partial x_j} = \delta_{ij} - \frac{\partial u_i}{\partial x_j} \qquad \text{Euler 描述}$$

将上述两式分别代入式（4-39）和式（4-40），化简得到大变形条件下的应变与位移间关系（几何方程）

$$E_{ij} = \frac{1}{2}\left(\frac{\partial u_i}{\partial X_j} + \frac{\partial u_j}{\partial X_i} + \frac{\partial u_k}{\partial X_i}\frac{\partial u_k}{\partial X_j}\right) \tag{4-43}$$

$$\varepsilon_{ij} = \frac{1}{2}\left(\frac{\partial u_i}{\partial x_j} + \frac{\partial u_j}{\partial x_i} - \frac{\partial u_k}{\partial x_i}\frac{\partial u_k}{\partial x_j}\right) \tag{4-44}$$

讨论：

① 当位移量非常小时，式（4-43）和式（4-44）的二次项可忽略不计，于是有

$$E_{ij} = \varepsilon_{ij} = e_{ij} \tag{4-45}$$

即在小变形条件下，Green 应变张量 E_{ij} 和 Almansi 应变张量 ε_{ij} 均可用小应变张量 e_{ij} 表示。

② 如果在大变形条件下，存在

$$(\mathrm{d}s)^2 - (\mathrm{d}s_0)^2 = 0 \tag{4-46}$$

则必有 $E_{ij} = 0$（Lagrange 描述）或 $\varepsilon_{ij} = 0$（Euler 描述），意味着物体内的质点仅产生刚性位移。

（4）应变增量的有限元格式

根据式（4-43）和式（4-44）的特点，可将应变张量分解成一次项对应于的线性部分和二次项对应于的非线性部分。为方便有限元方程的建立及其求解计算，通常用增量方式描述大变形几何关系。现以 Green 应变张量为例，简要说明建立应变增量有限元格式的方法。设 Green 应变张量增量的线性部分和非线性部分分别为

$$\Delta E_{ij}^L = \frac{1}{2}\left(\frac{\partial \Delta u_i}{\partial X_j} + \frac{\partial \Delta u_j}{\partial X_i}\right), \quad \Delta E_{ij}^N = \frac{1}{2}\frac{\partial \Delta u_k}{\partial X_i}\frac{\partial \Delta u_k}{\partial X_j} \tag{4-47}$$

于是有

$$\Delta E_{ij} = \Delta E_{ij}^L + \Delta E_{ij}^N \tag{4-48}$$

用矩阵表示

$$\Delta E = \Delta E^L + \Delta E^N \tag{4-49}$$

离散连续体，并引入单元插值函数，可得单元内任一质点的位移增量

$$\Delta u = N \Delta u^e \tag{4-50}$$

将其代入式(4-49)，得

$$\Delta E = B_L \Delta u^e + B_N^* \Delta u^e = B \Delta u^e \tag{4-51}$$

式中　　B_L——线性应变矩阵，$B_L = LN$；

　　　　L——微分算子；

　　　　N——单元插值函数（形函数）；

　　　　u^e——单元节点位移列矩阵；

　　　　B_N^*——非线性应变矩阵，$B_N^* = \dfrac{1}{2} \Theta G$；

　　　　Θ——位移增量变换矩阵；

　　　　G——单元插值函数变换矩阵。

式(4-51)即为基于 Green 应变的增量型有限元格式。

（5）应变速率张量和旋转速率张量

由于 Green 应变张量与 Almansi 应变张量均以构形质点的初始位置和终了位置进行度量，没有考虑质点的运动路径，所以比较适合线弹性问题和小应变弹塑性问题的分析计算。但是，当发生与变形路径和变形速率有关的大弹塑性变形时，直接利用上述两种应变张量来描述材料的塑性行为就不够严谨。为此，需要从质点运动速度着手，综合考虑变形体应变速率和转动速率对材料塑性变形的影响。

假设：在某一时刻 t，当前构形上的任一质点 P 具有速度 v_i，与 P 点相邻的任一质点 Q 具有速度 $v_i + dv_i$，见图 4-6。这种由质点位置不同而导致的速度变化可表示为

$$dv_i = \frac{\partial v_i}{\partial x_j} dx_j = v_{i,j} dx_j \tag{4-52}$$

其中，速度梯度张量 $v_{i,j}$ 又可分解成一个对称张量（应变速率张量）和一个反对称张量（旋转速率张量）之和，即

$$\frac{\partial v_i}{\partial x_j} = \frac{1}{2}\left(\frac{\partial v_i}{\partial x_j} + \frac{\partial v_j}{\partial x_i}\right) + \frac{1}{2}\left(\frac{\partial v_i}{\partial x_j} - \frac{\partial v_j}{\partial x_i}\right) = \dot{\varepsilon}_{ij} + \dot{\omega}_{ij} \tag{4-53}$$

式中　　$\dot{\varepsilon}_{ij}$——Almansi 应变速率张量；

　　　　$\dot{\omega}_{ij}$——旋转速率张量。

可以证明，Green 应变张量和 Almansi 应变速率张量均为对称的不随刚体转动的客观张量，所以常用于分析并求解几何非线性问题。

（6）应力度量

图 4-7 表示在微力 dT 作用下，变形体中任一微元体在不同时刻所处的状态。其中，dT、dA、N 和 $d\tau$、da、n 分别为微元体在初始构形 V 与当前构形 v 中的微力、面元及面元法矢。为了使微元变形前后的微力分量在数学上保持一致，有

Lagrange 规定

$$dT_i = d\tau_i \tag{4-54}$$

表明变形前后面积微元上的应力分量相等。

Kirchhoff（克希荷夫）规定

$$dT_i = \frac{\partial X_i}{\partial x_j} d\tau_i \tag{4-55}$$

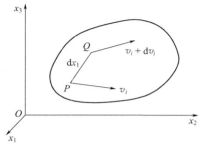

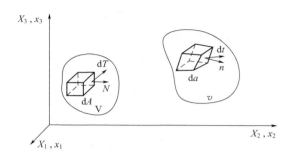

图 4-6　质点的速度图　　　　　　　　图 4-7　应力度量的图例

表明变形前后面积微元上的应力分量与变换 $\mathrm{d}X_i = \dfrac{\partial X_i}{\partial x_j}\mathrm{d}x_i$ 的规律类似。

在当前构形中，由静力平衡条件可知

$$\mathrm{d}\tau_i = \sigma_{ij} n_j \mathrm{d}a \tag{4-56}$$

式中　σ_{ij}——柯西（Cauchy）应力张量，代表真实应力。

仿照式（4-56）的静力分析方法，可得

Lagrange 规定　　　　　　　　$\mathrm{d}T_i = T_{ij} N_j \mathrm{d}A \tag{4-57}$

式中　T_{ij}——Lagrange 应力张量（亦称第一类 Piola-Kirchhoff 应力张量）。

Kirchhoff 规定　　　　　　　　$\mathrm{d}T_i = S_{ij} N_j \mathrm{d}A \tag{4-58}$

式中　S_{ij}——Kirchhoff 应力张量（亦称第二类 Piola-Kirchhoff 应力张量）。

可以证明，上述三种应力张量 T_{ij}、S_{ij}、σ_{ij} 之间存在如下关系

$$T_{ij} = \frac{\rho_0}{\rho}\frac{\partial X_j}{\partial x_k}\sigma_{ki}\;;\quad S_{ij} = \frac{\rho_0}{\rho}\frac{\partial X_i}{\partial x_\alpha}\frac{\partial X_j}{\partial x_\beta}\sigma_{\beta\alpha}\;;\quad S_{ij} = \frac{\partial X_i}{\partial x_\alpha}T_{\alpha j} \tag{4-59}$$

式中　ρ_0、ρ——初始构形与当前构形中的材料密度，即变形前后微元体的密度。

由式（4-59）中 S_{ij} 与 σ_{ij} 间关系可知，Kirchhoff 应力张量 S_{ij} 是客观张量（对称的且不随刚体转动的张量）。此外，由于 Cauchy 应力张量 σ_{ij} 和 Almansi 应变张量 ε_{ij} 都定义在当前构形中，根据物体变形的连续性可知 σ_{ij}、ε_{ij} 代表的是真应力和真应变，常用于描述材料的大变形弹塑性本构关系。而 Kirchhoff 应力张量 S_{ij} 和 Green 应变张量 E_{ij} 定义在初始构形上（相当于工程应力和工程应变），均为客观张量，所以常用于描述材料的小应变弹塑性本构关系。

（7）应力速率张量

虽然柯西（Cauchy）应力张量 σ_{ij} 代表真应力，但无论 σ_{ij} 或 $\dot{\sigma}_{ij}$（Cauchy 应力速率张量）都不是客观张量，会受到刚体转动的影响，这与材料本构关系的客观性要求不一致。为了建立基于速率的大变形问题本构方程，特定义一种同刚体转动无关的应力速率张量，即 Cauchy 应力张量的久曼（Jaumann）导数 $\dot{\sigma}_{ij}^{(J)}$（或称 Cauchy 应力张量的 Jaumann 应力变化率）。

$$\dot{\sigma}_{ij}^{(J)} = \dot{\sigma}_{ij} - \sigma_{ik}\Omega_{kj} - \sigma_{jk}\Omega_{ki} \tag{4-60}$$

式中　$\dot{\sigma}_{ij}$——Cauchy 应力张量变化率（即 Cauchy 应力速率张量），$\dot{\sigma}_{ij} = \dfrac{\mathrm{d}\sigma_{ij}}{\mathrm{d}t}$；

　　　Ω_{ij}——旋转速率张量，代表刚体转动的角速度，$\Omega_{ij} = \dfrac{1}{2}\left(\dfrac{\partial \dot{u}_j}{\partial x_i} - \dfrac{\partial \dot{u}_i}{\partial x_j}\right)$（$\Omega_{ij}$ 代表 Ω_{kj}，Ω_{ki}）。

4.2.2.2 大变形弹塑性本构方程

（1）Euler 描述

定义在变形体当前构形基础上的大变形弹塑性本构方程为

$$\dot{\sigma}_{ij}^{(J)} = C_{ijkl}^{ep} \dot{\varepsilon}_{kl} \qquad (4\text{-}61)$$

式中　$\dot{\sigma}_{ij}^{(J)}$——Jaumann 应力变化率；

$\dot{\varepsilon}_{kl}$——Almansi 应变速率张量；

C_{ijkl}^{ep}——弹塑性矩阵的张量描述。

（2）Lagrange 描述

定义在变形体初始构形基础上的弹塑性本构方程，经适当数学变换后可得其矩阵表达式

$$\Delta S = (C^{ep} - \tau_\sigma) \Delta E \qquad (4\text{-}62)$$

式中　ΔS——Kirchhoff 应力增量列矩阵；

ΔE——Green 应变增量列矩阵；

$(C^{ep} - \tau_\sigma)$——Lagrange 描述下的弹塑性矩阵。

（3）本构方程的选取

如果材料的初始构形由若干个状态变量描述，而其变化响应过程又仅与材料当前构形的应力状态有关，则采用式（4-61）表示的大变形弹塑性本构方程比较适合。此外，式（4-61）还适用于变形量大、变形速度较快（例如：板料拉深、弯曲等）的材料成形过程研究。由于 Kirchhoff 应力和 Green 应变在数值上近似等于工程应力和工程应变，所以，在分析、求解小应变弹塑性问题时（例如板料成形中的精压、整形工序），多采用只考虑材料非线性而忽略变形过程的本构方程（4-62）。

4.2.2.3 大位移有限应变弹塑性有限元刚度方程

根据虚功原理，如果变形体中的质点以约束容许的任意虚速度 $\delta \dot{u}_i$ 运动，则外力在单位时间内对其所做的功应等于应力 σ_{ij} 与虚应变速率 $\delta \dot{\varepsilon}_{ij}$ 之乘积，即

$$\int_V \sigma_{ij} \delta \dot{\varepsilon}_{ij} \, \mathrm{d}V = \int_{s_p} p_i \delta \dot{u}_i \, \mathrm{d}s + \int_V b_i \delta \dot{u}_i \, \mathrm{d}V \qquad (4\text{-}63)$$

式中　σ_{ij}——Cauchy 应力张量；

$\dot{\varepsilon}_{ij}$——Almansi 应变速率张量；

p_i——面力分量；

b_i——体力分量。

式（4-63）是基于 Eular 描述（定义在当前构形上）的虚功率方程。根据式（4-41）和式（4-59）以及体元变换公式

$$\mathrm{d}V = J \, \mathrm{d}V_0 \qquad (4\text{-}64)$$

式中　J——坐标变换的雅可比行列式，$J = \left| \dfrac{\partial x_i}{\partial X_j} \right| = \dfrac{\rho_0}{\rho}$（$i = 1, 2, 3; j = 1, 2, 3$）；

$\mathrm{d}V$——定义在当前构形上的体积元；

$\mathrm{d}V_0$——定义在初始构形上的体积元。

可以推导出基于 Lagrange 描述（定义在初始构形上）的虚功率方程

$$\int_{V_0} S_{ij} \delta \dot{E}_{ij} \, \mathrm{d}V_0 = \int_{S_{0p}} p_i^0 \delta \dot{u}_i \, \mathrm{d}S_0 + \int_{V_0} b_i^0 \delta \dot{u}_i \, \mathrm{d}V_0 \qquad (4\text{-}65)$$

式中　S_{ij}——Kirchhoff 应力张量；

　　　$\dot{E}_{ij}$——Green 应变速率张量；

　　　p_i^0、b_i^0——定义在初始构形上的面力分量和体力分量。

现以式(4-65) 为例，简述建立大位移有限应变弹塑性有限元刚度方程过程。

将式(4-65) 应用于当前构形 C 中的任一单元 e，并考虑由集中力产生的等效节点载荷 P_c^e，可得 $t+\Delta t$ 时刻对应单元 e 的虚功率方程矩阵表达式

$$\int_{V^e} (\delta \dot{E})^T S \, \mathrm{d}V = (\delta \dot{u}^e)^T P_c^e + \int_{s_p^e} (\delta \dot{u})^T p \, \mathrm{d}s + \int_{V^e} (\delta \dot{u})^T b \, \mathrm{d}V \tag{4-66}$$

上式两边同乘 $\mathrm{d}t$ 后将其改写成增量形式

$$\int_{V^e} (\delta \Delta E)^T S \, \mathrm{d}V = (\delta \Delta u^e)^T P_c^e + \int_{s_p^e} (\delta \Delta u)^T p \, \mathrm{d}s + \int_{V^e} (\delta \Delta u)^T b \, \mathrm{d}V \tag{4-67}$$

将式(4-62) 代入式(4-67)，考虑到 $S = S_0 + (C^{ep} - \tau_0) \Delta E$，令 $S_0 = \tau$，得

$$\int_{V^e} (\delta \Delta E)^T [\tau + (C^{ep} - \tau_\sigma) \Delta E] \mathrm{d}V = (\delta \Delta u^e)^T P_c^e +$$

$$\int_{s_p^e} (\delta \Delta u)^T p \, \mathrm{d}s + \int_{V^e} (\delta \Delta u)^T b \, \mathrm{d}V \tag{4-68}$$

为了建立式(4-68) 的单元增量刚度方程，需要将单元虚应变增量 $\delta \Delta E$ 表达为节点虚位移增量的函数。由式(4-51) 可导出

$$(\delta \Delta E)^T = (\delta \Delta u^e)^T (B_L^T + B_N^T) \tag{4-69}$$

式中，$B_N = 2B_N^* = \Theta G$。

将式(4-69) 代入式(4-68)，整理可得基于 Lagrange 描述的大位移有限应变单元增量刚度方程

$$(K_0^e + K_\sigma^e + K_u^e) \Delta u^e = P_C^e + Q^e - F^e \tag{4-70}$$

式中　K_0^e——小位移刚度矩阵，与位移 Δu^e 无关，$K_0^e = \int_{V^e} B_L^T C^{ep} B_L \, \mathrm{d}V$；

　　　K_σ^e——初应力刚度矩阵，与当前增量步的初应力 τ 有关，$K_\sigma^e = \int_{V^e} G^T \tau G \, \mathrm{d}V$；

　　　K_u^e——大位移刚度矩阵，与位移增量有关，$K_u^e = \int_{V^e} [B_L^T (C^{ep} - \tau_\sigma) B_N^* + B_N^T (C^{ep} - \tau_\sigma) B_L + B_N^T (C^{ep} - \tau_\sigma) B_N^*] \mathrm{d}V$；

　　　F^e——由初应力产生的节点力，$F^e = \int_{V^e} B_L^T \tau \mathrm{d}V$；

　　　Q^e——对应于面力和体力的等效节点载荷，$Q^e = \int_{S_p^e} N^T p \, \mathrm{d}S + \int_{V^e} N^T b \, \mathrm{d}V$；

　　　P_C^e——对应集中力的等效节点载荷。

可进一步将式(4-70) 改写成

$$K^e \Delta u^e = P^e - F^e \tag{4-71}$$

式中　K^e——切线矩阵，$K^e = K_0^e + K_\sigma^e + K_u^e$；

　　　P^e——节点外力载荷，$P^e = P_C^e + Q^e$。

式(4-71) 经组装后即可形成大位移有限应变弹塑性有限元整体刚度方程

$$K \Delta U = P - F \tag{4-72}$$

4.2.3 弹塑性有限元法应用中的若干技术问题

4.2.3.1 单元选择与单元尺寸控制

（1）单元类型选择

为了降低金属板料冲压成形数值模拟的难度和规模，通常将板坯简化成具有给定厚度的几何面，同时将模具工作零件（例如凸、凹模和压边圈）抽象成与冲压件（包括压料部分）形状一致的几何型面。离散这些几何（型）面一般选择四边形或三角形单元，其中应优先选择"规则的"四边形单元离散板坯。由于板坯自身形状不一定非常规则，划分网格时，虽然能够生成大量的四边形单元，但在某些特殊区域（例如不规则外形的板坯边缘）则必须采用三角形单元过渡，以减少板坯中的扭曲单元数。此时，三角形单元数应控制在 5% 以内，其余 95% 以上的应为四边形单元（尽量采用"规则的"四边形单元）。

（2）单元算法选择

目前，在冲压成形数值模拟中最常见的是 4 节点四边形薄壳单元，同该单元相适应的计算方法主要有两类，即：Belytschko-Tsay 算法（由经典薄壳理论 Mindlin 假设导出，运算速度快，用于复杂冲压件的 CAE 分析时精度较低）和 Hughes-Liu 算法（由 8 节点实体单元退化而成，运算速度相对较慢，在单元扭曲较大时仍然能获得合理的仿真结果，适合于复杂冲压件的成形与回弹分析）。基于这两类算法的特殊薄壳单元有如下 8 种得到广泛应用。

① Belytschko-Tsay（BT）壳单元 BT 单元是许多国际主流板成形软件（如 ls-dyna、eta/Dynaform、ansys/ls-dyna）缺省的单元。BT 单元采用面内一点积分，计算速度非常快，但不适宜单元翘曲特别严重的 CAE 分析。

② Belytschko-Wong-Chiang（BWC）壳单元 BWC 单元是对 BT 单元的一种改进，是 ansys/ls-dyna 强力推荐的单元。该单元同样采用面内一点积分，计算速度是 BT 单元的 3/4 左右，用于单元翘曲较严重的 CAE 分析时通常能获得正确的结果。

③ Belytschko-Leviathan（BL）壳单元 BL 单元在 ansys/ls-dyna 和 eta/Dynaform 中均得到推荐。该单元仍然采用面内一点积分，其计算速度是 BT 单元的 3/4 左右，它最大特点是单元内含有自动控制砂漏的计算项。

④ General Hughes-Liu（GHL）壳单元 该单元也采用面内一点积分，其计算速度是 BT 单元的 3/5 左右。

⑤ Fully integrated shell element（FHL）壳单元 该单元采用面内四点积分，不存在砂漏现象，也是隐式有限元分析中最常用的单元，其计算速度是 BT 单元的 10/23 左右。这是 Hughes-Liu 系列单元中计算速度最快的一种，也是 ls-dyna、eta/Dynaform 等软件强力推荐的壳单元。实践表明，无论是冲压过程分析还是回弹量计算，无论被分析的冲压件结构复杂与否，FHL 单元均能获得与实际冲压结果相当吻合的结果。

⑥ S/R Hughes-Liu（S/R-HL）壳单元 这是最原始的 Hughes-Liu 壳单元，该单元采用面内四点积分，不存在砂漏现象，但计算速度是 BT 单元公式的 1/21 左右。

⑦ S/R co-rotational Hughes-Liu（S/R-co-HL）壳单元 该单元也采用面内四点积分，也不存在砂漏现象，其计算速度是 BT 单元的 5/49 左右。S/R-co-HL 单元可用于那些采用一点积分时砂漏现象特别严重的 CAE 分析。

⑧ Fast（co-rotational）Hughes-Liu（CFHL）壳单元 该单元也采用面内一点积分，计算速度是 BT 单元的 2/5 左右。这也是 Hughes-Liu 系列薄壳单元中计算速度较快的一种，适用于变形非常复杂、砂漏比较明显的 CAE 分析。

由单元类型选择可知，在板料冲压成形数值模拟中，3 节点三角形薄壳单元主要用于离散板坯轮廓边界。对于 3 节点三角形薄壳单元，根据其算法的不同共有如下两种常用单元。

a. C^0 三角形薄壳单元 该单元的算法由 Mindlin-Reissner 薄板理论导出，采用单元面内一点积分，比较刚硬，如果整个坯料网格均采用这种单元，则计算误差大。

b. BCIZ 三角形薄壳单元 该单元的算法由 Kirchhoff 薄板理论导出，也采用单元面内一点积分，但比 C^0 单元计算速度慢。在大多数商用软件中，BCIZ 单元均能够自动转变成 C^0 单元。同时，无论是 C^0 单元还是 BCIZ 单元，只要材料特性相同，它们就能方便地与四边形薄壳单元混合使用。

（3）单元尺寸控制

在板料冲压成形过程中，模具工作面与板坯面之间存在接触、滑动、摩擦和力传递等物理现象，为了正确模拟这些物理现象，必须保证模具工作面的单元尺寸与板坯面的单元尺寸相互适应。由于冲压模具通常被定义为刚性体，其单元既不参与应力应变计算，也不影响系统临界时间步长的确定；因此，采用细密的模面网格除了稍微增加一些接触搜寻时间外，不但不会对数值模拟的整体计算产生多大的影响，反而还有利于准确描述离散后模具工作面的几何细节，有利于获得接触界面上理想分布的接触力。图 4-8 借助某车门外板的有限元模型说明网格密度大小及其分布对离散体几何形状逼近程度的影响。

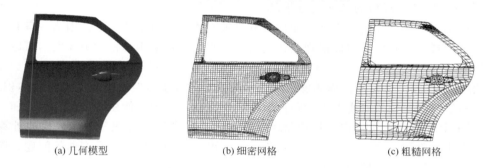

(a) 几何模型 (b) 细密网格 (c) 粗糙网格

图 4-8 采用不同网格密度划分的某车门外板模型

一般，离散模面的单元平均边长尺寸 $D_{平均}$ 按下式选取

$$D_{平均} \leqslant \frac{1}{2} r_{min}$$

式中 r_{min}——模具工作型面上的最小圆角半径。

同理，板坯网格也应尽量采用细小单元划分，并在求解计算中强制性使用自适应网格技术（adaptive mesh）。

4.2.3.2 拉深筋与拉深槽的处理

拉深筋与拉深槽是冲压件拉深成形中物理过程最复杂的地方，通过提供额外约束，控制和调节流入制件成形区的坯料量。有两种方法可以模拟拉深筋与拉深槽在材料冲压成形过程中的作用。一种是等效拉深筋法（亦称力函数法），即建立拉深筋与拉深槽对材料流动的约束力随拉深过程变化的函数关系，并将该函数关系作为非线性弹簧变形力函数施加给接触界面上的板坯单元；另一种是真实拉深筋法，即建立对应于实际拉深筋与拉深槽结构的有限元模型参与数值模拟计算。前者由于不需考虑拉深筋与拉深槽的真实结构（真实结构对约束力的影响已反映在力函数中），因此省去了构建拉深筋与拉深槽几何模型和相应有限元模型的过程，从而大大降低了模具压料面上的局部网格密度，并且提高了模具/板坯接触面上的网格尺寸的相互适应性。

4.2.3.3　砂漏现象及其控制

在金属板料的冲压成形分析中，虽然采用一点积分（即只针对单元面内的一点进行数值积分计算）能够大幅度提高 CAE 的模拟计算速度，且通常不会破坏计算过程的稳定性，但是一点积分的实体单元和壳单元却非常容易产生零能模式（zero-energy modes），即所谓砂漏现象（hourglassing modes）。砂漏现象具有振动特性，其振动周期比整体结构的振动周期要小得多；也就是说，砂漏是数值计算造成的结果而不是结构自身固有的特性。砂漏的基本特征表现为：一是系统刚性不足（单元刚度矩阵的秩小于精确计算要求的秩）；二是网格呈现锯齿状（图 4-9）。砂漏的出现将导致计算结果可信度下降甚至完全不可信，因此，必须将砂漏控制在最低程度。一般而言，当砂漏能量不超过模拟对象内能的 10% 时，计算结果将是可信的。

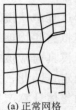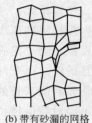

(a) 正常网格　　　(b) 带有砂漏的网格

图 4-9　砂漏引起的变形

目前，控制砂漏的常用方法有如下几种。

① 尽量采用同一规格的单元划分板坯网格；不要将集中载荷施加在一个孤立的节点上，而应将其分散在相邻的数个节点上，因为一旦有一个单元出现了砂漏现象，它就会将砂漏现象传递给其相邻单元；采用细密的板坯网格可以明显削弱其砂漏效应。

② 通过调整分析模型的体积黏度来阻止砂漏变形的发生。但过度改变模型的体积黏度，将对板坯的整体变形模式产生严重的负面影响，所以通常不推荐使用该方法。

③ 利用全阶积分单元公式控制砂漏现象产生。不过利用全阶积分单元公式的计算效率及费用远高于降阶积分单元公式，而且对于涉及不可压缩的金属塑性及弯曲等问题，还会导致过分刚硬的计算结果（即产生剪切自锁现象）。

④ 增加模拟对象的刚度比调整其体积黏度更能有效地阻止砂漏现象的发生。增加模拟对象的刚度可以通过提高其砂漏系数（hourglassing coefficient）来实现。然而，在求解大变形问题时，提高砂漏系数必须格外谨慎，因为提高砂漏系数后将导致模型的响应过分刚硬，当砂漏系数超过 0.15 时还会导致计算失稳。

⑤ 提高模拟对象的局部刚度而不是整个模型的刚度。此时，必须指定砂漏控制的材料、砂漏控制的类型（黏度或刚度），以及砂漏系数和体积黏度系数，以便有针对性地对其进行控制。

4.2.3.4　材料模型的确定

材料模型是指能够反映冲压过程中材料应力应变特性（本构关系）的数理方程或表达式。金属板料冲压成形数值模拟所涉及的材料模型通常只有刚性和弹塑性两类，前者一般应用于模具，而后者则应用于板料。在弹塑性材料模型中又以幂指数、分段线性、厚向异性和三参数 Barlat 等几种模型最为常用。

（1）刚性材料模型

由于凸模、凹模及压边圈等模具零件在冲压过程中的变形量相对于板坯而言可忽略不计，所以将其作为刚性体处理，于是可用刚性材料模型来描述模具零件参与冲压仿真的特性。刚性材料模型所需要的输入参数一般为：弹性模量、泊松比和质量密度以及刚性体的惯性特征，如质量、质心位置、转动惯量等。其中，弹性模量及泊松比主要用于板料与模具间发生接触时接触界面上接触力的计算，而质量、质心位置、转动惯量等惯性参数主要用于刚性体（例如凸模、凹模及压边圈）的位移、速度和加速度计算。

（2）幂指数塑性材料模型

幂指数塑性材料模型是一种基于等向强化假设的材料模型。该模型以幂指数形式表征材料塑性变形中的硬化效应，以 Cowper-Symonds 应变率表征应变速率效应，以 von Mises 屈服准则作为材料屈服判据。幂指数塑性材料模型简单明了，既考虑了材料的硬化效应，又考虑了材料的应变速率效应，但是没有考虑材料的厚向异性。因此，该模型只在一些简单的各向同性材料冲压分析中得到应用。

幂指数塑性材料模型的数学表达式为

$$\bar{\sigma} = \beta k \varepsilon^n = \beta k (\varepsilon_0 + \bar{\varepsilon}^p)^n = Y \tag{4-73}$$

式中　$\bar{\sigma}$——等效应力；

　　　k——强度系数；

　　　n——硬化指数；

　　　ε——总应变；

　　　ε_0——初始屈服应变；

　　　$\bar{\varepsilon}^p$——等效塑性应变；

　　　Y——（后继）屈服强度；

　　　β——Cowper-Symonds 应变率模型乘子，$\beta = 1 + (\dot{\varepsilon}/C)^{1/p}$；

　　　$\dot{\varepsilon}$——应变率；

C、p——Cowper-Symonds 应变率系数（低碳钢：$C = 40\text{s}^{-1}$、$p = 5$；铝材：$C = 6500\text{s}^{-1}$、$p = 4$）。

图 4-10（b）是基于幂指数塑性材料模型的应力—应变关系。注意：幂指数仅对应曲线的塑性部分，弹性部分仍然采用 $\sigma = E\varepsilon$ 表示（σ 为真应力，即 Cauchy 应力）。

幂指数塑性材料模型所需参数一般为：弹性模量、质量密度、泊松比、强度系数、硬化指数、Cowper-Symonds 应变率系数等。

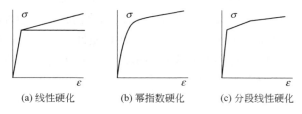

(a) 线性硬化　　(b) 幂指数硬化　　(c) 分段线性硬化

图 4-10　材料的应力—应变关系

（3）分段线性材料模型

这是基于材料单向拉伸试验结果的材料模型，它利用分段线性函数来逼近材料塑性变形阶段的应力应变关系 [图 4-10（c）]，利用 Cowper-Symonds 应变率模型作为乘子来表示应变速率效应，同时利用基于等向强化假设的 von Mises 屈服准则作为材料的屈服判据。分段线性材料模型能够很好地反映材料硬化特性和应变速率对加工硬化（形变硬化）的影响，但是由于没有考虑材料的厚向异性，所以该模型也主要用于一些各向同性材料的冲压模拟。

分段线性材料模型在数学上可表示为

$$\bar{\sigma} = \beta[\sigma_0 + f(\bar{\varepsilon}^p)] = Y \tag{4-74}$$

式中　$f(\bar{\varepsilon}^p)$——材料的真实应力应变曲线（分段线性函数）。

由于实际应用中只需要材料塑性硬化部分的应力应变曲线，故该曲线也称为塑性硬化曲线。

分段线性材料模型的参数一般为：弹性模量、质量密度、泊松比、材料失效时的等效塑性应变 ε_f（对数应变）、Cowper-Symonds 应变率系数 P 和 C，以及表示材料应力应变的分段线性函数 $f(\overline{\varepsilon}^p)$ 等。

（4）厚向异性弹塑性材料模型

厚向异性弹塑性材料模型采用 Hill 屈服准则，考虑了厚向异性对材料屈服面的影响（但没有考虑板平面内的各向异性影响，也没有考虑应变速率效应），既可利用线性硬化塑性应力应变关系 ［图 4-10(a)］ 作为其硬化模型，也可以利用分段线性硬化塑性应力应变关系作为其硬化模型，非常适合于冲压成形分析，特别适合于厚向系数大于 1 的板料冲压成形。不过需要注意的是：当厚向异性弹塑性材料模型应用于厚向系数小于 1 的板料冲压分析时，会产生比较大的误差；此外，该模型必须匹配有限元中的壳单元。厚向异性弹塑性材料模型的数学表达式为

$$\Phi = F(\sigma_{yy} - \sigma_{zz})^2 + G(\sigma_{zz} - \sigma_{xx})^2 + H(\sigma_{xx} - \sigma_{yy})^2 + 2L\sigma_{yz}^2 + 2M\sigma_{zx}^2 + 2N\sigma_{xy}^2 = 2\overline{\sigma}^2$$

$$(4\text{-}75)$$

式中　　　　　　　　Φ——后继屈服函数；

　　　　　　　　　　$\overline{\sigma}$——沿轧制方向的等效应力；

F，G，H，L，M，N——决定材料在三个方向拉伸屈服应力（σ_{ii}）与剪切屈服应力（σ_{ij}）的常数。

厚向异性弹塑性材料模型需要的参数一般为：弹性模量、质量密度、泊松比和厚向系数 r。若利用线性硬化塑性应力应变关系作为材料的硬化模型，则需输入材料的初始屈服强度 σ_0、切线模量 E_t；若利用分段线性硬化塑性应力应变关系作为材料的硬化模型，则需输入表示材料塑性应力应变关系的分段线性函数 $f(\overline{\varepsilon}^p)$。

（5）带 FLD（成形极限图）的厚向异性弹塑性材料模型

该模型实际上是对厚向异性弹塑性材料模型的扩展，两者的区别仅在于带 FLD 的厚向异性弹塑性材料模型能够输出冲压过程中各单元应变的失效比。其中，失效比 FR（failure ratio）定义为

$$FR = \frac{\varepsilon_1}{\varepsilon_1^*}$$

$$(4\text{-}76)$$

式中　ε_1、ε_1^*——在 ε_2 相同的条件下，FLD 上第一主应变 ε_1 值和该值对应的破裂区边界线上的应变值 ε_1^*。

显然，如果某单元应变计算点（$\varepsilon_1,\varepsilon_2$）落在破裂区边界线上（$FR=1$）或位于边界线上方（$FR>1$），则板料在该处会产生破裂；反之，如果某单元应变计算点（$\varepsilon_1,\varepsilon_2$）位于破裂区边界线之下（$FR<1$），则板料在该处不会产生破裂。

（6）三参数 Barlat 材料模型

三参数 Barlat 材料模型基于三参数 Barlat 屈服准则，既考虑了材料的厚向异性对屈服面的影响，又考虑了板料平面内的各向异性对屈服面的影响，因此更能反映各向异性对材料冲压成形的影响，故该模型多用于模拟薄板在平面应力状态下的各向异性弹塑性材料成形。事实上，三参数 Barlat 材料模型就是专门针对金属薄板成形分析而建立的，使用该材料模型无论厚向异性系数 r 的高低，都能获得可靠的分析结果。对于像铝合金冲压成形分析之类

的问题，该材料模型是唯一合适的模型。三参数 Barlat 材料模型的数学表达式为：

$$\varPhi = a\,|\,K_1 + K_2\,|^m + a\,|\,K_1 - K_2\,|^m + c\,|\,2K_2\,| = 2\overline{\sigma}^m \tag{4-77}$$

$$K_1 = \frac{\sigma_{xx} + h\sigma_{yy}}{2}, \quad K_2 = \sqrt{\left(\frac{\sigma_{xx} - h\sigma_{yy}}{2}\right)^2 + p^2\sigma_{xy}^2}$$

式中　$\varPhi$——后继屈服函数；

$\overline{\sigma}$——沿轧制方向的等效应力；

x，y——平行轧制方向与垂直轧制方向；

m——Barlat 指数；

a，h，p——与材料厚向系数（r_{00}、r_{45}、r_{90}）相关的常数，$c = 2 - a$。

使用三参数 Barlat 材料模型一般应输入：弹性模量、质量密度、泊松比、Barlat 指数 m、厚向系数 r_{00}、r_{45} 及 r_{90}（分别表示同轧制方向成 0°、45°和 90°的厚向系数），以及硬化模型和参数（对于线性硬化：输入切线模量 E_t 与初始屈服应力 σ_0；对于幂指数硬化，输入强度系数 k 和硬化指数 n）。

根据上述各材料模型的简要介绍，可以发现：如果不考虑材料的各向异性，板坯采用幂指数塑性材料模型或分段线性材料模型即可获得较为满意的冲压模拟结果；如果材料各向异性对冲压成形的影响不能忽略，则应选择厚向异性弹塑性材料模型或三参数 Barlat 材料模型；其中，对于薄板冲压成形推荐使用三参数 Barlat 材料模型，而在选择厚向异性弹塑性材料模型时则需注意其应用前提（厚向系数大于 1，且同壳单元配合使用）。

4.2.3.5　界面接触与摩擦

通常情况下，金属板料的冲压成形是在模具运动过程中完成的，其中模具/板料界面接触产生的接触力和摩擦力是板料变形的动力之一。在接触过程中，板料的变形和接触边界的摩擦作用使得部分边界条件随着加载过程变化，由此产生了边界条件的非线性。正确处理界面接触与摩擦是获得可信分析结果的关键因素之一。

在分析界面接触时，通常将相互接触的表面一个定义为主面，另一个定义为从面；主面上的单元与节点分别称为主单元与主节点，从面上的单元与节点分别称为从单元与从节点。在界面接触处理中，从节点不允许穿透主面，而主节点则可以穿透从面。对刚—柔接触而言，主面总是刚性体（假设模具）或比较刚硬的表面，而从面则总是变形体（例如坯料）的表面。

界面接触处理存在一个接触搜寻问题，即需要应用合适的接触搜寻算法，在每一时间步长内，对接触界面进行接触搜寻，找出接触点或穿透点，然后对其施加约束条件（拉格朗日乘子）或接触抗力（罚因子），以阻止穿透或控制进一步穿透。以罚函数法为例，当接触搜寻检测到有从节点穿透主面时，就在那些穿透主面的从节点处施加一个与穿透深度（距离）成正比的抗力，以阻止其进一步穿透并最终消除之。需要注意的是，如果坯料没有采用自适应网格技术，则表示模具型面的单元网格必须与坯料上的单元网格具有同样的节点密度与分布形态，以确保接触力的分布更接近实际。

目前，主流的金属板料冲压成形模拟软件一般都包含单向和双向两类接触处理方法。单向接触处理允许压力在从节点与主接触片（Segment，指由 3 个或 4 个节点构成的壳单元，或实体单元表面，见图 4-11）之间进行传递，当接触界面上存在摩擦且相互接触的两界面之间存在相对滑动时，也允许切向力在从节点与主接触片间传递。单向接触处理中的"单向"是指仅对指定的从节点检查是否穿透指定的主接触面。当主接触面为刚体（如模具型面）时，使用单向处理法是合适的。双向接触处理与单向接触处理的唯一不同在于：除了检查从节点是否穿透主面外，还要检查主节点是否穿透从面。由于接触处理的双向性，因此，双向接触处理前的主、从面选择无关紧要，但接触处理的时间及费用却约为单向接触处理的2倍。

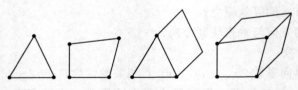

图 4-11 接触片含义

摩擦力的计算需要选定一个适合接触界面摩擦特性的摩擦定律，目前常用的摩擦定律是修正的库仑摩擦定律，修正的目的是为了数值计算的稳定性。在基于弹塑性显式有限元法的冲压成形数值模拟过程中，常采用罚函数法处理接触与摩擦边界条件，即首先计算界面上的法向接触力，然后再根据法向接触力计算界面摩擦力。

① 接触力计算 当板料上的节点进入（穿透）模具工作面时，将受到一法向外力 P_n 的作用

$$P_n = -\alpha \times g \tag{4-78}$$

式中 α——罚因子；

g——穿透量。

该法向外力把节点推向模具工作表面，以近似满足接触边界条件。其中，罚因子 α 愈大，进入量 $|g|$ 愈小，则计算的接触力愈接近实际；但过大的 α 会影响系统的动态响应。

② 摩擦力计算 忽略界面静摩擦因素，可得摩擦力 P_t 随板料与模具接触点相对位移增量 Δu_t 变化的数学表达式

$$P_t = \mu \parallel P_n \parallel \phi(\Delta u_t) \frac{\Delta u_t}{\parallel \Delta u_t \parallel} \tag{4-79}$$

式中 μ——摩擦系数；

$\phi(\Delta u_t)$——连续函数。

4.3 金属冲压成形数值模拟主流软件简介

目前，金属冲压成形数值模拟软件所依据的有限元求解格式大致可分为动力显式、静力显式、静力隐式、大步长型静力隐式、全量型静力隐式五类。

动力显式格式类软件最初是为冲击、碰撞问题的仿真而开发，在有限元平衡方程中包含惯性力的成分。该类软件采用中心差分算法，不需要刚度矩阵的聚合，计算速度快，不存在收敛控制问题，因而特别适合于计算大型车身覆盖件的成形仿真。但是，动力显式格式算法存在一个固有缺陷：为获得显著的计算优势，必须人为地放大凸模运动速度，由此而引起的惯性力对计算结果的准确性有较大影响，这就需要用户在网格尺寸、质量矩阵、阻尼矩阵等计算参数的选用上积累丰富的经验。换句话说，基于动力显式格式的数值模拟软件计算效率较高，但计算结果因人而异的现象比较普遍。另外，动力显式格式类软件计算冲压回弹的能

力较差。

静力显式格式类软件采用率形式的平衡方程和欧拉前插公式，求解时不需要迭代计算。这样做虽然避免了收敛控制问题，但却会使计算结果逐渐偏离真实解，对此，必须采用很小的加载步长，于是造成求解一个成形过程往往需要高达数千个增量步，导致整个计算效率降低。

从理论上讲，静力隐式格式类软件最适合求解车身覆盖件冲压成形这个准静力问题，其计算结果也是无条件稳定的，但是却存在致命的收敛性问题。由于接触状态的改变，容易引起收敛速度变慢或发散，从而使迭代计算难以进行下去。此外，计算效率低也是静力隐式格式类软件应用的一个不利因素。尽管基于动力显式格式算法的软件在当今车身覆盖件冲压仿真中占主流地位，但还是有许多学者仍然继续从事静力隐式类软件的开发与完善工作。

大步长型静力隐式格式类软件对接触算法进行了特殊的改进，分离处理弯曲效应和拉伸效应，从而可利用快速迭代算法来提高求解效率和改善解的收敛性。此外，由于采用静力隐式算法，所以网格的自适应细化等级没有限制，节点间距最小可以达到 0.5mm，大、小尺寸网格可以共存。但是，对接触算法的近似处理，导致该类软件不能准确地模拟节点接触和脱离工具过程；同时，对于起皱和屈曲现象的预测也不尽如人意。

全量型静力隐式格式类软件采用全量理论，对冲压成形的模拟是从最终产品开始逐步回溯到原始坯料（实际上是一种反向模拟求解法），其间忽略工件与模具的接触历史。该类软件的最大特点是计算效率高，缺点是计算精度还有待改进。全量型静力隐式类软件最适合应用于产品设计阶段。例如：传统的汽车车身设计多注重于美学和动力学特征等，对其零件的冲压成形性则很少考虑，借助全量型静力隐式类软件可以较好地对车身覆盖件的成形性进行预测和评价。

表 4-1 展示的是目前在汽车覆盖件成形中广泛应用的弹塑性有限元软件，其求解格式按时间积分算法进行分类。

表 4-1　汽车覆盖件成形中常用的弹塑性有限元软件

软件名称	类型	开发者国别	汽车工业内的用户举例
LS-DYNA3D	动态显式	美国	GM,Ford,Chrysler
PAM-STAMP	动态显式	法国	BMW,MAZDA
DynaForm	动态显式	美国	中国一汽,长安汽车
ITAS-3D	静态显式	日本	NISSAN
AutoForm	静态隐式	瑞士	德国大众,上海大众
MTLFRM	静态隐式	美国	Ford

4.3.1　DynaForm

Eta/DynaForm 是美国 ETA 公司开发的一款专业用于板料成形数值模拟的软件包，能够帮助模具设计人员显著减少模具开发设计时间及试模周期，不但具有良好的易用性，而且包含大量的智能化前处理辅助工具，可方便地求解各类板成形问题。DynaForm 可以预测成形过程中板料的破裂、起皱、减薄、划痕、回弹，评估板料的成形性能，从而为板料成形工艺及模具设计提供技术支持。DynaForm 包括板成形分析所需的 CAD 接口、前后处理、分析求解等所有功能。

目前，Eta/DynaForm 已在世界各大汽车、航空、钢铁公司，以及众多的大学和科研单位中广泛应用。长安汽车、南京汽车、上海宝钢、中国一汽、上海大众汽车公司、洛阳一拖等国内知名企业都是 DynaForm 的成功用户。

（1）DynaForm 主要特色

① 集成操作环境，无需数据转换。完备的前后处理功能，无需编辑脚本命令，所有操作都在同一界面下进行；

② 采用业界著名的、功能强大的 LS-DYNA 求解器，以解决最复杂的金属成形问题；

③ 囊括影响冲压工艺的 60 余个因素，以模面工程（DFE）为代表的多种工艺分析辅助模块具有良好的用户界面，易学易用；

④ 固化丰富的实际工程经验；

⑤ 同时集成动力显式求解器 LS/DYNA 和静力隐式求解器 LS/NIKE3D；

⑥ 支持 HP、SGI、DEC、IBM、SUN、ALPHA 等 UNIX 工作站系统和基于 Windows NT 内核的 PC 系统。

（2）DynaForm 系统组成

高版本的 DynaForm 系统主要由基本模块（含前后处理器、求解器与材料库）、板坯生成（BSE）模块和模面工程（DFE）模块组成，见图 4-12。

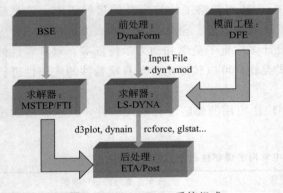

图 4-12　DynaForm 系统组成

① 基本模块　提供良好的 CAD/CAE 专用软件接口（支持 IGES、VDA、DXF、STEP、STL、Lin、ACIS 和 UG、CATIA、ProE 以及 NASTRAN、IDEAS、MOLD-FLOW、ABAQUS）与方便的几何模型修补功能；

初始板料网格自动生成器，可以根据模面最小圆角尺寸自动优化板料的网格尺寸，并尽量采用四边形单元，以确保计算的准确性；

快速设置（Quick Set-up）子模块能够帮助用户快速完成分析模型设置，从而大大提高前处理效率；

与实际冲压工艺相匹配的方便且易用的流水线式的模拟参数定义，包括模具自动定位、自动接触描述、压边力预测、模具加载运动描述、边界条件定义等；

用等效拉延筋代替实际拉延筋，除大大节省计算时间外，还能方便地在有限元模型上修改拉延筋尺寸及布局；

支持多工步冲压成形过程模拟；

网格自适应细分功能使系统在不显著增加计算时间的前提下提高计算精度；

根据需要，自动或手动实现显、隐式求解器之间的无缝切换，例如：利用显式求解器计算模拟拉深过程，隐式求解器计算模拟回弹过程；

采用三维动画、等值线、彩色云图、场变量—时间曲线、局部剖切、光照反射等方式演示工件成形过程中的应力、应变、厚度、表面质量等的变化与分布，并在成形极限图上动态反映工件各区域的变形情况，如是否充分拉深、有无起皱，破裂等现象产生。

② 板坯生成模块　采用一步法求解器，能够方便地实施板料展开，以得到合理的落料

尺寸。

③ 模面工程模块　模面工程模块可以根据冲压零件的几何形状进行模面设计，包括压料面与工艺补充面的设计。该模块提供一系列基于曲面的实用辅助工具，如几何填补、冲压方向调整，以及压料面和工艺补充面生成等，其主要特点如下：

a. 所有操作都基于 NURB 曲面，所有曲面都可以输出用于模具的最终设计；

b. 按用户指定半径快速处理设计零件上的尖角，以满足分析要求；

c. 根据成形需要自动填补冲压零件上的不完整区域，并自动生成网格与曲面；

d. 图形显示拉延深度与负角的检查结果；

e. 自动将冲压零件从产品设计坐标系调整到冲压坐标系；

f. 根据冲压零件形状自动生成四种压料面，生成的压料面可以进行编辑与变形；

g. 根据产品的大小、深度及材料特性生成一系列轮廓线，然后基于这些轮廓线生成曲面并划分网格，从而最终形成完整的工艺补充面，可以对生成的轮廓线进行交互式编辑；

h. 提供线、曲面及网格的变形功能，能够很容易地处理线框模型、几何填补、工艺补充以及压料面设计等。

4.3.2　AutoForm

AutoForm 最初由瑞士联邦工学院开发，后来为了更好地研发、应用与推广，专门成立了一家包括瑞士研发与全球市场中心和德国工业应用与技术支持中心在内的 AutoForm 工程有限公司。AutoForm 是一款基于全拉格朗日理论并采用静态隐式算法求解的弹塑性有限元分析软件系统，其主要模块包括一步法快速求解（OneStep）、增量法求解（Incremental）、模具设计（Die Designer）、液压成形（HydroFrom）、工艺方案优化（Optimizer）和零件修边（Trim）等。AutoForm 中的模具设计模块可以自动生成或交互生成压料面、工艺补充、拉延筋和坯料形状；可选择冲压方向，设置侧向局部成形，产生工艺切口，定义重力作用、压边、成形、修边、翻边、回弹等工序或工艺过程；其增量法求解模块可精确模拟完整的冲压成形过程，而一步法求解模块则可快速获得冲压成形的近似结果，并预测板坯形状。AutoForm中的工艺方案优化模块以成形极限为目标函数，针对高达 20 个设计变量进行优化，自动迭代计算直至收敛。高版本的 AutoForm 还提供模具开发和冲压件生产的费用估算模块。

AutoForm 面向一线工程人员，使用者无须具备深厚的有限元理论背景，学习难度较低。目前，全球已有约 90% 的汽车制造商和数以百计的著名汽车模具制造商，以及冲压件供应商使用 AutoForm 开发产品、规划工艺和设计模具。AutoForm 的最终目标是高效解决"零件可成形性（Part Feasibility）、模具设计（Die Design）和可视化模具调试（Virtual Tryout）"等方面的应用问题。

4.3.3　PAM-STAMP 2G

欧共体五国自 1986 年开始制定了一项名为 BRITE-EURM-3489 的研究计划，每年资助 50 万美元由法国 ESI 公司具体负责开发板料冲压成形过程分析 CAE 系统，并于 1992 年正式推出 PAM-STAMP 商品化软件。PAM-STAMP 2G 的主要功能模块包括对模面与工艺补充面进行设计和优化的 PAM-DIEMAKER、快速评估工件成形性的 PAM-QUICKSTAMP，以及验证成形工艺和冲压件质量的 PAM-AUTOSTAMP。PAM-STAMP 2G 的所有模块均集成在统一的工作平台上，模块交互操作，并以完全一致的方式共享 CAD 资料。

PAM-STAMP 2G 系统框架可以实现各模块间数据的无缝交换，同时支持用户化应用程序编程。后者采用两级化应用软件管理模式，借助冲压模具工具包（Stamp Tool Kit），用户可以根据实际工作需要配置自己的板料成形解决方案。PAM-DIEMAKER 通过参数迭代方法获得实际的仿真模型，能在几分钟内生成模面和工艺补充面，并能快速地分析判断工件有无过切（负角）现象和计算确定最佳冲压方向。PAM-QUICKSTAMP 提供一套快速成形分析工具，能在计算精度、计算时间和计算结果之间折中推出最佳方案，让模具设计师快速检查和评估自己的设计方案，包括模面设计、工艺补充部分设计和模具辅助结构设计的合理性。PAM-AUTOSTAMP 可仿真实际工艺条件（如重力影响、多工步成形以及各种压料、拉深、切边、翻边和回弹）下的板料成形全过程，并提供可视化的模拟结果显示与判读。

4.3.4　FTI Forming Suite

成立于 1989 年的加拿大成形技术公司（FTI）研发的 Forming Suite 软件系统主要用于钣金工艺设计、板坯展开及排样、模具设计和产品成形性分析以及成本估算与成本优化。FTI Forming Suite 是一个集成 FASTBLANK、FASTFORM、FASTFORM Advanced、BLANKNEST、COSTOPTIMIZER、COSTOPTIMIZER Advanced 等功能模块的套件。FTI Forming Suite 的一些功能模块可直接嵌入到 Solidworks、CATIA 和 Pro/E 等 CAD 系统。从产品概念设计到产品冲压成形，借助 FTI Forming Suite，用户可在较短时间内完成金属冲压成形数值仿真，板坯几何设计和排样以及冲压成本估算等工作。

FTI Forming Suite 的主要特色：

① 工艺化界面风格　根据钣金成形工艺制定的流程化操作界面，方便不具备有限元分析经验的工程师使用。同时提供多种语言界面，包含中文。

② 强大的求解器　针对不同的应用提供功能强大的多种求解器，包含一步法反算求解器（CHI）、隐式增量求解器（FIT）和显式动力求解器 LS-DYNA。CHI 与 FIT 的组合可以快速精确地完成制件展开、排样及成形性分析。

③ 丰富的材料数据库　提供基于多种工业标准的材料数据，支持对数据进行添加、删除、修改以及导入数据曲线。数据库中除了包含与成形相关的材料属性（机械性能、成形极限图等）之外，还为零件成本评估提供专门数据。

④ 便捷的网格处理功能　强大的网格生成功能，使网格处理更简便、迅速。把用户从繁杂的网格处理工作中解放出来。

⑤ 完备的工艺条件设置　提供多种工艺条件设置，例如模具运动、压边力、拉延筋、压料板、定位孔、界面摩擦以及各种约束等，使仿真设置更加贴近实际工艺。

⑥ 自动生成分析报告　具有自动生成 HTML 格式的分析报告功能，大大节省撰写报告的时间，有利于报告结构的统一，使报告简洁易懂。

⑦ 准确省时　套件中的 Fastblank 模块能够在 30s～5min 内完成大部分制件的展开，FastForm 模块能够在十分钟内确定一个零件的形状或设计方案的合理性。

4.3.5　FASTAMP-NX

FASTAMP-NX 是一款由华中科技大学材料成形与模具技术国家重点实验室开发的专业板料成形模拟软件。该软件完全集成于 Siemens NX 环境，为使用 NX 进行模具制造和金属板料成形的企业提供最佳软件解决方案。由于 FASTAMP-NX 模块与 NX 系统的设计应用无缝集成，所以可在统一的 SIEMESN PLM 环境中对板料成形仿真数据进行有效的管理。

FASTAMP-NX 也兼容其他主流 CAD 系统，使用者无需大量的课程训练，就能容易地掌握之。

FASTAMP 包括板坯估算向导（Blank Estimation Wizard）、成形分析向导（Forming Analysis Wizard）和修边线展开向导（Trimline Unfolding Wizard）等三大功能模块。

4.3.6 KMAS

KMAS 是由吉林大学车身与模具工程研究所在国家"九五"重点科技攻关项目基础上开发的一款板料成形仿真软件系统，目的在于解决我国汽车车身自主研发与模具制造的瓶颈问题，目前已经拓展到航空、通信等其他与冲压成形相关的行业。KMAS 系统可以在制造模具之前，利用计算机模拟出冲压件在模具中成形的真实过程，告知用户其模面设计与工艺参数设计是否合理，并最终为用户提供最佳的成形工艺方案和模具设计方案。KMAS 系统的功能模块包括模面几何造型设计、网格自动生成、基于标准化参数实验获得的材料数据库、显式和半显式时间积分弹塑性大变形/大应变板材成形有限元求解器和前后处理器，以及支持市场上流行 CAD/CAM 系统的专用数据接口。借助 KMAS 系统，能够实现复杂冲压件从坯料夹持、压料面约束、拉延筋设置、冲压加载、卸载回弹和切边回弹的全过程模拟。

4.4 应用案例

现以 DynaForm 作为案例学习平台，结合本章给出的基础知识，介绍数值模拟技术在金属冲压成形中的实际应用。

4.4.1 DynaForm 工作界面

图 4-13 是 DynaForm 的前处理工作界面，该界面由图形操作区、对话框区、消息提示

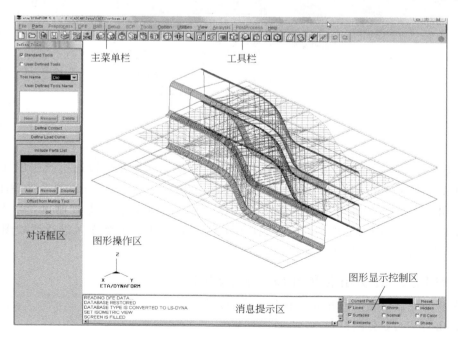

图 4-13 DynaForm 前处理工作界面

区、图形显示控制区，以及主菜单栏和工具栏组成。其中，各主菜单项涉及的基本操作、常用工具图标对应的操作命令，以及图形显示控制复选项的含义分别见图 4-14～图 4-16。

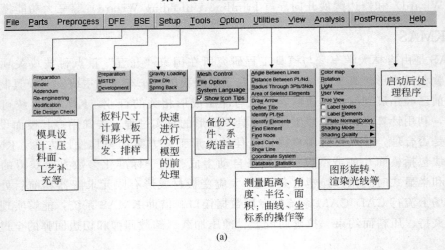

(a)

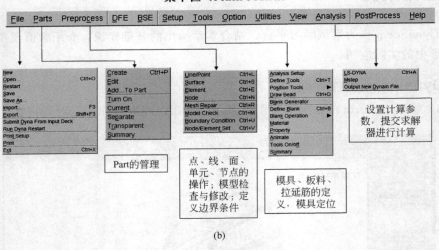

(b)

图 4-14　主菜单项涉及的基本操作

　　DynaForm 的后处理与前处理不在同一个工作界面上，但是可以通过点击图 4-13 主菜单栏中的后处理项（PostProcess）来启动后处理工作界面。DynaForm 的后处理工作界面（图 4-17）由分析结果操作区、数据展示设置区、消息提示区、图形控制区，以及主菜单栏、通用工具栏和专用后处理工具栏组成，用户可以在分析结果操作区进行诸如图形变换、视图剖切、单元或节点拾取等部分操作。

4.4.2　利用 DynaForm 模拟冲压成形过程的一般步骤

　　① 在前处理器中导入或建立板料与模具的几何模型；

　　② 为几何模型划分网格；

　　③ 检查网格质量，必要时编辑和优化网格；

图标栏（Icon Bar）

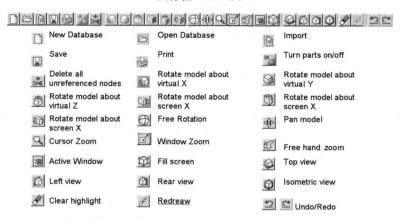

图 4-15　常用工具图标对应的操作命令

显示选项(Display Options)

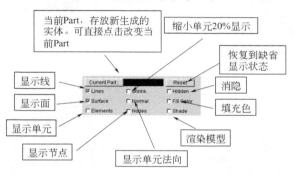

图 4-16　图形显示控制复选框的含义

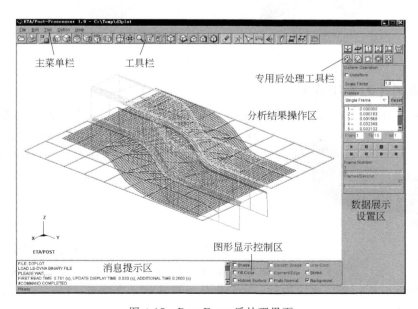

图 4-17　DynaForm 后处理界面

④ 利用"快速设置（Quick Setup）"向导选择分析类型（重力加载、拉深、回弹、弯管等），定义模拟对象（板坯、凸模、凹模、压边圈和拉延筋）、工作参数、材料属性以及板材厚度、边界条件（接触类型、界面约束），确定模具间隙等；

⑤ 提交分析任务给求解器计算；

⑥ 在后处理器中观察、判读模拟结果。

其中，第①～③步操作也可以在 DynaForm 的模面工程（DFE）与板坯生成（BSE）模块中完成；同时，借助 DFE 和 BSE 向导还能完成更为复杂的模面设计（例如：工艺补充、冲压方向校正、压料面生成，见图 4-18）与板料展开（图 4-19）操作。此外，建议充分利用 DynaForm 的"工具（Tools）"菜单集［见图 4-14(b)］完成更为复杂、灵活的分析对象设置操作。

(a) 汽车发动机罩内板零件

(b) 完成工艺补充的拉深模面

图 4-18　模面设计举例

(a) 托架零件

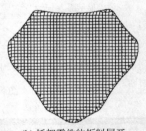

(b) 托架零件的板料展开

图 4-19　板料展开举例

4.4.3　S 轨制件的冲压成形

本案例重点介绍 DynaForm 软件操作的基本方法与基本步骤，以及怎样借助数值模拟结果评价制件冲压成形方案、预测成形缺陷和部位、有针对性地提出改善制件质量的基本途径。S 轨制件的几何形状见图 4-20，材料 DQSK，板厚 1.0mm。

图 4-20　S 轨制件

4.4.3.1　准备分析模型

（1）建立新数据库

DynaForm 默认为每一个分析任务创建一个数据库，用于存放分析模型、参数设置、操作环境等前处理数据。为方便管理分析任务，建议为每一个分析任务单独建立文件夹，以存放与之相关的所有文件（包括数据库文件）。

用 S-Beam 命名数据库,然后采用另存（File/Save as）方式将该数据库文件存入指定文件夹。于是,一个空的名为 S-Beam 的数据库便建立起来了。

（2）导入凹模和板坯的 CAD 模型

分别导入（File/Import…）凹模与板坯的 CAD 模型 DIE. lin 和 BLANK. lin。当前版本的 DynaForm 支持 AutoCAD（.dxf）、ProE（.prt,.asm）、UG（.prt）、CATIA v4/v5（.model,.CADpart）、STEP（.stp）、IGES（.ige,.iges）、ACIS（.sat）、Line Data（.lin）和 Stereo lithograph（.stl）等格式的 CAD 模型。

（3）为板坯划分有限元网格

① 选择主菜单栏上的"工具/板坯生成器（Tools/Blank Generator）",弹出"选择选项"对话框见图 4-21 所示。因为.lin 格式的 CAD 模型由边界线构成,所以选择图 4-21 中的"边界线（BOUNDARY LINE）"选项,系统弹出"选择线"对话框（图 4-22）。

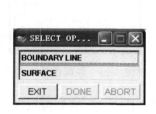

图 4-21 选择选项

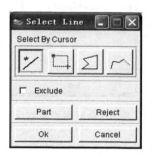

图 4-22 线选择方式

图 4-23 工具圆角半径

② 点击图 4-22 上的第一个图标按钮（"选择线"）,然后在图形操作区中依次拾取板坯的四条边界线。注:将鼠标放在其他图标按钮上,可获得对应的选择方式提示。

③ 板坯边界线拾取完成后按"OK"确认,系统弹出"工具圆角半径"对话框（图 4-23）。

④ 根据工具（本例是凹模）的最小圆角半径定义板坯的网格密度。半径越小,坯料网格越细密;半径越大,网格越粗糙。点击"OK"接受默认半径值,得到如图 4-24 所示的板坯网格模型。

（4）为凹模划分有限元网格

① 选择主菜单栏上的"前处理/单元操作（Pre-process/Elements）",弹出"单元操作"对话框见图 4-25。由于本例的凹模由曲面构成,所以,点击对话框上的"曲面网格划分"工具图标,弹出曲面网格参数设置对话框（图 4-26）。

② 图 4-26 中需要设置的参数（Parameters）主要有

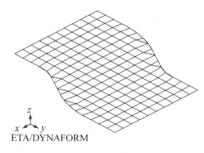

图 4-24 划分好的板坯网格

a. 单元的最大/最小特征尺寸（Max./Min. Size）;

b. 弦高误差（Chordal Dev.）,用于控制曲率半径方向上的单元平均个数;

c. 相邻单元的法线夹角（Angle）,用于防止模面上出现异常圆角;

d. 间隙公差（Gap Tol.）,小于指定公差值的面片或单元间隙将被自动焊合。

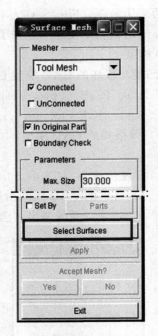

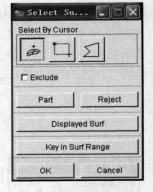

图 4-25 单元操作　　　图 4-26 曲面网格参数设置　　　图 4-27 曲面选择方式

接受默认参数设置，点击"选择表面模型"，弹出"曲面选择方式"对话框（图 4-27）。

③ 利用图 4-27 提供的选择方式拾取图形操作区（图 4-13）中的凹模曲面，然后点击"OK"确认。

④ 返回到图 4-26 对话框后，按"应用（Apply）"键，并在提示框中选择"接受（Yes）"，就得到凹模面的网格模型，见图 4-28。

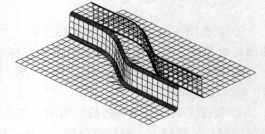

图 4-28 凹模（DIE）零件的网格模型

（5）检查和编辑网格

检查和编辑网格的目的主要在于清除或校正错误（如重叠、小锥度、翘曲、长宽比异常）单元和不连通边界、调整单元法线、焊合间隙、填补空洞、增加或删除局部单元等。

4.4.3.2 设置分析参数与补充、定位网格模型

DynaForm 提供三种分析参数设置方法，即：传统设置、快速设置（Quick Setup）与自动设置（Auto Setup），三种方法在使用上各存在一些长处与短处，其基本特点见表 4-2。

表 4-2 **DynaForm 的分析参数设置法比较**

传统设置	快速设置	自动设置
具有最大限度的灵活性；可添加任意多个辅助工具（即模具动作机构），同时也可定义简单的多工序成形。但设置过程非常繁琐，需仔细定义每一个细节	简单、快捷，但设置的灵活性较差，不能一次性进行简单的多工序成形设置	界面友好，内置模板方便用户设置。对于初级用户，只需定义工具零件（上模面或下模面），其他设置均可自动完成。对于高级用户，可自定义压力曲线和运动曲线，液压成形、拼焊板成形等

续表

传统设置	快速设置	自动设置
需要更多的设置时间,容易出错,学习难度较大	缩短了参数设置时间,减少了出错概率	继承了快速设置的优点,同时也考虑了功能的扩展性
手工定义运动曲线和载荷曲线;可任意修改曲线,但不做正确性检查	自动定义运动曲线和载荷曲线等	既可采用自动定义曲线,也可采用手动定义曲线
支持接触偏置和几何偏置	只支持接触偏置	既支持物理偏置,也支持接触偏置,依实际情况而定

本例主要利用快速法设置 S-Beam 冲压成形的模拟分析参数。

① 选择主菜单栏上的"设置/拉深（Setup/Draw）",弹出快速设置拉深成形分析参数对话框（图 4-29）。

② 选择拉深类型和模具零件定位基准。图 4-29 对话框上的"Draw type"包括成形制件的反向拉深（对应单动压机）和正向拉深（对应双动压机）等类型（本例选择单动拉深）,以及指定各模具零部件相互位置关系的基准。例如,本例在随后定位各模具零部件位置关系时将下模（凸模）作为基准,即所谓"下模可用（Lower Tool Available）"。

③ 点击"Blank",将板坯的网格模型（图 4-24）指定为拟被拉深成形的对象。

④ 接着将板坯参数（Blank parameters）区中的材料定义为 DQSK,板厚定义为 1.0mm。其中,DQSK 是美国牌号,相当于我国深冲级热镀（或电镀）锌冷轧低碳钢板 CS（或 SECE）。

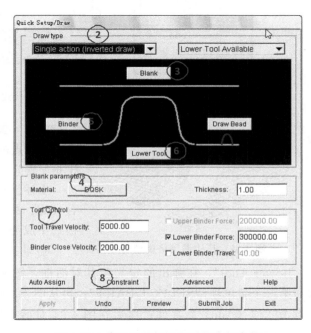

图 4-29 快速设置拉深成形的分析参数

在点击 Material 右侧按钮后弹出的材料选择对话框（图 4-30）中,有一个材料类型（Type）下拉菜单,用于选择 DynaForm 分析求解所依据的材料本构模型。其中,36 号和 37 号模型最常用,前者基于三参数 Barlat 塑性材料本构模型,适用于任何薄板金属成形分析;后者属于厚向异性弹塑性材料本构模型,适用于需要进行回弹模拟的拉深件成形分析。

提示:因为模具零件在 DynaForm 中被当作刚性体对待,所以只给板坯赋材料属性。

⑤ 创建下压边圈。下压边圈来自图 4-28 所示 CAE 模型的派生产物。点击"Binder",弹出定义工具对话框［图 4-31（a）］;依次点击图 4-31（a）中的"选择零件（SELECT PART）"项、图 4-31（b）中的"加单元（Add Elements）"按钮和图 4-32 中的"扩展所选单元（Spread）"图标,并将 Spread 图标下的滑块微微向右拖动至上方角度显示"1"为止。

图 4-30　定义板料属性

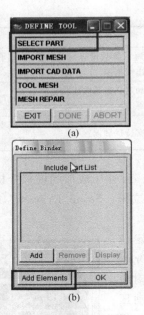

(a)

(b)

图 4-31　定义压边圈

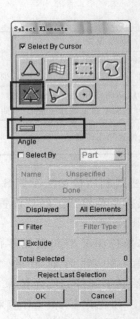

图 4-32　单元选择方法

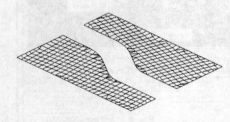

图 4-33　压边圈网格模型

在图 4-28 零件的两个法兰面上各拾取一个单元，然后依次点击图 4-32、图 4-31(b) 上的 "OK" 确认，于是便得到下压边圈的网格模型（见图 4-33）。

上述操作中，将扩展（Spread）角定义为 1 的含义为：法兰面上凡是法矢夹角小于 1°的单元都将被选中成为下压边圈的一部分。

⑥ 将图 4-28 剩余部分定义为下模（凸模）。点击 "Lower Tool"，在弹出的定义工具对话框 [图 4-31(a)] 中选择第一个菜单项 "SELECT PART"；再从图 4-31(b) 对话框中点击 "加（Add）" 零件；然后在图 4-34 对话框中点击第二个命令图标（"按单元" 选择），再在图 4-28 模型中的非法兰面部分任意拾取一个单元，完成后点击图 4-34 对话框上的 "OK" 键确认，得到下模的网格模型见图 4-35 所示。

⑦ 模具动作控制（Tool Control）区的参数主要有：上模运动速度（Tool Travel Velocity）、压边圈闭合速度（Binder Close Velocity）、上压边力（Upper Binder Force）、下压边力（Lower Binder Force）和下压边圈行程（Lower Binder Travel）。上述参数可根据实际拉深工艺条件设置。

提示：当速度控制的压料面闭合后，其速度控制将自动转换成压边力控制。此外，图 4-29 设置的上模运动速度和压边圈闭合速度均属于 "虚拟冲压速度"，这是基于动力显示格式有限元法的 LS-DYNA 求解器所要求的，其目的是为了提高计算效率。

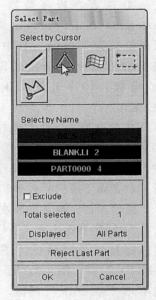

图 4-34　零件选择方法

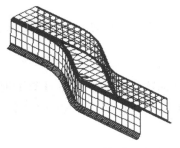

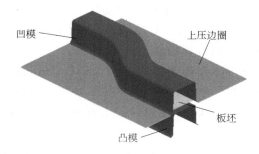

图 4-35　下模零件的网格模型　　　　图 4-36　完整的分析模型

⑧ 图 4-29 对话框下部各命令按钮的含义分别如下。

a. 自动为凸/凹模、压边圈和坯料分配网格模型（Auto Assign）　自动分配的前提条件是：零件层必须按照 Quick Setup 缺省的命名规则命名。例如，板坯所在层的名称为"BLANK"、凹模所在层的名称为"DIE"等。提示：拉延筋（BINDER）层不能被自动分配。

b. 约束（Constraint）　用于定义模具和板坯的对称面，以及其他边界条件。

c. 高级（Advanced）　允许改变与 Quick Setup 的缺省设置参数。

d. 应用（Apply）　Quick Setup 将自动以下模为基准定位其他零件模型（即闭模前的上模和下压边圈相对于下模的位置及彼此间距），并生成相关模具零件（例如上模和压边圈）工作流程的运动曲线以及随后计算求解所需的其他参数。

e. 撤销（Undo）　取消当前 Apply 操作。

f. 预览模具零件运动（Preview）　用动画方式检查各模具零件的运动轨迹。

g. 提交工作（Submit job）　将 Apply 准备好的数据提交给 DynaForm 求解器计算求解。

h. 退出（Exit）　关闭图 4-29 的 Quick Setup 对话框。

⑨ 完成第②～⑦步操作后，点击"应用（Apply）"键，得到图 4-36 所示的完整分析模型。其中，下压边圈模型被挡，故未在图中标注；而上压边圈模型实际上就是组成凹模的一部分。

4.4.3.3　计算求解

上述前处理工作完成后，点击图 4-13 主菜单栏上的"Analysis/LS-DYNA"项，将弹出求解参数设置对话框见图 4-37 所示。在该对话框中，需要设置的主要求解参数有：

（1）分析类型（Analysis Type）

a. 生成 LS-DYNA 输入文件　将除网格模型描述之外的所有参数设置、求解控制、对象定义等信息，以 LS-DYNA 关键字格式写入一个后缀名为 .dyn 的可编辑文本文件，供某些特殊求解使用。生成的 LS-DYNA 输入文件可以通过"File/Import"或"File/Submit Dyna From Input Deck"菜单项打开。

b. 直接求解计算（Full Run LS-DYNA）　将当前设置好的

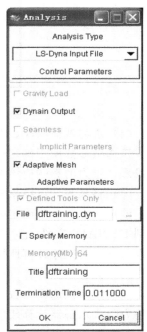

图 4-37　求解参数设置

分析任务直接提交 LS-DYNA 求解器计算求解。

c. 提交给 LS-DYNA 后台服务器求解（Job Submitter） 提交的分析任务进入后台求解队列，依次进行计算处理。

（2）分析求解控制参数（DYNA3D Control Parameters）

LS-DYNA 分析求解的基本控制参数包括整个计算的终止时间、增量计算的时间步长、参与并行计算的 CPU 个数（需 License 支持）和输出到 D3PLOT 文件中的计算结果频率（见图 4-38）。

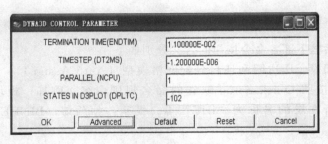

图 4-38　求解控制参数

（3）自适应网格控制参数（Adaptive Control Parameters）

随着板坯的不断变形，板坯的原始网格将发生畸变，从而影响对变形板坯几何细节（例如局部圆角区）的描述，最终导致求解结果误差。此时，计算程序将根据需要自动对变形板坯网格进行局部动态细分操作，这就是所谓网格自适应技术。缺省的自适应参数控制对话框如图 4-39 所示，其中，"高级"按钮用于提供更多的自适应控制参数。

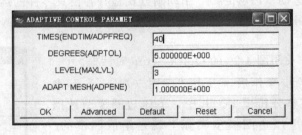

图 4-39　自适应网格参数

（4）重力载荷（GRAVITY LOAD）

该选项参数用于确定是否在拉深模拟过程中考虑重力对板坯变形的影响。对于大尺寸薄板成形，重力的影响应该考虑。

（5）将某些计算结果输出到 DYNAIN 文件（DYNAIN Output）

该选项参数用于确定是否在拉深计算结束后，将板坯的应力、应变、厚度等结果信息输出到 DYNAIN 文件。对于多工序成形，需要勾选此选项，以便存储在 DYNAIN 文件中的数据为下一道工序计算所用。

（6）无缝回弹计算（Seamless）

如果激活该选项参数，LS-DYNA 在利用动力显式求解器计算完拉深成形后，会自动调用静力隐式求解器计算成形件的回弹。

本案例只需将"分析类型（Analysis Type）"指定为"直接求解计算（Full Run LS-DYNA）"，其余选项参数均采用默认值。点击"OK"，DynaForm 即刻开始进行 S 轨制件的冲压成形模拟计算。

4.4.3.4 判读分析结果

点击图 4-13 主菜单栏中的后处理项（PostProcess），弹出 DynaForm 后处理操作界面（图 4-17）。提示：如果分析结果操作区中未出现图 4-17 所示模型，可点击"File/Open"，然后选择本案例分析任务所在文件夹中的 D3PLOT 文件即可。

对于本案例，重点观察和判读成形极限图（FLD）与板厚减薄信息，以便了解 S 轨制件在所给工艺条件下的成形质量，并给出改善成形质量的基本途径。

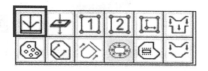

图 4-40 DynaForm 专用后处理工具

（1）关闭除板坯（Blank）层外的其他各零件层。

（2）点击图 4-40 上的"成形极限（FLD）"图标，并在图 4-17 的"数据展示设置区"中选择"单帧显示/最后一帧"，于是得到对应于最后一帧（即成形结束）的 FLD 信息（图 4-41）。其中，右侧色标提示从上到下依次为破裂、破裂风险、安全、起皱趋势、起皱、严重起皱和未充分拉深。结合制件云图、FLD 和色标信息可以发现，按现有工艺条件（上模运动速度 5000mm/s、压边圈闭合速度 2000mm/s、下压边力 300000N）进行冲压成形，制件部分侧壁存在破裂风险，并且 S 轨制件顶部个别区域存在起皱趋势。

提示：DynaForm 默认成形极限图基于板坯中面。为了更准确地了解板坯上下两个表面（表层）的应变信息，可以在图 4-17 的"数据展示设置区"选择上表面（TOP）或下表面（BOTTOM）。不过需要注意：DynaForm 将与凹模接触的板坯面定义为冲压件的下表面，反之为上表面，并且规定上模始终是凸模（PUNCH），下模始终是凹模（DIE）。所以，图 4-41 所示方位的 S 轨制件外表面属于 BOTTOM，内表面属于 TOP。

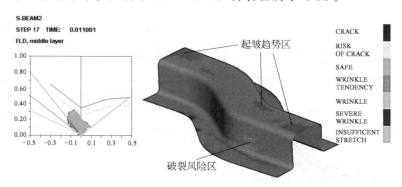

图 4-41 成形结束时的制件拉深极限

（3）点击图 4-40 上第一行的第二个"板厚（Thickness）"图标，并选择"单帧显示/最后一帧"，得到如图 4-42 所示成形结束时的制件厚度分布信息。其中，对应于图 4-41 破裂风险区的制件板厚为 0.765mm，减薄率 23.52%。对于多数材料的冲压成形而言，当其板坯局部减薄率超过 20%～25% 后，就有产生裂纹的可能。因此，借助 CAE 软件分析，可以在一定程度上评估冲压件的成形质量，并预测裂纹、起皱等缺陷的出现部位。

4.4.3.5 成形质量改善途径

由图 4-41 和图 4-42 可知，S 轨制件冲压成形的质量不是很理想，其顶部个别区域存在

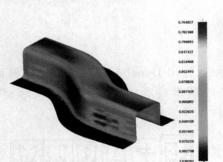

图 4-42　成形结束时的制件壁厚分布

起皱趋势，部分侧壁（主要是侧壁凸出区）存在破裂风险。不过就整体而言，由上模运动速度 5000mm/s、压边圈闭合速度 2000mm/s 和下压边力 300000N 组成的 S 轨制件冲压成形工艺方案基本可行。尽管制件的法兰面局部也存在严重起皱，但对产品的最终质量无影响，因为法兰面会在随后的工序中被切除掉。

针对图 4-41 和图 4-42 给出的信息，可以从以下两个方面（途径）着手改善制件成形质量。

① 在侧壁凹入区和 S 轨两个端头的压料面上设置拉延筋，以增加这些区域的进料阻力。同时根据情况适当降低下压边力，使凸出区的局部破裂风险减至最小，并且尽可能消除制件顶部的起皱趋势。

② 调整板坯/模具界面上不同区域的润滑条件，以改变板坯材料的流动条件和应力应变状况，达到同途径①相同的目的。

需要注意的是：一旦改善制件成形质量的途径确定，还应再次拟定成形方案进行数值模拟实验，以验证成形工艺的可行性，并根据数值模拟结果进行冲压成形物理实验或现场试模，以便最终生产出合格的 S 轨制件。

4.4.3.6　编写分析报告

分析报告内容一般包括冲压件名称、采用的 CAE 软件、板坯材料及板厚、成形工艺参数、分析结果描述及建议等。图 4-43 是针对 S 轨制件冲压成形所编写的分析报告样本，供参考。高版本的 DynaForm 提供有自动生成格式化分析报告的功能。

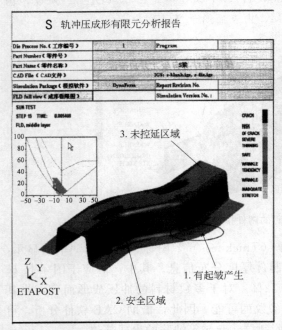

图 4-43　S 轨制件冲压成形分析报告（举例）

4.4.4　摩托车后挡泥板的冲压成形

摩托车后挡泥板属于深拉深件。该挡泥板在拉深成形过程中最易产生的缺陷是起皱和破裂，一旦出现缺陷势必会影响产品外观及其使用性能。结合理论分析和实践经验可知：影响摩托车后挡泥板拉深质量的因素主要有板材属性、拉延筋、压料面、压边力、模具间隙、凹模入口圆角等。为了预测与消除起皱或破裂，本案例采用 DynaForm 软件对挡泥板成形过程进行模拟分析，并对影响其拉深质量的凸、凹模间隙、板料尺寸、筋槽尺寸、凹模入口圆角、压料面、拉延筋和压边力等工艺参数进行优化。

摩托车后挡泥板（图 4-44）的几何特点决定其冲压成形必然涉及几何非线性、材料非线性和接触非线性等一系列强非线性问题。因此，在设计摩托车后挡泥板拉深模具时，既要注意板坯变形过程中不同区域材料流动的协调问题，以避免因过分减薄导致拉裂或局部增厚造成起皱等成形缺陷的产生，又要考虑拉深制件的回弹量控制。如果后挡泥板模具的设计完全依靠经验，则随后的试模和冲压参数优化将非常浪费时间、人力、物力和财力，且很难达到满意的效果，甚至最终导致模具报废。

4.4.4.1 原拉深方案分析

根据传统理论、行业规定和生产经验制定出的摩托车后挡泥板冲压工艺为：落料—拉深—整形—修边—翻边—冲孔。其中，制件在拉深工序中的成形质量对于整个后挡泥板的生产流程至关重要。为了预测制件成形质量，评估冲压工艺方案和模具设计方案的可行性，首先利用 DynaForm 模拟分析后挡泥板的拉深过程。

（1）分析参数设置

① 成形材料采用上海宝钢产 ST16 深拉深钢板，其主要力学性能参数分别为：硬化指数 $n=0.23$，厚向系数 $r=1.9$，初始屈服强度 $\sigma_s=190\mathrm{MPa}$。板坯尺寸 $500\mathrm{mm}\times1350\mathrm{mm}$，厚度 $t=1.2\mathrm{mm}$。

② 凸凹模间隙取 1.5 倍板厚，即 1.8mm；凹模入口圆角半径 $R=12\mathrm{mm}$；筋槽入口圆角半径 $R=17\mathrm{mm}$。

③ 板坯/模具界面静摩擦系数 0.11，动摩擦系数 0.11（均为经验值）。

④ 单动拉深，压边力 15T，上模运动速度 5000mm/s。

（2）分析模型准备

选择 Belytschko-Tsay 薄壳单元离散实体，由此获得有限元模型见图 4-45，共计 32018 个单元，其中板坯单元 4800 个。模型中的凸模、凹模、压边圈材料均定义为刚性，板坯的材料模型定义为幂指数弹塑性。允许拉深过程中板坯网格的自适应划分。

图 4-44 某摩托车后挡泥板的三维模型

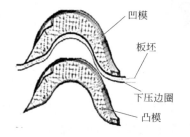

图 4-45 原方案对应的有限元模型

（3）模拟结果

为提高计算效率，将整个成形过程分成两个阶段：先压边，后成形。模拟结果表明，在凹模接触板坯后的下行过程中，板坯的端头及侧壁会产生起皱现象，如图 4-46 所示。由于挡泥板属于外观件，其表面质量要求较高，所以，这样的成形结果满足不了制件的技术要求。

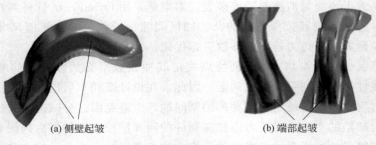

(a) 侧壁起皱   (b) 端部起皱

图 4-46　后挡泥板的拉深起皱及其部位

（4）起皱现象分析

原拉深方案的起皱现象比较严重，虽然可以通过加大压边力或（和）拉深筋高度等方式来改善进料阻力，延缓起皱时间，但却不能最终消除非压料面上的起皱。并且当进料阻力增加到一定程度时，板坯的变形将转变成以局部胀形为主，从而导致拉破现象产生。因此，采用原拉深方案无法获得合格的拉深产品。

进一步分析可知，原拉深方案之所以不能最终解决起皱问题，其主要原因在于模具间隙值设置不合理。原拉深方案为了减少制件成形过程中的拉裂风险，凸、凹模间隙取到 1.5 倍板厚。在大多数冲压条件下，这个间隙值偏大，这就为挡泥板拉深起皱提供了可能。合理的凸、凹模间隙应该为 $(1.1 \sim 1.3)t$。因此，重新调整模具间隙，以力图获得最佳拉深质量。

4.4.4.2　优化模具间隙

在其他参数不变的前提下，分别取凸、凹模间隙 $1.1t$，$1.2t$，$1.3t$，$1.4t$，$1.5t$，在此基础上进行数值模拟。结果表明：当凸、凹模间隙为 $1.2t$（即 1.44mm）时，挡泥板拉深效果最佳，见图 4-47。

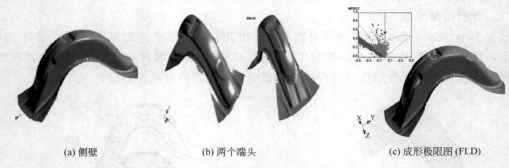

(a) 侧壁   (b) 两个端头   (c) 成形极限图 (FLD)

图 4-47　凸、凹模间隙取 1.44mm 时的拉深成形结果

同原拉深方案相比，优化模具间隙虽然能大大减少拉深制件的起皱缺陷，并控制其产生部位，但是起皱现象仍然存在，而且从成形极限图可以观察到挡泥板顶部的部分区域存在拉深破裂的风险。因此，下一步将继续在改善起皱和降低拉深力这两方面做文章。

4.4.4.3　优化压料面

仔细观察可知，优化凸、凹模间隙方案之所以不能最终解决非压料面的起皱问题，其根本原因在于压料面的形状设计不合理。合理的压料面设计应保证压料面展开长度比凸模型面展开长度短，这样才能使板坯得到充分拉深变形。因此，将原有压料面的曲率半径加大，以满足板坯拉深的基本要求。

经多次模拟优化，得到如图 4-48 所示的压料面方案。由图可见，优化方案比原方案压料面的展开长度明显缩短。这样，在模具压料过程中就不会出现过多的余料聚集，从而为进一步改善起皱打下了基础。

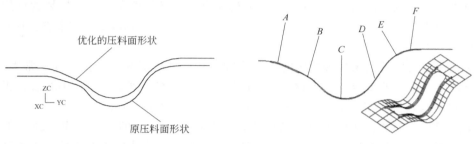

图 4-48　两种压料面形状的比较　　　　　图 4-49　拉深筋设计

4.4.4.4　优化拉深筋

为了进一步抑制起皱和减小拉裂的风险，决定对原有拉深筋高度分布方案进行优化。在图 4-49 所示的原始方案中，拉深筋高度从段 A 至段 F 分别为：5mm、4mm、4mm、5mm、4mm、5mm。结合图 4-47 分析可知，挡泥板两端部的拉深筋高度应适当增加一点，以增大端部的进料阻力，展平对应的制件皱纹。在挡泥板顶部已存在破裂风险的区域，对应的拉深筋高度应适当降低一点，以减少进料阻力，防止制件拉裂。据此设计了 9 组比较典型的拉深筋高度方案进行模拟实验（表 4-3）。

表 4-3　拉深筋高度分布

方案	A	B	C	D	E	F	方案	A	B	C	D	E	F
1 组	3	2	2	3	2	3	6 组	6	4	4	6	4	6
2 组	4	3	3	4	3	4	7 组	6	3	3	6	3	6
3 组	4	2	2	4	2	4	8 组	7	5	5	7	5	7
4 组	5	3	3	5	3	5	9 组	7	4	4	7	4	7
5 组	6	5	5	6	5	6							

结果显示：在第 1～4 组拉深筋高度方案上进行冲压模拟，挡泥板顶部的拉裂风险可以消除，但两端部起皱却较原方案有所加剧；采用第 5、6 组方案，挡泥板两端部起皱趋势得到很好的抑制，但其顶部拉裂趋势明显；采用第 8、9 组方案，挡泥板两端部起皱被消除，但顶部同样有拉裂的风险；只有第 7 组方案既能使挡泥板两端部的起皱趋势得到改善，也能使顶部的拉裂风险区域最小。综合考虑，认为第 7 组拉深筋高度分布方案相对较为合理，于是将优化的拉深筋高度设计为：6mm、3mm、3mm、6mm、3mm、6mm。

4.4.4.5　优化板坯、筋槽和凹模入口圆角尺寸

（1）方案设计

为进一步抑制起皱和减小拉裂风险，决定对原板坯尺寸、筋槽尺寸和凹模入口圆角尺寸

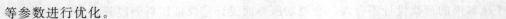

等参数进行优化。

原方案的板坯尺寸为 500mm×1350mm，分析图 4-46、图 4-47 模拟结果可知原板坯宽度不够。现取板坯宽度 490mm，510mm，520mm，530mm 四个尺寸进行模拟实验。

原方案的筋槽入口圆角半径为 R17。由分析可知，原方案筋槽入口圆角偏大，不能提供足够大的进料阻力抑制起皱趋势。据此，重新设计三个筋槽入口圆角半径 $R16mm$、$R15mm$、$R14mm$ 进行模拟实验。

原方案的凹模入口圆角为 $R12mm$，经分析偏小，会增加挡泥板顶部拉裂的可能性。据此设计了凹模入口圆角 $R12.5mm$、$R13mm$、$R13.5mm$、$R14mm$ 4 个方案进行模拟实验。

（2）实验方法

如果采用正交实验法来处理拟定的设计参数，其计算模拟的工作量将会非常大。因此，采用固定两个参数、改变第三个参数的方法进行实验，最终得到如下最佳值组合：板料宽度 520mm，筋槽入口圆角半径 $R=16mm$，凹模入口圆角半径 $R=13.5mm$。

将上述板料、筋槽、凹模入口圆角的优化组合连同优化后的凸、凹模间隙、压料面形状，以及拉深筋高度分布等实验结果组成最佳工艺方案，再次进行模拟实验。考虑到各工艺参数之间的互相影响，把压边力作为整体调整与平衡各工艺参数的手段，以获得综合结果最佳。

（3）模拟结果分析

模拟结果表明：当压边力为 14t 时，最佳工艺方案中的各工艺参数协同最好，其最终实验结果见图 4-50 所示。

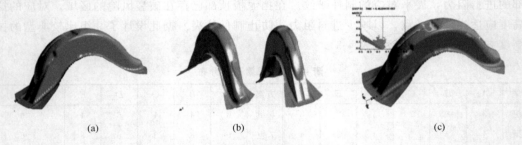

（a）　　　　　　　　　（b）　　　　　　　　　（c）

图 4-50　最终实验结果（压边力 14t）

由图可知，不管是侧壁起皱还是两端头起皱都得到了完全消除，整个拉深变形完全处于成形极限图的安全区，说明潜在的拉裂风险也得到很好的消除，其最终模拟结果令人满意。

4.4.5　建筑扣件的弯曲成形

（1）零件结构与成形工艺

某建筑扣件的几何结构如图 4-51 所示，扣件壁厚 3mm，属于二次弯曲类冲压件。经分析，该扣件的冲压成形具有如下特点：①无修边成形，因此对板坯外形及尺寸的精度要求较高；②属于二次弯曲成形，弯曲过程中板坯容易起皱、变薄或增厚；③扣件内凹，脱模困难；④多达 12 个大小不等的通孔，且个别孔间距很近，容易造成冲裁干涉；⑤扣件壁厚达 3mm，冲压力较大，事先难以估计压机吨位。

按照常规，图 4-51 的扣件成形需要两次弯曲，故一般采用如下两种工艺方案：

方案 1：落料冲孔→二次冲孔→一次弯曲（纵向）→ 二次弯曲（横向）→ 整形。

方案 2：落料冲孔→二次冲孔→一次弯曲（横向）→ 二次弯曲（纵向）→ 整形。

图 4-51　建筑扣件

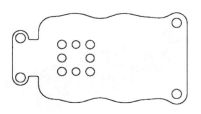

图 4-52　板坯最初的几何形状

此外，还有一种直接成形方案，即

方案 3：落料冲孔→二次冲孔→成形→整形。

上述三种工艺方案对扣件成形质量的影响是不一样的，所以需要利用 DynaForm 对不同工艺过程进行模拟分析，其目的是：①检验各工艺方案的可行性；②找出某方案设计上的缺陷；③预测指定方案下的成形缺陷；④针对制件缺陷提出修改方案，以获得满意的产品；⑤确定板坯落料尺寸。

图 4-51 扣件的成形虽然只有两次弯曲，但是弯曲过程中板坯的变形量很大，材料的流动转移也很大，而且该扣件成形后无须修边，所以对板坯外形及尺寸的精度要求很高。图 4-52 是根据扣件结构、成形方法、材料流向和经验公式计算得到的板坯展开图。由图可见，展开后的板坯形状较复杂，难以精确定形，而且也难以满足制件成形后的圆弧尺寸要求。因此，利用 DynaForm 软件的分析数据确定板坯外形及尺寸非常必要。

（2）分析任务

针对上述扣件特点和工艺要求，确定分析任务，并开展数值模拟实验。通过模拟实验发现，扣件两垂直侧面中部区域容易起皱，原因在于扣件成形过程中该局部区域因材料堆积而发生塑性失稳。影响板料冲压起皱的因素很多，主要有材质、板厚、变形程度、成形工艺，以及模具结构等。所以，本案例将着重分析成形工艺对起皱的影响规律，力图抑制甚至避免起皱。

（3）模拟前的准备

扣件材料为 A3 钢，其屈服函数取：

$$F(\sigma) = \left[\sigma_{11}^2 + \sigma_{22}^2 - \frac{2r}{1+r} \times \sigma_{11} \times \sigma_{22} + \frac{2(1+2r)}{1+r} \times \sigma_{12}^2 \right]^{\frac{1}{2}}$$

式中　r——板材厚向系数；

σ_{ij}——变形体内的主应力（$i = j$）与主剪应力（$i \neq j$）。

板坯与模具各部件间的静摩擦系数 0.11，动摩擦系数 0.11（均为经验值）；板坯厚度 3mm、硬化指数 $n = 0.16$、厚向系数 $r = 1.1$、初始屈服强度 $\sigma_s = 235$MPa。

选择 Belytschko-Tsay 薄壳单元离散实体，由此建立起扣件弯曲成形模拟的有限元模型。其中，方案 3 的有限元模型如图 4-53 所示，共计 6046 个单元，其中三角形单元 648 个，四边形单元 5398 个。模型中的凸模、凹模材料定义为刚性，板坯的材料模型定义为幂指数弹塑性，且允许成形过程中的网格自适应划分。

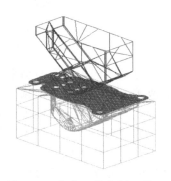

图 4-53　方案 3 的有限元模型

129 ◄◄◄

（4）模拟结果与分析

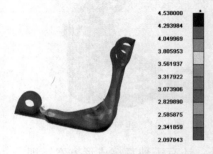

图 4-54　方案 1 的一次弯曲（纵向）　　　　　图 4-55　方案 1 的二次弯曲（横向）

图 4-54 和图 4-55 是方案 1 的有限元模拟结果。所给信息表明，该方案在扣件二次弯曲过程中起皱严重，主要集中在扣件脊部。其原因在于二次弯曲时，多余的材料无法由变形体增厚或材料转移而吸收，最终造成材料堆积。另外，由于在材料转移过程中脊部区域板坯未加约束，也造成了扣件起皱。对应于起皱部位的扣件壁增厚较大，由 3.00mm 增至4.44mm。除此之外，方案 1 多了一道弯曲工序，增加了模具成本和生产成本。因此，不宜采用方案 1 成形扣件。

图 4-56 和图 4-57 是方案 2 的有限元模拟结果。改变弯曲顺序对扣件成形质量的改善有较大影响，结果表明，扣件起皱趋势有所抑制，变形体增厚程度有所减弱（最大增厚4.28mm）。进一步分析发现，扣件起皱主要源于横向弯曲（即板坯宽度方向的弯曲），方案2 将横向弯曲安排在第三道工序（第一次弯曲），从而减少了纵向弯曲对起皱的影响，抑制了部分起皱趋势，同时减少了扣件增厚程度；再加上方案 2 的模具结构也较方案 1 合理，所以，扣件脊部起皱现象减弱。意味着方案 2 较之方案 1 的成形质量有较大改善。但方案 2 不能完全消除局部起皱、局部过度增厚和过度减薄等缺陷，而且有两道弯曲工序，因此方案 2还不一定最优。应该继续从消除起皱和简化工艺入手，寻求成形图 4-51 扣件的最佳工艺方案，由此很自然地想到第三种工艺方案。

图 4-56　方案 2 的一次弯曲（横向）　　　　　图 4-57　方案 2 的二次弯曲（纵向）

方案 3 的模拟实验结果见图 4-58 和图 4-59。由图可知，成形过程中的起皱趋势明显得到改善，增厚程度大幅减少（最大增厚 4.077mm）。并且，通过将两次弯曲工序合成，使模具设计制造成本和扣件生产成本大大降低，同时还提高了扣件生产率。很明显，方案 3 达到了比较理想的效果，属于三种方案中的最佳方案。此外，从图 4-59 中还可看到，扣件弯曲结束时各部位的应变点全部落在安全区和起皱趋势或起皱区，不存在塑性变形不够和弯曲破裂风险。方案 3 能获得较好成形质量的原因在于，此时的板坯弯曲成形实际上是多向应力应变状态下的"准拉深"冲压成形，因此能大大抑制起皱现象，扣件的局部增厚也随之减弱。

图 4-58　方案 3 的成形结果

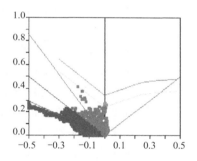

图 4-59　方案 3 的成形极限图

通过上述三个案例的学习，可以初步了解如何利用数值模拟技术仿真金属板料的冲压成形过程，如何根据成形质量拟定工艺措施再经数值模拟技术验证，以达到优化冲压工艺方案与模具设计方案并最终实现降成本、增加效益之目的。通过案例学习还可体会到，要想很好的应用数值模拟技术解决实际生产问题，除了熟悉数值模拟软件的基本功能与基本操作外，还应掌握坚实的专业理论知识和具备较为丰富的现场工作经验，这样才能够有针对性地解读数值模拟软件提供的相关信息，从中找到解决问题的关键所在。

复习思考题

1. 金属冲压成形数值模拟是在什么样的背景下提出的？
2. 目前的金属冲压成形数值模拟系统能够仿真哪些冲压工序？
3. 简述数值模拟技术在冲压工艺设计中的应用。
4. 利用数值模拟技术设计冲压工艺和冲压模具有哪些优点，有哪些不足？
5. 怎样才能将数值模拟技术成功地应用在冲压件生产中？
6. 小变形弹塑性和大变形弹塑性各有何特点？请举例说明二者的适应范围。
7. 弹塑性定解问题的基本假设有哪些？
8. 什么是初始屈服条件？什么是后继屈服条件？
9. 怎样求解弹塑性有限元方程？
10. 怎样确定有限元增量计算中的加载步长？
11. 试比较求解非线性方程组的变刚度法与初载荷法之优劣。
12. 何谓大变形物体的构形？怎样描述大变形物体的构形？
13. 构形的欧拉（Euler）描述和拉格朗日（Lagrange）描述有何不同？
14. 在 Green 应变、Almansi 应变、Cauchy 应力、Kirchhoff 应力中，哪个代表真应变、真应力？哪个代表工程应变、工程应力？怎样用它们描述弹塑性本构关系？
15. 试比较大、小变形弹塑性本构方程的异同？
16. 怎样从 8 种 4 节点壳单元中选择满足应用要求（例如：计算精度、计算速度和可靠性、可信度）的单元？
17. 怎样确定模具工作面的有限元网格密度？
18. 什么是"沙漏"现象？怎样控制沙漏？
19. 在冲压成形 CAE 分析中，有哪些常用的材料模型？正确选择材料模型的依据是什么？

20. 怎样确定主接触面和从接触面？何时应用单向接触搜索法？何时应用双向接触搜索法？

21. 怎样计算模具/坯料界面的接触力？

22. 冲压成形数值模拟软件大致可以分为哪五类？各有何特点？

23. 归纳总结目前主流冲压成形数值模拟专业软件所能做的工作。

24. DynaForm 传统设置、快速设置和自动设置的优缺点？

25. 怎样理解图 4-29 上的"上模可用"或"下模可用"选项？

26. 怎样从成形极限图（FLD）和壁厚分布图中了解制件的成形质量？

27. 你从三个应用案例中学到了什么知识？

第 **5** 章

Chapter 05

金属锻压成形中的数值模拟

▶▶

5.1 概述

锻压是指在外力的作用下使金属产生塑性变形，以获得具有一定形状、尺寸和力学性能的零件或半成品的加工方法。广义上讲，锻压成形包括锻造和冲压两大部分，前者的成形对象主要是金属块料，多为中温或高温成形；而后者的成形对象一般是金属板料，通常为室温成形。金属的其他塑性成形加工方法（如：轧制、挤压、拉拔等）有时也被归结到锻压范畴。由于金属冲压成形过程的材料非线性表现出明显的弹塑性特征，其数值模拟所依据的材料模型（本构方程）与其他基于块料（或类似形状坯料）的锻压加工不同，因此，本章介绍的有关金属锻压成形数值模拟的基本知识不针对冲压成形，锻压一词也只是狭义地指锻造、轧制、挤压、拉拔等以体积成形为主要对象的金属塑性加工。

根据金属学理论，通常将低于回复温度的金属塑性成形称为冷成形（或冷加工），将高于再结晶温度的金属塑性成形称为热成形（或热加工），而将介于回复温度和再结晶温度之间的金属塑性成形称为温成形。

金属在冷塑性成形过程中会产生加工硬化，即随变形（应变）量的增加，金属内部阻止自身进一步变形的抗力（流动应力）也在增加，若要使变形金属继续变形，则必须加大其成形作用力。加工硬化造成变形后的金属强度、硬度提高，而塑性、韧性下降。当成形作用力撤去后，金属总变形量中的弹性部分将通过所谓弹复变形（反变形）而部分或完全消失。弹复变形是弹性应变能降低的自发过程。

冷塑性成形金属在随后的加热过程中会发生组织和性能的变化。随加热温度的升高，变形金属内部的原子热运动加剧，促使畸变晶格和破碎晶粒（或变形晶粒）通过多种渠道修复与调整。其中，因过量位错的消失与重排，以及亚晶界的多边形化，而使晶格畸变程度降低的过程称为回复；借助高位错密度区和晶界、亚晶界处"生长"的低密位错晶粒取代破碎晶粒（或变形晶粒）的过程称为再结晶。回复和再结晶所对应的金属组织与性能的变化见图 5-1。

热加工过程中的高温机械能和热能将加速变形金属内部的位错迁移与湮没、促使低密位错晶粒在晶界亚晶界处"形核"和"生长"，从而造成所谓动态回复与动态再结晶。动态回复与动态再结晶的出现会抵消或部分抵消金属塑性变形产生的加工硬化，使其塑性成形能够在较为稳定的作用力下持续进行。即使变形期间没有来得及完成的动态回复与再结晶，也会在变形体余热的作用下继续完成（图 5-2），不过，此时的回复与再结晶习惯上被称为亚动

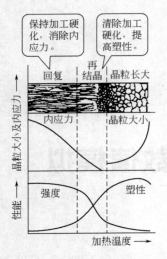

图 5-1　变形金属在退火过程中的
组织与性能变化

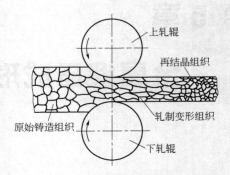

图 5-2　金属热轧过程的组织变化

态回复与亚动态再结晶。

　　一方面，相对于金属板料的冲压成形而言，塑性变形在金属块料成形中占有绝对主导地位，其弹性变形部分可以忽略不计；另一方面，动态回复与动态再结晶抵消或部分抵消了金属塑性变形的加工硬化，并且降低或部分降低了变形金属内部的弹性应变能，以及弹性应变能诱导的残余应力；因此，金属体积成形数值模拟常常应用刚（黏）塑性材料理论和几何非线性理论作为其技术基础。

　　图 5-3 是在不同温度下，金属锻压成形的过程特点和数值模拟所依据的材料模型。

工程问题	过程特点	材料模型
冷态板成形	弹性变形不可忽略	弹塑性
冷/温态体成形	弹性变形可忽略，视情况考虑热/力耦合	刚塑性
热态体成形	弹性变形可忽略，热/力耦合与变形速率必须考虑	刚黏塑性

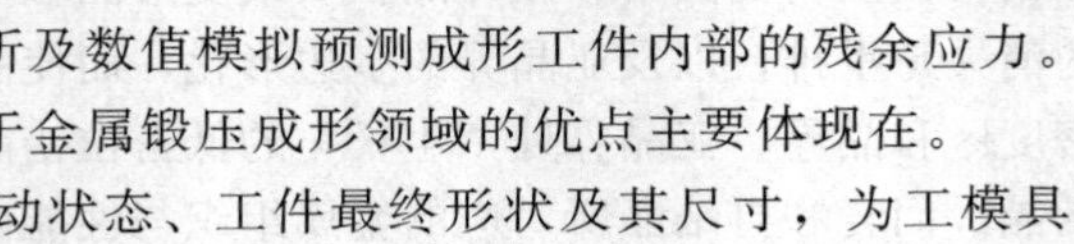

图 5-3　金属锻压成形的过程特点和数值模拟依据的材料模型

弹塑性、刚塑性、刚黏塑性材料模型均以材料塑性变形时的非线性特征作为基础，其物理意义参见图 2-13。需要注意的是：刚塑性和刚黏塑性材料模型对材料弹性变形部分的忽略，将导致无法借助理论分析及数值模拟预测成形工件内部的残余应力。

　　数值模拟技术应用于金属锻压成形领域的优点主要体现在。

　　① 通过预测材料流动状态、工件最终形状及其尺寸，为工模具开发和工艺方案制定提供定量或定性依据；

　　② 通过预测成形温度、成形载荷、应力应变分布以及微观组织结构来控制成形过程、摩擦条件、模具寿命和工件性能；

　　③ 通过预测锻压成形缺陷来优化产品及模具设计、优化工艺条件、提高材料利用率。

　　目前，金属锻压成形数值模拟技术依据的数值方法主要是刚（黏）塑性有限元法。

5.2 技术基础

5.2.1 刚（黏）塑性有限元法

5.2.1.1 刚（黏）塑性材料的边值问题

真实材料的塑性变形过程十分复杂，为便于数学建模，当采用刚（黏）塑性有限元法求解体积成形问题时，一般会做如下基本假设。

① 不计材料的弹性变形；

② 忽略体积力（重力和惯性力等）影响；

③ 材料均质、不可压缩、初始各向同性；

④ 材料的变形服从 Levy-Mises 屈服准则；

⑤ 加载条件给出刚性区与塑性区的界限。

根据上述基本假设，可建立刚（黏）塑性材料塑性变形的基本方程：

（1）平衡方程（运动方程）

$$\sigma_{ij,j} = 0 \tag{5-1}$$

式中 $\sigma_{ij,j}$——作用在任一质点 j 上的应力张量。

（2）几何方程（协调方程）

$$\dot{\varepsilon}_{ij} = \frac{1}{2}(\dot{u}_{i,j} + \dot{u}_{j,i}) \tag{5-2}$$

式中 $\dot{u}_{i,j}$，$\dot{u}_{j,i}$——质点运动速度分量；

$\dot{\varepsilon}_{ij}$——应变速率张量。

（3）本构方程（Levy-Mises 方程）

$$\sigma'_{ij} = \frac{2\bar{\sigma}}{3\dot{\bar{\varepsilon}}}\dot{\varepsilon}_{ij} \tag{5-3}$$

式中 $\dot{\bar{\varepsilon}}$——等效应变速率，$\dot{\bar{\varepsilon}} = \sqrt{\dfrac{2}{3}\dot{\varepsilon}_{ij}\dot{\varepsilon}_{ij}}$；

$\bar{\sigma}$——等效应力，$\bar{\sigma} = \sqrt{\dfrac{3}{2}\sigma'_{ij}\sigma'_{ij}}$；

σ'_{ij}——应力偏张量，$\sigma'_{ij} = \sigma_{ij} - \sigma_m$；

σ_m——平均应力（或称静水压），$\sigma_m = \dfrac{1}{3}(\sigma_{11} + \sigma_{22} + \sigma_{33})$；

σ_{11}、σ_{22}、σ_{33}——主应力。

（4）密席斯（Mises）屈服准则

$$\frac{1}{2}\sigma'_{ij}\sigma'_{ij} = k^2 \tag{5-4}$$

式中 k——屈服应力，$k = Y/\sqrt{3}$；

Y——材料流动应力（变形抗力）。

对于刚黏塑性材料，其流动应力是等效应变、等效应变速率和温度的函数

$$Y = Y(\bar{\varepsilon}, \dot{\bar{\varepsilon}}, T)$$

对于刚塑性材料，其流动应力只是等效应变和温度的函数

$$Y = Y(\bar{\varepsilon}, T)$$

（5）体积不可压缩条件

$$\dot{\varepsilon}_V = \dot{\varepsilon}_{ij}\delta_{ij} = 0 \qquad \delta_{ij} = \begin{cases} 0 & (i \neq j) \\ 1 & (i = j) \end{cases} \tag{5-5}$$

式中　$\dot{\varepsilon}_V$——体积应变速率。

（6）边界条件

边界条件包括应力边界条件和速度边界条件：

$$\sigma_{ij}n_j = \overline{p}_i \qquad S \in S_p \tag{5-6}$$

$$\dot{u}_i = \dot{\overline{u}}_i \qquad S \in S_{\dot{u}} \tag{5-7}$$

式中　n_j——边界 S_p 上任一点张量的方向余弦；

　　　$\overline{p}_i$——应力边界 S_p 上给定的力矢量；

　　　$\dot{\overline{u}}_i$——速度边界 $S_{\dot{u}}$ 上给定的（变形或加载）速度矢量。

在刚（黏）塑性有限元理论中，将满足应力平衡方程［式(5-1)］、屈服条件［式(5-4)］、应力边界条件［式(5-6)］的应力场称为静力许可应力场（容许应力场），满足几何方程［式(5-2)］、体积不可压缩条件［式(5-5)］、速度边界条件［式(5-7)］的速度场称为运动许可速度场（容许速度场）。

5.2.1.2　刚（黏）塑性材料的变分原理

（1）理想刚（黏）塑性材料的变分原理

所谓理想刚（黏）塑性材料是指其塑性变形时完全不产生加工硬化的材料，即应力应变曲线上各点的一阶导恒为零。理想刚（黏）塑性材料的变分原理也称 Markov 变分原理，其要点为：在满足几何方程、体积不可压缩条件和速度边界条件的一切容许速度场 $\dot{u}_i^*$ 中，使泛函

$$\varPi = \int_V \bar{\sigma}\dot{\bar{\varepsilon}}^* \mathrm{d}\Omega - \int_{S_p} p_i \dot{u}_i^* \mathrm{d}\Gamma \qquad 刚塑性材料 \tag{5-8a}$$

或

$$\varPi = \int_V E(\dot{\varepsilon}_{ij}^*) \mathrm{d}\Omega - \int_{S_p} p_i \dot{u}_i^* \mathrm{d}\Gamma \qquad 刚黏塑性材料 \tag{5-8b}$$

取得驻值的 $\dot{u}_i^*$，即为理想刚（黏）塑性材料边值问题的精确解。

式(5-8b) 中的 $E(\dot{\varepsilon}_{ij})$ 是单位时间的塑性变形功函数，其具体表达式为

$$E(\dot{\varepsilon}_{ij}^*) = \int_0^{\varepsilon_{ij}} \sigma'_{ij} \mathrm{d}\dot{\varepsilon}_{ij} = \int_0^{\bar{\varepsilon}} \bar{\sigma}\mathrm{d}\dot{\bar{\varepsilon}}^*$$

泛函式(5-8a) 和式(5-8b) 的物理意义为塑性变形系统的总能耗率。其中，等式右边第一项表示单位时间内变形体所获得的塑性变形功，第二项表示单位时间内外力对变形体做的功。由于刚塑性和刚黏塑性材料模型的主要区别在于屈服条件（函数）的不同，然而上述两个泛函表达式的一阶变分形式完全相同，为了方便后续讨论，将式(5-8a) 和式(5-8b) 统一写成式(5-8a) 格式。另外，不失一般，将泛函表达式中相应变量的右上标" $*$ "去掉。

Markov 变分原理的数学意义在于：可将式(5-1)～式(5-7) 所描述的刚（黏）塑性材料边值问题归结为能量泛函对速度场的极值问题，从而避开了求解偏微分方程组的困难。一旦求得变形体内的速度场 $\dot{u}_i$ 后，便可借助几何方程［式(5-2)］和本构方程［式(5-3)］分别求出其对应的应变速率场 $\dot{\varepsilon}_{ij}$ 和瞬时应力场 σ_{ij}。但是，直接利用式(5-8a) 求解真实材料的

刚（黏）塑性边值问题有较大难度，其原因在于：①不易构造满足体积不可压缩条件的容许速度场；②因刚（黏）塑性材料模型不计弹性变形，且假设体积不可压缩，故难以确定静水压。

（2）刚（黏）塑性材料的不完全广义变分原理

刚（黏）塑性材料的不完全广义变分原理的提出主要是为了解决构造容许速度场和计算静水压的难题。该原理的中心思想是：通过某种途径把体积不可压缩条件［式(5-5)］引入泛函表达［式(5-8a)］，建立一个新泛函，从而把对泛函［式(5-8a)］求条件驻值问题转化为对新泛函求无条件驻值问题，在满足速度边界条件的一切容许速度场中寻找最优解（真实解）。目前对体积不可压缩条件的典型处理方法有拉格朗日（Lagrange）乘子法和罚函数（Penalty Function Approach）法。

① 拉格朗日乘子法　以拉格朗日乘子 λ 为参数作用于体积不可压缩条件［式(5-5)］，然后代入式(5-8a) 并化简，得到一新的泛函表达式：

$$\Pi_L = \int_V \bar{\sigma}\,\dot{\bar{\varepsilon}}\,\mathrm{d}\Omega + \int_V \lambda\dot{\varepsilon}_V\,\mathrm{d}\Omega - \int_{S_p} p_i\dot{u}_i\,\mathrm{d}\Gamma \tag{5-9}$$

这样便解决了构造满足体积不可压缩条件的容许速度场难题。在同时满足应力平衡方程［式(5-1)］、应力边界条件［式(5-6)］、体积不可压缩条件［式(5-5)］，以及静水压方程 $\sigma_m - \lambda = 0$ 的前提下，令 $\delta\Pi_L = 0$，其驻值 $\dot{u}_i$ 即为［式(5-9)］的真实解。可以证明，拉格朗日乘子的值就等于静水压力，即 $\sigma_m = \lambda$。至此，变形体内的静水压难题也迎刃而解了。

② 罚函数法　以一个足够大的正数 α（例如 $\alpha = 10^6$）为参数作用于体积不可压缩条件［式(5-5)］，然后代入式(5-8a) 并化简，得

$$\Pi_P = \int_V \bar{\sigma}\,\dot{\bar{\varepsilon}}\,\mathrm{d}\Omega + \frac{\alpha}{2}\int_V \dot{\varepsilon}_V^2\,\mathrm{d}\Omega - \int_{S_p} p_i\dot{u}_i\,\mathrm{d}\Gamma \tag{5-10}$$

同式(5-9) 的解题思路一致，令 $\delta\Pi_P = 0$，可得式(5-10) 的真实解 $\dot{u}_i$ 和静水压 $\sigma_m = \alpha\dot{\varepsilon}_V$。

③ 两种体积不可压缩处理方法的比较

a. 拉格朗日乘子法中的 λ 具有明确的物理意义（$\lambda = \sigma_m$），计算求解精度高。对于罚函数法，只有当罚因子 α 趋近于无穷大时才能满足体积不可压缩条件，而实际应用中，α 仅能取有限值，这样将会影响计算求解精度和静水压的获取。

b. 拉格朗日乘子法求解时要为每个单元引入一个附加未知量 λ，致使方程数（对应未知量个数）和刚度矩阵的半带宽增加，加之其刚度矩阵中的非零元素分布不呈带状，故相对罚函数法而言，占用存储空间多，计算效率低。

c. 罚函数法对初始速度场的构造要求比较严格，若处理不当，不但得不到收敛解，而且还会使方程组产生病态。

5.2.1.3　刚（黏）塑性材料边值问题的有限元格式

（1）单元刚度分析

① 单元与形函数　考虑到求解精度与求解效率的统一，通常选用 4 节点四边形单元或 8 节点六面体单元离散刚（黏）塑性材料塑性成形的求解域，前者适用于平面问题和轴对称问题，而后者适用于空间问题。

a. 4 节点四边形单元　在局部（或自然）坐标系中定义的 4 节点四边形单元的形函数为

$$N_i(\xi,\eta) = \frac{1}{4}(1+\xi_i\xi)(1+\eta_i\eta) \qquad (i=1,2,3,4) \tag{5-11}$$

式中 (ξ_i,η_i)——节点 i 的局部坐标。

单元内任一质点的容许速度均可由节点速度向量导出

$$\begin{cases} \dot{u}=\sum_{i=1}^{4}N_i(\xi,\eta)\dot{u}_i \\ \dot{v}=\sum_{i=1}^{4}N_i(\xi,\eta)\dot{v}_i \end{cases} \tag{5-12}$$

式中 $\dot{u}_i$、$\dot{v}_i$——节点 i 的速度分量；

$\dot{u}$、$\dot{v}$——单元内任一质点的速度分量。

由于在局部坐标系中定义的单元都是形状规则的单元，为了拟合离散对象的复杂几何边界，需要将局部坐标系中形状规则的单元映射成全局（或整体）坐标系中形状扭曲的单元，因此，存在坐标变换（见图5-4）。

$$\begin{cases} x(\xi,\eta)=\sum_{i=1}^{4}N_i(\xi,\eta)x_i \\ y(\xi,\eta)=\sum_{i=1}^{4}N_i(\xi,\eta)y_i \end{cases} \tag{5-13}$$

式中 (ξ,η)、(x,y)——单元内任一质点的局部坐标与全局坐标；

(x_i,y_i)——单元节点 i 的全局坐标。

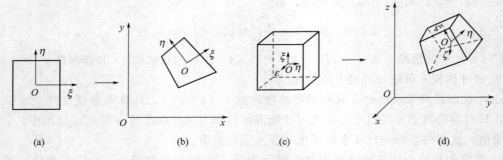

图 5-4　规则单元与扭曲单元之间的坐标变换

将上述各式改写成矩阵形式，有

$$\dot{u}=N\,\dot{u}^e \tag{5-14}$$

式中 $\dot{u}=(\dot{u}\quad\dot{v})^T$，$\dot{u}^e=(\dot{u}_1\quad\dot{v}_1\quad\cdots\quad\dot{u}_4\quad\dot{v}_4)^T$，

$$N=\begin{bmatrix} N_1 & 0 & N_2 & 0 & N_3 & 0 & N_4 & 0 \\ 0 & N_1 & 0 & N_2 & 0 & N_3 & 0 & N_4 \end{bmatrix}$$

分别为单元内质点的速度向量列阵、单元节点速度向量列阵和单元形函数矩阵。

b. 8节点六面体单元　局部坐标系中定义的8节点六面体单元的形函数为

$$N_i(\xi,\eta,\zeta)=\frac{1}{8}(1+\xi_i\xi)(1+\eta_i\eta)(1+\zeta_i\zeta) \qquad (i=1,2,\cdots,8) \tag{5-15}$$

参照4节点四边形单元的描述过程，同样可以为8节点六面体单元建立类似式(5-14)的矩阵表达式。

② 单元应变速率　已知单元速度场 $\dot{u}$，利用几何方程［式(5-2)］可以给出单元内任一

质点的应变速率（以 8 节点六面体单元为例）：

$$\dot{\varepsilon} = B \, \dot{u}^e \tag{5-16}$$

式中 $\dot{\varepsilon}$ ——应变速率向量，$\dot{\varepsilon} = (\dot{\varepsilon}_x \quad \dot{\varepsilon}_y \quad \dot{\varepsilon}_z \quad \dot{\gamma}_{xy} \quad \dot{\gamma}_{xy} \quad \dot{\gamma}_{zx})^T$；

B ——单元应变速率矩阵，$B = LN = [B_1 \quad B_2 \quad \cdots \quad B_8]$；

L ——微分算子。

$$L = \begin{bmatrix} \dfrac{\partial}{\partial x} & 0 & 0 & \dfrac{\partial}{\partial y} & 0 & \dfrac{\partial}{\partial z} \\[2ex] 0 & \dfrac{\partial}{\partial y} & 0 & \dfrac{\partial}{\partial x} & \dfrac{\partial}{\partial z} & 0 \\[2ex] 0 & 0 & \dfrac{\partial}{\partial z} & 0 & \dfrac{\partial}{\partial y} & \dfrac{\partial}{\partial x} \end{bmatrix}^T$$

B 中任一子矩阵

$$B_i = \begin{bmatrix} \dfrac{\partial N_i}{\partial x} & 0 & 0 & \dfrac{\partial N_i}{\partial y} & 0 & \dfrac{\partial N_i}{\partial z} \\[2ex] 0 & \dfrac{\partial N_i}{\partial y} & 0 & \dfrac{\partial N_i}{\partial x} & \dfrac{\partial N_i}{\partial z} & 0 \\[2ex] 0 & 0 & \dfrac{\partial N_i}{\partial z} & 0 & \dfrac{\partial N_i}{\partial y} & \dfrac{\partial N_i}{\partial x} \end{bmatrix}^T \tag{5-17}$$

子阵［式(5-17)］中的非零元素是形函数 N_i 对全局坐标的偏导，而 N_i 又是定义在局部坐标系中的函数，因此，必须借助雅可比坐标变换矩阵 J 将 N_i 在全局坐标系的偏导与在局部坐标系的偏导关联起来，即

$$\left(\dfrac{\partial N_i}{\partial x} \quad \dfrac{\partial N_i}{\partial y} \quad \dfrac{\partial N_i}{\partial z} \right)^T = J^{-1} \left(\dfrac{\partial N_i}{\partial \xi} \quad \dfrac{\partial N_i}{\partial \eta} \quad \dfrac{\partial N_i}{\partial \zeta} \right)^T \tag{5-18}$$

式中 J^{-1} ——雅可比（Jacobian）变换矩阵的逆矩阵。

③ 等效应变速率 将张量形式表示的等效应变速率公式

$$\dot{\bar{\varepsilon}} = \sqrt{\dfrac{2}{3} \dot{\varepsilon}_{ij} \dot{\varepsilon}_{ij}}$$

转换成矩阵形式，得

$$\dot{\bar{\varepsilon}} = \sqrt{\dot{\varepsilon}^T D \, \dot{\varepsilon}} \tag{5-19}$$

式中 D ——主对角元素取 2/3 或 1/3 的对角矩阵，分别对应于 $\dot{\varepsilon}$ 中的正应变速率分量和切应变速率分量，例如，在平面应变速率 $\dot{\varepsilon} = (\dot{\varepsilon}_x \quad \dot{\varepsilon}_y \quad \dot{\gamma}_{xy})^T$ 状态下：

$$D = \begin{bmatrix} \dfrac{2}{3} & 0 & 0 \\[2ex] 0 & \dfrac{2}{3} & 0 \\[2ex] 0 & 0 & \dfrac{1}{3} \end{bmatrix}$$

式(5-19) 还可以进一步改写成

$$\dot{\bar{\varepsilon}} = \sqrt{(\dot{u}^e)^T B^T D B \, \dot{u}^e} = \sqrt{(\dot{u}^e)^T A \, \dot{u}^e} \tag{5-20}$$

式中 $\dot{u}^e$ ——单元节点速度向量列阵，$A = B^T D B$。

④ 体积应变速率 体积应变速率定义为

$$\dot{\varepsilon}_V = \dot{\varepsilon}_{ii} = \dot{\varepsilon}_x + \dot{\varepsilon}_y + \dot{\varepsilon}_z \tag{5-21}$$

用矩阵表示

$$\dot{\varepsilon}_V = c^T \dot{\varepsilon} = c^T B \dot{u}^e = C^T \dot{u}^e \tag{5-22}$$

式中 $C^T = c^T B$,

$$c^T = \begin{cases} (1 \quad 1 \quad 0) & \text{平面或轴对称问题} \\ (1 \quad 1 \quad 1 \quad 0 \quad 0 \quad 0) & \text{三维问题} \end{cases}$$

⑤ 单元刚度方程

a. 罚函数法 由刚（黏）塑性材料不完全广义变分原理的罚函数法推导出的、经牛顿-拉夫森（Newton-Raphson）法线性化处理后的单元刚度方程：

$$K^e (\Delta \dot{u})^e = R^e \tag{5-23}$$

式中 K^e——单元刚度矩阵；

$(\Delta \dot{u})^e$——单元节点速度增量列阵；

R^e——单元节点不平衡（残余）力向量列阵。其中：

$$K^e = K_E^e + K_\alpha^e + K_p^e \tag{5-24}$$

K_E^e——理想塑性变形功率对单元刚度矩阵的贡献，对于刚塑性材料：$\dfrac{\partial \bar{\sigma}}{\partial \dot{\bar{\varepsilon}}} = 0$，对于刚黏塑

性材料，$\dfrac{\partial \bar{\sigma}}{\partial \dot{\bar{\varepsilon}}}$ 由具体的材料模型确定，$K_E^e = \displaystyle\int_{V^e} \dfrac{1}{\dot{\bar{\varepsilon}}} \left[\bar{\sigma} A + \left(\dfrac{\partial \bar{\sigma}}{\partial \dot{\bar{\varepsilon}}} - \dfrac{\bar{\sigma}}{\dot{\bar{\varepsilon}}} \right) \dfrac{1}{\dot{\bar{\varepsilon}}} b^T b \right] d\Omega$；

K_α^e——罚函数修正的塑性变形功率对单元刚度矩阵的贡献，$K_\alpha^e = \alpha \displaystyle\int_{V^e} C C^T d\Omega$；

K_p^e——单位时间外力做功（包括界面摩擦做功）对单元刚度矩阵的贡献，K_p^e

$= \dfrac{\partial^2 \Pi_p^e}{\partial \dot{u}^e \partial (\dot{u}^e)^T}$；

b——$b = A \dot{u}^e$；

V^e——单元体积；

$$R^e = P_E^e + P_\alpha^e + P_p^e \tag{5-25}$$

P_E^e，P_α^e，P_p^e——分别对应于理想的单元等效节点载荷向量、罚函数修正的单元等效节点载荷向量和外力（包括摩擦力）传递给单元的等效节点载荷向量，$P_E^e =$

$-\displaystyle\int_{V^e} \dfrac{\bar{\sigma}}{\dot{\bar{\varepsilon}}} A \dot{u}^e d\Omega$、$P_\alpha^e = -\alpha \displaystyle\int_{V^e} C C^T \dot{u}^e d\Omega$、$P_p^e = \displaystyle\int_{S_p^e} (N^e)^T p^e d\Gamma$；

S_p^e——单元力载荷边界。

b. 拉格朗日法 根据刚（黏）塑性材料不完全广义变分原理的拉格朗日法推导出的、经 Newton-Raphson 法线性化处理后的单元刚度方程

$$\begin{cases} (K_E^e + K_p^e)(\Delta \dot{u})^e + Q^e \lambda^e = P_E^e + P_p^e \\ (Q^e)^T (\Delta \dot{u})^e = P_\lambda^e \end{cases} \tag{5-26a}$$

或

$$\begin{bmatrix} K_E^e + K_p^e & Q^e \\ (Q^e)^T & 0 \end{bmatrix} \begin{Bmatrix} (\Delta \dot{u})^e \\ \lambda^e \end{Bmatrix} = \begin{Bmatrix} P_E^e + P_p^e \\ P_\lambda^e \end{Bmatrix} \tag{5-26b}$$

式中 Q^e——一维行矩阵，其元素个数取决于单元内节点中自由度数，$Q^e = \displaystyle\int_{V^e} C d\Omega$；

λ^e——单元 e 的拉格朗日乘子；

P_λ^e——拉格朗日乘子修正的单元等效节点载荷向量，$P_\lambda^e = \int_{V^e} C^T \dot{u}^e \, d\Omega$。

（2）整体刚度分析

在单元刚度分析的基础上，将所获得的单元刚度方程组装成整体刚度方程。因为在前述单元刚度分析时，已经对单元刚度方程中的各矩阵元素进行了线性化处理，所以组装获得的整体刚度方程可以直接应用 Newton-Raphson 法迭代求解。

① 罚函数法建立的整体刚度方程

$$K \Delta \dot{U} = R \tag{5-27}$$

式中　K——整体切线刚度矩阵，$K = K_E + K_\alpha + K_p$；

K_E——分别对应理想塑性变形功率、罚函数修正的塑性变形功率和外力做功功率的切线刚度矩阵，$K_E = \sum_e K_E^e$、$K_\alpha = \sum_e K_\alpha^e$、$K_p = \sum_e K_p^e$；

R——整体节点不平衡力向量，$R = P_E + P_\alpha + P_p$；

P_E——分别对应理想节点载荷向量、罚函数修正的节点载荷向量和外载荷向量，$P_E = \sum_e P_E^e$、$P_\alpha = \sum_e P_\alpha^e$、$P_p = \sum_e P_p^e$；

② 拉格朗日法建立的整体刚度方程

$$\begin{cases} (K_E + K_p)(\Delta \dot{U}) + Q\lambda = P_E + P_p \\ Q^T(\Delta \dot{U}) = P_\lambda \end{cases} \tag{5-28}$$

式中　Q^T——$m \times n$ 阶矩阵，$Q^T = \sum_e (Q^e)^T$；

m——变形体内的单元总数；

n——求解问题的总自由度数；

λ——所有单元的拉格朗日乘子列矩阵，$\lambda = (\lambda^1 \quad \lambda^2 \quad \cdots \quad \lambda^m)^T$；

P_λ——拉格朗日乘子修正的节点载荷向量，$P_\lambda = \sum_e P_\lambda^e$。

其余项的含义同罚函数法。

（3）过程模拟

如果直接利用 Newton-Raphson 法迭代求解基于不完全广义变分原理建立的刚（黏）塑性有限元方程，得到的将只是某一瞬时的解。这是因为在材料塑性加工中，变形体内的各种场变量（如速度场、应力场、应变场、温度场等）随时间或加载过程而变化，所以，欲求得刚（黏）塑性材料变形过程的全部解必须采用增量法。增量法的基本思想已在 2.1.4.2 小节作过介绍，针对金属锻压成形过程数值模拟的有限元方程求解，其大致思路如下：

① 在每一增量步内，将非稳态的材料成形问题近似处理成准稳态变形问题，即假设求解域内的质点位移速度场、应变速率场、温度场，以及边界条件和材料性能保持不变；

② 迭代计算获得当前增量步对应的收敛速度场；

③ 利用几何方程［式(5-2)］和塑性本构方程［式(5-3)］求解应变速率场、应力场等；

④ 根据求解结果更新变形体构形、材料参数和边界条件，作为下一增量步准稳态求解的基础。

所谓变形体的构形是指在连续变形过程中变形体内部所有质点瞬时位置的集合，属于几何非线性问题范畴。更新变形体的构形，实际上就是更新（整理并重新映射）有限元网格中各节点的坐标。

基于上述基本思路，过程模拟的一般步骤如图 5-5 所示。

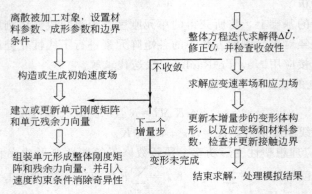

图 5-5　增量/迭代混合求解有限元方程的一般步骤

图 5-5 中的增量步可以是离散的时间、载荷或工模具行程等。增量步长可以是静态的，在应用系统的前处理中设置；也可以是动态的，在求解过程中根据某种规则由应用程序自动设置。此外，修正 $\Delta \dot{U}$ 的含义为：由于针对刚（黏）塑性材料有限元方程式（5-27）或式（5-28）进行的每一次迭代计算，得到的均是速度场增量 $\Delta \dot{U}$，因此，需要在该增量基础上为下一次迭代计算准备速度场，即利用下式导出本次迭代的速度场解：

$$\dot{U}_m^n = \dot{U}_m^{n-1} + \Delta \dot{U}_m^n \tag{5-29}$$

式中　m——增量步数；

　　　n——迭代次数；

　　$\dot{U}_m^{n-1}$——前一次迭代计算修正的速度场；

　　$\Delta \dot{U}_m^n$——本次迭代计算获得的速度场增量；

　　$\dot{U}_m^n$——本次迭代计算后经 $\Delta \dot{U}_m^n$ 修正的速度场，该速度场将作为下一次迭代计算开始的速度场。

5.2.1.4　刚（黏）塑性有限元法应用中的若干技术问题

（1）刚性区的简化

建立在刚（黏）塑性变分原理基础上的刚（黏）塑性有限元法只适用于被加工对象的塑性变形区。一般说来，材料塑性成形过程中，变形体的各个部分不会同时进入塑性状态，塑性、弹性、刚性三区并存的现象并不少见。由于弹性区和刚性区内的应变速率接近或等于零，如果在这两个区域也应用刚黏塑性有限元求解列式，就会导致泛函变分的奇异，造成计算结果溢出，因此，必须对刚性区和弹性区进行判别与处理。通常采用的判别及处理方法为：根据求解问题的特点，设定一个临界等效应变速率值 $\dot{\bar{\varepsilon}}_0$；将 $\dot{\bar{\varepsilon}} > \dot{\bar{\varepsilon}}_0$ 的区域视为塑性区，否则视为刚性区（或弹性区）；对于后者取 $\dot{\bar{\varepsilon}} = \dot{\bar{\varepsilon}}_0$，并认为其应力—应变关系呈线性，即

$$\sigma'_{ij} = \frac{2\bar{\sigma}_0}{3\,\dot{\bar{\varepsilon}}_0}\dot{\varepsilon}_{ij} \qquad (\dot{\bar{\varepsilon}} \leqslant \dot{\bar{\varepsilon}}_0) \tag{5-30}$$

临界等效应变速率 $\dot{\bar{\varepsilon}}_0$ 的取值对有限元计算结果的精度和计算过程的收敛性有一定影响。$\dot{\bar{\varepsilon}}_0$ 过小，收敛性变差；$\dot{\bar{\varepsilon}}_0$ 过大，计算结果精度降低。$\dot{\bar{\varepsilon}}_0$ 一般取 $10^{-2} \sim 10^{-3}$，具体值视分析问题的特点而定，原则是在保证收敛性的前提下尽量提高计算精度。

（2）初始速度场的构造

刚（黏）塑性有限元法的求解过程是在构造初始速度场的基础上，通过反复迭代计算，直至收敛于真实解的过程，因此，初始速度场的构造（产生或选取）将直接影响到解的收敛性及其收敛速度。常用的初始速度场构造法有以下几种。

① 现场经验法　根据工模具运动特点和现场经验，人为指定一个均匀的或线性的初始速度场。该方法适用于坯料形状和边界条件比较简单的工件塑性成形。

② 工程近似法　将能量法、上限法、滑移线法等工程计算获得的近似速度场作为有限元计算的初始速度场。该方法的适用范围同现场经验法。

③ 网格细分法　先假设一个均匀初始速度场进行迭代求解，当其迭代计算结果收敛到一定程度时，细分网格，并利用插值法获得网格细分后的新节点速度值，然后以此为新的初始速度场，重复迭代求解，直至获得满意的收敛解。网格细分法需要有相应的辅助程序来处理新旧节点间的映射关系，并在此基础上正确地对新增节点的坐标和速度进行插值。

④ 近似泛函法　在不完全广义变分原理基础上，构造一个与总能量泛函相近的新泛函，对该泛函取驻值后形成的线性方程组求解，将其获得的满足边界条件的速度场作为初始速度场。近似泛函的格式与处理体积不变条件的方法有关。其中

拉格朗日乘子法

$$\Pi_L = \sqrt{\int_V (\bar{\sigma}\,\dot{\bar{\varepsilon}})^2 \mathrm{d}\Omega + \lambda \int_V \dot{\varepsilon}_V^2 \mathrm{d}\Omega - \int_{S_p} (p_i \dot{u}_i)^2 \mathrm{d}\Gamma} \tag{5-31}$$

罚函数法

$$\Pi_P = \sqrt{\int_V (\bar{\sigma}\,\dot{\bar{\varepsilon}})^2 \mathrm{d}\Omega + \frac{\alpha}{2} \int_V \dot{\varepsilon}_V^2 \mathrm{d}\Omega - \int_{S_p} (p_i \dot{u}_i)^2 \mathrm{d}\Gamma} \tag{5-32}$$

近似泛函法多用于解决几何形状和边界条件比较复杂的塑性变形问题，但因引入了新泛函，增加了程序设计工作量。

⑤ 线性化本构关系法　假设线性化的本构关系

$$\sigma'_{ij} = \phi_0 \dot{\varepsilon}_{ij} \tag{5-33}$$

式中　ϕ_0——经验数，常取 $\phi_0 = (100 \sim 500)\sigma_s$；

　　　σ_s——初始屈服应力。

将式(5-33)代入式(5-9)或式(5-10)可获得简单形式的能量泛函。该泛函离散后的一阶变分为一线性方程组，求解此方程组便得到需要的初始速度场。

（3）迭代收敛判据的确立

刚（黏）塑性有限元的求解过程是速度场反复迭代与修正的过程，为了将求解误差控制在要求的范围内，必须确定合适的迭代计算收敛判据。常用的迭代收敛判据有以下三种：

① 节点速度收敛判据

$$\frac{\|\Delta \dot{U}\|}{\|\dot{U}\|} \leqslant \delta_1 \tag{5-34}$$

式中 $\|\Delta\dot{U}\|$——节点速度增量范数，$\|\Delta\dot{U}\|=\sqrt{(\Delta\dot{U})^T(\Delta\dot{U})}$；

$\qquad\|\dot{U}\|$——节点速度范数，$\|\dot{U}\|=\sqrt{\dot{U}^T\dot{U}}$；

$\qquad\delta_1$——足够小的正数，通常取$10^{-4}\sim10^{-6}$。

如果迭代计算到某一步时，式（5-34）成立，即认为迭代解收敛，此时的收敛速度场就可作为真实速度场。

② 节点力平衡收敛判据

$$\frac{\|R\|}{\|P\|}\leqslant\delta_2 \tag{5-35}$$

式中 $\|R\|$——节点力不平衡量范数，$\|R\|=\sqrt{R^TR}$；

$\qquad\|P\|$——外加节点力载荷范数，$\|P\|=\sqrt{P^TP}$；

$\qquad\delta_2$——足够小的正数，通常取$10^{-3}\sim10^{-4}$。

所谓节点力的不平衡量是指计算出的节点力与外加节点力载荷之差。随着迭代次数的增加，速度解会逼近真实解，相应的计算节点力也会逼近给定节点力。因此，当迭代计算到某一步时，判据式（5-35）成立，即认为作用在节点上的各种力达到了"平衡"，或曰迭代计算收敛。

③ 能量收敛判据　以拉格朗日乘子法为例，其能量收敛判据为

$$\sqrt{\sum_e\left[\left(\frac{\partial\varPi_L^e}{\partial\dot{U}^e}\right)^2+\left(\frac{\partial\varPi_L^e}{\partial\lambda^e}\right)^2\right]}\leqslant\delta_3 \tag{5-36}$$

式中 δ_3——足够小的正数，通常取$\leqslant10^{-4}$。

真实的速度场使能量泛函的一阶变分等于零。所以，在迭代过程中，泛函的一阶变分值会越来越小，当满足式（5-36）时，就认为速度场趋近于真实解了。

（4）摩擦模型的选择

界面摩擦是金属塑性成形过程中普遍存在且十分复杂的问题。目前还不能对界面摩擦机理给出准确的解释，常常利用一系列简化模型处理摩擦边界条件，以保证有限元计算结果的准确性。

① 剪切摩擦模型　该模型假设摩擦应力 f_s 与摩擦界面间材料的剪切屈服应力 k 成正比，即

$$f_s=mk \tag{5-37}$$

式中 m——摩擦因子，$0\leqslant m\leqslant1$；

$\qquad k$——剪切屈服应力，$k=Y/\sqrt{3}$；

$\qquad Y$——变形体材料的流动应力。

剪切摩擦模型适用于一侧为塑性变形区（坯料），另一侧为刚性或弹性区（工模具）的接触界面。

② 库仑摩擦模型　该模型假设摩擦应力 f_s 与摩擦界面上的正压力 σ_n 成正比，即

$$f_s=\mu\sigma_n \tag{5-38}$$

式中 μ——库仑摩擦系数，$0\leqslant\mu\leqslant1$。

库仑摩擦模型适用于相对滑动速度较慢的刚性接触界面，所求出的摩擦应力小于等于剪切屈服应力。

③ 线性黏摩擦模型　该模型认为摩擦应力 f_s 是接触界面间相对滑动速度 $\Delta \dot{u}$ 的函数，即

$$f_s = a \Delta \dot{u} \sigma_n \tag{5-39}$$

式中　a——常数，且 $\mu = a \Delta \dot{u}$。

黏性摩擦模型适用于相对滑动速度较快的刚性接触界面，所求出的摩擦应力小于等于剪切屈服应力。

④ 能量摩擦模型　该模型认为摩擦消耗的功 Π_f 是界面相对滑动速度 $\dot{u}_r$ 的函数，即

$$\Pi_f = -\int_{S_f} k \mid \dot{u}_r \mid \mathrm{d}\Gamma \tag{5-40}$$

式中　k——剪切屈服应力。

等式右边的负号表示摩擦力与相对滑动速度方向相反。

由于摩擦功消耗了系统内能，所以，系统能量泛函改写成（拉格朗日乘子法表达式）

$$\Pi = \int_V \bar{\sigma} \dot{\bar{\varepsilon}} \mathrm{d}\Omega + \int_V \lambda \dot{\varepsilon}_v \mathrm{d}\Omega - \int_{S_p} p_i \dot{u}_i \mathrm{d}\Gamma + \int_{S_f} k \mid \dot{u}_r \mid \mathrm{d}\Gamma \tag{5-41}$$

式中　S_f——摩擦力的作用边界。

离散式(5-40)，有：

$$\Pi_f = \sum_{i=1}^m (kA\Delta\dot{u})_i \tag{5-42}$$

式中　m——摩擦界面上接触的单元数；

　　　A——接触单元的面积；

　　　$\Delta \dot{u}$——相对滑动的平均速度，$\Delta \dot{u} = \sqrt{\dfrac{1}{2}(\dot{u}_k^2 + \dot{u}_{k+1}^2)}$，其中，$\dot{u}_k$、$\dot{u}_{k+1}$ 为接触界面两侧相邻节点的相对滑动速度。

⑤ 反正切摩擦模型　该模型假设摩擦力 f_s 是相对滑动速度 $\dot{u}_r$ 的反正切函数，即

$$f_s = -mk\frac{2}{\pi}\arctan\left(\frac{\mid \dot{u}_r \mid}{\alpha \mid \dot{u}_d \mid}\right)\dot{u}_0 \tag{5-43}$$

式中　m——摩擦因子；

　　　k——剪切屈服应力；

　　　$\dot{u}_d$——模具运动速度；

　　　α——比模具运动速度小几个数量级的正常数，一般取 $10^{-4} \sim 10^{-5}$；

　　　$\dot{u}_0$——表示相对滑动方向的单位矢量。

反正切摩擦模型适用于接触界面存在相对滑动速度为零的中性点或中性区的摩擦计算。

（5）边界条件的处理

根据金属锻压成形过程的特点，其变形体表面可以划分成自由表面和接触表面两大类（图 5-6）。所谓自由表面是指边界给定力载荷和位移约束或位移速度为零的自由变形表面，而接触表面是指边界给定力载荷或位移（速度）条件的表面。自由表面与接触表面随材料塑性变形过程而变化（见图 5-6），边界条件的处理主要是针对变化的接触表面进行处理。

① 速度奇异点的处理　速度奇异点是指材料变形过程中因受工模具的约束而使其流动速度发生急剧变化的点，例如图 5-7 所示。

奇异点处变形体流动速度的突变将破坏刚（黏）塑性有限元方程建立的基础——流动连

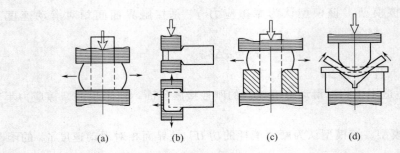

图 5-6　锻压过程中的自由表面与接触表面举例

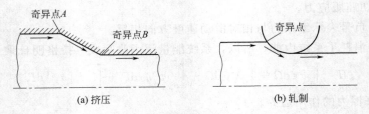

图 5-7　材料挤压和轧制变形简图

续、应力平衡和能量守恒，进而影响到求解结果的精确度和迭代计算的收敛性。处理速度奇异点的方法通常有：

　　a. 局部细分网格法　细分和编辑奇异点附近区域的网格，使网格节点避开速度奇异点。

　　b. 奇异点速度分解法　将奇异点上的速度分解（分散）到相邻单元的节点上。

　　② 触模与脱模边界的处理　触模（或称贴模）和脱模边界的处理实质上是处理每一个增量步长内，变形体边界节点与工模具接触或脱离而引起的约束条件变化。当变形体的自由表面节点接触工模具而变成接触表面节点时，应及时对其施加边界约束条件（即速度条件和摩擦条件等），使之只能沿模腔（挤压、模锻、拉拔）或锤头（自由锻）或轧辊（轧制）等表面移动，而不能穿透或偏离工模具表面；当变形体的接触表面节点脱离工模具而成为自由表面节点时，也应立即解除其边界约束条件，以免干扰求解结果。触模和脱模边界的处理涉及边界自由节点触模的判别与处理、已触模节点位置的修正，以及触模节点脱模的判别与处理。

　　a. 自由节点触模的判别与处理　设变形体边界节点 i 在 t_n 时刻的位置为 (x_i, y_i, z_i)，速度为 (u_i, v_i, w_i)；工模具边界的表面轮廓函数为 $G(x, y, z)$，工模具的运动速度为 (u_d, v_d, w_d)。由此可将节点 i 相对模具运动的轨迹表示成时间增量 Δt 的参数方程，并与模具表面轮廓函数联立，得到

$$\begin{cases} x = x_i + (u_i - u_d)\Delta t \\ y = y_i + (v_i - v_d)\Delta t \\ z = z_i + (w_i - w_d)\Delta t \\ z = f(x, y) \end{cases} \tag{5-44}$$

式中　z——表面轮廓函数 $G(x, y, z)$ 的显式表达式，$z = f(x, y)$。

　　求解方程组(5-44)，如果获得的时间增量解 $\Delta t'$ 大于零且小于给定的时间加载步长 Δt_c（即 $0 < \Delta t \leqslant \Delta t_c$），则表明该边界节点与模具表面发生了接触。

　　接下来需要对该接触节点的位置进行调整，以保证其落在模具表面而不是贯穿模具表

面。调整接触节点位置的方法很多,图 5-8 是其中之一。图中
的 A 为当前时间加载步计算之前的节点 i 位置,A' 为当前时间
加载步计算完成后的节点 i 位置。图 5-8 所示方法的思路是:过
A' 点作模具表面的法线,使之与模具表面交于 A'' 点;将 A' 点
移至 A'' 点,并在下一时间增量步计算之前对 A'' 点施加边界
条件。

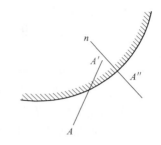

图 5-8 接触节点的位置调整

　　b. 触模节点的脱模判断与约束解除　　触模节点脱模的判断
与处理相对比较容易。当速度场迭代计算收敛后,首先判断有
无脱模点,判断的依据是所有接触节点的法向力或法向应力。
若某接触节点的法向力 p_n 或法向应力 σ_n 满足条件

$$p_n \geqslant 0 \quad \text{或} \quad \sigma_n \geqslant 0 \tag{5-45}$$

则认为该节点脱离工模具变成自由节点,同时解除对该节点的边界约束。

　　式(5-45)中法向力或法向应力大于零的原因:为使触模节点脱离接触表面,后者要对
即将脱模的节点施加拉应力,故有正的法向力或法向应力。

　　(6) 时间步长的确定

　　借助迭代法求解非线性方程组时,需要确定一个时间步(或与时间有关的载荷步或行程
步)来控制求解过程,并在迭代收敛后利用该时间步长更新相应的场变量,为下一时间步的
迭代计算做准备。时间步长的确定一般基于以下约束条件。

　　① 触模和脱模　　设变形体自由表面上的下一个节点接触模具所需时间步长 Δt_1,接触
表面上的下一个节点脱离模具所需时间步长 Δt_2。

　　② 体积不变　　设在保证体积不变的前提下,变形体允许的最大应变所对应的时间步
长 Δt_3。

　　③ 迭代收敛　　设满足迭代收敛条件的时间步长 Δt_4。

　　基于上述约束条件,实际时间步长通常由下式确定。

$$\Delta t = \min(\Delta t_1, \Delta t_2, \Delta t_3, \Delta t_4) \tag{5-46}$$

即针对具体求解的工程问题,可适当放松式(5-46)的部分约束条件。

　　(7) 网格的重新划分

　　随着变形程度的增加和动态边界条件的改变,初始划分的变形体网格会出现"退化"
(即单元形状发生较大畸变,亦即网格发生不同程度的扭曲),从而影响计算求解的精度,严
重时会造成迭代过程不收敛。因此,必须根据材料塑性加工的进程或变形体局部变形的剧烈
程度,重新划分或调整网格。重新划分网格的过程可以是在人工干预下静态(返回到前处理
平台)实施,也可以是有限元分析系统按照预先设置的条件及规则动态(不返回到前处理平
台)实施。网格静态重新划分一般是在动态划分失败的情况下采用。

　　变形体网格的重新划分涉及旧网格畸变(退化)程度的判别、新网格的生成和新旧网格
间的信息传递(映射)。

　　① 旧网格畸变程度的判别　　旧网格畸变程度的判别是网格重新划分的基础,当畸变程
度达到某个判断准则(例如:单元坐标变换的雅可比矩阵行列式 $|J| < 10^{-4} \sim 10^{-3}$,或单
元的内角接近 $0°$ 或 $180°$,或局部单元的边长小于某规定尺寸,或变形体与模具之间的界面
干涉大于某给定值)时,就应该对网格进行重新划分了。

　　② 新网格的生成　　在已变形的旧网格基础上静态或动态生成新网格与在有限元系统的

前处理器中划分网格的方法基本相同，其具体步骤如下。

  a. 保存旧网格中的相关信息（如节点坐标、单元场变量等），作为新旧网格间信息传递的原始数据；

  b. 调整各区域的网格密度，重新划分网格；

  c. 为新生成的网格节点编号，优化节点编号，尽量缩小刚度矩阵的半带宽；

  d. 判断变形体边界节点与模具表面的位置关系，给接触边界节点施加约束条件。

  ③ 新旧网格间的信息传递 逐一判别新节点包含在哪一个旧网格单元中，根据判断结果利用下式求出新单元节点的局部坐标

$$\begin{cases} x_k = \sum N_i(\xi_k,\psi_k,\zeta_k)x_i \\ y_k = \sum N_i(\xi_k,\psi_k,\zeta_k)y_i \\ z_k = \sum N_i(\xi_k,\psi_k,\zeta_k)z_i \end{cases} \tag{5-47}$$

式中 (x_k,y_k,z_k)——新单元节点的全局（整体）坐标；

   (ξ_k,ψ_k,ζ_k)——新单元节点的局部（自然）坐标；

   (x_i,y_i,z_i)——旧单元节点的全局坐标；

    N_i——单元形函数，其表达式因单元类型而异。

  求出新单元节点的局部坐标后，即可进行新旧网格节点间的信息传递了，例如节点速度

$$\begin{cases} u_k(\xi_k,\psi_k,\zeta_k) = \sum N_i(\xi_k,\psi_k,\zeta_k)u_i \\ v_k(\xi_k,\psi_k,\zeta_k) = \sum N_i(\xi_k,\psi_k,\zeta_k)v_i \\ w_k(\xi_k,\psi_k,\zeta_k) = \sum N_i(\xi_k,\psi_k,\zeta_k)w_i \end{cases} \tag{5-48}$$

式中 (u_k,v_k,w_k)、(u_i,v_i,w_i)——新旧单元节点的速度场变量值。

  知道新单元节点的速度场变量后，就可以求出新单元的其他场变量了。

5.2.2 热力耦合分析

  由于材料体积成形绝大多数是在中温或高温条件下进行（例如：挤压、锻造、轧制等），所以，变形体与工模具之间、变形体与环境之间，以及工模具与环境之间不可避免存在热交换问题。即使是常温条件下进行的材料体积成形，也会因外界做功、塑性变形和界面摩擦而引起变形体的温度变化。材料成形过程中的温度变化将影响变形体的力学性能、能量交换、组织转变以及界面摩擦、模具应力等物理量。图 5-9 示意说明金属材料热锻过程中各物理场量之间的相互关系

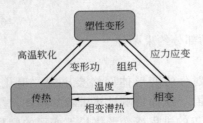

图 5-9 传热、相变与塑性变形的关系

与相互作用。由图可见，刚（黏）塑性材料的成形模拟必须考虑温度场，即必须进行热力耦合分析。

5.2.2.1 传热模型

  金属锻压成形过程的传热以含内热源的瞬态热传导为主，其内热源多由外界所做变形功转变而来。假设材料热传导各向同性，在直角坐标系中，变形体内的瞬态温度场 $T(x,y,z,t)$ 满足微分方程：

$$k\left(\frac{\partial^2 T}{\partial x^2}+\frac{\partial^2 T}{\partial y^2}+\frac{\partial^2 T}{\partial z^2}\right)+\dot{\omega}-\rho c\frac{\partial T}{\partial t}=0 \qquad 在 \Omega 域内$$

简记为

$$kT_{ii} + \dot{\omega} - \rho c \dot{T} = 0 \qquad (5\text{-}49)$$

式中　kT_{ii}——传入或传出微元体的净热量（热流密度）；

　　　k——材料热导率；

　　　$\rho c \dot{T}$——单位时间的微元体内能变化；

　　　ρ、c——材料密度和比热；

　　　$\dot{\omega}$——单位时间内由功、热转换（或曰塑性应变能转换）产生的热源密度，$\dot{\omega} = \alpha_p \bar{\sigma} \dot{\bar{\varepsilon}}$；

　　　α_p——热转换效率；

　　　$\bar{\sigma}$、$\dot{\bar{\varepsilon}}$——等效应力和等效应变速率。

非稳态热传导问题中的温度场 T 与时间 t 有关，故方程式(5-49)的定解需要初始条件，即变形体开始变形时的内部温度场

$$T(x,y,z,t=0) = T_0(x,y,z) \qquad (5\text{-}50)$$

方程式(5-49)的可能边界条件有以下三类。

① 边界面 S_1 上给定温度（第一类边界条件）

$$T(x,y,z,t) = T_0 \qquad (t>0, S \in S_1) \qquad (5\text{-}51)$$

例如：坯料或模具与空气接触，其界面温度恒等于空气（环境）温度 T_0。

② 边界面 S_2 上给定热流密度（第二类边界条件）

$$k\frac{\partial T}{\partial n} - q = 0 \qquad (t>0, S \in S_2) \qquad (5\text{-}52)$$

例如：在第 2 章图 2-23 所示的坯料对称面上，其热流密度为零，即对称面上的法向温度梯度 $\frac{\partial T}{\partial n} = 0$。

③ 边界面 S_3 上给定对流换热（第三类边界条件）

$$k\frac{\partial T}{\partial n} + h(T - T_0) = 0 \qquad (t>0, S \in S_3) \qquad (5\text{-}53)$$

例如：模具与空气接触，T 为模具温度，T_0 为空气温度，h 为模具/空气界面上的换热系数；坯料与空气接触，T 为坯料温度，T_0 为空气温度，h 为坯料/空气界面上的换热系数。

由于锻压过程中变形体与模具（或其他工具）之间存在相互作用，所以，变形体的边界（即外表面）又可进一步划分为与空气接触的自由表面 S_c 和与模具接触的摩擦表面 S_f 两部分。在 S_c 边界上既无外力作用，又无变形速度约束，热通过对流、辐射等形式自由传递，而在 S_f 边界上的传热机理就比较复杂了。

金属热成形过程中，变形体/模具界面的温差较大，变形体通过接触模具而失热较快。但是从微观角度观察，仅在界面的某些突起部位处，变形体才与模具有真正意义的接触，剩下部位全都是间隙，而间隙往往又被液体（如冷却剂、油污）、固体（如固体润滑剂、氧化皮）和气体（如空气、水蒸气）等物质所充填。考虑到真实接触界面存在固体润滑剂或其他固体物质，所以变形体/模具的界面传热通常用下式表示

$$q_d = h_d(T - T_d) \qquad (S \in S_f) \tag{5-54}$$

式中　q_d——接触面上的热流密度；

　　　　h_d——固体润滑剂或其他固体物质的传热系数（由试验确定）；

　T、T_d——接触面上的变形体温度与模具温度。

　　式(5-54)实际上是第二类边界条件的特例之一。

　　同时，接触面上的变形体质点与模具间存在相对滑动和摩擦，而摩擦产生的热又会通过接触面反作用于变形体，于是，接触面上的摩擦热流密度可以表示为

$$q_f = |f v_f| \qquad (S \in S_f) \tag{5-55}$$

式中　f——摩擦应力；

　　　v_f——相对滑动速度。

　　一般情况下，当空气介质的运动相对静止且锻压成形的温度相对较高时，应适当考虑变形体自由表面的辐射传热

$$q_r = ES(T^4 - T_\infty^4) \qquad (S \in S_c) \tag{5-56}$$

式中　E——材料表面黑度；

　　　S——Stefan-Boltzman 常数；

　T，T_∞——变形体表面温度和环境（例如空气介质）温度。

5.2.2.2　瞬态温度场的有限元法

　　在瞬态温度场分析中，温度场既是空间域 V 的函数，又是时间域 t 的函数。由于空间域与时间域并不耦合，因此，一般采用有限元法处理瞬态温度场的空间域，采用有限差分法处理瞬态温度场的时间域。

　　仿照第 2 章第 2.1.2.4 小节（平面稳态热传导问题）的有限元方程建立过程，设单元内任一质点的温度为

$$T(x, y, z, t) = \sum_{i=1}^{n_e} N_i(x, y, z) T_i(t) = N T^e(t) \tag{5-57}$$

式中　$T^e(t)$——各单元节点在 t 时刻的温度列阵；

　　　$T_i(t)$——单个节点 i 在 t 时刻的温度；

　　　　　N——单元形函数矩阵；

　$N_i(x, y, z)$——节点 i 对应的形函数；

　　　　　n_e——单元中的节点个数。

　　式(5-57)表明，单元内任一质点的温度 T 可以近似由单元节点温度 T^e 插值获得。利用伽辽金加权余量法建立瞬态温度场求解的有限元格式

$$K T + C \dot{T} = Q \tag{5-58}$$

式中　T、$\dot{T}$——节点温度列矩阵和节点温度变化率列矩阵；

　　　　K——热传导矩阵；

　　　　C——热容矩阵；

　　　　Q——温度载荷列矩阵。

　　矩阵 K、C、Q 中的元素分别为：

$$K_{ij} = \sum_e K_{ij}^e + \sum_e H_{ij}^e$$

$$C_{ij} = \sum_e C_{ij}^e \qquad\qquad (5\text{-}59)$$

$$Q_i = \sum_e Q_{\dot{\omega}i}^e + \sum_e Q_{qi}^e + \sum_e Q_{hi}^e + \sum_e Q_{di}^e + \sum_e Q_{fi}^e$$

式中　　K_{ij}^e——单元对热传导矩阵的贡献，$K_{ij}^e = \int_{V^e} \left(\dfrac{\partial N_i}{\partial x}\dfrac{\partial N_j}{\partial x} + \dfrac{\partial N_i}{\partial y}\dfrac{\partial N_j}{\partial y} + \dfrac{\partial N_i}{\partial z}\dfrac{\partial N_j}{\partial z} \right) \mathrm{d}\Omega$；

　　　　H_{ij}^e——单元对流换热边界对热传导矩阵的贡献，$H_{ij}^e = \int_{S_3^e} h N_i N_j \mathrm{d}\Gamma$；

　　　　C_{ij}^e——单元对热熔矩阵的贡献，$C_{ij}^e = \int_{V^e} \rho c N_i N_j \mathrm{d}\Omega$；

　　　　$Q_{\dot{\omega}i}^e$——单元内部热源产生的温度载荷，$Q_{\dot{\omega}i}^e = \int_{V^e} N_i \dot{\omega} \mathrm{d}\Omega$；

　　　　Q_{qi}^e——单元给定热流密度边界产生的温度载荷，$Q_{qi}^e = \int_{S_2^e} N_i q \mathrm{d}\Gamma$；

　　　　Q_{hi}^e——单元对流换热边界产生的温度载荷，$Q_{hi}^e = \int_{S_3^e} N_i h T_\infty \mathrm{d}\Gamma$；

　　　　Q_{di}^e——单元接触边界产生的温度载荷，$Q_{di}^e = \int_{S_f^e} N_i q_d \mathrm{d}\Gamma$；

　　　　Q_{fi}^e——单元摩擦边界产生的温度载荷，$Q_{fi}^e = \int_{S_f^e} N_i q_f \mathrm{d}\Gamma$。

式（5-58）即为经空间离散处理后建立起来的求解 t 时刻瞬态温度场的有限元格式，该格式实际上是将原求解偏微分方程［式（5-49）］的初边值问题转变成了求解常微分方程组［式（5-58）］的初值问题。

现对瞬态温度场的时间域进行差分格式处理。假设 $\dot{T}$ 是时间 t 的线性函数，取时间步长 Δt，并令

$$\dot{T}_t = \frac{\partial T_t}{\partial t} = \frac{T_t - T_{t-\Delta t}}{\Delta t}, \quad \dot{T}_{t-\Delta t} = \frac{\partial T_{t-\Delta t}}{\partial t} = \frac{T_t - T_{t-\Delta t}}{\Delta t}$$

式中，$\dot{T}_t$ 向后差分，$\dot{T}_{t-\Delta t}$ 向前差分，两式相加有

$$\frac{1}{2}\left(\frac{\partial T_t}{\partial t} + \frac{\partial T_{t-\Delta t}}{\partial t} \right) = \frac{T_t - T_{t-\Delta t}}{\Delta t} \qquad\qquad (5\text{-}60)$$

或

$$\frac{\partial}{\partial t} T_t = -\frac{\partial}{\partial t} T_{t-\Delta t} + \frac{2}{\Delta t}(T_t - T_{t-\Delta t}) \qquad\qquad (5\text{-}61)$$

分别将 t 和 $t-\Delta t$ 时刻的 T 与 Q 代入式（5-58）并结合式（5-61）得

$$KT_t - C\frac{\partial}{\partial t}T_{t-\Delta t} + C\frac{2}{\Delta t}(T_t - T_{t-\Delta t}) = Q_t, \quad KT_{t-\Delta t} + C\frac{\partial}{\partial t}T_{t-\Delta t} = Q_{t-\Delta t}$$

两式相加并整理，最后得到基于有限差分格式的瞬态温度场时间域计算公式

$$\left(\frac{2}{\Delta t}C + K \right)T_t = \left(\frac{2}{\Delta t}C - K \right)T_{t-\Delta t} + Q_t + Q_{t-\Delta t} \qquad\qquad (5\text{-}62)$$

5.2.2.3　变形与传热的耦合分析

材料塑性成形过程中的温度变化会引起材料力学性能的改变，而材料力学性能的改变反

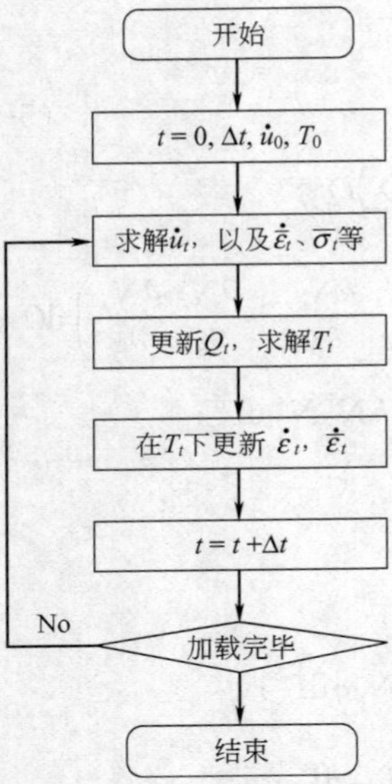

过来又会影响材料塑性成形过程。这是因为变形体材料的流变应力和本构关系是温度的函数，外部载荷所做的绝大部分变形功和摩擦功会转变成热，导致变形体温度升高，进而改变其流变应力。当然，变形体温度的升高也会影响到工模具，加上力的作用，最终将影响工模具的失效倾向。

变形与传热的耦合分析方法一般分为直接法和间接法。前者的基础是选用同时具有温度和速度自由度的耦合单元进行联立求解；而后者的基础是在每一个时间步内交替计算变形与传热，直至两个解都收敛为止。考虑到计算求解的复杂性，通常采用间接法进行变形与传热的耦合分析。即：变形计算给出变形体的节点速度 $\dot{U}$，再由 $\dot{U}$ 分别求出其他物理量（如应变速率、应变、应力等）；传热计算给出变形体的节点温度 T，并在该节点温度下开始下一时间步的变形计算。如图 5-10 所示是利用间接法进行热力耦合分析的基本流程，其中，在一个时间步内的变形分析可以采用诸如图 5-5 所示的迭代计算流程。

开始

$t = 0, \Delta t, \dot{u}_0, T_0$

求解 $\dot{u}_t$，以及 $\dot{\varepsilon}_t$、σ_t 等

更新 Q_t，求解 T_t

在 T_t 下更新 $\dot{\varepsilon}_t$、$\bar{\varepsilon}_t$

$t = t + \Delta t$

加载完毕

No

结束

图 5-10　热力耦合分析基本流程

5.3　金属锻压成形数值模拟主流软件简介

5.3.1　Deform

Deform 由美国 SFTC 公司在 20 世纪 80 年代 Battelle 研究室研发的有限元计算程序 ALPID 基础上深入开发推广的一套基于过程模拟的金属塑性成形软件系统。该软件系统因其功能强大、应用成熟、界面友好、学习难度低而在全球制造业中占有重要席位。一个专门为解决大变形问题而优化的全自动网格重新划分子系统是 Deform 的最大亮点之一。Deform 家族产品包括 Deform-2D、Deform-3D、Deform-F2、Deform-F3 和 Deform-HT，其中：前两个产品可分别运行于 UNIX/LINUX 和 Windows 平台，用于模拟二维或三维材料成形；中间两个产品只能在 Windows 平台上运行，且解题规模有限（即对求解模型的单元数和节点数有一定限制）；最后一个产品实际上是 Deform-2D 和 Deform-3D 的补充，主要用于模拟工件的热处理工艺过程（包括正火、退火、淬火、回火、时效和渗碳），并预测硬度、残余应力、淬火变形，以及材料的其他机械特性。

（1）Deform 的主要特色

① 冷、温、热成形过程的材料变形与传热耦合分析，还能实现基于实体单元的板料成形（例如拉深、弯曲）过程模拟。

② 内置材料数据库几乎包含了所有常用材料的特性参数，涉及钢、铝、钛和超塑合金等。用户可以通过自定义材料，建立自己的材料数据库，也可以对已有的材料参数进行编辑。

③ 模拟结果输出材料流动、模膛填充、工作载荷、模具应力、再晶粒、缺陷形成和形变断裂等数据。

④ 提供刚性、弹性、热黏塑性、弹塑性和多孔性材料模型。其中：热黏塑性模型非常

适合于材料的大变形分析，弹塑性模型适合于模具与工件的残余应力及回弹分析，而多孔性模型则主要用于粉末冶金材料的成形分析。

⑤ 内置设备数据库提供有液压机、锻锤、螺旋压力机和机械压力机等设备参数设置模板，用户可以对其进行编辑。

⑥ 可以有针对性地在 Deform 平台上开发材料特殊成形和失效分析等用户子程序。

⑦ 借助流动网格与节点跟踪功能，用户可以详细了解材料在变形过程中的流动状况。

⑧ 以等值线方式给出温度、应变、应力、损伤等关键场变量的计算结果，使得后处理分析大大简化。

⑨ 强劲的自适应网格重新划分功能加上接触边界条件自动处理功能，使得系统即使在工件表层出现折叠的情况下，也能继续计算求解，直至整个成形过程模拟结束。

⑩ 多工序（或多工步）分析功能允许模拟材料的多工序（或多工步）成形过程，以及进行模具应力的耦合分析。

⑪ 提供基于损伤因子的裂纹形成与扩展模型，用于模拟切边、下料、冲孔和切削加工等材料成形工艺过程。

⑫ 热处理模块可以提供每一时间步的相变、扩散、渗碳量、微观组织、综合硬度、残余应力等信息。

（2）Deform 系统的组成

Deform 系统的组成见图 5-11，其中：前处理器主要用于导入模具和坯料的 CAD 模型，设置材料属性、成形条件（如界面接触、锤击力或能量、工艺流程等），以及划分和编辑模拟对象的有限元网格；计算求解器完成弹性、弹塑性、刚（黏）塑性和多孔性疏松材料的传热、变形、相变、扩散、热处理等过程的模拟计算，包括多物理场的耦合计算；后处理器的功能是将求解器的结果可视化（利用云图、等值线、动画等方式），以方便获取和查找有用信息；用户处理器允许用户对 Deform-3D 的数据库进行修改，对系统运行参数进行重新设置，以及定义用户自己的材料模型等。

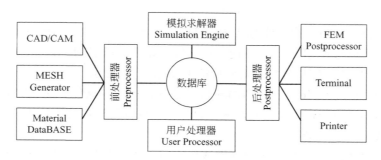

图 5-11　Deform 系统组成

5.3.2　Simufact. forming

Simufact. forming 是总部位于德国的 Simufact Engineering GmbH 公司于 2005 年收购 MSC. Software 公司的 MSC. Maufacturing（原 Superform/Superforge）软件后，经整合其内核而研发出来的一款金属成形工艺过程分析仿真系统。2016 年 Simufact Engineering GmbH 公司又被 MSC. Software 公司整体收购，包括其旗下的两款主流产品 Simufact. forming 和 Simufact. welding。

（1）Simufact. forming 的主要特色

① 完全基于 Windows 的集成工作平台，操作简便，前处理、计算求解、后处理一气呵成。

② 用户无需为工件（坯料）和模具的 CAD 模型划分网格，网格的划分完全由系统在后台自动完成，包括网格密度（实际上是材料表面小面片的细化或粗化，见 Simufact. forming 的技术特点描述）的动态自适应调整。

③ 自动定位工件（坯料）和模具的接触面，支持金属材料的多工步（多道次）成形。

④ 内置多套默认的成形工艺流程供用户选择，允许用户在此基础上根据实际需要编辑后采用。

⑤ 利用属性图标拖放和特征树操作定义坯料、模具、设备、界面摩擦、环境条件等数值模拟所需元素以及各元素之间的相互关系，形象、直观。

⑥ 系统材料库提供四类可编辑的冷、热锻材料模型，允许用户对其加工硬化、应变速率和温度效应等材料特性进行详细描述。此外，还提供有数百种常用材料的特性数据。通过拖放操作，用户可方便直观地把从材料库中选择的材料分配给工件（坯料）或模具。用户也可以自行创建新材料，以丰富材料库。

⑦ 采用分辨率增强技术（RET）自动加密工件局部表面的小面片，以精确模拟材料充模流动细节。材料表面小面片数的增加，使得跟踪这些面片的工作量大增，对于由一系列不同模具组成的多道次锻造过程更是如此。为此，Simufact. forming 提供的网格粗化器可以在两个锻造道次之间降低材料表面的网格密度（即面片密度）。采用网格粗化技术后，模拟计算速度会大大加快，所需内存资源却反而减少。表面网格粗化参数由用户根据可以接受的材料体积增、减量定义。Simufact. forming 的改进的分辨率增强技术还能够模拟锻造过程的材料横向流动。

⑧ 提供 FEM 和 FVM（有限体积法）两种方法解决各种复杂的金属成形工艺问题，且具有极高的计算精度。与传统的 FEM 相比，FVM 在模拟大型复杂铸锻件的成形过程时，其计算效率往往会高出前者至少 5～10 倍。

⑨ 借助全 3D 分析与对称条件的结合，可以对平面应变或轴对称锻造等问题提供更精确的数值解。用户可以选择 2D 或 3D 锻造过程分析。如果选择了 2D 分析，则只要在 3D 模型上施加平面条件即可完成 2D 分析，其分析结果按 3D 方式显示。

⑩ 模拟结果的可视化显示。自动加载结果数据，支持等值线、速度矢量、切片、时程曲线以及动画等多种后处理方式，允许多窗口操作，以方便模拟结果的比较。此外，还提供有尺寸测量、数据检索等实用工具。

⑪ 在线帮助系统较详细地为用户提供软件使用和过程模拟的相关指南。

（2）Simufact. forming 的技术特点

锻造是一个高度非线性的工艺过程，需要对材料的 3D 变形，以及模具与工件之间复杂的相互作用进行精确描述。多数情形下，锻造的毛坯的几何形状相当简单，但最终产品的几何形状却十分复杂，为获得最终产品往往需要多道次锻造。面对如此艰巨和复杂的极度变形挑战，Simufact. forming 采用基于有限体积元法的材料流动模拟技术，解决了传统有限单元法在模拟极度大变形材料流动方面的难题。传统有限单元网格会随着材料的大变形而产生畸变，无法回避的网格自动重划分技术难度很大。而 Simufact. forming 采用基于 Eulerian 坐标系的有限体积元技术，在固定网格中描述材料的流动。

Simufact. forming 将跟踪工件（坯料）表面几何曲面分网技术与表面分辨率增强技术（RET）完美结合，无需对有限体积网格重划，就能保证锻造分析的精度和效率。利用这种表面跟踪技术，材料在 Eulerian 网格中的流动被自动封闭在一个个由三角形小面片围成区域内，这些小面片不是有限单元，而是几何元素，由此可以非常方便地跟踪流动材料表面几何形状的变化。这些小面片随封闭在其中的材料流动而"运动"，并且允许作为边界参与模具和材料之间的接触描述，以及作为材料自由表面运动的描述。

表面分辨率增强技术（RET）提供了在模拟过程中自动细化表面小片面的能力。多数情况下，表面小面片的不断细分能够保证工件外表面的连续变化，以方便跟踪可能会变得越来越复杂的工件几何外形。RET 允许在初始工件形状简单时用较稀疏的小面片，随着锻造过程中工件几何形状变复杂，根据需要自动细分其外表面。与有限元方法中的网格重新划分方法完全不同，RET 自动细化面片不是数值问题，无需考虑建立其上的方程稳定性，它的处理对象是几何面而不是有限单元，因而在表面细分时没有自由度等概念，也不存在有限单元法面临的由于网格大变形而导致的求解精度问题，以及网格重划分过程中的过度 CPU 时间耗费等问题。此外，Simufact. forming 的 RET 技术还提供有自动粗化表面小面片的功能，一旦自动细化的材料表面小片面数量过多，或局部表面不需要过多小面片时，选择粗化器可降低小面片数，有利于提高计算效率。

Simufact. forming 的有限体积元技术特别适合于占用相对少的 CPU 时间，模拟材料流动异常复杂的锻造过程，例如叶片锻造或双连杆锻造等。

5.3.3　Qform

Qform 是俄罗斯 QuantorForm 公司研制的专用于金属塑性成形的模拟软件，1989 年投入实际应用，在欧洲制造业拥有较多用户。Qform 软件在金属体积成形方面处于领先水平，操作简便，求解速度快，适用于金属工件的冷、温、热锻成形和型材挤压成形模拟，也可用于粉末材料的锻造成形模拟，模拟仿真设备包括机械压力机、螺旋压力机、液压机、锻锤和多锤头压机等。

（1）Qform 的主要特色

① 基于 Windows 平台，集 Qform2D 和 Qform3D 为一体，操作简便。

② 模拟计算和前处理同步进行，可借助数据向导准备模拟计算的前处理数据，学习难度低。

③ 不仅能模拟一个完整的成形工序，而且也能模拟一个连续的成形工艺链，例如：加热→锻造→加热→切边冲孔→冷却等。成形工艺链的模拟过程自动进行，无须人工切换或干预。

④ Qform 的网格是在图形准备模块 Qdraft 中自动生成，之后会随变形进程及大小自动调整其密度。

（2）Qform3D 的功能特点

① 技术基础　四面体有限单元；全自动网格生成和无须人工干涉的自适应网格再生成；刚—黏—塑性材料模型；基于温度、应变、应变率的流动应力。

② 模拟功能　非等温全三维变形模拟；锻件在空气中冷却模拟；锻件摆放中冷却模拟；工艺链自动连续模拟，其工艺链可包括 99 种不同工序（工步）；锻件与模具的自动定位接触；锻锤或螺旋压力机多次打击模拟。

③ 支持数据库　Qform 提供的内置数据库具有开放式结构，以方便用户添加和编辑自定义数据。数据库包括材料数据库和设备数据库，其中：材料数据库中存放有被加工材料的变形特性（流动应力、弹性系数和热参数）、模具材料的机械特性和热特性，以及润滑剂的特性参数等，所涉及的常见钢材、有色合金、耐热合金品种有近 500 个；设备数据库中存放有机械偏心压机、曲柄压机、锻锤、螺旋压机、液压机等典型设备数据。

④ 模拟数据准备　模具型面和坯料形状等几何数据的输入基于 CAD 系统生成的 IGES 格式文件。工件（坯料）、模具、润滑剂、设备和成形工艺等参数的设置在数据输入向导的引导下进行。

⑤ 显示与输出　工件和模具的显示均基于三维模型，可任意剖切变形前后和变形之中的工件，以方便观察其内部状态。能够可视化显示工件的主要尺寸。输出结果显示有动画、云图（应变速率、应变、应力、温度等）、速度矢量、力、能和速度图表，以及成形过程中的工件轮廓变化等。可跟踪显示工件截面上任何一点的流动情况。可将每一道工序的或模拟结束的最终工件形状与模具型面输出到 CAD 系统（借助 DXF 或 IGES 文件）。

5.3.4　Tranvalor FORGE

FORGE 是法国 Tranvalor 公司旗下的一款模拟热、温和冷锻金属成形工艺过程的专业软件系统，旧版名叫 FORGE2/3，新版名为 FORGE NxT。

FORGE 模拟热锻成形采用热-黏塑性材料模型，模拟温锻和冷锻成形采用热-弹塑性材料模型，后者可以评估锻件残余应力和锻件成形后的几何变形。

FORGE 软件可以对锻造生产的全过程（如下料、辊锻、横轧、辗环、热锻、冷锻、切边、淬火和晶粒形成）进行数值模拟。FORGE 适用的设备有：液压机、机械压力机、曲柄压力机、螺旋压力机、锻锤、组合模具和特种锻压设备等。

（1）FORGE 的主要特色

① 模块式软件系统，包括数据准备的前处理器、模拟运算器和具有结果解析功能的后处理器。

② 内置 1000 多种钢、铝、铜及钛合金的材料数据库和压力设备技术参数数据库。

③ 使用模板方式准备热锻和冷锻的数值模拟数据，操作简便。

④ 支持多 CPU 并行（集群）计算。

除此之外，Forge2（2D 版）和 Forge3（3D 版）还分别具有自己的特色。

（2）Forge2D

a. 应用最新数字技术成果，确保模拟计算的速度和精度。自动生成网格和网格调整再生技术，使软件可以模拟几何形状非常复杂的零件成形。

b. 不但可以模拟各种材料成形，而且还可以分析热-机共同作用下的模具应力及其失效原因，为优化模具结构，提高模具寿命服务。

c. 可以模拟锻件热处理，分析其内部组织、残余应力和变形等情况。

d. 具有灵活的模具动力特性，可以模拟各种有模和无模成形工艺，如胎模锻、自由锻、模锻、弯曲、挤压、拉伸、切割、冲裁、铆接、二维机加工和玻璃吹塑，同时还可以模拟液压涨形和超塑成形。

e. 前处理的数据准备和参数设置简单、容易，操作界面友好。前处理中的特殊模块，可以帮助用户进行不同工序设置及多工序模拟准备。支持 IGES 和 DXF 文件格式的 CAD 模型。700 多种材料数据，包括钢、铝、钛和铜合金。适用的锻造设备有液压机、机械压力机、锻锤、螺旋压力机，以及弹性加压装置、蠕变装置和用户自定义设备。

（3）Forge3D

a. 可以模拟材料的冷锻、温锻和热锻成形，以及热处理过程，分析微观结构、残余应力和锻件变形。Forge3 是首次应用并行计算机进行材料成形模拟的软件之一。Forge3 同时还可以应用在 PC 集群上。

b. 支持使用组合模具，能够很精确地对模具热-机状态进行模拟，为改善模具寿命提供帮助。

c. 具有非常灵活的模具动力特性，工艺应用范围大，可以模拟成形辊锻、轴向辊锻、辗环成形、挤压、轧制，以及其他如剪切、冲孔等金属成形工艺。

d. 可以对材料锻造成形的全过程（即：下料—辊锻制坯—模锻—切边—热处理）进行模拟。

（4）FORGE 集群版

在推出集群版本之前，80% 的 FORGE 软件支持并行计算，主要运行在双 CPU 的 PC 机上。计算机集群由多台单 CPU 或多 CPU 或多核 CPU 的 PC 机（称为计算结点）通过高速宽带网络连接组成一个大的虚拟并行计算机。FORGE 集群版有许多优点，例如：可以在几小时之内完成对复杂或大模型（高于 150000 个网格节点）的计算，并且可以随时观测不同精度下的计算模拟细节；特别适合于模拟精度要求高（如切边）或计算时间长（如辗环）的工艺过程。

5.3.5　CASFORM

CASFORM 是山东大学模具工程技术研究中心开发的一套完全自主版权的体积成形有限元分析软件。该软件能够分析各种体积成形工艺（包括锻造、挤压、拉拔等），能够预测缺陷的生成，验证和优化成形工艺与模具设计方案。CASFORM 既能模拟等温成形过程，也能模拟非等温成形过程，既可进行单工位成形分析，也可进行多工位成形分析。

CASFORM 软件的主要特点如下。

① 采用标准的 Windows 图形界面，可视化程度高，易学易用，操作方便；所有输入数据都能以图形的方式立刻显示出来，减少输入错误；后处理模块能以丰富直观的图形显示有限元模拟结果，便于工程设计人员验证和优化设计方案。

② 由于材料体积成形的特点使得在有限元分析过程中，工件的边界条件不断发生变化，通常完成一次过程模拟需要多次网格重划，因此，接触算法的可靠性、网格生成的自动化和可靠性成为影响体积成形有限元软件自动化程度的重要因素。CASFORM 拥有合理可靠的接触算法和适合体积成形特点的网格生成程序，完全能够保证分析过程的自动化和可靠性。

③ CASFORM 能模拟各种体积成形过程，包括开式锻造、模锻、各种挤压、拉拔、厚板拉深等，适合于各种锻压设备，包括液压机、锻锤、摩擦压力机、机械压力机等。能够进行从加热、预锻、终锻，直至冷却的全过程分析，而且模拟条件尽可能与实际生产相一致，确保模拟结果的可靠性。

④ CASFORM 采用数据库技术管理各类数据，为各个模块提供统一的数据接口，提高数据管理效率，减少不必要的中间文件。前处理结束后，输入数据被写入数据库文件。数据库文件既是分析程序的输入文件，也是分析程序的输出文件，还可作为分析程序重新启动文

件。后处理模块从数据库文件中读取数据，显示模拟结果。网格再划分模块从数据库中提取数据，并把划分后的数据写入数据库。

⑤ 由于软件采用了动态内存技术，CASFORM 能够同时分析多个材料成形过程，分析单元的数目不受限制。

5.4 应用案例

现以 Deform-3D 作为案例学习平台，结合本章第 2 节所学基础知识，介绍数值模拟技术在金属锻压成形中的应用。

5.4.1 Deform 工作界面

5.4.1.1 系统平台

Deform 系统平台是一个基于图形界面的集成工作环境，在该平台上可以完成从研究项目管理到有限元模型建立（前处理），再到方程组求解、分析结果展示（后处理）等材料成形数值模拟的所有任务。系统平台包括七大部分（图 5-12）。

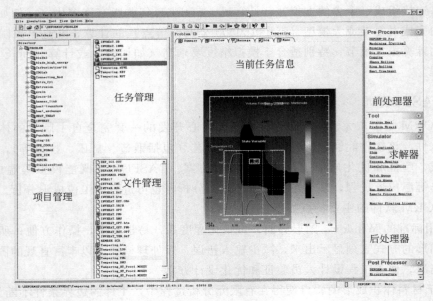

图 5-12　系统平台

① 项目管理　Deform 为每一个模拟研究项目建立一个分门别类存放、组织与管理各种数据的文件夹，主项目（主文件夹）下还可根据情况设置多个子项目（子文件夹）。

② 任务管理　一个项目或子项目可能由若干相关分析任务组成，例如：开坯、预成形、工件模锻、热处理和模具失效分析，或者开坯一、开坯二，等等。在 Deform 系统中，分析或研究任务被称为"工程问题（Problem）"。

③ 文件管理　项目分析（以研究任务为单位）涉及的各类数据均存储于不同文件内，其中最重要的是扩展名为 .DB 的内部数据库文件和扩展名为 .key 的工程问题定义文件。

④ 当前任务信息　给出的当前任务（即任务管理区被选中的工程问题）信息有分析任

务摘要、任务的可视化预览、增量/迭代计算跟踪、求解器工作日志。

⑤ 前处理器 根据分析任务类别或性质，调用相应的前处理模块。可供调用的前处理模块有通用前处理器和切削加工、冷/热成形、模具应力分析、开坯、轧制、锤锻、挤出、热处理等专项模拟分析的前处理向导。除通用前处理器模块外，其他专项前处理向导视Deform版本而异。

⑥ 求解器 计算求解前处理器建立的基于有限元法和有限差分法的工程问题，监控、调度、管理后台分析任务。

⑦ 后处理器 启动后处理器模块，以云图、动画、函数曲线等方式观察模拟计算结果，获取有用数据。

5.4.1.2 前处理器

前处理器负责通过人机交互，建立分析任务的有限元模型。其工作界面由主菜单、工具条、模型操作、特征编辑和模拟参数设置等五大区组成（图 5-13）。各工作区的主要用途有以下几方面。

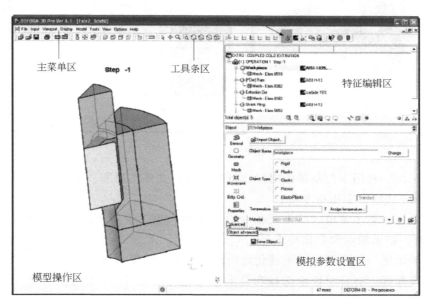

图 5-13 前处理器

① 主菜单区 利用下拉菜单下达操作指令，包括文件、视图、输入、显示、系统选项等实用指令集；

② 工具条区 将主菜单区的常用指令以图标形式提供给用户，包括显示模型、变换视图、控制求解过程、编辑材料数据、定位模拟对象、处理界面接触等；

③ 模型操作区 借助鼠标键拾取、观察、操作模型等；

④ 特征编辑区 Deform 将模拟分析对象中的关键元素（几何模型、网格、材料等）以特征树的方式组织起来，以便有针对性地编辑、处理被选对象或对象元素；

⑤ 模拟参数设置区 准备有限元模型，包括定义材料类型（刚性、塑性、弹性、多孔型、弹塑性）、输入和检查几何模型、划分网格、设置边界条件，以及模拟计算所需的其他附加参数。

5.4.1.3 后处理器

后处理器负责将模拟求解的结果以多种方式（如云图、动画、函数曲线等）展示给任务分析者，为解决实际工程问题提供有价值的信息。后处理器的工作界面由主菜单、工具条、图形展示、特征操作和展示效果控制等五大区组成（图 5-14）。

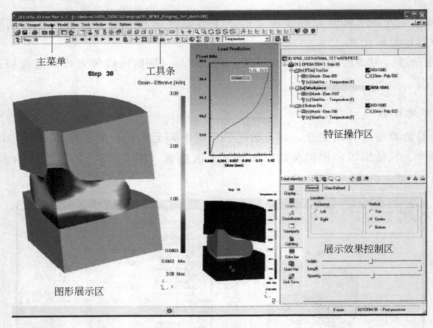

图 5-14　后处理器

① 主菜单区　利用下拉菜单给出操作指令，包括文件、视图、显示、动画、结果展示、数据检索、系统选项等实用指令集。

② 工具条区　将主菜单区的常用指令以图标形式提供给用户，包括模型显示、视图变换、动画控制、结果展示和数据检索等。

③ 图形展示区　以图形方式可视化地向用户展示各种模拟分析结果。

④ 特征操作区　有针对性地选择和显示感兴趣的模拟对象，以排除结果展示中其他对象的干扰。

⑤ 结果展示控制区　设置图形展示区和展示对象的属性，例如图形背景、前景、矢量线大小、等值线疏密、变量标识颜色、注释字体等。

5.4.2 叶片模锻

5.4.2.1 研究任务

图 5-15 是某汽轮机叶片的锻件图，叶片材料 AISI403（1Cr12），模锻成形，设备为 5t 蒸汽锤。研究任务：① 确定合理的模锻锤数；② 优化模膛型面。

根据现场经验和生产实际，拟定叶片模锻部分工艺流程列于表 5-1。其中：坯料初锻温度

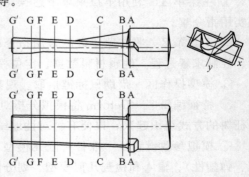

图 5-15　汽轮机叶片锻件图

1150℃，模具预热温度 300℃，环境温度 20℃；坯料/模具界面摩擦系数 0.5（普通机油）；锤头质量 5000kg，锻锤实际输出最大能量 90kJ（旧设备）。锤头行程等于锤头实际提升高度/锤头最大提升高度，代表设备在每一锤输出的实际能量；锤击效率等于塑性变形功/锻锤额定输出总能量。由表 5-1 可知，本节的叶片模锻任务实际上是一个多工步的材料成形过程。

表 5-1 叶片模锻部分工艺流程

序号	操作	时间/s	锤头行程/%	锤击效率	说明
1	将出炉坯料移至模具	12			坯料/空气热交换,忽略同夹持工具的热交换
2	摆料	6			坯料放进模腔;坯料/模具、坯料/空气热交换
3	第一锤		72	0.90	锤击速度极快,可近似认为绝热过程(下同)
4	开模取料,除氧化皮	15			坯料/空气热交换
5	摆料	5			坯料放进模腔。坯料/模具、坯料/空气热交换
6	第二锤		85	0.85	坯料温度降低,塑性变形抗力升高(下同)
7	提锤,压锤	2			坯料/模具、坯料/空气热交换(下同)
8	第三锤		85	0.75	
9	...	...			

5.4.2.2 模拟过程

数值模拟实验分两个阶段进行：第一阶段定义坯料为塑性体，模具为刚性体，计算分析叶片的模锻过程，并确定模锻锤数；第二阶段定义模具为弹性体，从第一阶段的模拟结果中提取最大载荷数据作为力载荷边界条件，分析计算模具工作状态，并根据分析结果找出优化模腔型面的部位。第一阶段将模具定义为刚性体的目的是暂时不考虑模具同变形坯料应力场的交互作用，只计算模具同变形坯料进行的热交换。

（1）叶片成形过程模拟

◇ 建立研究任务

① 从 Deform-3D 系统平台（图 5-12）上的主菜单或工具条中选择"新问题（New Problem)"，弹出问题设置对话框［图 5-16(a)］。

② 接受问题设置默认项"Deform-3D 通用前处理器"，点击『下一步』进入问题设置第二步［图 5-16(b)］。图 5-16(a) 中的其他单选项是 Deform-3D 针对某些具体研究任务（问题）提供的专用问题设置向导模板，例如：开坯、辊压、热处理、模具应力等。

③ 在图 5-16(b) 中主要设置项目（或研究任务）文件夹的存放路径，默认新建文件夹存放在 Deform-3D 为用户预设置的大文件夹 \ DEFORM3D \ PROBLEM 下。接受默认项，点击『下一步』进入问题设置第三步［图 5-16(c)］。

④ 为新建问题（研究任务）取一个名，即为新建项目（或研究任务）文件夹取一个名或接受 Deform-3D 给出的默认名。点击『完成』进入 Deform-3D 的前处理器工作界面（图 5-13）。

◇ 定义模拟对象

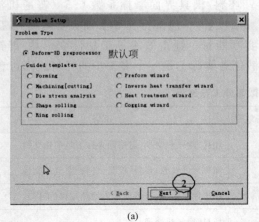
(a)

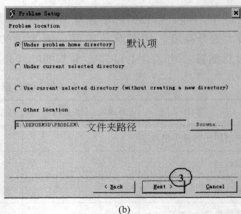
(b)

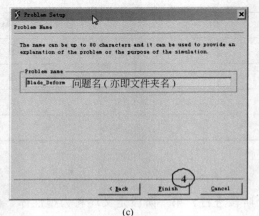
(c)

图 5-16　研究任务设置对话框

① 点击图 5-13 特征树编辑区下部的"插入对象"图标（见图 5-17）。

② 为新插入的对象取一个名（例如：坯料 Billet），然后点击『改变』。

③ 定义该对象为塑性体。继续①～③步，依次定义上模（Top Die）和下模（Bottom Die）对象，且均为刚性体。

④ 点击"几何图形"图标，进入输入几何模型页面（图 5-18）。

◇ 输入几何模型

① 点击『输入几何模型』，分别为坯料和上、下模绑定事先准备好的 CAD 模型。Deform 支持 STL 和 IGES 格式的 CAD 模型，以及 Patran 的 pda 模型、Nastran 的 nas 模型和 I-Deas 的 unv 模型。

② 点击"划分网格"图标，进入网格划分页面（图 5-19）。

◇ 划分网格

① Deform 提供有四节点四面体（默认）和八节点六面体两种单元，后者一般用于离散边界比较规则且形状简单的分析对象。

② 为坯料 billet 设置网格划分参数。可以在文本框中直接输入离散的单元数（例如 18000）或通过拖动滑块定义单元数。提示：此处定义的单元数是初始数，会随坯料变形状况而动态改变。

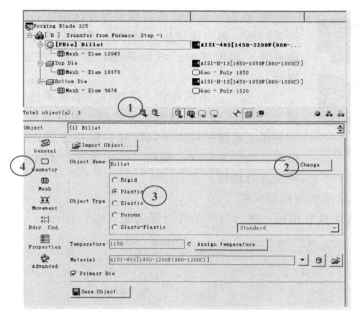

图 5-17　定义模拟对象

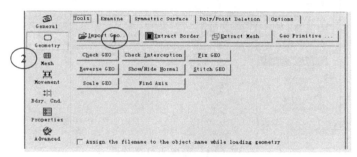

图 5-18　输入几何模型

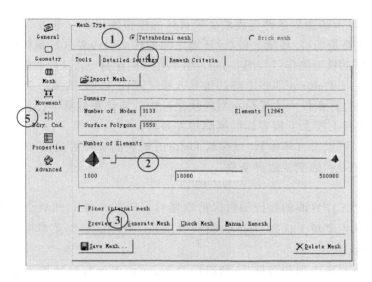

图 5-19　划分网格

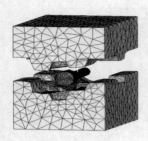

图 5-20 坯料和模具的
有限元模型

③ 点击『预览』观察模型操作区中坯料网格的划分效果。如果无问题，则点击『生成网格』，系统用指定类型单元（默认四面体单元）离散坯料。继续第②、③步，完成上模和下模的网格划分。

④ 对上、下模而言，既要保证不丢失模膛的几何特征（型面细节），又不使离散模具主体的单元数过多。为此，需要用不同尺寸的单元离散模具的不同区域，即在已划分网格的基础上，增加模膛区的网格密度。翻到『详细设置』卡片对上、下模膛的网格密度进行调整。

完成网格划分后的对象模型见图 5-20。

⑤ 点击"边界条件"图标，进入边界条件设置页面（图 5-21）。

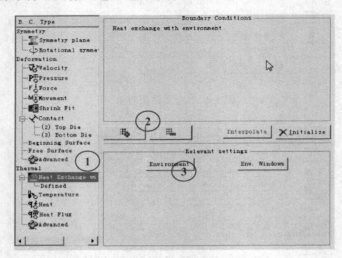

图 5-21　设置边界条件

◇ 设置边界条件

① 图 5-21 中显示的边界条件列表取决于具体的模拟流程步（见表 5-1）。对于本应用案例，需要设置的主要是坯料/环境、模具/环境之间的热交换边界（目录树中的高亮选项）。

② 在前处理器的模型操作区（图 5-13），拾取坯料的全部（A11）表面，然后点击图 5-21上的『加边界条件』，Deform 即将求解热传导方程［式(5-50)］的第一类边界条件（边界给定温度）和第三类边界条件（边界给定对流换热）中的换热系数赋予已拾取的坯料表面。与之类似，再依次设置上模、下模表面的换热边界条件。

③ 如果需要，可点击『环境』，以编辑 Deform 默认的［环境温度 20℃，对流传热系数 $0.02N/(s \cdot mm \cdot ℃)$］热交换边界条件。

◇ 定义材料

① 在前处理器工作界面的特征编辑区拾取坯料（Billet）名，然后点击工具条上的"材料"图标![图标]，或从主菜单上选择"输入/材料（Input/Mateial）"菜单项，弹出材料参数定义对话框（图 5-22）。

② 点击『从材料库中加载数据』，然后在 Deform 内置的材料数据库中分别为坯料和模具选择材料。其中：坯料为 AISI-403，模具为 AISI-H13。材料名旁的括号数据表示该材料

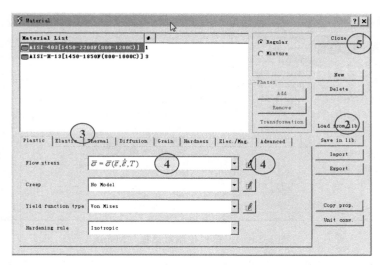

图 5-22 定义材料参数

已有特性参数的适用温度范围，例如：AISI-403［1450-2200F(800-1200C)］。如果选择材料的适用温度范围超出材料成形的实际温度范围，则可能造成模拟结果不可信。

③ DeForm 利用卡片式控件将材料参数划分成塑性、弹性、传热、扩展、微观晶粒、加工硬化、电磁和杂项等八大类，针对不同材料和研究任务，某些材料参数可能不可用。Deform 的材料参数均可根据需要进行编辑或自定义。编辑好参数的材料还可存入用户数据库备用。

④ 对于变形体材料（例如本应用案例的 AISI403），流动应力模型的选择或定义非常重要。一般情况下，Deform 采用基于表格函数的流动应力模型 $\bar{\sigma} = \bar{\sigma}\ (\bar{\varepsilon}, \dot{\bar{\varepsilon}}, T)$，即将一系列实验数据作为描述流动应力的依据。如果要对流动应力或其他函数类参数进行编辑，点击『定义』图标。

⑤ 对于本案例选择的 AISI403 和 H13，接受 Deform 默认的材料参数，即直接点击『关闭』键，返回主操作界面。

◇ 设置模拟控制参数

需要设置的模拟控制参数主要有：模拟类型、增量步长、增量步总数、终止计算准则等。

① 点击工具条上的"模拟控制"图标，或从主菜单上选择"输入/模拟控制（Input/Simulation Controls）"菜单项，弹出模拟控制对话框［图 5-23(a)］。

② 指定计量单位制（默认 SI）。注意：计量单位一定要与输入的 CAD 模型单位，以及选用的材料单位统一。

③ 选择求解计算模板。除特殊应用外（例如，稳态切削加工、稳态挤出、辗环成形等），一般都接受 Deform 的默认模板（拉格朗日增量法）。

④ 设置模拟类型。模拟类型的设置应与研究任务（单工步）或研究任务流程（多工步或多工序）一致。由于表 5-1 工艺流程的第一步（将出炉坯料移至模具）属于坯料、模具与空气间的传热问题，所以，模拟类型设置为"传热"，即只有"Heat Transfer"复选项被激活（"√"）。

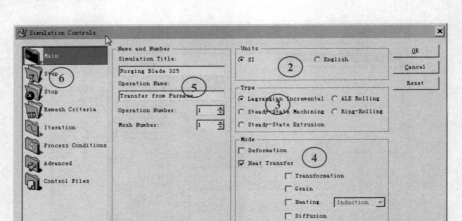

图 5-23(a)　模拟控制对话框（Main）

⑤ 可以分别为研究任务和操作步各取一个名字，例如，研究任务：锻造叶片；操作步：坯料出炉。

⑥ 点击对话框左侧列表中的增量步（Step）设置图标，进入图 5-23(b)。

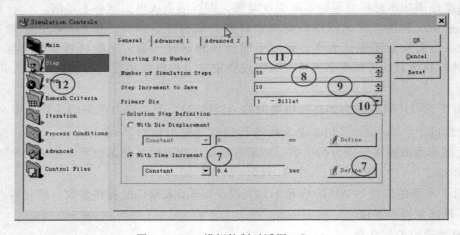

图 5-23(b)　模拟控制对话框（Step）

⑦ Deform 计算求解的增量控制步有两种：（动模）行程增量和时间增量。对于单一的传热问题，选用时间增量控制；对于既有传热又有变形的耦合物理场问题，一般选用行程增量控制。增量步的步长可以是常数（例如：时间步长 0.4s），也可以是某个物理量的函数；如果属于后者，则应点击『定义』建立函数关系。

⑧ 增量步数的确定应具体情况具体分析。针对"将出炉坯料移至模具"这一工步（操作），因为坯料在空气中的可能停留时间是 12s（见表 5-1），如果假设时间步长为 0.4s，于是时间增量步的个数应该是 12/0.4＝30。

⑨ 为了便于后处理器（程序）提取、处理和展示模拟结果，必须适当存储（写入磁盘）计算求解过程中的一些有用数据。可以每一个增量步计算结束后存盘一次，但这样做的代价是磁盘资源占用过大，并且过多磁盘操作将导致计算机运行速度减慢。所以，应根据需要确定计算多少个增量步后写盘一次。

⑩ Deform 将材料成形过程中的运动主体（例如，动模或上模）称为主模具（Primary

Die），对于单一传热问题，一般将坯料定义为运动主体。

⑪ 开始步（Starting Step）的定义在模拟多工步或多工序材料成形中非常重要，它关系到下一工步（或工序）的模拟计算是在上一工步（或工序）的基础上接着计算，或是另起炉灶（放弃上一工步的计算结果），从头开始计算。开始步的默认值是"—1"，即从头开始计算求解。如果"将出炉坯料移至模具"是在第 30 个增量步结束，则"摆料"操作（见表 5-1）的开始步应定义成"—31"，即在上一工步的结束增量步基础上加 1，其中负号表示该步为前处理操作，不是求解计算的增量步。

⑫ 如果某些过程模拟的终止点不好确定（例如：事先并不知道需要多少增量步计算才可能获得满意结果，或模拟求解还未结束就出现上、下模的运动干涉，或要求工模具在加载结束后持载一段时间再卸载，等等），则可点击对话框左侧列表中的停止步（Stop）设置图标，进行模拟终止点的自定义。

◇ 定位对象

建议在 CAD 系统中就将工模具和坯料（均称为对象）之间的位置关系定下来，在 Deform（包括其他 CAE 系统）中只进行软件规定的对象位置调整操作。

① 点击工具条上的"定位对象"图标，或从主菜单上选择"输入/定位对象（Input/Object Positioning）"菜单项，弹出定位对象对话框［图 5-24（a）］。

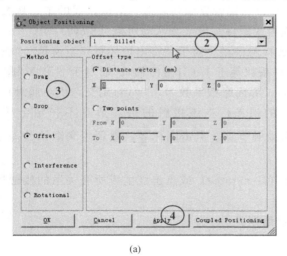
(a)

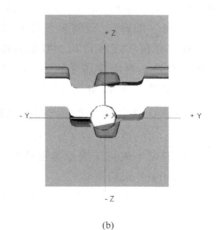
(b)

图 5-24　对象位置调整

② 选择需要在定位中移动的对象，例如：坯料（Billet）。

③ 设置对象定位的移动方式，有拖放、跌落、偏移、参照、旋转五种。图 5-24（b）是利用跌落方式将坯料摆放到下模膛中，即坯料表面与下模膛型面产生局部接触。对应于"将出炉坯料移至模具"工步的对象定位是上、下模脱离坯料，对应于"提锤、压锤"工步是上模离开坯料或锻件表面，对应于"第 X 锤"工步是上、下模均接触坯料或锻件表面。

④ 点击『应用』，完成一个对象的定位。

⑤ 可重复第②～④步，定位下一个对象。或点击『完成』关闭对话框。

◇ 定义界面接触

① 点击工具条上的"界面模型"图标，或从主菜单上选择"输入/接触对象（Input/Intel

_Object)"菜单项,弹出定义界面接触对话框(图 5-25)。

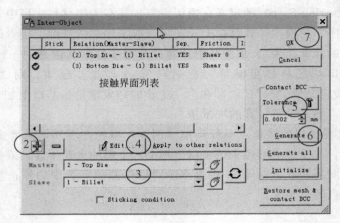

图 5-25　定义界面接触

② 通常情况下,Deform 会自动检测各对象间的接触界面,并显示在接触界面列表框内。对于没有被 Deform 检测到的接触界面或用户自定义的接触界面,可通过『＋』按键向列表框中加入。

③ 如果界面接触的主、从关系有误,可以在接触界面列表框中拾取错误的主、从关系,然后进行对调。Deform 始终将变形体(坯料或锻件)定义为从动对象(Slave)。

④ 点击『编辑』,设置界面接触参数或接触模型。对于"将出炉坯料移至模具""摆料"和"提锤、压锤"工步,其参数是界面传热系数等于 1(自由停顿);而对于"第 X 锤"工步,其参数是:界面传热系数为 11(成形),界面摩擦系数为 0.5(自定义,机油润滑)。

⑤ 由于几何形面处理或边界面离散的误差,本该接触的边界节点不一定会接触。Deform 将落在规定公差范围内的节点视为接触节点。点击图标🔧,重新定义默认公差范围(值)。

⑥ 点击『生成指定关系接触边界条件(Generate)』或点击『生成所有关系的接触边界条件(Generate all)』。

⑦ 点击『完成』,关闭定义界面接触对话框。

◇ 生成模拟数据库

① 点击工具条上的"数据库"图标🛢,或从主菜单上选择"输入/数据库(Input/Database)"菜单项,弹出数据库生成器对话框(图 5-26)。

② 生成数据库前一定要注意数据库的当前状态(类型)。"New"表示生成一个全新数据库,已有的同名数据库中的数据全部被抹掉,模拟计算开始步自动定义为－1(见"设置模拟控制参数");"Old"表示将当前设置或定义的所有数据添加到已有数据库中,在此之前的数据库数据保持不变。

③ 点击『数据检查』后,系统开始对前述所有前处理操作进行检查,看是否有不满足求解器计算求解的错误或不正确设置,并将检查结果列表于数据检查结果框。如果某一检查结果项出现黄色问号(警告),则表示该项设置有问题(可以忽略,但不提倡),数据检查非正常通过;如果出现红色叉(错误),则表示该项必须重新设置,数据检查不通过。

④ 当数据检查全部正常通过后,点击『生成』键,产生数值模拟所需要的数据库。

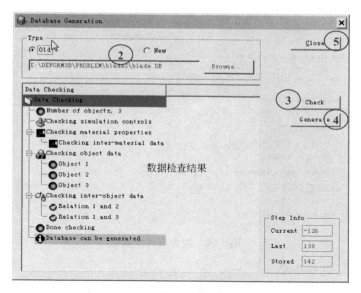

图 5-26　模拟数据库生成器

⑤ 点击『关闭』对话框。

◇ 存盘后退出前处理器，准备进行计算求解。

◇ 点击图 5-12 模拟求解区中的『运行(Run)』键，系统调用计算程序求解前处理器建立的叶片模锻第一工步的有限元模型（方程组），并同步给出计算过程中的一些有用信息（例如：某增量步下的迭代计算次数、哪些节点触模或脱模、节点温度、速度、单元应变速率，以及是否进行了网格的动态再划分等），以方便用户随时了解模拟计算进度和细节情况。

◇ 继续表 5-1 中第二、第三等工步的模拟。每一个工步的模拟计算结束后，均需重新打开前处理器，以最后一个增量步为基础，设置下一工步模拟计算的相关参数。

现以"锻打第一锤"为例，说明与坯料变形相关的参数设置要点。

① 激活图 5-23(a) 中的"变形（Deformation）"复选框（"√"），并分别将图 5-23(b) 中的开始步、增量步总数、多少个增量步存盘一次、主模具和行程步长设置成—46（假设"摆料"计算结束的时间步是 45）、200、10、上模、0.5。可以为当前操作另取一个名字（例如：First Blow）。

② 定位对象让上、下模均与坯料接触。

③ 设置界面接触参数：传热系数 11，摩擦系数 0.5。

④ 点击模拟参数设置区（图 5-13）中的"运动（Movement）"图标，进入主模具（本案例是上模）运动定义页面。选择锻锤（Hammer）作为叶片模锻设备，设置锻锤能量 64800000N·mm（锻锤实际输出能量 × 锤头行程百分数）、锤击效率 0.9、锤头质量 5000kg。

⑤ 点击模拟参数设置区（图 5-13）中的"对象属性（Properties）"图标，进入计算求解所需要的附加参数设置页面（图 5-27）。

⑥ 确认"成形（Deformation）"卡控件中的体积补偿单选项"在有限元求解和网格划分中进行体积补偿"被激活。注意：因为材料体积成形是建立在刚（黏）塑性理论基础上的，而体积不变是该理论成立的基本假设之一，所以必须对计算求解和网格划分过程中造成

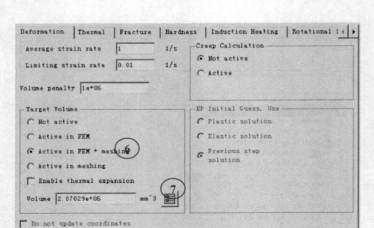

图 5-27　对象属性参数

的体积损失（误差）进行补偿。

⑦ 点击『计算体积』，完成体积补偿设置。

⑧ 其他前处理参数设置保持不变。存盘、生成模拟数据库，退出前处理器。

（2）成形过程模拟结果分析

模拟结果的分析非常重要，因为材料成形数值模拟实验的目的之一是为了发现和解决在产品开发、成形方案制定、工艺参数优化、工模具调试，以及现场批量生产中所遇到的诸多关键技术问题。怎样将专业理论、实践经验、现场知识与 CAE 后处理分析工具完美地结合起来、从一些看似无联系或关系不大的模拟结果数据中挖掘出有用信息，以帮助和指导问题的发现与解决，这就是模拟结果分析的重要性与归属。

图 5-28 和图 5-29 是针对本案例研究任务①（确定合理的模锻锤数）提取的模拟结果信息。由图 5-28 可见，当第六锤锻打结束后，锻件成形完成，几何轮廓清晰，满足产品技术要求；只是飞边略显多了点，可以根据需要另立研究项目对坯料用量进行优化。此外，图5-28 还反映了叶片锻件成形过程中所经历的镦粗、充模和打靠三个阶段，这对于深入观察、研究坯料金属的流动很有帮助。结合叶片模锻的力载荷—行程曲线（图 5-29）发现，第六锤锻打期间，锤头对坯料金属做功已经非常少了（第六锤对应曲线与行程坐标轴围成的面积），换句话说，锤锻力绝大部分通过锻件传递给了模具和设备，而不是促使坯料金属继续塑性变形。此时，如果再打第七锤、第八锤，则不但对叶片最终成形无益，反而会浪费能源，增加工序时间，以及影响模具甚至设备寿命。在综合图 5-28、图 5-29 与其他模拟分析

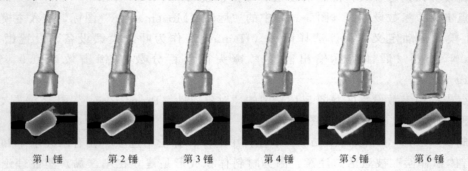

图 5-28　叶片成形过程与坯料金属充模示例（叶根截面）

数据（如坯料温度等）的基础上，本案例的锤击次数规定为 6。将该数据提供给生产现场，确实起到了优化模锻工艺的作用。

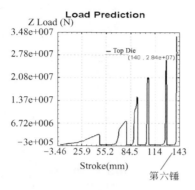

图 5-29　载荷-行程曲线

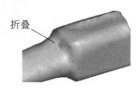

图 5-30　折叠现象

图 5-30 是第一锤结束时，发生在叶根与叶身过渡部位的金属折叠现象。产生折叠的原因可能是由于叶根/叶身交界处对应的模膛圆角半径较小所致。当第一锤打击时，该处坯料的充模是通过附近区域金属折回流动方式实现的，所以会发生折叠现象。此时的折叠一般都很浅，会随着坯料的后续变形而逐渐消失，并不影响模锻叶片的最终成形质量。但如果该交界处的模膛圆角半径过于小，就会产生较深的折叠，以至于在坯料的后续变形过程中，折叠加深而形成模锻缺陷。这也为本案例的下一个研究任务（优化模膛型面）埋下了伏笔。

（3）模具应力分析

模具应力分析的基本思路是：从叶片模锻的力载荷—行程曲线中提取最大载荷数据作为边界条件施加在模膛表面的节点上，然后利用线弹性有限元法（见第 2 章相关内容）计算求解模具在力载荷和温度载荷共同作用下的应力分布。

① 点击图 5-12 系统平台/前处理器选项区中的"模具应力分析"菜单项，弹出模具应力分析任务设置向导对话框。或选择主菜单的"文件/新问题（File/New Problem）"菜单项，打开新研究任务设置对话框 [图 5-16(a)]，激活其中的"模具应力分析"单选项。

② 根据对话框提示为研究任务取名（例如 Die_Stress_1）。然后点击『下一步』，进入到模具应力分析专用前处理向导界面（图 5-31）。其中，"参数设置操作步选择区"相当于普通前处理器（图 5-13）中的"特征编辑区"，可以通过选择操作步特征，返回到特征树上的任意点查看已设置数据，或者重新编辑设置参数。

应力分析参数的输入在"参数设置区"内按照设置向导提示一步步进行。下面仅介绍参数设置的几个关键步操作要点。

a. 选择变形模拟阶段产生的数据库（图 5-32）。Deform 默认是当前项目（文件夹）中已有的数据库，例如：叶片模锻成形模拟数据库。如果当前文件夹中有若干个数据库（即扩展名为 DB 的文件），或所需要的数据库没在当前文件夹中，则应重新选定数据库（包括 DB 文件所在的其他文件夹）。数据库选定后，再根据图 5-29 的力载荷-行程曲线，从数据列表框中选择最大载荷对应的行程步（不一定是最后一步）。

b. 选择应力分析对象（图 5-33）。Deform 默认的应力分析对象是上、下模，如果还需要分析其他模具零件（例如：镶嵌零件、导向零件等），可从对象列表（即数据库存储的对象）中选择。

图 5-31　模具应力分析前处理向导界面

图 5-32　选择变形模拟阶段产生的数据库

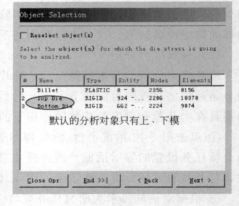

图 5-33　选择应力分析对象

　　c. 将工件力等效地移植（加载）到模膛表面节点上（图 5-34）。需要设置力载荷移植公差，以便模膛/工件界面上的节点力（作用和反作用力）对号入座。设置的公差值应大致等于单元边长。可接受 Deform 的默认公差，让系统自己去处理"对号入座"问题。

　　d. 为上、下模设置位移速度边界条件（图 5-35）。如果不对模具边界位移进行适当约束，则整个模具就会在外力载荷作用下产生刚性运动，最终导致模具应力计算失败。对于本案例，除分模面（包括模膛面）外，上模三个相互垂直表面上的全部节点和下模三个相互垂直表面上的全部节点定义其位移速度为零。

　　e. 对于本案例，因为上、下模之间没有接触，所以，应确认界面接触设置向导页面中的接触边界条件为"无（None）"。

　　所有参数设置完成后，前处理向导将自动生成模具应力分析数据库供 Deform 求解器求解计算。由应力分析前处理向导生成的数据库，可以在普通前处理器中打开，并根据需要对其中某些参数进行编辑，或添加一些特定参数。

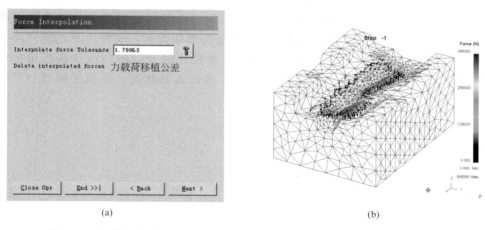

(a)   (b)

图 5-34　力载荷等效移植向导（a）和力载荷等效移植到下模的矢量图（b）

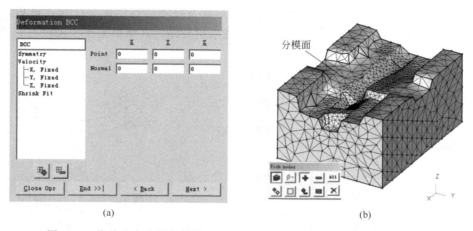

(a)   (b)

图 5-35　位移速度边界条件设置向导（a）与下模节点运动约束举例（b）

（4）模具应力分析结果讨论

图 5-36 是下模模膛在第六锤结束时的温度分布与等效应力分布。结合后处理器中的节点数据查询与单元数据查询可知，图 5-36 中 A 区（对应于叶片锻件的叶根和叶身的过渡部位）的局部温度高达 501℃左右，A 区的局部等效应力接近 900MPa。这种高温、高

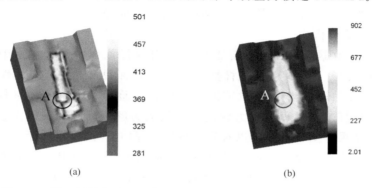

(a)   (b)

图 5-36　第六锤结束时的下模模膛温度分布（a）与等效应力分布（b）

应力的交互作用，使得 A 区不可避免地成为模具失效（如塌陷、裂纹、磨损、变形、疲劳等）的高发区。为降低 A 区的应力与温度，同时也为了防止或减少坯料金属充模时的折叠现象发生（见图 5-30），在不影响锻件几何结构的前提下，应将 A 区的圆角半径适当增大，并（或）加强对该区域的润滑。虽然圆角半径的加大会增加锻件在后续机械加工中的切削量，但确实较好地改善了坯料金属在 A 区的流动状况，降低了模具过早失效的风险。

5.4.3　其他应用案例

（1）提高锻件材料利用率

提高锻件材料利用率通常从以下两个方面着手。

① 建立准确的预成形（制坯）产品形状与尺寸，使变形体材料在终锻工序中完全充满模腔；

② 优化预锻和终锻的飞边设计，分别使预锻和终锻产生的飞边体积最小。

基于上述思路和数值模拟实验提供的定量信息，对某叉杆工件的模锻成形工艺进行了重新设计（图 5-37），并对每一道工序产品的截面形状及尺寸进行了逐一优化；最后，专门针对图 5-38（a）圆圈所示的四个飞边部位进行了最小化处理，其结果见图 5-38（b）。

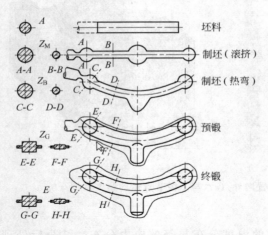

图 5-37　叉杆工件模锻成形工艺流程

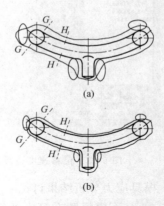

图 5-38　减少飞边部位

通过上述 CAE 模拟实验和现场试生产验证，制坯阶段的材料利用率由 71％提高到 86％，预锻、终锻阶段的材料利用率又分别比优化设计前提高 3％～4％和 18％～19％。

（2）挤压杆断裂分析

图 5-39 是一轮胎螺帽零件的冷挤压-镦锻复合成形流程示意，包括中心孔挤压成形（a）、法兰头镦锻成形（b）以及挤压杆抽出（c）和零件脱模。生产中发现，每成形 1000件左右的螺帽，挤压杆就会产生裂纹或断裂。理化检验排除了挤压杆材料选用不当的可能性，于是，挤压杆工作过程的受力状况分析便成为解决问题的关键。透过材料锻压成形数值模拟实验结果（图 5-40）可以看到，在挤压杆抽出阶段，裂纹产生部位 S-S 的轴向应力状态由受压变成了受拉，而且其瞬间最高拉应力值达 151MPa。在这种高循环载荷的作用下，S-S 部位的疲劳失效很难避免。为此，重新对挤压杆结构进行设计，解决了其过早失效的问题。

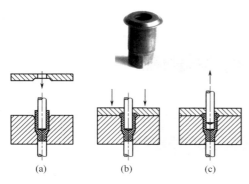

图 5-39 轮胎螺帽冷挤压-镦锻复合成形流程

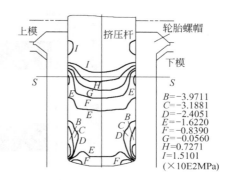

$$B=-3.9711$$
$$C=-3.1881$$
$$D=-2.4051$$
$$E=-1.6220$$
$$F=-0.8390$$
$$G=-0.0560$$
$$H=0.7271$$
$$I=1.5101$$
$$(\times 10E2MPa)$$

图 5-40 挤压杆受力分析

（3）偏心孔零件淬火裂纹模拟

图 5-41 所示偏心孔零件的材料为 AISI-W1，810℃水淬至室温（20℃）。图 5-42 是该零件淬火过程中马氏体相变（以获得马氏体的相对量表示）所经历的时间范围。模拟结果表明，过冷奥氏体向马氏体转变所引发的相变应力使得高应力区［图 5-41（a）］的拉伸应力在 4.6s 时达到最大值，且超过材料的抗拉强度，于是导致淬火裂纹产生。这与零件实物［图 5-41（b）］上的裂纹产生部位非常吻合。

(a) 主应力分布 (4.6s 时)

(b) 零件实物

图 5-41 热处理淬火裂纹模拟

(a) 2s   (b) 3s   (c) 4.56s

图 5-42 淬火过程中的马氏体分数

（4）金属热成形过程中的动态再结晶

图 5-43 是利用数值模拟技术仿真金属材料热轧成形过程中微观组织变化及其分布的案例。热轧成形在金属再结晶温度之上进行，高温加上局部高应力［图 5-43（a）］、高应变速率和高位错密度［图 5-43（b）］，使得变形体内部发生局部动态回复与动态再结晶［图 5-43（c）］。从图 5-43（c）中可以清楚地观察到，当坯料刚进入轧辊时，并没有立刻发生动态再结晶，这是因为位错密度的增长及累积需要一定时间，此刻的位错密度值还达不到诱发再结晶形核的临界值。另外，图 5-43（c）中再结晶分数的分布与变化还表明，从轧辊出来的变形体仍在继续再结晶，并且，随着再结晶分数的增加，已经轧制变形区域的位错密度降低［图 5-43（b）］，其晶粒也因动态再结晶和随后的静态或亚动态再结晶而细化［图 5-43（d）］。这与图 5-2 描述的情况完全一致。

图 5-44 是在 5.4.2 小节的叶片模锻成形仿真案例基础上，利用 Deform 的微观组织分析模块（Microstructure）揭示的叶片金属动态再结晶过程。图样截取自叶身芯部，其几何尺寸（求解域大小）0.4mm×0.4mm，历经时间为第一锤锻打结束瞬间至第二锤开始落锤瞬间，共 20s（开模取料清除氧化皮 15s，重新摆料 5s）。由图可见，动态再结晶生成的晶核随机分布在母相晶粒（含亚晶粒）的晶界处［图 5-44（a）］；随着时间的推移，在

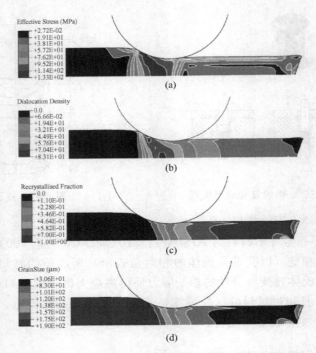

图 5-43　金属材料热轧过程中，等效应力（a）、位错密度（b）、
再结晶分数（c）和晶粒尺寸（d）之间的关系

新晶核（包括清除氧化皮和摆料期间生成的静态再结晶晶核）不断涌现的同时，新晶粒也在不断长大（含较大尺寸晶粒对较小尺寸晶粒的吞并）[图 5-44（b）]；最终，各新生晶粒合拢（晶界接触）到一块而形成内部位错密度非常低的细小的完整晶粒[图 5-44（c）]。由于第一锤到第二锤的操作间隔较长，并且此时的坯料温度很高，所以再结晶晶粒略有长大[图 5-44（d）]。

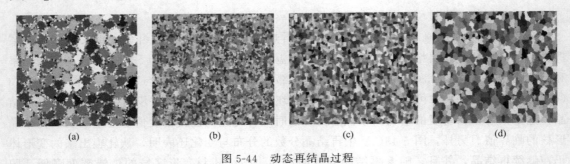

图 5-44　动态再结晶过程

（5）预测模锻工件的开坯形状

模锻工件的开坯（预成形）对于其最终成形十分重要。良好的开坯形状不但有助于锻件材料流动充模，降低终锻成形载荷，而且还有助于提高锻件材料利用率和模具寿命。预测模锻工件的开坯形状可以通过反向模拟技术实现。模锻过程的反向模拟技术是以最终锻件为基础，一步步反推出坯料的预成形形状或原始毛坯形状。以图 5-45 所示模锻工件的三步成形工序为例，简要说明利用反向模拟技术推导毛坯形状的过程。在图 5-45 中，（a）是模锻的成品工件，由（a）到（c）可以推导出终锻工序开始之前的预锻件形状（c）；再由（c）的

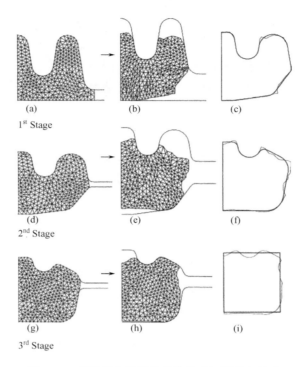

(a)

1st Stage

(b)

(c)

(d)

2nd Stage

(e)

(f)

(g)

3rd Stage

(h)

(i)

图 5-45　利用反向模拟技术推导毛坯形状与尺寸

网格模型（d）一步步推导出第二个预成形工序开始前的坯件形状（f）；同理，由（g）推导出（a）锻件在第一个预成形工序开始前的原始毛坯形状（i），包括毛坯尺寸。

复习思考题

1. 固态金属冷成形、温成形、热成形的过程特点及其依据的材料模型？

2. 数值模拟技术在金属材料热成形领域应用的优点？

3. 应用刚（黏）塑性有限元法求解材料体积成形问题时的基本假设？

4. 试比较刚（黏）塑性和大、小变形弹塑性本构方程的异同。

5. 何谓理想刚（黏）塑性材料？

6. 刚（黏）塑性材料的不完全广义变分原理是怎样对理想刚（黏）塑性材料的变分原理进行修正的？

7. 简述金属锻压成形过程数值模拟的一般步骤。

8. 为什么在金属体成形数值模拟计算中要不断判别变形体的塑性、弹性、刚性区？其区分塑性、弹性、刚性区的判据是什么？

9. 怎样构造有限元数值求解的初始速度场？

10. 目前有哪些常用的界面摩擦模型？各界面摩擦模型的应用范围？

11. 为什么要对坯料的触模与脱模进行处理？怎样处理坯料的触模与脱模？

12. 通常，重新划分变形体的有限元网格将涉及哪些工作？

13. 请根据图 5-9 描述金属热加工过程中传热、相变与塑性变形的关系。

14. 金属模锻成形中的坯料是怎样同外界交换热量的？

15. 变形与传热的耦合分析是怎样实现的？

16. 试根据主流专业软件的介绍，归纳、总结金属锻压成形数值模拟技术目前能够实现的工程应用。

17. 在 Deform 系统中怎样模拟锻件的多工步成形？

18. 通过应用案例学习，举例说明热锻模容易失效的原因？

第 6 章

金属焊接成形中的数值模拟

6.1 概述

　　焊接是一个涉及电弧物理、传热、冶金、力学和材料学等多学科的复杂的物理—化学过程。焊接中的电、磁、传热和金属熔化、凝固、相变等现象对焊接结构或焊接产品的质量影响极大。例如：不合理的焊接热过程将导致过高的焊接应力与焊接变形，严重时将产生焊接裂纹。又例如：不良的焊接冶金过程将恶化熔池特性，致使焊缝金属中的气孔、夹渣、成分偏析加剧和氢脆、热裂倾向增加。由于金属焊接成形所涉及的可变因素繁多，因此，单凭经验积累和工艺试验来控制焊接过程，既费力费时，又增加成本。在计算机技术的支持下，利用一组描述焊接基本过程的数理方程来仿真焊接中的电、磁、传热和金属熔化、凝固、相变，以及应力、应变等现象，然后借助数值方法求解这些数理方程，从而获得对焊接过程及其影响因素的定量认识，这就是所谓焊接过程的计算机模拟。一旦实现了各种焊接现象的计算机模拟，就能够在此基础上先期预测和控制焊接质量，优化焊接工艺、焊接参数和焊接结构，有针对性地解决焊接加工中的实际问题。

　　目前，金属焊接成形数值模拟研究和应用主要集中在以下几个方面。

　　① 焊接热过程模拟　包括仿真热源的大小与分布、焊接熔池的形成与演变、焊接电弧的传热传质，以及处理各种实际焊接接头形式、焊接程序、焊接工艺方法的边界条件等。焊接热过程分析计算获得的数据为合理选择焊接方法和工艺参数，以及后续进行的冶金分析和动态应力应变分析奠定基础。

　　② 焊接冶金过程模拟　包括仿真熔池反应与吸气、焊缝金属凝固、晶粒长大、固态相变、溶质再分配与偏析、气孔、夹渣和热裂纹形成，以及热影响区的氢扩散和脆化等。焊接冶金过程模拟对于确保接头质量，预测和优化接头组织、性能，以及合理选择焊接材料与工艺参数有着十分重要的意义。

　　③ 焊接应力与变形模拟　包括仿真焊接中应力应变的动态变化与分布、残余应力残余应变的形成与分布，以及焊接结构变形等。焊接应力与变形模拟为预防焊接裂纹、减小或消除焊接变形、降低残余应力和残余应变以及提高接头性能提供帮助。

　　④ 焊接接头的力学行为与性能模拟　包括仿真接头的应力分布状态、焊接构件的断裂、疲劳裂纹的扩展、残余应力对脆断的影响、焊缝金属和热影响区对性能的影响，以及预测接

头力学性能等。

　　⑤ 焊缝质量模拟　包括气孔、裂纹、夹渣等各种缺陷的评估与预测。

　　⑥ 特殊焊接工艺模拟　例如电子束焊、激光焊、离子弧焊、电阻焊、瞬态液相焊等。

　　焊接成形数值模拟的方法一般以有限元法为主，辅以有限差分法、蒙特卡洛法和解析法等。在实际应用中，通常是两种或两种以上的方法交叉渗透，各取所长，联合用于整个模拟对象的计算求解。例如：在模拟焊接瞬态热传导问题时，空间域求解常采用有限元法，而时间域求解则多采用有限差分法。

6.2 技术基础

6.2.1　焊接热过程的数值模拟

　　焊接热过程具有局部性、集中性、瞬时性和移动性特点。焊接热过程数值模拟除了分析热源/焊材/熔池/工件/环境之间热交换与内部传热外，还涉及金属熔化和凝固期间的流动、相变、传质、电弧与熔池交互、熔滴过渡、熔池形态、焊缝生成等各个方面。目前，焊接传热过程数值模拟的主要求解对象是焊接温度场，通过对温度场分布与变化的计算仿真，不但能够直接或间接地了解熔池形成与演变、金属结晶与组织、接头质量与性能、焊件应力与变形等物理现象，而且还能够为后续的焊接冶金、焊接应力、焊接组织和焊接缺陷等分析提供定量数据支撑。

　　初期的焊接热过程数值模拟主要集中在对其中非线性瞬态热传导问题的分析计算上，而没有考虑焊接熔池内部液态金属的流动对整个焊接传热过程的影响。一般说来，这种简化处理方法对于普通的焊接传热分析、焊接冶金分析和焊接力学行为分析已有足够精度；但是，若要精确研究和仿真焊接熔池的形成与演变、以及同熔池传热相关的物理化学现象等，则必须将流体动力学应用于焊接熔池。图 6-1 说明了焊接熔池传热、液态金属流动，以及焊接热源特性对焊接热过程数值模拟结果准确性和可用性的影响。

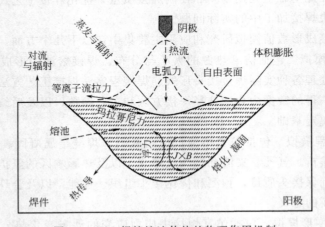

图 6-1　TIG 焊接熔池传热的物理作用机制

　　焊接传热过程数值计算控制方程的建立和边界条件的设置同焊接热源类型的选择有关。由于焊接热源种类较多，不同类型热源的能量分布形式各异，因此，本节仅以 TIG（钨极氩弧焊）为例，介绍焊接熔池传热数学模型的建立过程，并给出模型求解的典型初边值条件，以及相应的数值计算方法要点。至于焊接热传导问题（瞬态、准稳态或稳态）的数学模型与数值解法可参考第 2 章、第 3 章和第 5 章的相关内容。

6.2.1.1 熔池传热数学模型

（1）基本假设

① 熔池和电弧均呈现轴对称分布；

② 熔池中液态金属为黏性不可压缩的牛顿流体，其流动状态为层流；

③ 材料热物性随温度变化，忽略熔池金属的蒸发；

④ 焊接电弧的热流密度服从高斯（Gaussian）分布；

⑤ 熔池内驱动液态金属流动的力为电磁力、浮力和表面张力，而不考虑电弧压力。

（2）控制方程组

在移动电弧的作用下，被焊金属融化并形成熔池。按熔池的形成与演变可大致将熔池划分成前后两个部分：在熔池前部，电弧输入的热量大于熔池散失的热量，而在熔池后部，熔池散失的热量大于电弧输入的热量，所以随着电弧的移动，熔池前方金属不断熔化，熔池后端金属逐渐凝固。在固定坐标系（ξ，y，z）中，熔池金属（包括熔池内的液态金属和熔池周围的固态金属）的传热满足能量方程

$$\rho c \frac{\partial T}{\partial t} + \rho c\left(u\frac{\partial T}{\partial \xi} + v\frac{\partial T}{\partial y} + w\frac{\partial T}{\partial z}\right) = \lambda\left[\frac{\partial^2 T}{\partial \xi^2} + \frac{\partial^2 T}{\partial y^2} + \frac{\partial^2 T}{\partial z^2}\right] + Q \tag{6-1}$$

式中　　ρ——密度；

c——比热容；

λ——热导率（假设各向同性）；

T——温度；

t——时间；

u、v、w——微元体在 ξ、y、z 方向上的流速分量；

Q——内热源（一般为相变潜热）。

式（6-1）表明：流体流动引起的温度变化主要由流体自身导热和流体对流传热造成。其中：等式左边第一项代表同时间相关的能量变化，第二项代表同对流传热相关的能量变化；等式右边第一项代表同导热相关的能量变化，第二项代表同内热源相关的能量变化。

式（6-1）实际上涵盖了整个求解域内的熔池金属对流传热与导热传热两个方面的问题。由于固体材料中的物质流速等于零，所以在熔池周边固态金属内只进行导热计算；此时，式（6-1）简化成

$$\rho c \frac{\partial T}{\partial t} = \lambda\left[\frac{\partial^2 T}{\partial \xi^2} + \frac{\partial^2 T}{\partial y^2} + \frac{\partial^2 T}{\partial z^2}\right] + Q \tag{6-2}$$

求解式（6-1）可以获得整个熔池金属的温度分布，该温度分布在液固金属界面（熔池壁或熔合面）上自动吻合。需要注意的是：式（6-1）中的物性参数 ρ、c、λ 应分别针对熔池金属的不同物理形态选取。

当热流密度为 $q(r)$ 的焊接热源以恒定速度 u_0 沿 ξ 轴移动时，要求计算热源周围（含熔池和热影响区）的温度分布，根据固定坐标系（定义在工件上）与移动坐标系（定义在热源上）的关系，将 $x = \xi - u_0 t$ 代入方程（6-1）中，即可完成由固定坐标系到移动坐标系

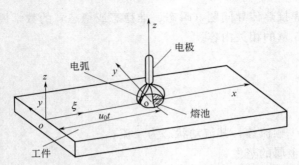

图 6-2　固定坐标系与热源坐标系之间的关系

（移动坐标系原点定义在热源中心）的转换，见图 6-2。最终得到基于热源坐标系的能量方程

$$\rho c\left[\frac{\partial T}{\partial t}+(u-u_0)\frac{\partial T}{\partial x}+v\frac{\partial T}{\partial y}+w\frac{\partial T}{\partial z}\right]=$$
$$\lambda\left[\frac{\partial^2 T}{\partial x^2}+\frac{\partial^2 T}{\partial y^2}+\frac{\partial^2 T}{\partial z^2}\right]+Q \quad (6-3)$$

式中　x——计算点到热源中心的距离。

当从电弧传入工件的总热能等于通过熔合面传递给母材的热量加上从熔池表面散失的热量时，熔池金属的传热处于准稳态，即 $\partial T/\partial t=0$，意味着熔池具有恒定的形状并以与电弧相同的速度沿 x 轴移动，此时的热能方程为：

$$\rho c\left[(u-u_0)\frac{\partial T}{\partial x}+v\frac{\partial T}{\partial y}+w\frac{\partial T}{\partial z}\right]=\lambda\left[\frac{\partial^2 T}{\partial x^2}+\frac{\partial^2 T}{\partial y^2}+\frac{\partial^2 T}{\partial z^2}\right]+Q \quad (6-4)$$

对于熔池中的流体传热，还应满足动量方程

$$\rho\left[\frac{\partial u}{\partial t}+(u-u_0)\frac{\partial u}{\partial x}+v\frac{\partial u}{\partial y}+w\frac{\partial u}{\partial z}\right]=-\frac{\partial p}{\partial x}+F_x+\rho\mu\left(\frac{\partial^2 u}{\partial x^2}+\frac{\partial^2 u}{\partial y^2}+\frac{\partial^2 u}{\partial z^2}\right) \quad (6-5a)$$

$$\rho\left[\frac{\partial v}{\partial t}+(u-u_0)\frac{\partial v}{\partial x}+v\frac{\partial v}{\partial y}+w\frac{\partial v}{\partial z}\right]=-\frac{\partial p}{\partial y}+F_y+\rho\mu\left(\frac{\partial^2 v}{\partial x^2}+\frac{\partial^2 v}{\partial y^2}+\frac{\partial^2 v}{\partial z^2}\right) \quad (6-5b)$$

$$\rho\left[\frac{\partial w}{\partial t}+(u-u_0)\frac{\partial w}{\partial x}+v\frac{\partial w}{\partial y}+w\frac{\partial w}{\partial z}\right]=-\frac{\partial p}{\partial z}+F_z+\rho\mu\left(\frac{\partial^2 w}{\partial x^2}+\frac{\partial^2 w}{\partial y^2}+\frac{\partial^2 w}{\partial z^2}\right) \quad (6-5c)$$

式中　F_x，F_y，F_z——流体体积力在 x，y，z 三个方向上的分量；

ρ——流体密度；

p——流体压强；

μ——流体运动黏度，$\mu=\eta/\rho$；

η——流体动力黏度。

方程（6-5）表明：由微元体的体积力、微元体表面压力和流体自身运动的动力（惯性力与黏性力之差）所产生的动量之和等于零。其中：等式左边代表惯性力；等式右边第一项代表作用在微元体上的表面压力，第二项代表微元体的体积力，第三项代表黏性力。

此外，熔池内的流场还应满足一个附加的约束条件，即体现流体流动质量守恒的连续性方程

$$\frac{\partial u}{\partial x}+\frac{\partial v}{\partial y}+\frac{\partial w}{\partial z}=0 \quad (6-6)$$

式（6-3）～式（6-6）即为描述移动熔池中流场和热场的偏微分方程组，也就是熔池传热的控制方程组。

（3）能量方程中的内热源处理

焊接金属熔化（或凝固）时将伴随着潜热的吸收（或释放），固态相变时也会出现同样的现象。处理相变潜热可以采用等效热源法、比热容突变法和等温法，以及第 3 章铸件凝固过程数值模拟中介绍的相关方法等。

① 等效热源法　根据某单元（即微元体）的平均温度 $\overline{T}_e$ 确定该单元是否处于熔化（或凝固）状态。若 $\overline{T}_e$ 位于熔化（或凝固）温度范围内，则将其吸收（或释放）的潜热等量地

分配到该单元的各节点上。此时，相对于周围其他单元而言，该单元就成为一个瞬时内热源。

② 比热容突变法 该方法认为，一般在材料的相变过程中，其比热容会发生突变，具体体现在热焓的突变上。当不考虑液固两相区的固相（或液相）分数时，可定义热焓

$$H = \int_{T_0}^{T} \rho c(T) \mathrm{d}T$$

可以证明，无论上式中的比热容 c 怎样变化，热焓 H 总是一个光滑函数。按定义，有

$$\rho c = \frac{\partial H}{\partial T} = \frac{1}{3}\left(\frac{\partial H/\partial x}{\partial T/\partial x} + \frac{\partial H/\partial y}{\partial T/\partial y} + \frac{\partial H/\partial z}{\partial T/\partial z}\right)$$

比热容突变法不适宜应用在熔化或凝固温度区间很小的相变潜热处理上，因为一旦计算步长选择不当就会错过相变区，从而给数值求解结果带来较大误差。

③ 等温法 假设材料熔化或凝固时的温度不变，只有当潜热全部吸收或释放完后，温度才会继续上升或降低。设熔化潜热 Q_L 对应的比热容 C_L，令

$$T_L = Q_L / C_L$$

式中 T_L——熔池金属液相线温度。

在加热过程中，如果某点的温度 T 超过熔点 T_m，则强制将该点温度 T 拉回到 T_m，并记录下 $\Delta T = |T - T_m|$；继续下一个时间步长的计算，直到 $\sum \Delta T = T_L$ 为止；此后，潜热的影响结束，该点温度继续上升。凝固时潜热的释放以同样方法处理。

（4）动量方程中的体积力处理

TIG 弧焊时，驱动熔池内液态金属流动的体积力主要包括电磁力和浮力。

① 浮力 由于熔池内温度分布的不均匀而导致流体密度随时间和空间变化，该密度梯度的存在打破了液态金属的静力平衡，从而造成温差驱动下的流体流动（即过热熔体上升，较冷熔体下降，形成自然循环对流），最终使熔池温度趋于一致。此时，驱动流体自然对流的力即称为浮力（已将重力影响包括在内），用下式表示

$$F_f = \rho g \beta \Delta T$$

式中 F_f——浮力；

ρ——流体密度；

g——重力加速度；

β——流体体积膨胀系数；

ΔT——温差，$\Delta T = T - T_L$。

② 电磁力 焊接熔池中发散的电流与其产生的磁场之间相互作用而形成电磁力。该电磁力驱使熔池内的液态金属作宏观流动，其流动方向大致为：在熔池表面，液态金属由熔池边缘向熔池中心流动；在熔池内部，液态金属由熔池上部沿中心线向下部流动，再沿液固界面流向熔池表面。电磁力的大小可由下式表示

$$F_e = J \times B$$

式中 F_e——电磁力；

J——电流密度；

B——磁感应强度。

设熔池自由表面的电流密度服从高斯（Gaussian）分布，即

$$J = \frac{3I}{\pi \sigma_j^2} \exp\left(-\frac{3r^2}{\sigma_j^2}\right)$$

式中　I——焊接电流；

　　　σ_j——电流有效分布半径；

　　　r——到中心轴的径向距离，$r = \sqrt{x^2 + y^2}$。

经变换，可得 x，y，z 三个方向上的电磁力表达式

$$(J \times B)_x = -\frac{\mu_0 I^2}{4\pi^2 \sigma_j^2 r} \exp\left(-\frac{r^2}{2\sigma_j^2}\right) \left[1 - \exp\left(-\frac{r^2}{2\sigma_j^2}\right)\right] \left(1 - \frac{z}{h}\right)^2 \frac{x}{r}$$

$$(J \times B)_y = -\frac{\mu_0 I^2}{4\pi^2 \sigma_j^2 r} \exp\left(-\frac{r^2}{2\sigma_j^2}\right) \left[1 - \exp\left(-\frac{r^2}{2\sigma_j^2}\right)\right] \left(1 - \frac{z}{h}\right)^2 \frac{y}{r}$$

$$(J \times B)_z = -\frac{\mu_0 I^2}{4\pi^2 \sigma_j^2 r} \left[1 - \exp\left(-\frac{r^2}{2\sigma_j^2}\right)\right] \left(1 - \frac{z}{h}\right)$$

式中　μ_0——磁导率；

　　　h——工件厚度（见图 6-1）。

综合上述各式，可得动量方程（6-5）中的体积力分量表达式

$$F_x = (J \times B)_x,\ F_y = (J \times B)_y,\ F_z = (J \times B)_z - \rho g \beta \Delta T$$

其中，浮力 $\rho g \beta \Delta T$ 前的负号表示其方向与 z 轴正向相反（见图 6-1）。

6.2.1.2　初边值条件

（1）初始条件

如果以电弧引燃时刻作为初始时刻，则工件温度 T 等于环境温度（或预热温度）T_a，即

$$T = T_a |_{t=0} \tag{6-7a}$$

此时，工件金属尚未熔化，因此有

$$u = v = w = 0 \tag{6-7b}$$

（2）边界条件

求解焊接传热控制方程（6-3）、式（6-5）和式（6-6）的边界条件主要有两大类：一类是能量边界条件，另一类是动量边界条件。

① 能量边界条件　即求解式（6-3）的边界条件。根据基本假设，焊接过程中输入给工件表面（$z = 0$）的热流密度布服从高斯（Gaussian）分布，于是有

$$q(r) = \frac{\eta IU}{2\pi \sigma_q^2} \exp\left(-\frac{r^2}{2\sigma_q^2}\right) \tag{6-8a}$$

式中　$q(r)$——距加热斑点中心 r 处的热流密度；

　　　η——电弧热效率；

　　　I——焊接电流；

　　　U——电弧电压；

　　　σ_q——高斯热流分布参数。

在固液界面上：

$$T = T_m \tag{6-8b}$$

式中　T_m——材料熔点。

在工件的上、下表面（$z=0$，$z=h$）

$$q_{loss}=h_f(T-T_a)+ES(T^4-T_a^4) \tag{6-8c}$$

式中　q_{loss}——厚度为 L 的工件（包括熔池，下同）通过对流和辐射方式向周围环境释放的热量，$q_{loss}=-\lambda\dfrac{\partial T}{\partial z}$；

　　　λ——工件热导率；

　　　h_f——界面对流换热系数；

　T，T_a——工件表面温度和环境温度；

　　　S——玻尔兹曼（Stefan-Boltzman）常数；

　　　E——工件表面黑度。

在 $y=0$ 的对称面上（见图 6-2）：

$$\partial T/\partial y=0 \tag{6-8d}$$

提示：设置绝热边界条件的目的是为了利用求解域的结构对称性减少计算量。

② 动量边界条件　即求解式(6-5)和式(6-6)的边界条件。在熔池表面，因温度梯度造成表面张力梯度，后者驱使液态金属从低表面张力区向高表面张力区流动。根据自由表面的连续性条件，表面张力沿熔池自由表面的变化等于流体的黏性剪切力，于是有：

$$\mu\frac{\partial u}{\partial z}=-\frac{\partial \gamma}{\partial T}\frac{\partial T}{\partial x}, \ \ \mu\frac{\partial v}{\partial z}=-\frac{\partial \gamma}{\partial T}\frac{\partial T}{\partial y} \tag{6-9a}$$

式中　γ——表面张力。

在固—液界面（熔池壁或熔合面）和固态金属中：

$$u=-u_0, \ v=w=0 \tag{6-9b}$$

注意：因建立控制方程时采用了坐标变换，所以使得工件整体相对于热源运动，其速度为 $-u_0$，负号表示同热源移动方向相反，见图 6-2。

在 $y=0$ 的对称面上，因熔池两侧的物质交换为零，因此有

$$\partial u/\partial y=0, \ \ \partial w/\partial y=0, \ \ v=0 \tag{6-9c}$$

6.2.1.3　计算方法

为了求解焊接传热的能量方程(6-3)，首先必须计算出熔池流体的速度场（流场）。由于构成熔池流场的三个速度分量 u、v、w 受控于动量方程(6-5)，而方程中的压力梯度又是一个同待求 u、v、w 混杂在一块的因变量，所以，计算流体速度场的困难在于未知的压力场。但是，压力场可间接地由表征流体连续流动的质量守恒方程(6-6)求得，显然，如果能够将满足方程(6-6)的压力场代入动量方程，则所计算出的速度场将自然满足连续性方程。

在二维情况下，通过交叉微分从任意两个动量方程中消去压力项，就可导出一个涡量传输方程，然后利用所谓"流函数/涡量"法求解熔池速度场。然而，该"流函数/涡量"法难以推广到三维空间，因为在三维空间构造流函数有较大难度。为此，可参照第 3 章应用SOLA 法求解铸液充型速度场和压力场，以及流动充型与传热耦合计算的思路，建立求解焊接熔池传热控制方程组的计算方法，其具体思路如下：

① 利用有限差分或有限元法离散方程(6-3)、式(6-5) 和式(6-6)；

提示：如无特殊说明，以下所提及的能量方程、动量方程和连续方程均指已离散方程。

② 以假设的初始速度和初始压力 u_0、v_0、w_0、p_0 为基础，利用动量方程(6-5)，粗算下一时刻的速度值 u'、v'、w'；

③ 以粗算速度值 u'、v'、w' 为基础，利用连续性方程(6-6)校正压力值，并将该校正值回代到式(6-5)中修正粗算速度值；

提示：校正压力值的目的是迫使熔池中液态金属流动的速度场满足连续性条件，即通过修正压力和修正速度将非零值的散度拉回到零或使之趋近于零。修正压力和修正速度的计算过程是一个循环迭代过程（参见第3章图3-4），其中每一步迭代计算获得的速度逼近值，同时也是下一步计算修正压力的速度校验值；而每一步迭代计算获得的压力修正值又是下一步计算修正速度的初始值；如此循环，直到计算速度场满足连续性条件或逼近连续性条件为止。

④ 利用收敛的熔池流速场更新温度场，即迭代求解能量方程(6-3)中的 T；

提示：在第一个时间步长内求解温度场时，由于事先并不知道熔池内流体的具体温度，所以可根据情况预先假设一组初始热物性（例如熔池金属熔化时的 ρ、c、λ）数据参与能量方程求解。

⑤ 利用更新后的温度修正动量方程(6-5)和能量方程(6-3)中的相关物理量（即熔池金属的黏度 μ、密度 ρ、比热容 c 和热导率 λ），为下一时刻（下一增量步）迭代计算速度场和压力场准备参数；

⑥ 用当前时刻的速度和压力 u_m、v_m、w_m、p_m（$m=1,2,3,\cdots$）取代第②步中的 u_{m-1}、v_{m-1}、w_{m-1}、p_{m-1}；然后重复第②～⑥步，计算下一时刻（t_{m+1}）的各物理场量。如此循环，直到完成整个工件的焊接为止（此时的传热过程也告结束）。

计算方法中对校正压力的处理可参考或借鉴第3章的相关内容。

6.2.1.4　焊接热过程数值模拟的若干问题

(1) 弧焊热源的选择

焊接热源模型的选取是否得当，对于真实还原焊接热源与熔池的交互作用、准确反映焊接温度场的动态分布与变化，以及焊接热过程模拟的计算效率关系极大。目前，在焊接热过程数值模拟中应用较多的是高斯分布热源模型和双椭球分布热源模型。

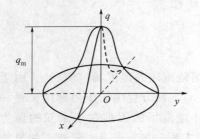

图6-3　高斯分布热源模型

① 高斯分布热源模型　焊接时，电弧热源将输送出的热能集中作用在一定面积的焊接区域上，该区域被称之为加热斑点。加热斑点上的热流分布极不均匀，呈现中心多边缘少的趋势。如果采用高斯函数描述该热流分布（见图6-3），则有一般通式

$$q(r)=q_{\max}\exp\left(-\frac{3r^2}{R^2}\right) \tag{6-10}$$

式中　$q(r)$——距加热斑点中心 r 的热流密度，$r=\sqrt{x^2+y^2}$；

$q_{\max}$——加热斑点中心最大热流密度，即图6-3中高斯曲面的最高点，$q_{\max}=\dfrac{3Q}{\pi R^2}$；

R——加热斑点的有效半径，即图6-3中 xoy 坐标面上的圆半径；

Q——焊接电弧的有效功率，$Q=\eta IU$；

η，I，U——电弧热效率、焊接电流和电弧电压。

式(6-10)和式(6-8a)属于高斯分布热流模型的不同表达式，相比之下，式(6-10)在文

献中引用更多一些。此外，电弧热效率同焊接方法、焊接参数和焊接材料的种类（焊条、焊丝、保护气体等）有关，常见弧焊方法的电弧热效率见表 6-1。

表 6-1 常见弧焊方法的电弧热效率

弧焊方法	电弧热效率 η	弧焊方法	电弧热效率 η
焊条电弧焊	$0.65\sim0.85$	熔化极氩弧焊（MIG）	$0.70\sim0.80$
埋弧焊	$0.80\sim0.90$	钨极氩弧焊（TIG）	$0.65\sim0.70$
CO_2 气体保护焊	$0.75\sim0.90$		

高斯分布热源模型属于平面热源模型，非常适合于表面堆焊和薄板焊；对于焊条电弧焊、钨极氩弧焊等常用焊接方法，采用高斯分布热源模型也能获得较为满意的计算结果。但是，高斯分布热源模型不太适合于坡口焊和填角焊等有较大焊接深度要求的热过程模拟。

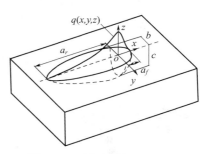

图 6-4 双椭球分布热源模型

② 双椭球分布热源模型 双椭球分布热源模型考虑了电弧热流沿工件板厚方向的分布，并将该分布以内热源形式施加在工件上。假设热源中心与坐标系原点重合，用 yoz 坐标面将前进中的体热源划分成前、后两部分（见图 6-4），用相应的椭球函数分别表示前后 1/4 的热流密度分布，于是便得到所谓双椭球分布的热源模型，即

$$q_f = \frac{6\sqrt{3}\,f_f Q}{a_f bc\pi\sqrt{\pi}}\exp\left[-3\left(\frac{x^2}{a_f^2}+\frac{y^2}{b^2}+\frac{z^2}{c^2}\right)\right] \qquad x\geqslant 0 \qquad (6\text{-}11a)$$

$$q_r = \frac{6\sqrt{3}\,f_r Q}{a_r bc\pi\sqrt{\pi}}\exp\left[-3\left(\frac{x^2}{a_r^2}+\frac{y^2}{b^2}+\frac{z^2}{c^2}\right)\right] \qquad x<0 \qquad (6\text{-}11b)$$

式中 q_f，q_r——前、后两部分椭球内任意点 (x,y,z) 处的热流密度；

f_f，f_r——前、后两部分椭球的热流密度分数，且 $f_f+f_r=2$；

a_f，a_r，b，c——椭球的半轴长，即热源的形状参数。

双椭球分布热源模型属于体热源模型，适用于电弧冲击效应较大的焊接方法，如熔化极气体保护焊、等离子弧焊等。其中，热源的形状参数 a_f，a_r，b，c 相互独立，可根据情况取不同的值。例如：拼焊不同材质的工件时，可将双椭球分成 4 个 1/8 的椭球瓣，每瓣对应不同的 a_f，a_r，b，c 值。

③ 其他焊接热源模型

a. 三维锥体分布热源模型 三维锥体分布热源模型实际上是一系列平面高斯热源沿工件厚度方向（假设 z 向）的叠加，而每个截面（垂直 z 轴）的热流分布半径 r_0 沿厚度方向按一定规律（例如线性、指数或对数）衰减，见图 6-5。若以热源中心为原点建立柱面坐标系，则热流密度可表示为

$$q_V(r,z) = \frac{9e^3 Q}{\pi(e^3-1)}\frac{1}{(z_e-z_i)(r_e^2+r_e r_i+r_i^2)}\exp\left(-\frac{3r^2}{r_0^2}\right) \qquad (6\text{-}12)$$

式中 z_e，z_i——工件上、下表面的 z 轴坐标；

r_e，r_i——工件上、下表面的热流分布半径；

Q——热源有效功率。

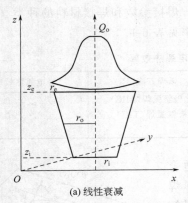 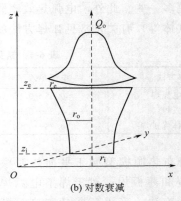

(a) 线性衰减   (b) 对数衰减

图 6-5   三维锥体分布热源模型（轴对称截面图）

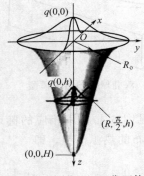

$$r_0(z) = r_i + (r_e - r_i)\frac{z - z_i}{z_e - z_i} \quad (线性衰减)$$

$$r_0(z) = \frac{(r_e - r_i)\ln z}{\ln z_e - \ln z_i} + \frac{r_i \ln z_e - r_e \ln z_i}{\ln z_e - \ln z_i} \quad (对数衰减)$$

b. 旋转高斯曲面体分布热源模型   旋转 Gauss 曲面体是由 Gauss 曲线围绕自身对称轴旋转获得的曲面所围成的曲面体，如图 6-6 所示。假设焊接热源能量全部分布在此曲面体内部，并满足条件：（a）垂直 z 轴的截面均为圆，且截面上的热流密度服从 Gauss 分布，在圆心处的热流密度 $q(0,z)$ 达到最大值；（b）z 轴上各点的热流密度值相同，即 $q(0,z)$ 等于常数。若以

图 6-6   旋转 Gauss 曲面体

热源中心为原点建立柱面坐标系，则有旋转高斯曲面体分布热源模型的数学表达式

$$q(r,z) = \frac{3c_s Q}{\pi H(1 - 1/e^3)} \exp\left[\frac{-3c_s}{\lg(H/z)} r^2\right] \tag{6-13}$$

式中 H——热源高度；

        Q——热源有效功率；

        c_s——热源形状集中系数，该值越大，则热源形状越细长，$c_s = 3/R_0^2$；

        R_0——热源开口端面半径。

由于三维锥体分布热源和旋转高斯曲面体分布热源均属于锥型头类体热源，因此常用作高能束焊接模拟的热源模型，例如激光焊、电子束焊等。

有时为了更加真实地模拟焊接热过程，往往采用两种或两种以上热源模型组合仿真电弧熔化焊。例如：采用高斯分布模型作为表面熔化热源，而采用双椭球分布模型作为熔池部分的内热源。

（2）焊缝金属的填充模拟

大多数焊接热过程伴随有熔敷金属的填充，如手工电弧焊、埋弧焊、熔化极惰性气体保护电弧焊（MIG）等。在以有限元法为代表的数值模拟软件（例如 ANSYS、SYSWELD）中，通常采用生死单元技术处理焊缝金属的填充。其具体思路为：连同焊缝区一道建立分析对象的几何模型；单独划分焊缝区网格；焊前置焊缝区单元为"死"态，即不参与模拟计算的非激活态；随着焊接热源的移动，依次激活热源所到之处的焊缝单元（转换为"生"态的单元）参与模拟计算，并根据填充金属量同步恢复预先设计焊缝截面的部分或全部形状。如

果是多层焊，则分别设置对应于每一层焊缝高度的生死单元，这样便可模拟每一道焊接的金属熔敷过程。图 6-7 是生死单元技术的图例说明，图 6-8 是在不同工艺条件下利用生死单元技术计算获得的 MIG 焊缝填充结果与物理实验测试对比。其中，焊缝余高的处理过程如下。

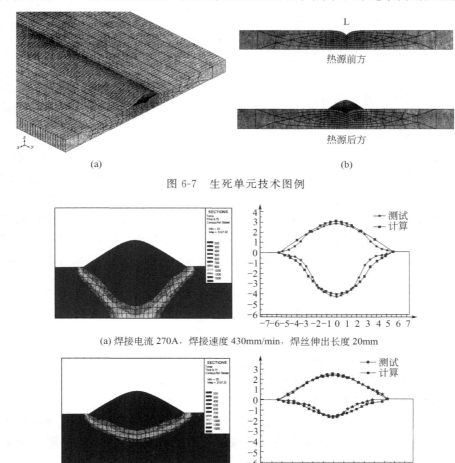

图 6-7　生死单元技术图例

(a) 焊接电流 270A，焊接速度 430mm/min，焊丝伸出长度 20mm

(b) 焊接电流 200A，焊接速度 430mm/min，焊丝伸出长度 20mm

图 6-8　MIG 焊缝计算形状与实验测试结果对比

假设：①焊接熔池足够长，熔池沿长度方向的曲率可以忽略不计；②熔池中液相顶部的表面张力均匀；③忽略熔池前部下凹对余高的影响；④忽略熔池后部电弧力的影响；⑤余高的截面轮廓曲线为抛物线（图 6-9），其对应方程

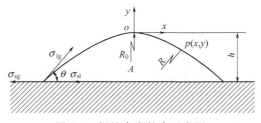

图 6-9　焊缝余高轮廓示意图

$$y = a_w x^2 \quad (a_w < 0)$$

根据三相接触点处表面张力的平衡关系，可推导出

$$a_w^2 = \frac{2v_0 \tan^2\theta}{3\pi d_w^2 S_m}, \quad h = -\frac{\tan^2\theta}{4a_w}$$

式中　v_0——焊接速度；

　　　d_w——焊丝直径；

　　　S_m——送丝速度；

　　　θ——液、固金属接触角；

　　　a_w——抛物轮廓开口系数；

　　　h——余高高度。

（3）两相区的合金流动

由于焊接过程中合金的相变存在移动边界问题，因此，需要找到一种可靠的数学方法来描述合金在固、液和糊状（对应液固两相共存）三个区中的流动与相变。目前，处理对流/扩散相变问题的常用方法是焓-孔（Enthalpy-Porosity）法。该法的基本出发点是：在所有正在发生相变的计算单元中，逐渐降低液相合金的流速大小，直到完全固化后其流速变为零。具体做法是：将正在进行相变的计算单元假定为多孔介质（Porous Media），其多孔性由液相合金的体积分数 f_l 表示。于是，动量方程(6-5)中的体积力组成可增加一项一阶拖曳力 S_d

$$S_d = -C \frac{(1-f_l)^2}{f_l^3 + b} u_i^0 \tag{6-14}$$

式中　C——与糊状区枝晶形貌及尺寸相关的常数；

　　　u_i^0——相变单元 i 的表观速度；

　　　b——一个保证式(6-14)分母不为零的足够小正数；

　　　f_l——液相合金的体积分数。

式(6-14)表示：如果把合金液在两相区枝晶间的流动视为其通过多孔介质的流动，则液固两相间的相互作用力与合金液表观流速成正比。一阶拖曳力 S_d 总是阻止合金液的流动，故其方向与液相的表观流速相反。

一般而言，f_l 是多个凝固变量的函数，不过对于许多合金系来说，即使假设 f_l 仅为温度的函数也是合理的。$f_l = F(T)$ 的类型一般有阶跃型、线性型和 Scheil 型。为简化计算，通常取线性关系，即

$$f_l = \begin{cases} 0 & T < T_s \\ \dfrac{T-T_s}{T_l-T_s} & T_s < T < T_l \\ 1 & T > T_l \end{cases}$$

式中　T_l——液相线温度；

　　　T_s——固相线温度。

采用 Enthalpy-Porosity 法处理两相区的合金流动后，整个计算区域被看作是多孔介质的连续体，计算域内各相区的本质差别由液相体积分数决定。在液相区，$f_l = 1$，$S_d = 0$，液态合金可以自由流动；在固相区，$f_l = 0$，S_d 大到足以使 u_i^0 趋近于零；在相变糊状区，$0 < f_l < 1$，S_d 的值决定了动量控制方程(6-5)中的非稳态项（即与时间变化相关的项）、对流项和扩散项的相对比例，以使其满足 Kozeny-Carman 定律

$$K = K_0 \frac{f_l^3}{(1-f_l)^2}$$

式中 K_0——与两相区枝晶尺寸有关的参数。

借助多孔介质模型描述两相区合金液的流动，其优点在于，可以利用固定网格来解决动量方程和能量方程的耦合，而不必因为合金相变而重画网格。也就是说，用一套固定的网格系统和一组物理域的外边界条件即可获得双域或多域相变问题的解。

（4）熔池传热/对流/扩散/相变统一模型

为了统一描述焊接熔池在传热/对流/扩散/相变过程中的能量、质量、动量，以及合金浓度变化，可采用如下形式的热过程控制方程

$$\frac{\partial}{\partial t}(\rho\Phi) + \nabla(\rho V\Phi) = \nabla(\Gamma_\Phi \nabla\Phi) + S_\Phi \tag{6-15}$$

式中 Φ——广义场变量（例如温度、速度、浓度等）；

Γ_Φ——对应于 Φ 的广义扩散系数；

S_Φ——广义源项；

ρ——密度；

V——流速；

∇——哈密顿算子。

式（6-15）中第一项为非稳态项，第二项为对流项，第三项为扩散项，第四项为源项。源项包括所有不能归入非稳态、对流和扩散项的其他组成项。利用式（6-15）模拟焊接热过程具有两大优点：①无需给出固相区、糊状区和液相区之间的准确边界条件，无需采用移动网格技术或坐标映象技术来动态跟踪相区间界面边界的变化，整个方程组的求解只需显式给出整个计算域的外边界条件即可；②只要编写一个通用的求解程序便可计算方程（6-15）中不同意义的场变量 Φ。但是，针对具体的 Φ，需要有相应的 Γ_Φ 和 S_Φ 表达式与之匹配，同时也需要给出相应的合适的初始条件和边界条件。

借助统一模型不但能计算模拟焊接熔池的传热/对流/扩散/相变过程，而且还能计算模拟焊接电弧的传热传质过程，以及用于焊接电弧与熔池系统的双向耦合分析。当然，其前提是正确建立方程（6-15）在不同应用中的广义扩散系数和广义源项，以及相应的初边值条件。

现以模拟基于移动热源的钨极气体保护焊（GTAW）熔池传热过程为例，简要说明式（6-15）的应用。假设：

① 熔池中液态金属为黏性不可压缩的牛顿流体，其流动状态为层流；

② 来源于焊接电弧的热流密度分布及电流密度分布服从径向对称的高斯（Gaussian）分布；

③ 除浮力项外其他所有项中的密度均不随温度变化。

根据上述假设，可建立相对于工件固定坐标系 (x, y, z) 的通用控制方程组

$$\frac{\partial}{\partial t}(\rho\Phi) + \left[-\frac{\partial}{\partial x}(\rho u_0\Phi) + \frac{\partial}{\partial x}(\rho u\Phi) + \frac{\partial}{\partial y}(\rho v\Phi) + \frac{\partial}{\partial z}(\rho w\Phi) \right]$$
$$= \frac{\partial}{\partial x}\left(\Gamma_\Phi \frac{\partial\Phi}{\partial x} \right) + \frac{\partial}{\partial y}\left(\Gamma_\Phi \frac{\partial\Phi}{\partial y} \right) + \frac{\partial}{\partial z}\left(\Gamma_\Phi \frac{\partial\Phi}{\partial z} \right) + S_\Phi \tag{6-16}$$

其中，热源坐标系与工件坐标系之间的关系参见图 6-1。利用相应的场变量和物性参数代替式（6-16）中的 Φ 和 Γ_Φ，便得

连续方程（质量守恒方程）

$$\frac{\partial \rho}{\partial t}+\frac{\partial (\rho u)}{\partial x}+\frac{\partial (\rho v)}{\partial y}+\frac{\partial (\rho w)}{\partial z}=0 \tag{6-17}$$

动量守恒方程

$$\frac{\partial}{\partial t}(\rho u)+\left[-\frac{\partial}{\partial x}(\rho u_0 u)+\frac{\partial}{\partial x}(\rho u u)+\frac{\partial}{\partial y}(\rho v u)+\frac{\partial}{\partial z}(\rho w u)\right]$$
$$=\frac{\partial}{\partial x}\left(\mu \frac{\partial u}{\partial x}\right)+\frac{\partial}{\partial y}\left(\mu \frac{\partial u}{\partial y}\right)+\frac{\partial}{\partial z}\left(\mu \frac{\partial u}{\partial z}\right)+S_x \tag{6-18a}$$

$$\frac{\partial}{\partial t}(\rho v)+\left[-\frac{\partial}{\partial x}(\rho u_0 v)+\frac{\partial}{\partial x}(\rho u v)+\frac{\partial}{\partial y}(\rho v v)+\frac{\partial}{\partial z}(\rho w v)\right]$$
$$=\frac{\partial}{\partial x}\left(\mu \frac{\partial v}{\partial x}\right)+\frac{\partial}{\partial y}\left(\mu \frac{\partial v}{\partial y}\right)+\frac{\partial}{\partial z}\left(\mu \frac{\partial v}{\partial z}\right)+S_y \tag{6-18b}$$

$$\frac{\partial}{\partial t}(\rho w)+\left[-\frac{\partial}{\partial x}(\rho u_0 w)+\frac{\partial}{\partial x}(\rho u w)+\frac{\partial}{\partial y}(\rho v w)+\frac{\partial}{\partial z}(\rho w w)\right]$$
$$=\frac{\partial}{\partial x}\left(\mu \frac{\partial w}{\partial x}\right)+\frac{\partial}{\partial y}\left(\mu \frac{\partial w}{\partial y}\right)+\frac{\partial}{\partial z}\left(\mu \frac{\partial w}{\partial z}\right)+S_z \tag{6-18c}$$

能量守恒方程

$$\frac{\partial}{\partial t}(\rho H)+\left[-\frac{\partial}{\partial x}(\rho u_0 H)+\frac{\partial}{\partial x}(\rho u H)+\frac{\partial}{\partial y}(\rho v H)+\frac{\partial}{\partial z}(\rho w H)\right]$$
$$=\frac{\partial}{\partial x}\left(k \frac{\partial T}{\partial x}\right)+\frac{\partial}{\partial y}\left(k \frac{\partial T}{\partial y}\right)+\frac{\partial}{\partial z}\left(k \frac{\partial T}{\partial z}\right)+S_H \tag{6-19}$$

能量守恒方程中的 H 代表混合焓，可以看成是固、液显热与相变潜热之和。

方程（6-17）～（6-19）对应的广义源项表达式见表 6-2。

表 6-2 基于移动热源的 GTAW 焊接熔池传热控制方程的广义源项

控制方程	广义源项 S_Φ
连续方程	0
动量方程	$S_x=-\dfrac{\partial p}{\partial x}-\dfrac{C(1-f_l)^2}{f_l^3+b}u-\dfrac{\mu_0 I^2}{4\pi^2\sigma_j^2 r}\exp\left(-\dfrac{r^2}{2\sigma_j^2}\right)\left[1-\exp\left(-\dfrac{r^2}{2\sigma_j^2}\right)\right]\left(1-\dfrac{z}{h}\right)^2\dfrac{x}{r}$
	$S_y=-\dfrac{\partial p}{\partial y}-\dfrac{C(1-f_l)^2}{f_l^3+b}v-\dfrac{\mu_0 I^2}{4\pi^2\sigma_j^2 r}\exp\left(-\dfrac{r^2}{2\sigma_j^2}\right)\left[1-\exp\left(-\dfrac{r^2}{2\sigma_j^2}\right)\right]\left(1-\dfrac{z}{h}\right)^2\dfrac{y}{r}$
	$S_z=-\dfrac{\partial p}{\partial z}-\dfrac{C(1-f_l)^2}{f_l^3+b}w-\dfrac{\mu_0 I^2}{4\pi^2\sigma_j^2 r}\left[1-\exp\left(-\dfrac{r^2}{2\sigma_j^2}\right)\right]\left(1-\dfrac{z}{h}\right)+\rho g\beta(T-T_m)$
能量方程	$S_H=-\rho L\left[\dfrac{\partial f_l}{\partial t}+(u-u_0)\dfrac{\partial f_l}{\partial x}+v\dfrac{\partial f_l}{\partial y}+w\dfrac{\partial f_l}{\partial z}\right]$

注：动量方程源项等式右边第一项为压力，第二项为一阶拖曳力（多孔介质中的液相流动阻力），第三项为电磁力，第四项（仅 z 轴方向有）为浮力；能量方程中的 L 为相变潜热。

求解方程（6-17）～（6-19）所需的边界条件如下。

① 能量边界条件 输入工件表面的热流密度（假设满足高斯函数分布）

$$q(r)=\frac{3\eta IU}{\pi R^2}\exp\left(-\frac{3r^2}{R^2}\right) \quad r\leqslant R$$

熔池和工件的对称面（即图 6-2 中 xoz 面）上为绝热边界

$$\partial T/\partial y=0$$

在工件的上、下表面（$z=0$，$z=h$）存在对流和辐射换热

$$q_{loss}=h_f(T-T_a)+ES(T^4-T_a^4)$$

熔池内外的固/液界面由液相分数 f_l 自动决定，即

$$\begin{cases} f_l=0 & 固相区 \\ 0<f_l<1 & 糊状区 \\ f_l=1 & 液相区 \end{cases} \qquad (6\text{-}20)$$

上述界面对应的边界条件是整个控制方程求解的一部分，无需再针对熔池内外另设其他与相界面有关的边界条件。只是在每一个增量步（载荷或时间）迭代计算结束时要根据温度场等数据判断液相分数分布，以便确定下一增量步计算的固/液相前沿位置。

② 动量边界条件 熔池上表面（自由表面）的黏性剪切力与表面张力平衡

$$\mu\frac{\partial u}{\partial z}=-\frac{\partial \gamma}{\partial T}\frac{\partial T}{\partial x}, \ \mu\frac{\partial v}{\partial z}=-\frac{\partial \gamma}{\partial T}\frac{\partial T}{\partial y}$$

熔池和工件对称面上的流动边界条件

$$\partial u/\partial y=0, \quad \partial w/\partial y=0, \quad v=0$$

同样可以将式（6-20）用于动量边界条件，因为式（6-15）中的速度场

$$V=f_sV_s+f_lV_l, \ f_s+f_l=1$$

式中 f_s——固相分数；

V_s，V_l——固、液相流动速度。

如果假设固相流速 $V_s=0$，则 $V=f_lV_l$。

6.2.2　焊接应力与变形的数值模拟

焊接应力与变形数值模拟的主要任务为：仿真焊接时的应力应变过程、焊件变形与裂纹产生，以及温度、相变、应力间的耦合效应，探索焊接结构、焊接参数对焊接应力与变形的影响，预测焊后残余应力与残余应变，验证消除应力与变形的工艺方法等。

图 6-10 表示焊接时温度、相变和应力之间的交互作用。由图可见，焊接应力由热应力和相变应力组成，所引发的应变包括温度应变、相变应变和塑性应变，其中塑性应变多由焊接接头（含焊缝区和热影响区）金属剧烈的或不均匀的热胀冷缩造成。目前，研究焊接应力与变形的数值方法主要有热弹塑性有限元法、黏弹塑性有

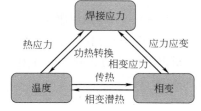

图 6-10　温度-相变-应力间的交互作用

限元法和固有应变分析法等，本章重点介绍应用广泛的热弹塑性有限元法。

6.2.2.1　焊接热弹塑性有限元基本方程

（1）基本假设

① 材料屈服服从 Mises 屈服准则；

② 塑性区内的材料行为服从流动法则和硬化法则；

③ 弹性应变、塑性应变和温度应变可分离；

④ 同温度有关的机械性能和应力应变在微小时间增量内呈线性变化。

（2）本构方程

考虑到温度的影响，当材料处于弹性区时，其总应变增量 $d\varepsilon$ 由弹性应变增量 $d\varepsilon_e$ 和温

度应变增量 $d\varepsilon_T$ 两部分组成，即

$$\{d\varepsilon\} = \{d\varepsilon_e\} + \{d\varepsilon_T\} \tag{6-21}$$

式中　　$\{\ \}$——由相关场量的分量构成的矩阵。

由于材料的弹性模量 E、泊松比 μ 和线膨胀系数 α 是温度的函数，因此有

$$\{d\varepsilon_e\} = d[D_e^{-1}\{\sigma\}] = D_e^{-1}\{d\sigma\} + \frac{\partial D_e^{-1}}{\partial T}\{\sigma\}dT \tag{6-22}$$

$$\{d\varepsilon_T\} = \{\alpha\}dT \tag{6-23}$$

式中　　D_e——弹性矩阵（同 E、μ 有关）；

$\{\sigma\}$、$\{d\sigma\}$——应力和应力增量矩阵；

T——温度；

$\{\alpha\}$——线胀系数矩阵，$\{\alpha\} = \left\{\alpha_0 + \dfrac{\partial \alpha}{\partial T}T\right\}$；

α_0——初始温度下的线胀系数。

将式（6-22）和式（6-23）代入式（6-21），化简得到弹性区的材料应力—应变关系（弹性本构方程）

$$\{d\sigma\} = D_e\{d\varepsilon\} - C_e dT \tag{6-24}$$

式中　　C_e——弹性温度矩阵，$C_e = D_e\left(\{\alpha\} + \dfrac{\partial D_e^{-1}}{\partial T}\{\sigma\}\right)$。

同理，处于塑性区的材料总应变增量 $d\varepsilon$ 由其弹性应变增量 $d\varepsilon_e$、塑性应变增量 $d\varepsilon_p$ 和温度应变增量 $d\varepsilon_T$ 三部分组成，即

$$\{d\varepsilon\} = \{d\varepsilon_e\} + \{d\varepsilon_p\} + \{d\varepsilon_T\} \tag{6-25}$$

假设将描述材料屈服条件的 Mises 准则表示成：

$$F(\sigma) - Y(\varepsilon_p, T) = 0 \tag{6-26}$$

式中　　$F(\sigma)$——后继屈服函数；

Y——与材料塑性应变 ε_p 和温度 T 相关的屈服应力。

根据塑性流动法则，对于稳定应变硬化材料，如果存在关联流动，则塑性应变增量 $d\varepsilon_p$ 为

$$\{d\varepsilon_p\} = \lambda\left\{\frac{\partial F}{\partial \sigma}\right\} \tag{6-27}$$

式中　　λ——与材料硬化法则相关的参数。

由于材料发生塑性屈服时，其应力值会落在式（6-26）表示的屈服面上，因此对式（6-26）微分，得

$$\left[\frac{\partial F}{\partial \sigma_x}d\sigma_x + \frac{\partial F}{\partial \sigma_y}d\sigma_y + \frac{\partial F}{\partial \sigma_z}d\sigma_z + \frac{\partial F}{\partial \tau_{xy}}d\tau_{xy} + \frac{\partial F}{\partial \tau_{yz}}d\tau_{yz} + \frac{\partial F}{\partial \tau_{zx}}d\tau_{zx}\right] - \left[\frac{\partial Y}{\partial \varepsilon_{px}}d\varepsilon_{px}\right.$$

$$\left. + \frac{\partial Y}{\partial \varepsilon_{py}}d\varepsilon_{py} + \frac{\partial Y}{\partial \varepsilon_{pz}}d\varepsilon_{pz} + \frac{\partial Y}{\partial \varepsilon_{pxy}}d\varepsilon_{pxy} + \frac{\partial Y}{\partial \varepsilon_{pyz}}d\varepsilon_{pyz} + \frac{\partial Y}{\partial \varepsilon_{pzx}}d\varepsilon_{pzx}\right] - \frac{\partial Y}{\partial T}dT = 0$$

或　　　　$$\left\{\frac{\partial F}{\partial \sigma}\right\}^T\{d\sigma\} = \left\{\frac{\partial Y}{\partial \varepsilon_p}\right\}^T\{d\varepsilon_p\} + \left\{\frac{\partial Y}{\partial T}\right\}^T dT \tag{6-28}$$

将式（6-22）、式（6-23）和式（6-27）代入式（6-25），得

$$\{d\varepsilon\} = D_e^{-1}\{d\sigma\} + \frac{\partial D_e^{-1}}{\partial T}\{\sigma\}dT + \lambda\left\{\frac{\partial F}{\partial \sigma}\right\} + \{\alpha\}dT \tag{6-29}$$

为消去 λ，式(6-29) 两端左乘 $\left\{\dfrac{\partial F}{\partial \sigma}\right\}^T D_e$，并化简

$$\left\{\frac{\partial F}{\partial \sigma}\right\}^T D_e\left\{\frac{\partial F}{\partial \sigma}\right\}\lambda = \left\{\frac{\partial F}{\partial \sigma}\right\}^T D_e\{d\varepsilon\} - \left\{\frac{\partial F}{\partial \sigma}\right\}^T\{d\sigma\} - \left\{\frac{\partial F}{\partial \sigma}\right\}^T D_e\left[\{\alpha\} + \frac{\partial D_e^{-1}}{\partial T}\{\sigma\}\right]dT$$

然后将式(6-28) 代入上式，解出 λ

$$\lambda = \frac{\left\{\dfrac{\partial F}{\partial \sigma}\right\}^T D_e\{d\varepsilon\} - \left\{\dfrac{\partial F}{\partial \sigma}\right\}^T D_e\left[\{\alpha\} + \dfrac{\partial D_e^{-1}}{\partial T}\{\sigma\}\right]dT - \left\{\dfrac{\partial Y}{\partial T}\right\}^T dT}{\left\{\dfrac{\partial F}{\partial \sigma}\right\}^T D_e\left\{\dfrac{\partial F}{\partial \sigma}\right\} + \left\{\dfrac{\partial Y}{\partial \varepsilon_p}\right\}^T\left\{\dfrac{\partial F}{\partial \sigma}\right\}} \tag{6-30}$$

最后将 λ 代入式(6-29) 整理，得到处于塑性状态的材料应力—应变关系（弹塑性本构方程）

$$\{d\sigma\} = D_{ep}\{d\varepsilon\} - \left(D_{ep}\{\alpha\} + D_{ep}\frac{\partial D_e^{-1}}{\partial T}\{\sigma\} - D_e\left\{\frac{\partial F}{\partial \sigma}\right\}\left\{\frac{\partial Y}{\partial \sigma}\right\}/S\right)dT \tag{6-31}$$

式中 $S = \left\{\dfrac{\partial F}{\partial \sigma}\right\}^T D_e\left\{\dfrac{\partial F}{\partial \sigma}\right\} + \left\{\dfrac{\partial Y}{\partial \varepsilon_p}\right\}^T\left\{\dfrac{\partial F}{\partial \sigma}\right\}$，$D_{ep} = D_e - D_e\left\{\dfrac{\partial F}{\partial \sigma}\right\}\left\{\dfrac{\partial F}{\partial \sigma}\right\}^T D_e/S$。

令 $$C_{ep} = D_{ep}\left(\{\alpha\} + \frac{\partial D_e^{-1}}{\partial T}\{\sigma\}\right) - D_e\left\{\frac{\partial F}{\partial \sigma}\right\}\left\{\frac{\partial Y}{\partial \sigma}\right\}/S$$

于是有 $$\{d\sigma\} = D_{ep}\{d\varepsilon\} - C_{ep}dT \tag{6-32}$$

式中 D_{ep} ——弹塑性矩阵；

C_{ep} ——弹塑性温度矩阵。

位于塑性区的材料加载和卸载过程由 λ 值决定，即

① $\lambda < 0$ 继续塑性加载，采用式(6-32) 描述该过程的材料应力—应变关系；

② $\lambda = 0$ 中性变载（对于理性弹塑性材料，继续塑性加载；对于硬化弹塑性材料，保持当前状态不变，即不产生新的材料流动）；

③ $\lambda > 0$ 弹性卸载，采用式(6-24) 描述该过程的材料应力—应变关系。

实际上，本小节推导出的热弹塑性本构方程 (6-32) 同第 3 章求解铸件应力场的热弹塑性本构方程(3-64) 一致，只是 λ 的表达式因后继屈服函数 F 的描述不同而有所差异罢了。

（3）刚度方程

对于离散的焊接构件中任一单元，可应用虚位移原理建立其刚度方程。假设"外力"增量 dp^e（由面力、体力等产生的等效节点力增量组成）对单元做功引发单元虚应变 $\delta\varepsilon$，由此得到虚功表达式如下

$$\{\delta a^e\}^T\{dp^e\} = \int\{\delta\varepsilon\}^T\{d\sigma\}d\Omega$$

$$= \{\delta a^e\}^T\int B^T(D\{d\varepsilon\} - CdT)d\Omega$$

或 $$\{dp^e\} = \int B^T DB d\Omega\{da^e\} - \int B^T CdT d\Omega$$

令 $$K^e = \int B^T DB d\Omega，\{dp_T^e\} = \int B^T CdT d\Omega \tag{6-33}$$

最后形成单元刚度方程（力平衡方程）：

$$K^e\{da^e\}=\{dp^e\}+\{dp_T^e\} \tag{6-34}$$

式中　δa^e——虚位移；

$\delta\varepsilon$——虚应变；

$d\sigma$——应力增量；

$d\varepsilon$——应变增量；

dp^e——作用在单元上的"外力"增量；

dp_T^e——由温度应变和热胀冷缩引起的等效节点力增量；

da^e——节点位移增量；

K^e——单元刚度矩阵；

B——应变矩阵；

D——弹性或弹塑性矩阵。

根据单元所处区域（弹性或塑性区），分别用 D_e、C_e 或 D_{ep}、C_{ep} 代替式（6-33）中的 D 和 C，以形成单元刚度矩阵和同温度相关的等效节点力增量。在此基础上，集成总刚度矩阵 K 和总载荷向量 $\{dP\}$，获得整个焊接构件上的总刚度方程（力平衡方程组）

$$K\{da\}=\{dP\} \tag{6-35}$$

式中　$K=\sum K^e$；$\{dP\}=\sum(\{dp^e\}+\{dp_T^e\})$。

考虑到焊接过程一般无外力作用，求解域内每个节点及其周围节点构成的力系自相平衡，$\sum\{dp^e\}$ 项常为零，因此 $\{dP\}=\sum\{dp_T^e\}$。换句话说，在忽略宏观净外力作用的前提下，焊接力场中的载荷项实际上由焊接温度的变化量 ΔT 所决定。

6.2.2.2　焊接热弹塑性问题的求解

（1）求解方法

求解焊接热弹塑性问题的一般方法为

① 用有限单元离散焊接结构或求解域；

② 逐步加载温度增量（由预先计算出的焊接温度场给定），利用式（6-35）迭代计算每一温度增量步所对应的各节点位移增量 $\{da\}$；

③ 利用几何方程 $\{d\varepsilon\}=B\{da\}$，计算各单元应变增量 $\{d\varepsilon^e\}$；

④ 根据各单元所处区域（弹性或塑性）及加载或卸载状态，利用式（6-24）式（6-32）计算各单元应力增量 $\{d\sigma^e\}$；这样便可以获得整个焊接过程中的应力应变分布及其变化，以及最终的焊接残余应力和焊接结构变形等数据。

（2）提高计算精度和稳定性的若干途径

由于热源移动，整个焊件的温度、应力—应变随时间和空间急剧变化，同一时刻存在加热和冷却、加载和卸载等现象，而且还有可能存在焊接构件的整体或局部大变形；因此，求解焊接应力问题时难免会涉及材料非线性和几何非线性等因素。为了改善基于有限元法的焊接应力计算精度，可以从以下几个方面着手：

① 采用稳定而可靠的计算方法　确保焊接应力分析所依赖的焊接温度场的计算精度。

② 借助加权增量变刚度法处理单元由弹性向塑性的过渡　实际上，对于加载前处于弹性区和加载时屈服、加载后进入塑性区的单元（即所谓过渡单元），利用 D_e、C_e 或 D_{ep}、C_{ep} 形成的单元刚度矩阵 K^e 和等效节点力载荷 $\{dp_T^e\}$ 计算其应力应变，均会带来较大误差。为此，可采用加权平均法对 D_{ep} 和 C_{ep} 进行修正，即令

$$\overline{D}_{ep} = \omega D_e + (1-\omega)D_{ep}$$

$$\overline{C}_{ep} = \omega C_e + (1-\omega)C_{ep}$$

$$\omega = (Y_1 - \overline{\sigma}_1)/(Y_1 - \overline{\sigma}_1 + \overline{\sigma}_2 - Y_2)$$

式中 ω——加权系数，$0 < \omega < 1$；

$\overline{\sigma}_1$，Y_1——前一时刻的等效应力和屈服应力；

$\overline{\sigma}_2$，Y_2——当前时刻的等效应力和屈服应力。

将上述 $\overline{D}_{ep}$、$\overline{C}_{ep}$ 代入式(6-33)，即得到过渡单元的刚度矩阵和等效节点载荷表达式以及总刚度矩阵

$$\overline{K}^e = \int B^T \overline{D}_{ep} B \, \mathrm{d}(\Omega), \quad \{\Delta \overline{p}_T^e\} = \int B^T \{\overline{C}_{ep}\} \Delta T \, \mathrm{d}\Omega$$

$$K = \sum K^e + \sum \overline{K}^e$$

这就是按照单元在每个增量步所处状态（弹性或塑性），利用加权系数调整刚度的方法。

③ 材料高温数据的处理 在接近熔点的高温区间，常因缺乏必要的材料实验数据而导致分析结果不准确，对此的处理办法一般是假设弹性模量和屈服应力在此温度区间足够小。然而，如果该假设失配，则可能发生卸载时应力反而增大的不合理现象。为防止此类现象发生，可使弹性模量随温度改变而导致的应力变化小于热膨胀引起的变化，即令

$$\frac{\Delta E}{\Delta T} < \frac{\alpha E^2}{Y}$$

式中 ΔE——弹性模量增量；

$\quad\ \alpha$——线胀系数；

$\quad\ Y$——屈服应力。

④ 合理控制计算步长和网格尺寸 计算时的温度步长 ΔT 不能太大，通常应控制在 10℃以下。为兼顾计算精度和计算容量，可考虑在焊接接头处划分较密网格而远离接头处划分较粗网格（如图 6-11 所示）。

⑤ 借助降阶积分法防止"闭锁"现象 利用三维体单元离散某些厚度尺寸较小且承受弯矩的薄板区域，在计算时容易引起所谓"闭锁"现象。这是一种因传统单元位移插值法造成的刚度矩阵偏硬而使变形计算偏小值

图 6-11 接头区网格划分实例

的现象。为了防止此类现象产生，可适当采用降阶（或称缩减）积分法。

6.2.3 电阻点焊数值模拟

电阻点焊的工艺过程一般由预压、通电加热、断电持压和休止四个阶段组成。其中，预压阶段破碎工件接触面上的一部分氧化膜，同时迫使焊点区产生局部变形，以增加实际接触面积与导电面积，为后续焊接电流的顺利通过做准备；通电加热阶段使焊点区在恒压下快速加热，形成塑性环包围的熔核，该熔核随通电时间延长而长大，直至获得焊接工艺所要求的尺寸为止；断电持压阶段使液态或半固态熔核在恒压力作用下冷却并凝固，以减少焊点区的残余应力与内部缺陷；休止阶段抬起电极，释放压力，完成一个焊接循环。图 6-12 是电阻点焊通电加热阶段的工作原理。考虑到点焊电极的轴对称性和工件相对焊点而

言足够大，为减少计算单元数和缩短计算时间，往往将分析对象简化成二维模型，见图 6-13。

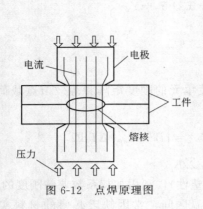

图 6-12　点焊原理图

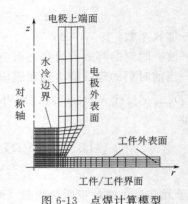

图 6-13　点焊计算模型

6.2.3.1　基本方程

为了准确再现点焊过程所涉及的电、热、力和冶金等诸多因素交互作用，在其数值模拟基本方程中至少应包括描述电压分布的电势方程、描述生热/散热和温度分布的热传导方程，以及描述工件局部热—压变形的热弹塑性本构方程。

（1）电势方程

根据电磁场理论，轴对称条件下的电势分布可用拉普拉斯（Laplace）方程表示

$$\frac{\partial}{\partial r}\left(\frac{1}{\rho_E}\frac{\partial \varphi}{\partial r}\right)+\frac{1}{\rho_E r}\frac{\partial \varphi}{\partial r}+\frac{\partial}{\partial z}\left(\frac{1}{\rho_E}\frac{\partial \varphi}{\partial z}\right)=0 \tag{6-36}$$

式中　r，z——圆柱坐标系中的径向和轴向坐标；

　　　　φ——电势；

　　　　ρ_E——电阻率。

式（6-36）的求解区域包括工件、电极、液态熔核和熔核周围的固态金属。在焊点之外的区域（即电极和工件主体），电阻率是材料和温度的函数；而在焊点区，电阻率是材料、温度和电极/工件、工件/工件间接触压力的函数，即

$$\begin{cases} \rho_E = f(T) & \text{工件主体和电极主体} \\ \rho_c = f(p, T) & \text{工件/工件、工件/电极间接触面} \end{cases} \tag{6-37}$$

式中　ρ_c——界面接触电阻率；

　　　　p——接触压力；

　　　　T——接触面温度。

所谓接触电阻是指，因电极/工件、工件/工件间的接触面上存在微观凹凸或杂质（例如氧化物、油污、尘土等），使得流经接触面附近的电流线发生扭曲，造成实际导电面积缩小而产生的附加电阻。接触电阻率一般随点焊压力的增加而减小，随温度的上升而增大，并在金属熔点附近趋于零。换句话说，增加接触压力，使得工件/工件界面的实际接触面积和导电面积扩大，接触电阻率下降，而且该下降值足以抵消界面温度上升造成的接触电阻率的增加值；当点焊区开始熔化时，接触界面消失，两被焊工件在焊点区熔为一体，此时的接触电阻率趋近于 0。

（2）热源方程

如果忽略帕尔帖效应和汤姆逊效应，则在电阻点焊过程中，电流产生的单位体积焦耳热为

$$Q = \frac{1}{\bar{\rho}} \nabla\varphi \cdot \nabla\varphi = \frac{1}{\bar{\rho}} \left[\left(\frac{\partial\varphi}{\partial r} \right)^2 + \left(\frac{\partial\varphi}{\partial z} \right)^2 \right] \tag{6-38}$$

式中 $\bar{\rho}$——等效电阻率，对于电极和工件主体为电阻率 ρ_E，对于接触界面为接触电阻率 ρ_c。

电流产生的单位体积焦耳热也可表示为

$$Q = j^2 \bar{\rho}$$

式中 j——电流密度，$j = \frac{1}{\bar{\rho}} \frac{\partial\varphi}{\partial n}$。

（3）热传导方程

电阻点焊属于典型的有内热源的瞬态传热问题。在轴对称条件下，热传导微分方程可表示为

$$c\rho \frac{\partial T}{\partial t} = \frac{\partial}{\partial r} \left(\lambda \frac{\partial T}{\partial r} \right) + \frac{\lambda}{r} \frac{\partial T}{\partial r} + \frac{\partial}{\partial z} \left(\lambda \frac{\partial T}{\partial z} \right) + Q \tag{6-39}$$

式中 λ——热导率；

T——温度；

t——时间；

ρ——材料密度；

c——材料比热容；

Q——体积内热源强度，即由式（6-38）产生的单位体积焦耳热。

当采用热焓法处理相变潜热时，式（6-39）转变成

$$\frac{\partial H}{\partial t} = \frac{\partial}{\partial r} \left(\lambda \frac{\partial T}{\partial r} \right) + \frac{\lambda}{r} \frac{\partial T}{\partial r} + \frac{\partial}{\partial z} \left(\lambda \frac{\partial T}{\partial z} \right) + Q \tag{6-40}$$

式中 $H = \int \rho c(T) \mathrm{d}T$ ——热焓。

（4）热弹塑性本构方程

工件点焊区在预压力和局部高温的作用下，发生热弹塑性变形。对于满足 Mises 屈服准则的各向同性硬化材料，参照本章 6.2.2.1 小节所示方法，同样可推导出增量形式的应力应变关系

$$\{\mathrm{d}\sigma\} = D_{ep}\{\mathrm{d}\varepsilon\} - C_{ep}\mathrm{d}T \tag{6-41}$$

式中 D_{ep}——弹塑性矩阵；

C_{ep}——弹塑性温度向量；

$\{\mathrm{d}\sigma\}$——应力增量列阵；

$\{\mathrm{d}\varepsilon\}$——总应变增量列阵。

6.2.3.2 求解电阻点焊基本方程的边界条件

就图 6-13 给出的计算模型而言，求解其点焊控制方程式（6-36）～式（6-41）所对应的边界条件表述如下。

① 电极上端面施加均匀压力，且上端面所有节点的轴向（z 向）位移值相等，温度恒定，通电加热时加载恒定电压 U_0 或初始电流 I。

② 工件和电极外表面定义为自由表面，通过对流和辐射与空气交换热量。

③ 工件/工件界面包括接触和非接触两部分，其中接触部分的轴向位移和电势约束为零，与外界无热交换（绝热边界）；非接触部分为自由表面，可以同空气交换热量。接触和非接触两部分所在区域和面积会在焊接过程中发生变化。

④ 垂直对称轴 z 为绝热边界，位于该边界上的各节点径向（r 向）位移为零。

⑤ 电极的水冷边界为自由表面，与冷却水进行热交换。为了简化计算，有时也将电极的水冷边界定义为固定温度边界。

根据上述分析建立的边界条件表达式列于表 6-3。

表 6-3　对应图 6-13 的边界条件

边界属性		边界条件		
		电	热	力
电极上端面		$\phi = U_0$ 或　$I = \sigma\int(\partial\varphi/\partial n)\,ds$	$T = T_0$	均布压力 p_0 各节点 u_z 值相等
电极、工件外表面		$\partial\varphi/\partial n = 0$	$-\lambda\partial T/\partial n = h_a(T - T_0)$	$\sigma = 0$（自由表面）
工件/工件界面	接触	$\varphi = 0$	$\partial T/\partial n = 0$	$u_z = 0$
	非接触	$\partial\varphi/\partial n = 0$	$-\lambda\partial T/\partial n = h_a(T - T_0)$	$\sigma = 0$（自由表面）
对称轴 z		$\partial\varphi/\partial r = 0$	$\partial T/\partial r = 0$	$u_r = 0$
水冷边界		$\partial\varphi/\partial n = 0$	$-\lambda\partial T/\partial n = h_w(T - T_0)$	$\sigma = 0$（自由表面）

注：U_0，I 为已知电压、电流；σ 为电极材料导电率；s 为电极横截面积；T_0 为环境温度；n 为法线方向；λ 为热导率；h_a 为空气界面综合换热系数，包括对流换热和辐射换热；h_w 为水冷界面换热系数；u_r，u_z 为节点径向和轴向位移。

6.2.3.3　计算求解

（1）通电加热计算方法

由于模拟电阻点焊过程是一个求解与时间变量相关的多物理场问题，涉及电场、温度场、应力应变场的耦合计算，以及压力引起的工件/电极、工件/工件之间的接触状态处理。为了降低计算的复杂性，减少计算成本，通常利用增量法求解由式（6-36）～式（6-41）构成的有限元控制方程组。其中，通电加热计算的典型步骤如下。

① 设置工件和电极的初始温度场、工件/工件和工件/电极间的初始接触状态，其中，初始温度场可定义为室温；

② 计算当前时刻的电阻率、电势和焦耳热；

③ 计算比热容、热导率和温度场；

④ 计算线胀系数、节点位移、应变场和应力场；

⑤ 根据焊接区变形确定新的界面接触状态；

⑥ 回到步骤②继续循环计算，直到一个通电加热周期完成。

通电加热的计算流程见图 6-14。

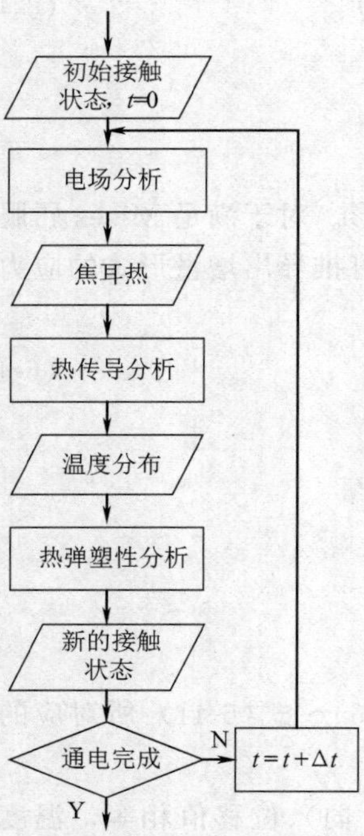

（2）界面接触处理

工件/电极、工件/工件之间的接触状态对焊接电流及其产

图 6-14　通电加热计算流程

生的焊接热有强烈影响。为了模拟接触问题，可在构成接触界面的两主体（例如工件/工件、工件/电极）之间引入一种特殊的面单元模型。当界面上某区域作用有压应力时，则该区域被判定为接触，此时，面单元模型中对应单元的刚度设置为足够大，表示该区域刚性连接两接触主体；反之，当作用区域是拉应力时，则该区域被判定为脱离接触，于是将对应面单元的刚度设置为 0。当然，界面接触状态也可根据工件/工件、工件/电极之间的节点位移（相对距离）进行判定。接触界面的电阻率由式(6-37)计算，界面换热系数由接触材料的性质决定（并非表 6-3 中的 h_a 和 h_w！）；非接触界面的电阻率定义为 0，换热系数见表 6-3 中的热边界条件；假设当温度达到被焊材料的熔点时，接触界面消失。

6.3 金属焊接成形数值模拟主流软件简介

6.3.1 SYSWELD

SYSWELD 最初源于核工业领域的焊接工艺模拟，当时核工业需要揭示焊接工艺中的复杂物理现象，以便提前预测裂纹等重大危险。在这种背景下，1980 年，法国 Framatome 公司和 ESI 公司共同开展了对 SYSWELD 的研发工作。由于热处理工艺中同样存在和焊接工艺相类似的多相物理现象，所以 SYSWELD 很快也被应用到热处理领域中并不断增强和完善。随着应用的发展，SYSWELD 逐渐扩大了其应用范围，并迅速被汽车工业、航空航天、国防和重型工业所采用。1997 年，SYSWELD 正式加入 ESI 集团，从此，Framatome 成为 SYSWELD 在法国最大的用户并继续承担软件的理论开发与工业验证工作。

SYSWELD 可以仿真焊接过程中的温度变化、熔池形成、原子扩散与沉积、焊缝凝固、组织演变，以及工艺控制、焊接应力、结构变形等物理现象，也可用于热处理（淬火与回火）、表面处理（表面淬火与化学热处理）和焊接装配等过程的分析研究，包括材料相变、容积变化、成分偏析和潜热影响、表面硬度预测、残余应力和应变计算等。借助 SYSWELD 的分析结果，可以优化产品设计与焊接过程，最小化产品成本、产品重量和结构变形，控制焊接装配质量和残余应力分布，避免冷热裂纹与变形，进行工艺参数敏感性分析，研究焊接顺序、焊缝条数与长度、焊点位置、装夹条件、热源类型、材料特性、部件设计、焊前/焊后处理等因素对焊接质量的影响。

图 6-15 是 SYSWELD 的计算模型架构。其中，电磁模型支持点焊工艺和感应加热，并可模拟焊接过程中的能量损失；金属学模型中的扩散与析出部分可实现渗碳、渗氮、碳氮共渗仿真，同时还能展示化学元素的扩散、沉积与析出对材料热—机性能的影响。

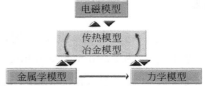

图 6-15 SYSWELD 计算模型架构

此外，SYSWELD 的氢扩散模型能计算氢浓度及其分布，预测氢脆裂纹的产生。

为方便专业应用，SYSWELD 提供了三种工艺操作向导：热处理向导、焊接向导和焊接装配向导。热处理向导可以指导用户完成工件的水淬（或油淬）与回火，以及渗氮、渗碳和碳氮共渗过程的模拟，并可计算工件硬度分布及其变化；此外，还能模拟激光表面淬火和感应加热表面淬火。焊接向导能够对一些专业焊接方法进行模拟，例如连续焊、电阻焊、激光焊、电子束焊、摩擦焊、气体保护焊等。在焊接模拟中，SYSWELD 可以准确地再现电磁、传热、化学冶金和机械力之间的耦合效应。借助于焊接装配向导，SYSWELD 能够分析复杂组合结构件的焊后应力与变形。采用局部和全局的耦合计算，将局部焊接所造成的残余应力和应变以等效方式加载到全局模型上进行空间变形模拟，以有效解决计算模型过大问题，实现计算速度、计算精度和实用性、易用性的完美统一。

SYSWELD 的数据库内置有各种常用钢材、有色金属、淬火介质和典型工艺参数等数据。SYSWELD 可以直接读取 UG、CATIA 系统的 CAD 模型，也能通过各种标准交换格式（STL、IGES、VDA、STEP、ACIS 等）接受其他 CAD 系统数据，同时还兼容大部分 CAE 系统的数据模型，例如 NASTRAN，IDEAS，PAM-SYSTEM，HYPERMESH 等。

6.3.2 Simufact. Welding

Simufact. Welding 是由德国五大汽车公司联合 Simufact Engineering GmbH 公司开发的一款基于 Windows 平台的焊接结构仿真软件。软件界面设计与实际焊接工艺流程高度契合，操作简便，学习难度低。Simufact. Welding 的技术特点主要体现在以下几点。

① 极易使用。用户可以根据实际工艺定义几何边界条件，即使没有 CAE 软件使用经验的焊接工艺工程师，也能在较短时间内熟练应用 Simufact. Welding 软件进行焊接模拟仿真。

② 支持混合网格模型，节点无需匹配，节省大量建模时间。用户可只针对焊接工件划分网格，而焊缝填充单元则由 Simufact. Welding 自动生成。

③ 计算模型的网格最好在热源作用区域附近具有一致的单元尺寸。默认情况下，求解器会在热源作用区域附近自动进行自适应网格细化，而网格细化总是发生在热源模型到达该区域的前一步。

④ 既提供有单一的高斯体热源模型（用于气体保护焊、氩弧焊等），又提供有高斯表面热源与体热源的混合模型（用于电子束焊和激光焊），能够很好地支持各种焊接工艺的动态仿真，且热源模型中的各项参数均可编辑修改。

⑤ 灵活定义多个焊枪，每个焊枪可有不同的焊接路径、工艺间隙和焊接参数。多焊枪和夹具定义与作用时间精确控制。

⑥ 夹具设置简便，易于修改调整，帮助用户进行各种边界条件的模拟对比，达到最优设计。

6.4 应用案例

现以在平板上焊接一短管为例，介绍数值模拟技术在金属焊接中的应用。其中，数值模拟的软件平台为 Sumifact. Welding。

6.4.1 Sumifact. Welding 工作界面

图 6-16 为 Sumifact. Welding（简称 S. W）的工作界面，由①主菜单和主工具条、②工序（过程）树、③对象栏、④图形操作区、⑤进程和对象属性以及⑥控制菜单和状态显示栏等六大部分构成。S. W 支持中文显示，只需在主菜单"其他（Ectras）/设置（Settings）"项中选择中文（Chinese）语言即可。

6.4.2 前处理操作过程

（1）启动 S. W，选择"文件/新建项目"，见图 6-17。

（2）分别输入新建项目名（例如 Plate-Tube）和项目文件存储路径后，按 OK 键（图 6-18）。

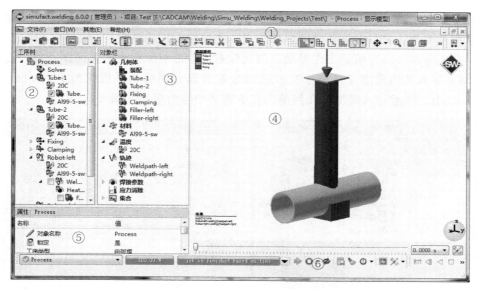

图 6-16　Sumifact. Welding 工作界面

图 6-17　新建项目

图 6-18　项目名及项目文件存储路径

（3）在随后弹出的"过程设置"窗中设计新建项目的基本组成（图 6-19），例如：焊接类型、组件温度、重力方向、焊装零件、固定方式、焊枪等。

S. W 提供四种焊接零件固定（约束）方式。

a. 支撑平台 Bearings（面约束），被约束物体可以脱离约束面，但必须克服一个临界力（默认 0.2MPa）；

b. 完全固定 Fixings（空间约束），被约束物体的 3 个平动自由度和 3 个旋转自由度全部为零；

c. 工装夹具 Clampings（指定方向的平动约束），通常与支撑台面配合使用；

d. 局部粘连 Local joints（点约束或局部约束），相当于以固定或定位焊件为目的的点焊或定位焊。

图 6-19　过程设置

对于本案例，选择电弧焊、环境温度20℃（默认）、重力方向z-1（默认）、焊装零件2件、支撑平台1个、工装夹具2套、焊枪1只。完后按OK确认。

（4）进入图6-20（a）所示工作界面，用鼠标右键单击对象栏上的几何体条目，选择"导入"；分别从导入几何模型文件窗中打开已划分好有限元网格的平板模型Plate.bdf和圆筒模型Tube.bdf。注意导入模型的几何单位在本案例中均为毫米［图6-20（b）］。

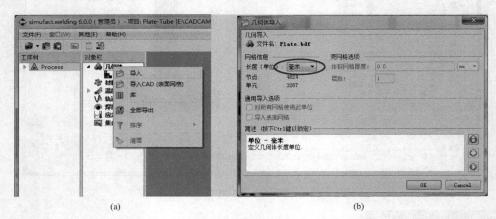

图6-20　导入几何模型

（5）利用鼠标左键将对象栏上导入的几何体分别拖放（Drag-Drop）至工序树的相关组件内，其中组件名可自定义，见图6-21。

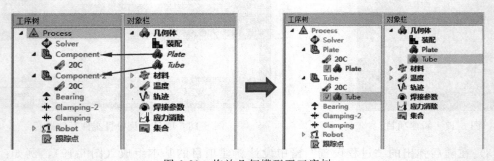

图6-21　拖放几何模型至工序树

（6）鼠标右键单击对象栏上的材料条目，选择（S.W内置材料）"库"。在弹出窗（图6-22）中分别为焊接零件选材低碳钢STKM13A和焊条选材低碳钢G2Si1。若要了解所选材料的具体信息，可点击图6-22右上角图标。图6-23展示的是低碳钢STKM13A的数据。将选定的STKM13A分别拖放至工序树的Plate和Tube组件内，G2Si1拖放至Robot（焊枪）组件内。

（7）鼠标右键单击对象栏上的"温度"条目，选择"新建"，可分别为焊接零件和焊枪定义初始温度、对流换热系数、界面接触传热系数和辐射换热系数（见图6-24）。本例均采用S.W默认值。

（8）在平板零件底部添加支撑（工作）台，即建立Bearings约束边界。鼠标右键单击工序树上的"Bearing"，选择"生成几何体"。在随后弹出的生成几何体窗［图6-25（a）］中①设置Bearing"类型"为立方体；②网格分割数x10、y10、z4；③鼠标左键点击"选择位置"按钮，在平板零件背面的几何中心附近任意拾取一节点；④转到对话框"细节"页［图

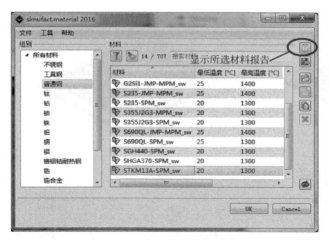

图 6-22　为焊件和焊条选材

图 6-23　材料数据举例

6-25（b）]；⑤设置 Bearing 形状尺寸宽度 120、高度 5、深度 120；⑥按 OK 确认，结果见图 6-26（a）。

（9）在圆筒零件顶部添加两个夹具，即建立 Clampings 约束边界。方法同添加支撑台，但是设置 Clamping 类型为圆柱体。圆柱体直径和高度均为 5mm，夹具位置设在图 6-26（a）箭头所指处，最终结果见图 6-27（b）。工装夹具模型也可直接从 CAD 系统导入。

（10）设计焊接轨迹，有两种方法。a. 利用预先在焊缝几何中心线上拾取的节点

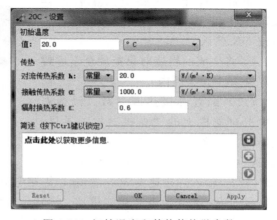

图 6-24　初始温度和其他传热学参数

集为基础生成焊接轨迹；b. 直接在焊缝几何中心线上拾取节点生成焊接轨迹。本例采用前一种方法。

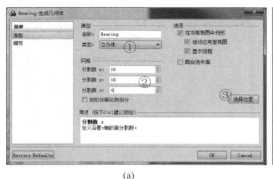

(a)

(b)

图 6-25　创建简单工装夹具的数据输入窗

① 鼠标右键单击对象栏上的"集合"条目，选择"新建节点集合"，然后沿圆筒底部依次用鼠标左键拾取外圆周线上的所有节点（图 6-27），完成后点击图 6-27 右下角"应用点集

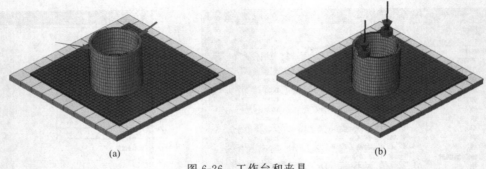

(a)   (b)

图 6-26   工作台和夹具

更改"按钮将拾取的节点加到新建的节点集中。

② 鼠标右键单击对象栏上的"轨迹"条目，选择"来自节点集合的焊线"，弹出已建立的节点集对话框，直接按 OK 确认。

③ 将生成的轨迹对象拖放至工序树的焊枪 Robot 组件内。

（11）配置焊接热源参数。鼠标右键单击对象栏上的"焊接参数"条目，选择"新热源参数"。在弹出的窗左侧列表栏中选择第二项"焊接参数"[图

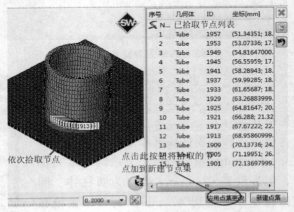

图 6-27   拾取节点集

6-28（a）]，输入焊接速度 30cm/min、焊接电流 100A、电压 17V、线能量效率 0.9，并指定规格模式为"瞬态（非直接能量）"。再转到左侧列表栏的第三项"热源"页 [图 6-28（b）]，输入 Goldak（椭球型）热源参数：前轴长 a_f 1.96，后轴长 a_r 7.2，宽度 b 2.77，深度 d 3.77，高斯参数 M 3，最后按 OK 确认。将配置好参数的焊接热源拖放至工序树的 Robot 组件内。

 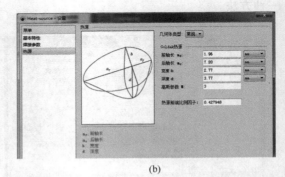

(a)   (b)

图 6-28   配置焊接热源

（12）设置焊接工艺参数

a. 鼠标左键双击工序树上的焊枪 Robot 条目，在弹出窗"时间管理"页（图 6-29）的"轨迹时间"部分输入暂停（开始）时间 0.2s，焊前停留时间 0.1s，焊后停留时间 0.1s，暂停（结束）时间 0.2s；

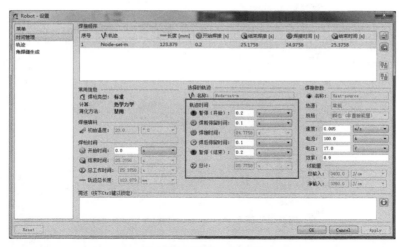

图 6-29　设置工序时间

b. 转至对话框的"轨迹"页（图 6-30），分别激活（打√）该页面上的"移至表面"和"方向"两个选项，确保"方向"选项右侧控件内显示的是 Componet Ceter（组件中心）；

图 6-30　设置焊缝中心线投影

c. 再转到"角焊缝生成"页（图 6-31），图中①，选择"生成（焊缝）填料"；图中②，填料质量"中等"；图中③，按"预览"键，焊缝截面示意图显示在该页面上；图中④，如果截面的实际形状与图 6-31 不符，则调整数据点予以校正。焊缝截面形状参数的含义见图 6-32，本例采用默认参数；

d. 上述三个页面的参数设置好后，按 OK 键确认。图 6-33 是设置完工艺参数的 CAE 模型，图 6-34 是对应的工序树。

（13）设置模拟计算参数。鼠标左键双击工序树上的求解器 Solver 条目，在弹出的"求解器属性"窗（图 6-35）中根据情况设置相关参数，本例参数可全部保持默认。按 OK 键确认。

6.4.3　模拟结果分析

图 6-36（a）是本案例焊接过程中某一时刻的温度分布，可展示焊接热源（焊枪）位置及

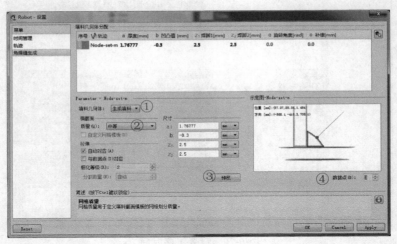

图 6-31　设置焊缝截面

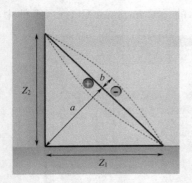

图 6-32　焊缝截面形状参数

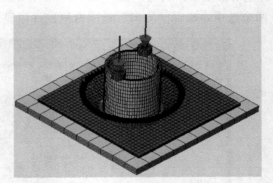

图 6-33　工艺参数设置好后的模型

图 6-34　工序树信息

图 6-35　设置计算参数

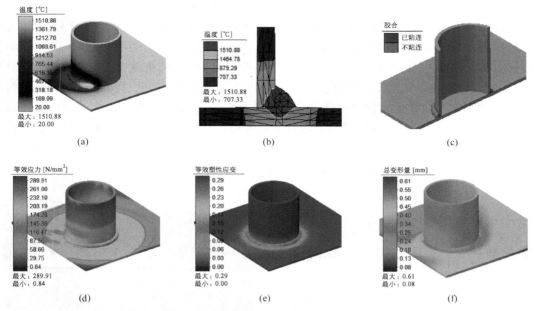

图 6-36 圆管与平板的焊接仿真信息（部分）

焊缝形成；图 6-36（b）是焊缝截面（局部）的温度分布，可近似揭示焊接接头的形貌与性质；图 6-36（c）是焊缝与焊件的融合状况示意，结合图 6-36（b）可间接了解焊接参数设置是否合理；图 6-36（d）和图 6-36（e）分别是焊接完后的等效应力和等效塑性应变分布，图 6-36（f）是焊件的总变形量，三图结合可以检查焊接顺序和工装夹具等是否安排科学。图 6-37 是图 6-36（b）截面上几个关键节点的温度随时间变化曲线。其中：三条峰值温度最高轨迹线的节点位于焊缝上（中心一点，边缘两点），次高两条轨迹线节点位于热影响区且靠近焊缝，余下轨迹线节点也位于热影响区但离焊缝较远。由图可见，焊接热

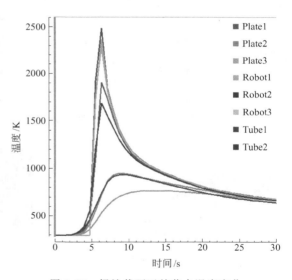

图 6-37 焊缝截面区的节点温度变化

源到达瞬间，焊缝区温度急剧上升并很快达到最大值，热影响区温度上升快慢及程度随距焊缝远近而有所不同。随着时间推移，焊缝区及热影响区温度下降并逐渐趋于一致。

6.4.4 其他案例

6.4.4.1 数值模拟与物理实验的比较

（1）问题描述

图 6-38 是用于比较焊接熔池形貌与深度、接头区温度变化以及预测焊接应力的试样。试样上安放有 9 个（T1～T9）测温热电偶，其中，6 个（T1～T6）插入深 1.2mm 的试样

顶部孔，另外 2 个插入试样底部孔（T7 距焊缝尾端约 15mm，深 6.5mm；T8 距焊缝始端约 15mm，深 12mm），T9 位于两条对称线的交叉点且紧靠试样底表面。试样材料为 AISI 316L，钨极氩弧焊（TIG），焊缝长度约 60mm。除材料密度 ρ 和泊松比 μ 外，其他热物性参数（例如比热容 c、热导率 λ、换热系数 h、热膨胀系数 α）和机械性能参数（例如弹性模量 E、应力 σ、应变 ε）均设置成温度的函数，热辐射率为 0.4，母材初始温度和环境温度为 20℃。根据实验对象的对称结构特点，沿水平对称面 D 取一半模型用 8 节点六面体单元离散（图 6-39），在 SYSWELD 平台上进行数值模拟实验，采用匀速移动的双椭球分布热源模型（IU＝1150W、热效率 75%、a_f＝1.6mm、a_r＝3.2mm、b＝1.6mm、c＝3.2mm、移动速度 2.27mm/s），假设材料各向同性硬化。

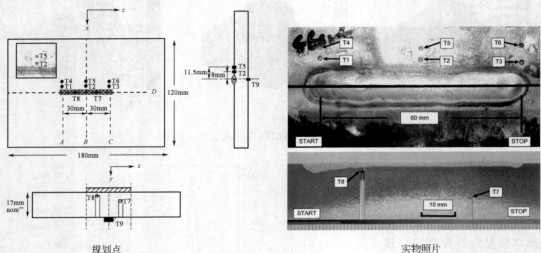

规划点　　　　　　　　　　　实物照片

图 6-38　热电偶安装位置

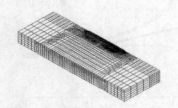

图 6-39　数值计算的有限元模型

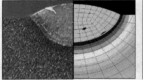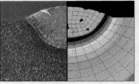

(a) 焊接热源输出效率 75%　　(b) 焊接热源输出效率 60%

图 6-40　焊缝中段 B 截面上熔池深度比较

（2）焊接熔池的形貌与深度

图 6-40 是试样中段 B 截面上的温度分布与同一截面上焊接接头金相组织照片对比。如果以焊缝金属或母材的弹性模量急剧下降所对应的温度（1400℃，图中深色环）作为熔池形成的判据，则从图 6-40 可以看到，当焊接热源输出效率为 75% 时，通过数值模拟预测的熔池深度同实际焊接的熔池深度吻合得相当好，熔池中的最高温度可达 2193℃。图 6-41 是焊缝水平（即纵向）对称截面上始末两端的温度分

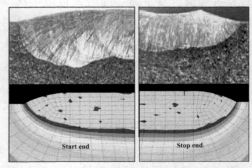

焊缝始端　　　　　　焊缝末端

图 6-41　焊缝始末两端 D 截面上的熔池形貌比较

布与同一截面上焊接接头金相组织照片对比，结果表明，以 1400℃（图中深色环）作为判据所预测的熔池纵向形貌也基本上能与真实的熔池形貌吻合，其差异主要来源于数值模拟系统对焊接热源起弧和收弧部分的处理上。

（3）接头区温度变化

图 6-42 是试样上各测点温度随时间的变化过程，测点 T1～T9 的顺序为从上到下、从左到右，其中虚线代表数值模拟，实线代表热电偶测试。就曲线形貌而言，数值模拟获得的焊接温度变化基本上与实测数据吻合，可以用于下一步的焊接应力分析。

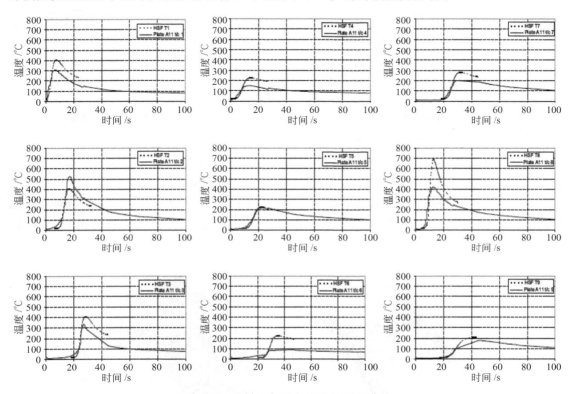

图 6-42 试样上各测点的温度-时间曲线

（4）焊接应力分布

图 6-43 是利用 SYSWELD 计算获得的焊接应力沿焊缝中心线 D 的分布（数据取自距试样上表面约 2mm 处），其中：S11、S22 和 S33 分别表示 z 向、x 向和 y 向主应力，x、y、z 三个方向示意参见图 6-38。由图 6-43 可知，在焊缝的起始段存在应力峰值，而且整个应力曲线给出的数据与实测结果基本吻合。

6.4.4.2　焊装变形预测

电阻点焊是焊装大型薄壳构件或覆盖件最常用的工艺方法之一，焊装变形也是经常遇到并且需要花大力气解决的问题。借助数值模拟软件可以预测产品焊装变形趋势和变形大小，确定关键影响因素（例如焊装参数、焊装结构、焊装顺序、焊装夹具等），寻找最佳解决方案。图 6-44 是两块门形盖板的点焊装配图，其实际焊装工艺过程如下。

① 用螺栓将两块门形盖板固定在由支撑架和垫块组成的简易夹具上；

② 沿图 6-45（a）所示方向及顺序，在法兰边上每间隔 25mm 焊接一点，共 22 个焊点；

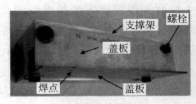

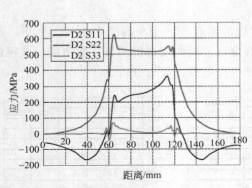

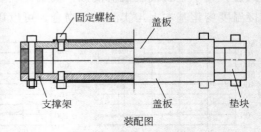

装配实体照片

装配图

图 6-43　数值模拟预测的应力分布　　　　图 6-44　门形盖板的点焊装配

③ 从夹具上卸下焊装好的构件；

④ 用三坐标测量仪逐点读取图 6-45(b) 所标识检测线（例如 SCT1、SCT2 等）上的数据，并同原始焊装设计进行比较，以评估其变形倾向和变形程度。

模拟图 6-44 构件焊装变形的软件平台为 SYSWELD，工艺条件同实际焊装过程［见图 6-45(a) 和表 6-4］。焊后变形预测计算的检测点也落在图 6-45(b) 标识的 SCT1～SCT9 线上。

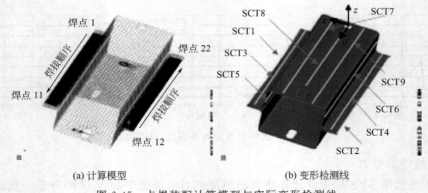

(a) 计算模型　　　　　　　　　　(b) 变形检测线

图 6-45　点焊装配计算模型与实际变形检测线

表 6-4　焊接板材与工艺参数

材料	板厚 /mm	焊接电流 /kA	预压时间 /(ms/cycle)	通电时间 /(ms/cycle)	持压时间 /(ms/cycle)	电极压力 /kN
DC01ZE	1.5	10.5	200/10	300/15	200/10	2.5

注：cycle—脉冲数；DC01ZE—对应于我国宝钢生产的电镀锌冷轧低碳钢板 SECC。

图 6-46 是焊装构件上任一点焊区的熔核形貌和法兰面间隙与数值模拟结果的对比，表 6-5 是焊点特征参数测量值与计算值的对比，描述焊点结构特征的参数示意见图 6-47。由图 6-46 可见，数值计算仿真获得的熔核形貌与法兰面间隙位置同物理点焊非常吻合，其特征参数（除压坑深度 h_1 外）也同物理检测数据接近。

图 6-48 是焊后构件变形的模拟结果，图 6-49 是构件焊装后，从图 6-45（b）所示检测线 SCT1、5、8 上读取的计算数据与实测数据之比较。其中，SCT1 线附着在焊装构件的法兰面边缘，SCT5 线附着在构件的侧壁，SCT8 线与构件顶部的中轴线重合。图 6-49 中的符号标注 SCT1 _ Clam _ Exp、SCT1 _ Clam _ SYS、SCT1 _ Uncl _ Exp、SCT1 _ Uncl _ SYS 分别表示构件在约束（装夹

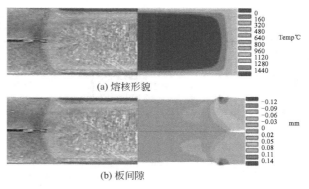

(a) 熔核形貌

(b) 板间隙

图 6-46　熔核形貌与板间隙

Clam）和非约束（未装夹 Uncl）状态下焊装后，从 SCT1 线上读取的实测数据（Exp）和 SYSWELD 模拟数据（SYS），其余符号标注以此类推，且非约束状态下的点焊工艺条件与约束状态下的工艺条件完全一致（见表 6-4）。由图 6-48 和图 6-49 可见，SCT1（构件法兰面边缘）和 SCT5（构件侧壁）上的节点位移趋势和位移量比较接近实测值，即法兰面边缘和侧壁均有不同程度的内凹变形，但 SCT8（构件顶部）的计算值与实测值相比却存在较大差异。分析后者的原因，主要是 SYSWELD 未能真实反映更加复杂的扭曲变形现象，该扭曲变形可从图 6-50 观察到。图 6-50 是根据焊后实测的 SCT3 和 SCT4（均位于法兰面）、SCT7～SCT9（均位于构件顶部）数据绘制的曲线，将这些曲线特征与图 6-45（a）结合起来分析发现，焊后构件确实以焊点 1 和焊点 12 的连线为轴发生了扭曲，即焊点 22 及其附近区域的位移变形高于构件上其他三个角部。进一步分析推测，焊后构件的扭曲变形很有可能与点焊顺序有关。

表 6-5　焊点特征比较

比较项目	测量值	计算值	比较项目	测量值	计算值
熔核直径 d_1/mm	6.0	6.1	板间隙 h_3/mm	0.1	0.15
熔核高度 h_2/mm	1.1	1.3	压坑深度 h_1/mm	0.06	0.16
热影响区直径 d_2/mm	7.2	7.6			

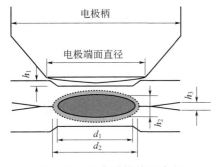

图 6-47　焊点结构特征参数

图 6-48　焊后构件发生扭曲变形

尽管本案有关焊装结构变形的数值模拟结果并不十分理想，但是仍然可以为改进构件的焊接装配质量提供某些有益的参考。

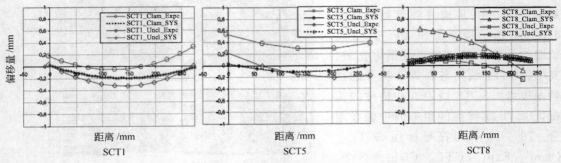

图 6-49　数值模拟预测变形与实测变形的比较

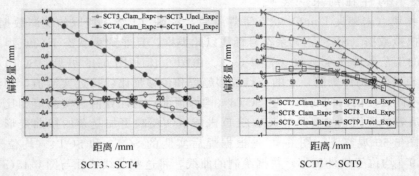

图 6-50　扭曲变形的实测结果

复习思考题

1. 目前，金属焊接成形数值模拟研究和应用主要集中哪些方面？

2. 焊接热过程数值模拟的主要任务及其意义？

3. 建立焊接熔池传热模型的基本假设有哪些？

4. 熔池传热能量方程和动量方程中各项的物理含义是什么？

5. 怎样实现固定坐标系（定义在工件上）与移动坐标系（定义在热源上）的转换？

6. 怎样处理能量方程中的内热源项？

7. 动量方程中的体积力项主要包括哪些？怎样考虑重力的作用？

8. 请指明能量边界条件中的第一、二、三类条件。

9. 利用框图形式表示焊接热过程的计算流程。

10. 怎样选择焊接热源模型？

11. 采用 Enthalpy-Porosity 法处理两相区合金流动有何实际意义？

12. 试利用熔池传热/对流/扩散/相变统一模型建立 TIG 焊数值模拟控制方程。

13. 焊接应力与变形数值模拟的主要任务是什么？

14. 焊接过程中温度—相变—应力之间是怎样交互作用的？

15. 焊接热弹塑性有限元方程建立的基本假设有哪些？

16. 怎样求解热弹塑性？

17. 怎样提高求解焊接热弹塑性有限元方程的计算精度和数值解的稳定性？

18. 试比较电阻点焊与电弧熔化焊的异同。

19. 为什么描述电阻点焊过程的基本方程中要包括电势方程?

20. 表 6-3 列出的电阻点焊数值模拟边界条件是否属于通用边界条件? 为什么? 请举例说明。

21. 简述 SYSWELD 软件的用途。

第 7 章

塑料注射成形中的数值模拟

7.1 概述

塑料注射成形数值模拟是指在计算机上仿真塑料的注射成形过程，了解成形方案、工艺参数、产品形状、模具结构、浇注系统、冷却水道等因素对塑件成形质量和模具寿命的影响，为缩短注射产品与注射模具的开发周期、减少物理试模次数、优化成形工艺、确保产品质量提供数据支撑。

目前，塑料注射成形数值模拟技术在国内模塑行业的应用远不如 CAD 和 CAM 技术广泛，除了受技术力量、基础设施、资金投入、前瞻意识、人员素质（包括专业背景、动手能力、钻研精神和实践经验）等诸多因素影响外，还与注射成形数值模拟系统基于的学科理论、数学方法、软件技术、应用开发，以及系统自身的成熟性和可靠性有关。图 7-1 是一个典型的基于注射成形数值模拟技术的注射模塑 CAE 架构。其中，作为分析对象之一的塑件模型多从 CAD 系统（如：UG、ProE、Solidworks、AutoCAD 等）导入，CAE 系统自身提

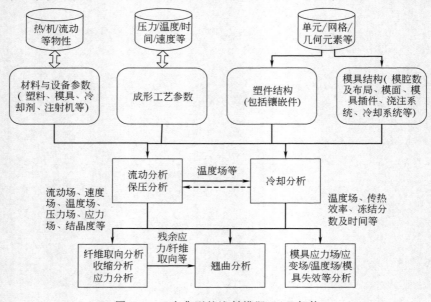

图 7-1　一个典型的注射模塑 CAE 架构

供的几何造型工具及其支撑数据库中的几何元素，仅仅用于对塑件结构作某些补充和完善，以及建立多型腔、浇注系统、冷却水道、模具轮廓和镶嵌零件等。

注射成形 CAE 系统中的模具既可以是实体模具，也可以是虚构模具，后者是将包容塑件内外表面的一个假想区域作为模具对象，赋予其材料特性（例如：密度、比热、弹性模量、泊松比、热导率、膨胀系数等），并共同参与塑料注射成形过程的求解。

由于熔体流动充模、保压补缩和冷却固化是热塑性塑料注射成形过程的三个主要阶段，而数值模拟技术在流动充模、保压补缩和冷却固化方面的工业化应用也比较成熟，因此本章将首先学习注射成形流动模拟、保压模拟和冷却模拟所涉及的基础知识与基本方法，然后再通过案例了解怎样应用注射成形 CAE 软件解决注射模塑中诸如方案制定、模具设计、质量控制等实际工程问题。

7.2 技术基础

7.2.1 注射成形流动模拟

塑料熔体绝大部分属于非牛顿黏弹性流体，具有非稳态、非等温流动特点。在其注射成形过程中存在流动、传热、分子链取向和相变等问题，必须对相关的黏性流体力学基本方程进行合理的简化，才能获得用于数值模拟的熔体流动控制方程。

7.2.1.1 数学模型

（1）黏性流体力学基本方程

① 连续方程 连续方程是运动流体质量守恒的数学表达式

$$\frac{\mathrm{d}\rho}{\mathrm{d}t} + \rho \frac{\partial \upsilon_i}{\partial x_i} = 0 \tag{7-1}$$

式中 ρ——流体密度；

υ_i——流体流速；

t——时间；

$\dfrac{\mathrm{d}}{\mathrm{d}t}$——全微分算子，$\dfrac{\mathrm{d}}{\mathrm{d}t} = \dfrac{\partial}{\partial t} + \upsilon_i \dfrac{\partial}{\partial x_i}$。

② 运动方程 运动方程是运动流体动量守恒的数学表达式：

$$\rho \frac{\mathrm{d}\upsilon_i}{\mathrm{d}t} = \rho F_i - \frac{\partial p}{\partial x_i} + \frac{\partial}{\partial x_i}\left[\eta\left(\frac{\partial \upsilon_i}{\partial x_j} + \frac{\partial \upsilon_j}{\partial x_i}\right)\right] + \frac{\partial}{\partial x_i}\left(-\frac{2}{3}\eta\frac{\partial \upsilon_j}{\partial x_j}\right) \tag{7-2}$$

式中 p——流体静压力；

η——流体动力黏度，对于非牛顿流体，η 是流体温度和剪切速率的函数；

F_i——单位质量流体的体积力。

等式(7-2)左边项代表由惯性力引起的单位时间动量变化；等式右边第一项代表质量力，第二项代表作用在流体质点或微元体上的静压力，第三和第四项代表黏性力。

③ 能量方程 能量方程是运动流体能量守恒的数学表达式

$$\rho c_p \frac{\mathrm{d}T}{\mathrm{d}t} = \beta T \frac{\mathrm{d}p}{\mathrm{d}t} - p \frac{\partial \upsilon_i}{\partial x_i} + \Phi + \frac{\partial}{\partial x_i}\left(\lambda \frac{\partial T}{\partial x_i}\right) + \rho q \tag{7-3}$$

式中 q——单位质量流体的内热源强度；

　　λ——热传导系数；

　　c_p——比定压热容；

　　T——流体温度；

　　Φ——黏性剪切热（黏性流体流动时因内摩擦产生的热）；

　　β——热膨胀系数。

　　等式（7-3）左边项代表单位时间的能量变化；等式右边第一项代表体积膨胀引起的能量变化，第二项代表体积收缩引起的能量变化，第三项代表流体克服黏性力流动所损耗的能量，第四项代表热传导引起的能量变化，第五项代表同流体内热源相关的能量变化。

　　④ 本构方程　基于广义牛顿内摩擦定律建立的一般情况下应力张量与应变速率张量之间的关系，称为黏性流体的本构方程，即

$$\tau_{ij} = 2\eta\dot{\varepsilon}_{ij} - \left(p + \frac{2}{3}\eta\frac{\partial v_i}{\partial x_i}\right)\delta_{ij} \tag{7-4}$$

式中　τ_{ij}——应力张量；

　　　δ_{ij}——单位张量；

　　　$\dot{\varepsilon}_{ij}$——应变速率张量。

$$\dot{\varepsilon}_{ij} = \frac{1}{2}\left(\frac{\partial v_i}{\partial x_j} + \frac{\partial v_j}{\partial x_i}\right) \tag{7-5}$$

对于简单剪切模型，$\dot{\varepsilon}_{ij} = \gamma_{ij}$。

　　⑤ 状态方程　当流体可压缩时，须考虑热力学状态参数对流体运动的影响。由此建立压力 P、温度 T 与密度（单位体积质量）ρ 之间的关系

$$P = P(\rho, T) \tag{7-6a}$$

或压力 P，温度 T 与比容（单位质量体积）V_m 之间的关系

$$P = P(V_m, T) \tag{7-6b}$$

上述两式均称为可压缩流体的状态方程。

　　塑料注射成形流动分析（模拟）实质上是在一定的初边值条件下，求解满足连续方程（7-1）、运动方程（7-2）、能量方程（7-3），以及可压缩流体状态方程（7-6）的熔体流速场、温度场与压力场，并由应变速率方程（7-5）和本构方程（7-4）进一步求解熔体流动的切应变速率场与切应力场。理论上，上述方程组只要给出合适的初边值条件，即可求得一组封闭解；但实际上由于工程问题的复杂性，无论是采用解析法或是采用数值法求解上述方程组都极为困难；所以，通常情况下必须根据塑料熔体充模流动的特点，提出若干假设，使方程简化，才能进行问题求解或进行数值计算。

　　（2）假设与简化

　　① 熔体充模流动的压力不高，熔体体积可视为不可压缩，即 $\frac{\partial v_i}{\partial x_i} = 0$；此时，状态方程的 $\rho = Const$。

　　② 熔体黏度大，惯性力和质量力相对于黏性剪切力可忽略不计，即忽略式（7-2）中的 $\rho\frac{\mathrm{d}v_i}{\mathrm{d}t}$ 和 ρF_j 项，此时的流动可视为"蠕动"。

　　③ 模腔内的熔体在流动方向上，其传导热相对于对流传热可忽略不计，即忽略式（7-3）

中流动方向上的 $\dfrac{\partial}{\partial x_i}\left(\lambda\dfrac{\partial T}{\partial x_i}\right)$ 项；此外，也常常忽略熔体厚度方向上的对流传热项 $v_i\dfrac{\partial T}{\partial x_i}$。

④ 熔体不含内热源（例如相变潜热等），即 $q=0$。

⑤ 熔体充模阶段的温度变化很小，其定压比热容 c_p 和热传导系数 λ 视为常数。

⑥ 忽略塑料熔体流动时的弹性行为，即取 $\beta=0$。

⑦ 塑料熔体采用 Cross 黏度模型

$$\eta=\frac{\eta_0(T,p)}{1+(\eta_0\dot{\gamma}/\tau^*)^{1-n}} \tag{7-7}$$

式中 $\dot{\gamma}$——剪切速率；

  n——牛顿指数；

  η_0——零剪切黏度（$\eta_0=Be^{T_b/T}e^{\alpha p}$）。

τ^*、B、α 和 T_b 为与具体材料的性质相关的四个参数。其中：τ^* 为流动剪切常数，同牛顿指数 n 一道描述热塑性塑料熔体的剪切黏度（即动力黏度 η，简称黏度，下同）随剪切速率增加而减小的特性，即剪切变稀特性；B 为分子量影响系数，α 为压力敏感系数，T_b 为温度敏感系数，三者共同描述熔体零剪切速率时的黏度性质。τ^*、B、β、T_b 和 n 可根据黏度测定实验，多采用曲线拟合的方法获得。式(7-7)即所谓五参数（n，τ^*，B，T_b，β）Cross 黏度模型。

（3）初边值条件

求解上述偏微分方程组，需要给出初边值条件，以确定其积分常数。初边值条件包括初始条件和边界条件，初始条件指初始时间域内的熔体温度、压力等物理量分布；边界条件是指上述偏微分方程组中各相关物理量在边界上的已知值，主要包括以下三类。

① 速度边界条件 在速度边界上，给定熔体速度或给定速度梯度为零，即

$$v_i=v_0 \quad 或 \quad \frac{\partial v_i}{\partial n_i}=0, \ x\in\Gamma_v$$

塑料成形时，一般假设熔体是黏性连续流体，熔体在液固界面处的流动速度就是界面处固体的表面速度，即通常所说的界面无滑移假定（如图 7-2 所示）。另外，熔体沿模腔厚度方向呈对称流动，故在对称面（线）上，熔体速度梯度为 0。

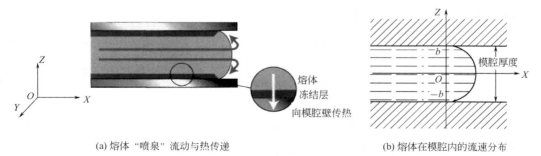

(a) 熔体 "喷泉" 流动与热传递   (b) 熔体在模腔内的流速分布

图 7-2 塑料熔体充模流动特征

② 温度边界条件 在温度边界上，给定熔体温度或给定温度梯度为零，即

$$T_i=T_0 \quad 或 \quad \frac{\partial T_i}{\partial n_i}=0, \ x\in\Gamma_T$$

式中 T_0——已知测量点的温度，例如：浇口处温度可视为熔体入口温度，模壁处温度可

视为模腔内壁温度。因为熔体温度沿模腔厚度方向呈对称分布，故在对称面（线）上，熔体温度梯度为 0。

③ 压力边界条件　在压力边界上，给定熔体压力或给定压力梯度为零，即

$$p_i = 0 \quad \text{或} \quad \frac{\partial p_i}{\partial n_i} = 0, \ x \in \Gamma_p$$

熔体流动前沿处的压力 $p = 0$（或等于前沿被压缩空气的反作用力）；在熔体厚度方向上其压力梯度为零，即 $\frac{\partial p}{\partial n} = 0$。

7.2.1.2　熔体充模流动的模拟过程

针对具体工程问题，可根据模腔几何形状和设计精度要求，应用简化后的黏性熔体流动基本方程，分别建立熔体充模过程中的一维流动、二维流动和三维流动模型。注射模塑流动模拟实际上就是通过求解速度场、压力场和温度场等物理量来反映塑料熔体在充模流动时的状态与变化。通常情况下，采用有限差分法求解能量方程获得流动温度场，采用有限元法求解连续方程与动量方程获得流动压力场和速度场；采用控制体积法或其他方法（如固定网格法、网格扩展法等）跟踪熔体流动前沿。

（1）一维流动模拟

所谓一维流动是指流体在一个方向上的速度场分布远大于其他方向速度场分布的流动。一维流动的基本形式有三种（图 7-3）。

　(a) 圆管流动　　　　　　(b) 矩形板流动　　　　　　(c) 径向流动

图 7-3　一维流动的三种基本形式

其中，圆管流动主要用来模拟熔体在流道与浇口内的流动，而矩形板流动和径向流动则主要用来模拟熔体在模腔内的流动。

① 控制方程　一维流动模拟分析只有三个未知量：流速 u、温度 T 与压力 p，故只需三个方程便可求解。根据连续方程、运动方程和能量方程，经简化可得（为书写简便，方程中各未知量的足标均未给出，下同）

$$\Gamma(x) \int_{-b}^{b} u \, \mathrm{d}z = Q \tag{7-8}$$

$$\frac{\partial p}{\partial x} - \frac{\partial}{\partial z}\left(\eta \frac{\partial u}{\partial z}\right) = 0 \tag{7-9}$$

$$\rho c_p \left(\frac{\partial T}{\partial t} + u \frac{\partial T}{\partial x}\right) = \lambda \frac{\partial^2 T}{\partial z^2} + \phi \tag{7-10}$$

式（7-8）是用积分形式表示的塑料熔体流动过程中的质量守恒定理。

式中　$\Gamma(x)$——模腔形状函数，对于圆盘模腔，$\Gamma(x) = 2\pi x$；矩形长板模腔，$\Gamma(x) = W$，W 为模腔宽度；

z——模腔厚度方向坐标，$z \in [-b, b]$，b 为模腔厚度的一半；

u——x 方向流速，即平行于 x 轴的一维流动方向上的熔体流速（见图 7-2）；

Q——设定的熔体注射流量；

ϕ——黏性剪切热。

$$\phi = \eta \dot{\gamma}^2 \qquad (7\text{-}11)$$

求解式(7-8)~式(7-10) 所需的速度和温度边界条件为：

当 $z = \pm b$ 时，$u = 0$（即模腔壁处的熔体流速为 0），$T = T_m$（T_m 为模腔内壁温度）；

当 $z = 0$ 时，$\dfrac{\partial u}{\partial z} = 0$，$\dfrac{\partial T}{\partial z} = 0$（即模腔厚度中面上垂直于 z 向的熔体流速梯度与温度梯度为 0）。

② 求解过程 对式(7-9) 积分

$$\int_0^z \frac{\partial p}{\partial x} \mathrm{d}z - \int_0^z \frac{\partial}{\partial z}\left(\eta \frac{\partial u}{\partial z}\right) \mathrm{d}z = 0$$

因 $\dfrac{\partial p}{\partial x}$ 不随 z 变化，故积分后得

$$z \frac{\partial p}{\partial x} = \eta \frac{\partial u}{\partial z}$$

整理上式并积分

$$\int_z^b \frac{\partial u}{\partial z} \mathrm{d}z = \int_z^b \frac{\partial p}{\partial x} \frac{z}{\eta} \mathrm{d}z$$

利用 $z = b$，$u = 0$ 的边界条件，得

$$u = -\frac{\partial p}{\partial x} \int_z^b \frac{z}{\eta} \mathrm{d}z$$

再次对上式积分

$$\int_0^b u \, \mathrm{d}z = \int_0^b \left(-\frac{\partial p}{\partial x} \int_z^b \frac{z}{\eta} \mathrm{d}z\right) \mathrm{d}z = -\frac{\partial p}{\partial x} \int_0^b \frac{z^2}{\eta} \mathrm{d}z$$

将上式代入式(7-8)，并令

$$\Lambda = -\frac{\partial p}{\partial x} \qquad (7\text{-}12)$$

$$S = \int_0^b \frac{z^2}{\eta} \mathrm{d}z \qquad (7\text{-}13)$$

式中 Λ——熔体压力梯度；

S——熔体流动率。

最后得到

$$\Lambda = \frac{Q}{2\Gamma(x)S} \qquad (7\text{-}14)$$

同理，还可推导出剪切速率和流动速度

$$\dot{\gamma} = \frac{|\Lambda| z}{\eta} \qquad (7\text{-}15)$$

$$u = \int_z^b \dot{\gamma} \, \mathrm{d}z \qquad (7\text{-}16)$$

至此，利用解析法求得熔体一维流动时的压力场和速度场。

由于同一维温度场相对应的模腔几何形状简单规则，所以可方便地利用有限差分法（当然也可用有限元法）进行温度场求解，即直接将含温度场的能量方程（7-10）转化成差分格式进行求解。

$$\rho c_p \frac{T_{i,j,k} - T_{i,j,k-1}}{\Delta t_{k-1}} + u_{i,j,k-1} \frac{T_{i,j,k} - T_{i-1,j,k}}{\Delta x}$$

$$= \lambda \left(\frac{T_{i,j+1,k} - 2T_{i,j,k} + T_{i,j-1,k}}{\Delta z^2} \right) + \eta \dot{\gamma}_{i,j,k-1}^2 \tag{7-17}$$

式中　i、j——流动方向（x）和垂直流动方向（z）的节点编号；

　　　k——时刻编号。

③ 模拟计算流程（图 7-4）

a. 已知初始时刻温度场 T_0。

b. 利用式(7-7)、式(7-13)与式(7-14)分别求解该时刻的黏度 η、流动率 S 和压力梯度 Λ；

c. 利用式(7-12)求解压力场 P；其中，式(7-12)也可以转化成差分方程求解；

d. 利用式(7-15)与式(7-11)分别求解剪切速率 $\dot{\gamma}$ 和黏性热 ϕ；

e. 利用式(7-16)求解速度场 U；

f. 如果模腔未被熔体充满，则确定一个时间步长 Δt；

g. 利用式(7-17)计算下一时刻的温度场 T；

h. 转到第 b 步继续求解，直至整个一维流道或模腔被熔体充满。

由于塑料熔体的流动充模是一个非稳态过程，因此在计算时必须选择合适的时间步长。名义时间步长的定义为

$$\Delta t = t / N$$

式中　t——熔体充满模腔的时间（注射时间），可由模腔体积与熔体注射流量之比获得；

　　　N——人为设定或程序动态生成的时间间隔数。

设定时间步长的基本原则为：

a. 在一个时间步长内，前沿单元恰好被熔体充满，即：一个时间步长内只考虑前沿一个单元（一维分析）或一层单元（二维、三维分析）的熔体流动；

b. 确保数值迭代计算收敛，以及解的稳定性。

（2）二维流动模拟

对于塑料熔体在任意薄壁模腔中流动时，一者由于其厚度尺寸远小于其他两个方向的尺寸，二者由于熔体黏度较大，因此，熔体的充模流动可视为扩散层流，熔体厚度方向（假设为 z 向）的流速分量可忽略不计，并认为压力不沿 z 向变化，即 $\frac{\partial p}{\partial z} = 0$。

① 控制方程　二维流动有四个未知量，即两个流速分量 u、v 和熔体温度 T 及压力 p，需要四个方程联立求解。将 Hele-Shaw 流动模型推广到非牛顿流体非等温流动，由连续方程、运动方程和能量方程得

$$\frac{\partial (b\bar{u})}{\partial x} + \frac{\partial (b\bar{v})}{\partial y} = 0 \tag{7-18}$$

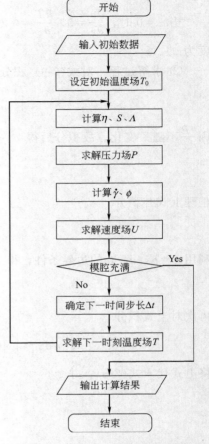

图 7-4　一维流动模拟计算流程

$$\frac{\partial p}{\partial x} - \frac{\partial}{\partial z}\left(\eta\,\frac{\partial u}{\partial z}\right) = 0 \tag{7-19}$$

$$\frac{\partial p}{\partial y} - \frac{\partial}{\partial z}\left(\eta\,\frac{\partial v}{\partial z}\right) = 0 \tag{7-20}$$

$$\rho c_p\left(\frac{\partial T}{\partial t} + u\,\frac{\partial T}{\partial x} + v\,\frac{\partial T}{\partial y}\right) = \lambda\,\frac{\partial^2 T}{\partial z^2} + \eta\,\dot{\gamma}^2 \tag{7-21}$$

式中　$\overline{u}$、$\overline{v}$——x 和 y 方向的平均流速；

b——模腔厚度的一半，$\dot{\gamma}^2 = \left[\left(\frac{\partial u}{\partial z}\right)^2 + \left(\frac{\partial v}{\partial z}\right)^2\right]$。

式(7-21) 等号左边表示温度随时间变化和沿流动平面的热对流；等号右边第一项表示沿厚度方向的热传导，右边第二项表示黏性剪切热。

求解式(7-18)～式(7-21) 的速度、压力和温度边界条件如下。

任何时刻，熔体前沿处的压力 $p = 0$；

给定注射点处的熔体流量 $Q = q^p$；

当 $z = \pm b$ 时，$u = v = 0$，$p = 0$，$T = T_m$；

当 $z = 0$ 时，$\frac{\partial u}{\partial z} = \frac{\partial v}{\partial z} = 0$，$\frac{\partial p}{\partial n} = 0$，$\frac{\partial T}{\partial z} = 0$。

② 求解速度场　对于式(7-19) 和式(7-20)，分别采用与一维流动相同的积分处理，得

$$u = \Lambda_x\int_z^b\frac{z}{\eta}\mathrm{d}z \qquad v = \Lambda_y\int_z^b\frac{z}{\eta}\mathrm{d}z \tag{7-22}$$

再次分别对上述两式沿 z 方向积分，得熔体的平均流速

$$\overline{u} = \frac{\Lambda_x S}{b} \qquad \overline{v} = \frac{\Lambda_y S}{b} \tag{7-23}$$

③ 求解压力场　将 x、y 方向的平均流速 $\overline{u}$、$\overline{v}$ 代入式(7-18)，得压力场控制方程

$$\frac{\partial}{\partial x}\left(S\,\frac{\partial p}{\partial x}\right) + \frac{\partial}{\partial y}\left(S\,\frac{\partial p}{\partial y}\right) = 0$$

根据伽辽金（Calerkin）加权余量法，引入权函数 W，得到压力场控制方程的弱解积分形式

$$\int_\Omega W\left[\frac{\partial}{\partial x}\left(S\,\frac{\partial p}{\partial x}\right) + \frac{\partial}{\partial y}\left(S\,\frac{\partial p}{\partial y}\right)\right]\mathrm{d}\Omega = 0$$

式中　Ω——熔体已填充区域。

运用散度定理，上式可写成

$$\int_\Gamma WS\,\frac{\partial p}{\partial n}\mathrm{d}\Gamma - \int_\Omega\left(\frac{\partial W}{\partial x} + \frac{\partial W}{\partial y}\right)\left(S\,\frac{\partial p}{\partial x} + S\,\frac{\partial p}{\partial y}\right)\mathrm{d}\Omega = 0$$

式中　Γ——Ω 的边界。

将自然边界条件 $\frac{\partial p}{\partial n} = 0$ 代入上式，便得

$$\int_\Omega\left(\frac{\partial W}{\partial x} + \frac{\partial W}{\partial y}\right)\left(S\,\frac{\partial p}{\partial x} + S\,\frac{\partial p}{\partial y}\right)\mathrm{d}\Omega = 0 \tag{7-24}$$

对区域 Ω 进行离散处理，每个单元内的压力分布可近似表示为

$$p(x,y,t) = \sum_{k=1}^n N_k(x,y)p_k(t) \tag{7-25}$$

式中 $p_k(t)$ ——单元节点 k 在 t 时刻的压力；

  n ——单元节点数；

 $N_k(x,y)$ ——单元形函数，在伽辽金加权余量法中。

$$W_k = N_k(x,y) \tag{7-26}$$

根据第 2 章所学知识得知，如果给定了离散熔体已填充区域 Ω 的单元类型，则描述该单元特征的形函数（数学模型）也就确定了。于是可将单元压力近似表达式(7-25)和权函数式(7-26)代入式(7-24)，取积分域为单元对应的域 $\Omega^{(e)}$，并近似将每个单元内的流动率 S 作为常数处理，得单元压力方程：

$$[K]^e \{p\}^e = 0 \tag{7-27}$$

式中 $[K]^e$ ——求解单元压力的刚度矩阵；

  $\{p\}^e$ ——以节点压力列矩阵表示的单元压力。

对已充满熔体的所有单元列出上式，并根据单元局部节点编号与总体节点编号的对应关系，将各单元方程组全部整合起来，便构成基于给定单元类型的以节点压力为未知量的总体压力方程组

$$[K]\{P\} = 0 \tag{7-28}$$

式中 $[K] = \sum\limits_e [K]^e$ ——求解压力场的总刚度矩阵；

  $\{P\} = \sum\limits_e \{p\}^e$ ——总节点压力列矩阵。

事实上，式(7-28)是利用有限元法求解熔体流动充模压力场的通式，与单元类型有关。代入边界条件，解总体方程组（7-28），即可求出各未知节点压力。

由于流动率 S 的计算依赖于压力场，因此式(7-28)是一非线性方程组，需要进行迭代计算求解，又因为 S 与压力梯度相关，故宜采用低松弛法求解，即

$$p_i^{k+1} = p_i^k + \omega \Delta p_i^k$$

式中 p_i^k、p_i^{k+1} ——表示节点 i 第 k 次和第 $k+1$ 次迭代的压力值；

  Δp_i^k ——节点 i 在第 k 次迭代中的压力变化；

  ω ——松弛因子，$0 < \omega < 1$。

计算出节点压力后，可由前面导出的相应公式计算熔体的流动速度，进而计算出熔体的剪切应变速率和剪切应力。

④ 确定熔体流动的前沿位置 在流动分析中，求出速度场和压力场后，需要确定熔体流动的前沿位置，以判断熔体是否充满模腔。流体力学处理移动边界问题的方法可分为移动网格法（Moving Mesh Scheme）和固定网格法（Fixed Mesh Scheme）两大类。

移动网格法中常用的是网格扩展法（Mesh Expansion Scheme），其基本思路为：根据当前时刻的流动前沿位置和速度以及时间增量，确定下一时刻的流动前沿位置；再对流动前沿的局部区域划分网格，并调整节点位置，以消除畸变单元。在计算过程中，网格覆盖熔体的充填区域，并随充填区域的扩大而扩展。该法虽然能较准确地确定流动前沿位置，但在实施过程中必须对时间增量进行特殊处理，以保证计算出的流动前沿节点始终位于模腔边界之内，有时甚至需要人工干预。

固定网格法主要包括 MAC（Marker and Cell，标识单元）法和 FAN（Flow Analysis Network，流动分析网格）法，其共同思路为：先将整个模腔划分成矩形网格（该网格在计算过程中不再改变），再形成对应于各节点的体积单元，流入或流出体积单元的流量可由节

点压力求出,最后根据体积单元的充填状况近似确定流动前沿位置。

⑤ 求解温度场 温度场的计算效率与精度将直接影响流动模拟的速度和熔体压力场及速度场的计算精度。由于熔体温度在流动平面内和沿熔体壁厚方向均发生变化,因此求解温度场可采用两种方法:一是熔体流动的 x、y 方向用有限元网格离散,模腔厚度 z 方向和时间域用差分网格离散;二是 x、y、z 方向都用有限元网格离散,仅时间域用差分网格离散。两种方法各有特点,前者基于二维有限元,计算较简单,可采用与压力场相同的有限元模式,但需要与差分耦合才能确定每一时刻的温度场;后者基于三维有限元,计算复杂,但不需要与差分耦合便可获得每一时刻的温度场。现以第二种方法为例,介绍其求解思路。

根据伽辽金加权余量法,引入权函数 W,得式(7-21)的全积分表达式

$$\int_{\Omega} W\left[\rho c_p \frac{\partial T}{\partial t} + u \frac{\partial T}{\partial x} + v \frac{\partial T}{\partial y} - \lambda \frac{\partial^2 T}{\partial z^2} - \eta \dot{\gamma}\right] d\Omega + \int_{\Gamma} W \frac{\partial T}{\partial z} d\Gamma = 0 \qquad (7\text{-}29)$$

式中 Ω——模腔中已充满熔体的区域;

Γ——$\dfrac{\partial T}{\partial z}=0$ 的温度边界,一般在模腔厚度的中面上(见图 7-2)。

将区域 Ω 剖分成单元,单元内的温度分布采用多项式近似表示,即

$$T(x,y,z,t) = \sum_{k=1}^{n} N_k(x,y,z) T_k(t) \qquad (7\text{-}30)$$

式中 $T_k(t)$——单元节点 k 在 t 时刻的温度。

同求解二维压力场相类似,经单元分析,总体合成,可得以节点温度为未知量的总体方程组

$$[K]\{T\} + [C]\frac{\partial}{\partial t}\{T\} = \{R\} \qquad (7\text{-}31)$$

式中 $[K]$——总热传导矩阵,$[K] = \sum\limits_e ([K_r]^e + [K_s]^e + [K_t]^e)$;

$[C]$——总热容矩阵,$[C] = \sum\limits_e [C]^e$;

$\{R\}$——总热载荷列矩阵,$\{R\} = \sum\limits_e \{R\}^e$;

$\{T\}$——总节点温度列矩阵,$\{T\} = \sum\limits_e \{T\}^e$;

$[K_r]^e$——x,y 方向上的单元热传导矩阵,

$$[K_r]^e = \int \left(k_x [N]^T \frac{\partial [N]}{\partial x} + k_y [N]^T \frac{\partial [N]}{\partial y}\right) d\Omega^{(e)};$$

$[K_s]^e$——z(厚度)方向上的单元热传导矩阵,$[K_s]^e = -\int k_z \dfrac{\partial [N]^T}{\partial z} \dfrac{\partial [N]}{\partial z} d\Omega^{(e)}$;

$[K_t]^e$——热交换边界上的单元热传导矩阵,$[K_t]^e = \int [N]^T \dfrac{\partial [N]}{\partial z} d\Gamma^{(e)}$;

$[C]^e$——单元热容矩阵,$[C]^e = \int \rho c_p [N]^T [N] d\Omega^{(e)}$;

$\{R\}^e$——单元热载荷列矩阵,$\{R\}^e = \int [N]^T \eta \dot{\gamma} d\Omega^{(e)}$。

再对时间进行差分离散。式(7-29)或式(7-31)中的时间导数项可用三种有限差分格式代替,即向前差分、向后差分和中心差分。通常采用向前差分格式

$$\frac{\partial T}{\partial t} \approx \frac{T^{(t+\Delta t)} - T^{(t)}}{\Delta t} \qquad (7\text{-}32)$$

令

$$T = \frac{1}{2}\left[T^{(t+\Delta t)} + T^{(t)}\right] \tag{7-33}$$

将式(7-32)、式(7-33)代入式(7-31)并化简，便得到求解节点温度场的差分表达式

$$([C] + (1-\theta)\Delta t[K])\{T\}^{(t+\Delta t)} = \Delta t\{R\}^{(t)} + ([C] - \theta\Delta t[K])\{T\}^{(t)} \tag{7-34}$$

式中 θ ——方程控制参数，可取 1（显式求解，条件稳定），0 或 1/2（隐式求解，无条件稳定）。

已知初始时刻的温度场和流动前沿位置，依次利用式(7-22)、式(7-23)、式(7-28)和式(7-34)求出下一时刻的速度场、压力场和温度场，直至模腔被熔体充满为止。塑料熔体二维流动模拟计算流程见图7-5。

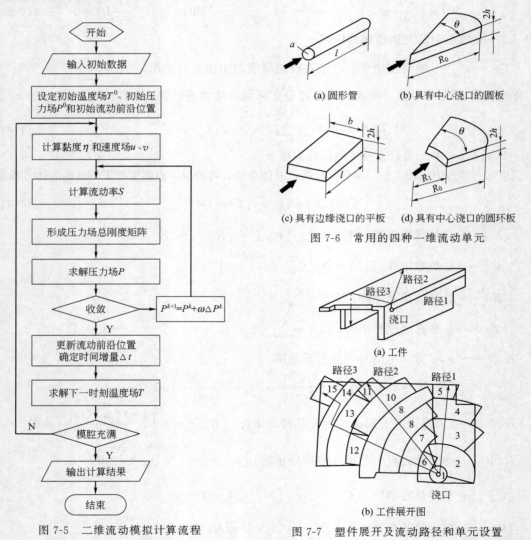

图7-5 二维流动模拟计算流程

图7-6 常用的四种一维流动单元
(a) 圆形管　(b) 具有中心浇口的圆板
(c) 具有边缘浇口的平板　(d) 具有中心浇口的圆环板

图7-7 塑件展开及流动路径和单元设置
(a) 工件
(b) 工件展开图

（3）三维流动模拟

对于任意形状的三维塑件，为了获得充模流动时的速度场、压力场和温度场，应进行三维流动分析。由于三维流动分析的复杂性，目前还不能直接从黏性流体力学的基本方程出

发，建立三维流动数学模型进行求解。对三维问题的求解主要基于两种简化方法：

① 流动路径法　流动路径法是以一维流动分析为基础，先构造若干一维流动单元，如圆管、矩形平板、内径为零或不为零的扇形平板等（如图 7-6 所示），然后将三维塑件展平成二维等效图形，并借助一维流动单元进行"形状组合"，即用一系列一维流动单元近似描述展平后的塑件形状，得到一组流动路径，每条路径由若干一维流动单元串联而成。例如：将图 7-7（a）塑件展平为图 7-7（b），并划分单元。根据分析，图 7-7（b）有三条流动路径，第一条由单元 1—2—3—4—5 组成，第二条由单元 1—6—7—8—9—10—11 组成，第三条由单元 1—6—7—8—9—12—13—14—15 组成。其中，1 属于圆形管单元，2～4、6～14 属于圆环形单元，5、11、15属于矩形板单元。

利用流动路径法求解熔体三维流动的前提条件是：

a. 各流动路径的入口压力近似相等，流动前沿状态一致；

b. 在任一时刻，每条流动路径上的熔体总压力降相等；

c. 各流动路径上的熔体流量之和等于入口处总的注射流量。

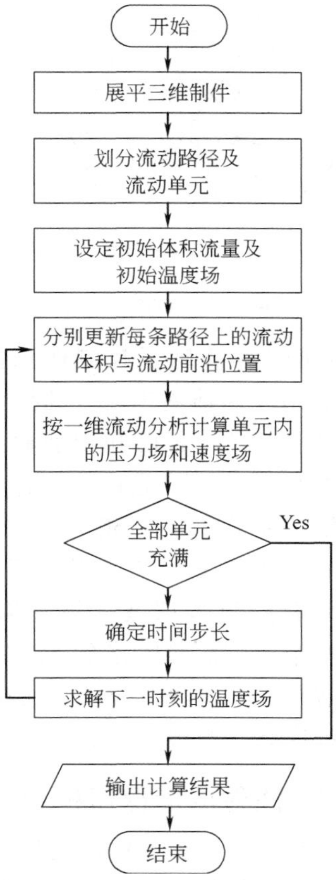

由此获得流动路径法对应的计算流程如图 7-8 所示。其中，关于计算过程中体积流量的更新是这样处理的：若某流动路径上的最后一个单元被完全充满，则在后续时间步长内不会再有熔体流入该路径；因此，该流动路径上的体积流量即刻设置为零。另外，确定的时间步长应等于前沿单元的充满时间，如果出现某单元在小于一个时间步长内即被熔体充满的情况，则应调整此次的时间步长（减小）。

流动路径法计算量小，求解效率高，适合于几何形状相对简单的薄壁塑件熔体在模腔中的流动分析，特别适合于熔体在浇注系统中的流动分析。但是，由于需要展平塑件和对展平后的塑件进行形状组合，以及人为地设定流动路径、划分流动单元，而这些工作又强烈依赖于分析人员和模具设计人员的经验，所以，难以利用该方法模拟分析熔体充填形状复杂的模腔过程。

② 有限元与有限差分耦合法　有限元与有限差分耦合法的实质，是将三维流动问题分解成流动平面（$x-y$ 向）的二维分析与壁厚方向（z 向）的一维分析。流动平面内的各待求物理量（如压力、流速、温度等）用有限元法求解，而壁厚方向上的各待求物理量，以及时间变量等，用有限差分法求解。两种方法相互耦合，交替计算。

至于三维流动时的熔体前沿位置确定，通常采用控制体积法（Control Volume Scheme）。所谓控制体积是指用一定厚度的有限元网格去构建（控制）多边形体积。如图 7-9 所示具有一定厚度的三角形网格，若将三角形的重心和各边中点连接起来，便构成了多

图 7-8　基于流动路径法的计算流程

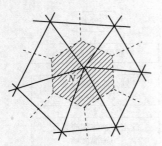

图 7-9 多边形控制体积的形成

边形控制体积（图中阴影部分）。实际上，以固定网格的 FAN 方法为基础，用控制体积代替 FAN 法中的矩形单元，就构成了控制体积法。由图 7-9 可见，每一个三角形单元的内部节点均被一个多边形控制体积所围绕。在具体求解过程中，对于每一个控制体积，引入系数

$$f = V_m/V$$

式中 V、V_m——分别表示控制体积的总体积和该控制体积中已被熔体填充的哪一部分体积。

f 的大小反映了控制体积被熔体充满的程度。显然，对于已被熔体充满的控制体积，$f=1$；对于熔体尚未流入的控制体积，$f=0$；对于尚未被熔体完全充满的控制体积，$0<f<1$（图7-10）。若已知当前时刻的压力场和前沿控制体积，就能根据熔体流量计算每一个前沿控制体积需要充满的时间。取最短的充满时间为当前步长，则在下一时刻，必有一个前沿控制体积被熔体充满，如此继续，直至整个模腔被熔体完全充满为止。

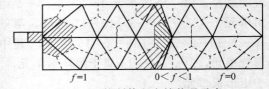

图 7-10 控制体积充填状况示意

有限元与有限差分耦合法在整个计算过程中，流动前沿位置自动更新，无需人工干预，计算精度高，被很多商品化流动模拟软件所采用。

7.2.2 注射成形保压模拟

塑料注射成形的保压过程从模腔被熔体完全充满，到浇口凝固或保压力撤除以致无法继续进料为止。保压的基本目的是在一定压力的作用下继续向模腔注料，以弥补因模腔温度降低而导致的熔体体积收缩，或因熔体部分固化而导致的塑件体积收缩。保压过程的实质是补料（后充填），当然也有防止在浇口冻结之前模腔内熔体回流的作用。

保压过程持续时间较长，模腔内温度和压力变化较大，造成熔体密度的较大波动。可压缩性是塑料熔体在保压过程中表现出的最重要的特征，保压过程就是利用熔体的可压缩性来解决过度收缩问题。补料量以熔体密度为"桥梁"，从而建立熔体密度同温度、压力的变化关系。

保压过程对塑件内部结构、性能、变形和尺寸稳定性有很大影响。保压不足（体现在压力不够或时间太短），容易引发塑件的凹陷、缩孔等缺陷；反之，若保压压力太高或保压时间过长，则有可能使塑件产生飞边或产生较大翘曲变形。因此，对保压过程进行研究，预测模腔内熔体的温度、压力等物理量的变化，为确定模具结构参数和成形工艺参数提供科学依据，对于获得满足尺寸精度、性能、外观等要求的优质产品具有重要的意义。

7.2.2.1 假设与简化

保压分析与充模分析的不同之处在于：一是需要考虑熔体的可压缩性；二是熔体比热和热传导率随温度变化的特性不能忽略。根据熔体在保压过程中流动的特点，做如下假设和简化：

① 熔体在模腔中的流动为蠕流，惯性力和质量力可忽略不计；

② 熔体厚度方向的压力变化不予考虑，厚度方向上的流速分量也忽略不计；

③ 熔体可压缩（体现在密度的变化），其比热容和热导率随温度变化；

④ 忽略厚度方向上的对流传热和流动方向上的传导传热；

⑤ 忽略熔体的弹性效应和结晶效应以及流动方向上的压力变化；

⑥ 熔体采用 Cross 黏度模型；

⑦ 模腔内的压力降低到大气压以前，塑件不脱离模腔壁。

7.2.2.2 数学模型

利用上述假设和简化，由黏性流体力学的基本方程导出模腔内熔体保压的连续方程、动量方程和能量方程如下

$$\frac{\partial \rho}{\partial t} + \frac{\partial (\rho u)}{\partial x} + \frac{\partial (\rho v)}{\partial y} = 0 \tag{7-35}$$

$$\frac{\partial p}{\partial x} - \frac{\partial}{\partial z}\left(\eta \frac{\partial u}{\partial z}\right) = 0, \quad \frac{\partial p}{\partial y} - \frac{\partial}{\partial z}\left(\eta \frac{\partial v}{\partial z}\right) = 0 \tag{7-36}$$

$$\rho C_p \left(\frac{\partial T}{\partial t} + u \frac{\partial T}{\partial x} + v \frac{\partial T}{\partial y}\right) = \beta T \frac{\partial p}{\partial t} + \frac{\partial}{\partial z}\left(k \frac{\partial T}{\partial z}\right) + \eta \dot{\gamma}^2 \tag{7-37}$$

式中 u、v——熔体在 x、y 方向上的流速分量；

ρ、C_p、k、η、$\dot{\gamma}$——熔体密度、比热容、热传导率、黏度和剪切速率；

T、p、t——熔体温度、保压力和保压时间；

β——热膨胀系数。

其中，剪切速率 $\dot{\gamma}$ 可进一步表示为

$$\dot{\gamma} = \sqrt{\left(\frac{\partial u}{\partial z}\right)^2 + \left(\frac{\partial v}{\partial z}\right)^2} \tag{7-38}$$

式（7-38）即所谓黏塑性流体的流变方程。

比较熔体充模流动阶段的能量方程可以发现：在熔体保压阶段，引起模腔中温度场变化的主要因素，除了沿流动平面的热对流（等式左边括号内第二、三项）、黏性剪切热（等式右边第三项）以及沿厚度方向的热传导外（等式右边第二项），还包括熔体的可压缩项 $\beta T \frac{\partial p}{\partial t}$。

假设熔体的流动关于模腔中面（或熔体厚度中面，见图 7-2）对称，且模腔壁处采用无滑移边界条件，即：

① 在 $z = \pm b$ 处，$u = v = 0$（即模腔壁处的熔体流速为 0），$T = T_m$（T_m 为模腔内壁温度），其中 b 为模腔半厚（即中面到模壁的距离）；

② 在 $z = 0$ 处，$\frac{\partial u}{\partial z} = \frac{\partial v}{\partial z} = 0$，$\frac{\partial T}{\partial z} = 0$（即模腔中面上垂直于 z 向的熔体流速梯度与温度梯度为 0）。

由式（7-35）和式（7-36），以及上述边界条件，可推导出保压过程的压力场控制方程

$$\frac{\partial \rho}{\partial t} - \frac{\partial}{\partial x}\left[\frac{\rho}{b}\left(S_1 \frac{\partial p}{\partial x} + S_2 \frac{\partial^2 p}{\partial t \partial x}\right)\right] - \frac{\partial}{\partial y}\left[\frac{\rho}{b}\left(S_1 \frac{\partial p}{\partial y} + S_2 \frac{\partial^2 p}{\partial t \partial y}\right)\right] = 0 \tag{7-39}$$

式中 $\frac{\partial \rho}{\partial t}$——温度、压力、时间对熔体密度的影响，$\frac{\partial \rho}{\partial t} = \alpha \frac{\partial p}{\partial t} + \beta \frac{\partial T}{\partial t}$；

α——压缩系数，$\alpha = \left(\frac{\partial \rho}{\partial p}\right)_T$；

β——热膨胀系数，$\beta=\left(\dfrac{\partial \rho}{\partial T}\right)_P$；

S_1——熔体流动率，$S_1=\displaystyle\int_0^b \dfrac{z^2}{\eta}\mathrm{d}z$；

S_2——考虑大分子链松弛时间 λ 后的熔体流动率，$S_2=\displaystyle\int_0^b \dfrac{\lambda z^2}{\eta}\mathrm{d}z$。

求解式(7-39)的初边值条件分别为：

① 初始条件　初始温度场、压力场分别为熔体充模结束瞬间的温度场和压力场。

② 边界条件　除了满足在推导式(7-39)过程中提到的边界条件外，还应满足：a. 模腔面上任一点的 $\dfrac{\partial p}{\partial n}=0$（即模腔面无渗透）；b. 熔体入口（浇口）处的压力 p 已知。

7.2.2.3　数值求解

由于式(7-39)中的熔体压力和密度存在耦合性，所以无论以压力还是密度作为未知量，直接对压力场控制方程进行离散是很困难的。因此，应首先将压力和密度的计算过程解耦合，即在计算压力时假设密度恒定，在计算密度时又假设压力值恒定，通过反复迭代计算使求解对象收敛。

为了方便求解，熔体厚度方向上的待求物理量（如熔体温度、保压时间）用有限差分近似，补料熔体流动平面上的待求物理量（如熔体压力）用有限元近似。假设用三节点三角形单元的节点压力近似表示补料流动平面上的单元熔体压力，有

$$p^e=\sum_{i=1}^3 N_i p_i \tag{7-40}$$

式中　p^e——单元压力；

　　　p_i——节点压力；

　　　N_i——三节点三角形单元的形函数（线性插值函数）。

利用伽辽金（Calerkin）加权余量法将式(7-40)代入压力场控制方程［式(7-39)］，令在域内：$w=N_i$，在边界上：$w=-N_i$。整理得单元压力方程：

$$\int_{A^e} \frac{\partial \rho}{\partial t} N_i \mathrm{d}A-\frac{\rho S_2}{b}\left[\frac{\partial}{\partial t}\int_{A^e}(\nabla^2 p^e)N_i \mathrm{d}A\right]-\frac{\rho S_1}{b}\int_{A^e}(\nabla^2 p^e)N_i \mathrm{d}A=0 \tag{7-41}$$

因三角形单元的线性插值函数不能处理二阶导数，所以用分步积分法化简式(7-41)中与二阶偏导数相关的积分项：

$$\int_{A^e}(\nabla^2 p^e)N_i \mathrm{d}A=\int_{\Gamma^e} N_i \,\nabla p^e \,\vec{n}\,\mathrm{d}\Gamma-\int_{A^e}\nabla p^e \,\nabla N_i \mathrm{d}A \tag{7-42}$$

式中　$\nabla=\dfrac{\partial}{\partial x}+\dfrac{\partial}{\partial y}$，$\nabla^2=\dfrac{\partial^2}{\partial x^2}+\dfrac{\partial^2}{\partial y^2}$分别为一阶、二阶 Laplace 算子；

　　　A^e、Γ^e——三角形单元的面积和边界；

　　　$\vec{n}$——边界的法向单位向量。

方程(7-42)的等号右端第一项为有限元方程的自然边界条件。将所有离散的三角形单元集成，整理后便得到数值求解保压过程压力场的有限元方程

$$[K_p]\{P\}=\{Q_p\} \tag{7-43}$$

式中　　$[K_p]$——刚度矩阵；

　　　　$\{P\}$——节点压力列矩阵；

　　　　$\{Q_p\}$——熔体流率列矩阵。

由于熔体保压阶段伴随有温度的降低，引起熔体黏度和密度变化，所以，应考虑温度分布及其变化对保压过程的影响。离散能量控制方程（7-37），其中：$\frac{\partial T}{\partial t}$ 采用向前差商，$\frac{\partial^2 T}{\partial z^2}$ 采用中心差商，得到保压阶段的温度场表达式

$$-MT_{i+1}^{n+1}+(1+2M)T_i^{n+1}-MT_{i-1}^{n+1}$$
$$=T_i^n-\Delta t\left[u\frac{\partial T}{\partial x}+v\frac{\partial T}{\partial y}\right]_i^n+\frac{\Delta t}{\rho C_p}(\eta\dot\gamma)_i^n+\frac{\Delta t}{\rho C_p}\left[\beta T\frac{\partial P}{\partial t}\right]_i^n \tag{7-44}$$

式中　　$M=\dfrac{k}{(\Delta z)^2}\dfrac{\Delta t}{\rho C_p}$；

　　n——时间步；

　　i——迭代步。

求解熔体保压阶段各物理量的算法简述如下。

① 利用 t_n 时刻的压力场 P、温度场 T 和剪切速率 $\dot\gamma$，计算压缩系数 α、热膨胀系数 β、黏度 η、流动率 S；

② 给定时间步长 Δt，利用迭代法求解方程（7-43），得 t_{n+1} 时刻的压力场 P 和剪切速率 $\dot\gamma$，以及由于熔体可压缩性引起的温度变化 $\dfrac{\Delta t}{\rho C_p}\left(\beta T\dfrac{\partial p}{\partial t}\right)$；

③ 由式(7-44)计算因熔体压缩、热对流、热传导等引起的温度场变化，得到新的温度场 T；

④ 利用新的压力场、温度场等数据，计算 t_{n+1} 时刻的熔体密度 ρ、压缩系数 α 和热膨胀系数 β；

⑤ 更新熔体黏度 η 和流动率 S；

⑥ 是否达到设定的保压时间？若未达到，则令 $t_n=t_{n+1}$，然后返回到第②步。

7.2.3　注射成形冷却模拟

实践表明，塑料制品注射成形的冷却时间约占整个注射周期的 2/3。塑料制品的翘曲变形和局部凹陷等缺陷常常与冷却不良有关。因此，注射模冷却系统的设计将直接影响到制品的生产效率与质量。冷却系统的设计可以根据热平衡原理，利用传统公式计算出冷却面积，再按照冷却系统设计原则和经验，确定冷却管道尺寸和布置。但是，模腔表面的温度是否均匀一致；改变管道尺寸和布局或者改变冷却介质的流速和温度后，模腔温度将如何变化等，这些都是人工事先不易估计的。借助计算机数字模拟技术（即模塑 CAE 技术），可以得到模具内温度的分布与变化信息，为正确设计冷却系统提供科学依据。

模腔内塑件的冷却主要通过模具体、模具外表面和模具中的冷却系统实现。其中，模具体可以看成是熔体充模结束后，塑件向外环境传热的关键载体。同模具外表面的自然对流传热相比，冷却系统中介质的强制对流传热在塑件冷却中起着十分重要的作用。所以，注射成形冷却分析通常以模具体为对象，研究冷却系统（含系统结构与尺寸、介质类型与流速等）对模具温度分布及其变化的影响，从而借助模具载体研究塑件的冷却过程及其规律，预测与冷却相关的塑件质量等。

7.2.3.1 基本假设

① 忽略模腔壁温的周期性变化；

② 模具材料均质且各向同性，没有内热源；

③ 塑件与模腔壁完全接触，塑件表面温度与模腔壁温度相等；

④ 塑件较薄，模腔内的热流仅沿模腔壁外法线（即塑件厚度）方向传递；

⑤ 模具外表面的散热忽略不计。

7.2.3.2 热传导模型

（1）热传导微分方程

针对均质、各向同性、无内热源的模具体非稳态传热，其热传导偏微分方程为

$$\rho c_p \frac{\partial T}{\partial t} = \lambda \left(\frac{\partial^2 T}{\partial x^2} + \frac{\partial^2 T}{\partial y^2} + \frac{\partial^2 T}{\partial z^2} \right) \tag{7-45}$$

式中　ρ——模具材料密度；

c_p——模具材料比热容；

t——传热时间；

T——模具温度（场）；

λ——模具材料热传导系数。

式(7-45)表示，单位时间内造成模具体中任一微元体温度变化所需的热量应等于从 x、y、z 三个方向上传入或传出微元体的热量。当忽略模腔壁温度周期性变化时（基本假设①），模具体的热传导可近似视为稳态，于是式(7-45)转变成拉普拉斯（Laplace）方程

$$\frac{\partial^2 T}{\partial x^2} + \frac{\partial^2 T}{\partial y^2} + \frac{\partial^2 T}{\partial z^2} = 0 \tag{7-46}$$

（2）边界条件

求解式(7-45)或式(7-46)的边界条件通常有以下三类。

① 边界上给定温度（第一类边界条件/强制边界条件）。例如，模具与空气接触，其界面部分温度恒定且等于大气（环境）温度 T_0，即 $T = T_0$。

② 边界上给定热流量（第二类边界条件/自然边界条件）。例如在模具的对称面上，热流量为零，即对称面上的法向温度梯度 $\frac{\partial T}{\partial n} = 0$。

③ 边界上给定对流换热（第三类边界条件/自然边界条件）

$$-\lambda \frac{\partial T}{\partial n} = K(T - T_0)$$

式中　K——界面传热（换热）系数；

T——模具温度；

T_0——环境温度。

同模具传热相关的边界主要有以下三种。

a. 模具/空气边界，T_0 为空气温度，K 为模具/空气界面上的传热系数；

b. 模具/冷却水边界，T_0 为冷却水温度，K 为模具/冷却水界面上的传热系数；

c. 模具/塑件边界，T_0 为塑件开始冷却前的初始温度，可取熔体注射温度或充模结束瞬间的熔体温度；K 为模具/塑件界面上的传热系数，此时的 K 应取一个冷却周期内的平均值。

7.2.3.3 冷却模型与模拟过程

基于式(7-46)，针对具体工程问题，可根据模腔的几何形状和冷却计算的精度要求，分别建立模具体的一维、二维和三维冷却模型。

（1）一维冷却模拟

当模腔几何形状简单，热量只沿一个方向传递时（如平板状模腔），可建立一维冷却模型。

① 控制方程

$$\frac{\mathrm{d}^2 T}{\mathrm{d}z^2} = 0 \tag{7-47a}$$

② 求解过程 式(7-47a)是一常微分方程，其通解为

$$T = c_1 z + c_2 \tag{7-47b}$$

方程中的积分常数 c_1 和 c_2 可由给定的边界条件确定。以模具体为对象，当 $z=0$ 时，$T=T_1$，T_1 为模腔壁温度，可取塑件冷却的初始温度（通常为充模结束瞬间的熔体温度）；$z=H$ 时，$T=T_2$，T_2 为模具外表面温度，可取大气温度。

将边界条件代入式(7-47b)，可得一维冷却方式下，模具体内部垂直于模腔壁方向的温度分布

$$T = \frac{T_2 - T_1}{H} z + T_1 \tag{7-47c}$$

式中 H——动模或定模板厚度（忽略模具分型面传热）。

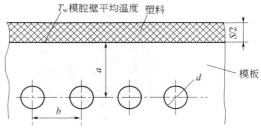

图 7-11 一维冷却模型示意

需要指出的是，式(7-47c)仅给出了模板厚度方向的温度分布，据此无法设计模具冷却系统。在实际的冷却分析中，对于成形具有简单扁平状塑件的大型注射模具（如图7-11所示），常采用等距布置的冷却水道。假设模腔壁宽大，塑件与模具之间的传热仅垂直于模壁进行，于是可借助水道边距 a 和间距 b 设计冷却系统。其中，参数 a 和 b 可用下列公式确定

$$J = 2.4 \left(\frac{K_c d}{\lambda_w} \right)^{0.22} \left(\frac{b}{a} \right)^{2.8} \ln \left| \frac{b}{a} \right|$$

$$Q = \frac{0.87(T_w - T_c)\lambda_w K_c d}{0.87\lambda_w + K_c d[a - 0.13(\pi d - b)]} \tag{7-48}$$

式中 J——允许水道中冷却水的温度波动率，对非结晶塑料 $J \leqslant 5\%$，对结晶塑料 $J \leqslant 2.5\%$；

λ_w——模具材料的热导率；

d——设定的冷却水道直径；

K_c——水道壁与冷却水之间的传热系数（设水道直接开设在模具体上）；

T_w——模腔壁的平均温度；

T_c——冷却水的平均温度；

Q——冷却水带走的热量，如果忽略借道模具/空气界面散失的热量，Q 可由塑件冷却过程中单位时间传递出的热量求得。

直接用解析法求解式(7-48)较烦琐，故通常采用迭代算法确定 a、b 两个参数。具体步骤如下（忽略借道模具-空气界面散失的热量）：

a. 设定允许的水道温度波动率 j（例如 $\pm1℃$），水道直径 d 以及 b/a 的初始值（例如 $b/a=5.0$）；

b. 将 b/a 的初始值代入式(7-48)，计算 J 值，若 $|J-j|$ 不满足要求，则依次减小 b/a（如每次减小 0.1）继续迭代，直至获得最终的 b/a；

c. 设定 a 的一个初值（如 $a=d$），计算 Q，同需要由冷却水带走的塑件热量 q（可根据热平衡分析获得）相比较，若两者差别较大，则依次增加 a（如每次增加 $1mm$），重新计算 Q，直至 $|Q-q|$ 满足要求为止。

至此，便可获得水道轴线到模腔壁之间的距离 a 和各水道孔之间的距离 b 了。

上述算法简单，易于编程。对于大型、规则的塑料制件，如电视机外壳、箱体类制件等，一维冷却分析的结果令人满意。

（2）二维冷却模拟

对于大多数形状比较复杂的塑料注射件，不能采用等间距平行冷却水道冷却，因为模腔温度在三个方向上都有变化。但在一些特殊情况下，可以忽略某个方向的温度变化，此时便可将模具体的截面简化为二维冷却模型进行分析（图7-12）。

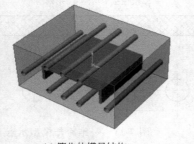 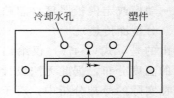

(a) 简化的模具结构   (b) 二维截面

图 7-12 二维冷却示意

① 控制方程 根据 7.2.3.1 小节的基本假设，有二维稳态热传导偏微分方程

$$\frac{\partial^2 T}{\partial x^2}+\frac{\partial^2 T}{\partial y^2}=0 \tag{7-49}$$

② 求解过程 求解式(7-49)可用有限差分法、有限元法或边界元法。在进行二维或三维冷却分析时，常用边界元法，因为边界元法仅需离散二维截面的边界而不是整个截面；并且当修改模具的冷却水道尺寸或位置时，无需重新划分所有边界元网格。

a. 边界积分方程 对式(7-49)应用加权余量法，得

$$\int_{\Omega} W\left(\frac{\partial^2 T}{\partial x^2}+\frac{\partial^2 T}{\partial y^2}\right) \mathrm{d}\Omega=0$$

式中 W——权函数。

运用格林公式，上式改写成：

$$\int_{\Omega} T\left(\frac{\partial^2 W}{\partial x^2}+\frac{\partial^2 W}{\partial y^2}\right) \mathrm{d}\Omega+\int_{\Gamma}\left(W\frac{\partial T}{\partial n}-T\frac{\partial W}{\partial n}\right) \mathrm{d}\Gamma=0 \tag{7-50}$$

如果 W 选取合适，可使式(7-50)第一项积分为零，于是式(7-50)便简化为仅对边界进行

积分。引入二维拉普拉斯方程的基本解

$$T^* = \frac{1}{2\pi} \ln \frac{1}{r(s,p)} \tag{7-51}$$

式中　s——源点（域 Ω 中的任意点）；

　　　p——场点（边界 Γ 上的任意点）；

$r(s,p)$——s、p 两点的距离。

将基本解作为权函数，代入式(7-50) 并化简，得到边界积分方程

$$C(s)T(s) = \int_\Gamma \left(T^* \frac{\partial T}{\partial n} - T \frac{\partial T^*}{\partial n} \right) \mathrm{d}\Gamma \tag{7-52}$$

式中　$C(s)$——角点系数，其取值与源点 s 所处位置有关，即

$$C(s) = \begin{cases} 1 & s \in \Omega \\ 1/2 & s \text{ 在 } \Gamma \text{ 上},\text{且 } \Gamma \text{ 光滑} \\ \theta/2\pi & s \text{ 在 } \Gamma \text{ 上},\Gamma \text{ 不光滑且内角为 } \theta \end{cases}$$

式(7-52) 表明：域 Ω 内任一点温度 $T(s)$，皆可用边界积分定义，即已知边界上的温度 T 和温度梯度 $\frac{\partial T}{\partial n}$，便能利用式(7-52) 求得 Ω 内任一点的温度。在模具二维冷却分析应用中，式(7-52) 的积分边界 Γ 由模具外表面、模腔表面和冷却水道（孔）表面分别投影而成的曲线构成，域 Ω 就是由投影曲线围成的模具主体截面。

b. 离散化与求解　一般说来，用解析法沿任一曲线边界积分式(7-52) 十分困难，甚至不可能。为求积分，需要进行边界分割，即把边界划分成有限个"边界元"，并对每个边界元的边界曲线及其边界元内的温度 T 或流量 q 作近似假设，根据近似函数（形函数）的不同，通常可将边界元分为常数元、线性元和二次元。以常数元为例，在每个单元上，待求的温度 T 和温度梯度 $\partial T/\partial n$ 为常数，离散区域 Ω 的边界，则式(7-52) 转变成（假设边界光滑）

$$\frac{1}{2} T_i(s) = \sum_{j=1}^{N} \int_{\Gamma_j} \left(\frac{1}{2\pi} \ln \frac{1}{r} \right) \mathrm{d}\Gamma \frac{\partial T_i}{\partial n} - \sum_{j=1}^{N} \int_{\Gamma_j} \left(\frac{-1}{2\pi r} \frac{\partial r}{\partial n} \right) \mathrm{d}\Gamma T_j \tag{7-53}$$

令　$H_{ij} = \int_{\Gamma_j} \left(\frac{-1}{2\pi r} \frac{\partial r}{\partial n} \right) \mathrm{d}\Gamma$，　$G_{ij} = \int_{\Gamma_j} \left(\frac{1}{2\pi} \ln \frac{1}{r} \right) \mathrm{d}\Gamma$

则式(7-53) 变成

$$\frac{1}{2} T_i + \sum_{j=1}^{N} H_{ij} T_j = \sum_{j=1}^{N} G_{ij} \frac{\partial T_i}{\partial n}$$

再令　$H_{ij} = \begin{cases} H_{ij} & i \neq j \\ H_{ij} + 1/2 & i = j \end{cases}$

式(7-53) 进一步写成

$$\sum_{j=1}^{N} H_{ij} T_j = \sum_{j=1}^{N} G_{ij} \frac{\partial T_i}{\partial n} \tag{7-54}$$

用矩阵形式表示式(7-54)

$$[H]\{T\} = [G]\left\{ \frac{\partial T}{\partial n} \right\} \tag{7-55}$$

对式(7-55) 中的系数矩阵 $[H]$ 和 $[G]$ 采用高斯积分，引入边界条件并化简，可得方程组

$$[A]\{x\} = \{F\} \tag{7-56}$$

式中　　[A]——由[H]和[G]积分项构成的系数矩阵；

　　　　{x}——由未知节点温度列矩阵T和温度梯度$\partial T/\partial n$列矩阵组成的向量；

　　　　{F}——由边界上已知节点的T和$\partial T/\partial n$构成的列矩阵。

解方程组（7-56），便可得到边界上所有节点的温度和热流量。

对于域内部任意点，角点系数C(s)=1，其温度T_i可由式(7-52)的离散形式求得，即

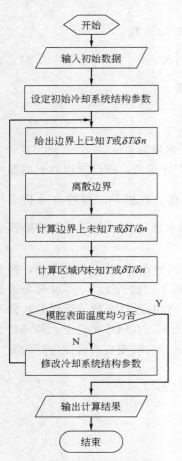

图7-13　二维冷却计算流程

$$T_i = \sum_{j=1}^{N} G_{ij} \frac{\partial T_j}{\partial n} - \sum_{j=1}^{N} H_{ij} T_j \qquad (7-57)$$

对上式两边微分，可得热流量q。到此为止，模具内任一点的温度场和热流量场都已求出。基于求解过程，可通过交互地改变冷却管道尺寸和位置，或改变冷却介质的流速和温度，或改变塑件的顶出温度等途径，来确定最优冷却系统设计方案，以获得较短的模具冷却时间和均匀的模腔表面温度分布。图7-13展示了二维冷却分析的计算流程。

（3）三维冷却模拟

对于复杂精密的塑料制件成形和注射模具设计，需要较为精确的分析结果，此时不能任意简化塑件或模具的典型截面，应根据实际情况建立分析对象的三维冷却模型。

① 控制方程

$$\nabla^2 T = \frac{\partial^2 T}{\partial x^2} + \frac{\partial^2 T}{\partial y^2} + \frac{\partial^2 T}{\partial z^2} = 0 \qquad (7-58)$$

求解式(7-58)的边界条件见7.2.3.2小节内容。

② 求解过程　基于边界元法在处理诸如冷却模拟计算等方面的优势，三维冷却分析也采用边界元法。三维拉普拉斯方程基本解为

$$T^* = \frac{1}{4\pi r(s,p)} \qquad (7-59)$$

通过离散化，边界积分方程转变成一组代数方程，其求解过程与二维相似，但是在进行三维冷却分析时，会遇到以下三个难题。

a. 模具尺寸比例相差悬殊。例如，模具外表面比冷却管道内表面尺寸大若干数量级，冷却管道本身长度又较管道直径大许多倍，模腔厚度与长度（或宽度）的尺寸也相差甚远，除非将单元划分得很细，否则边界元法无法处理单元尺寸的这种大幅度变化；

b. 针对不同的单元类型，如何离散边界积分方程，以推导出系数矩阵的计算公式；

c. 边界元法会产生非对称满矩阵，当模具具有复杂模腔时往往导致计算量过大。

对于上述问题可以采用两种解决办法，第一种解决办法是采用子区域边界法，即将模具分解成若干子区域，在子区域上运用边界元法求解，用化整为零的办法来减小数值计算工作量；第二种解决办法是采用中面边界元法，即用模腔的中面代替封闭模腔的表面，以避免对狭长模腔面的网格剖分。

此外，在离散冷却管道边界面时，会遇到与模腔同样的问题。一般为了简化计算，忽略温度和热流量沿冷却管道圆周方向的变化，将其简化成中心轴上的线性单元，以避免沿冷却管道表面划分网格。

本小节仅介绍中面边界元法的求解过程。

a. 模腔面计算的边界积分方程　对于三维稳态热传导方程，引入式（7-59）表示的基本解 T^*，采用加权余量法，化简得到标准边界积分方程

$$C(s)T(s)=\int_S [T^*(s,p)q(p)-q^*(s,p)T(p)]\mathrm{d}S \tag{7-60}$$

式中　$q(p)$——真实热流场函数，$q(p)=\dfrac{\partial T(p)}{\partial n}$；

q^*——近似热流场函数，$q^*=\dfrac{\partial T^*(s,p)}{\partial n}$；

$C(s)$——角点系数，$C(s)=\displaystyle\int_\Omega \nabla^2 T^*(s,p)\mathrm{d}\Omega=\begin{cases}1 & s\in\Omega \\ 0 & s\notin\Omega \\ 1/2 & s\in S\end{cases}$

$S=S_1+S_2+S_3$，即积分边界 S 为模腔表面 S_1、模具表面 S_2、冷却水道表面 S_3 之和。

对应的模腔中面边界积分方程

$$C(\Delta T)=\int_\Gamma [T^*(\textstyle\sum q)-q^*(\Delta T)]\mathrm{d}\Gamma \tag{7-61}$$

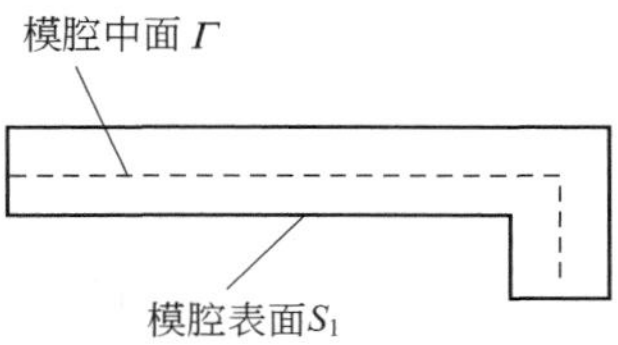

式中　Γ——模腔中面（图 7-14）；

ΔT——中面两侧模腔面上的温差；

$\sum q$——中面两侧模腔面上的热流量之和。

利用式（7-61）仅能求出两侧模腔面的温差，为了求出模腔的温度和热流量，需要补充同样数量的方程组。将式（7-61）两边沿模腔中面法向求导，得

图 7-14　模腔中面示意

$$C(\textstyle\sum q)=\int_\Gamma \left[\frac{\partial T^*}{\partial n}(\textstyle\sum q)-\frac{\partial q^*}{\partial n}(\Delta T)\right]\mathrm{d}\Gamma \tag{7-62}$$

b. 冷却水道的边界积分方程　据测量，注射模 95% 的热量是由冷却水带走的，因此在温度分析中必须考虑冷却水道的作用。冷却水道的边界积分方程可直接引用标准的边界积分方程 [式（7-60）]。

c. 边界积分方程的组合　实验结果表明，模腔壁外侧 5mm 左右处的温度梯度最大，而通过模具外表面散失的热量仅为冷却系统带走热量的 5% 左右。故可将模具外表面视为无穷大，其积分项用一个常数代替，以减少计算难度和计算量。为简便起见，积分处理时还可将该常数项忽略。

将模腔面与冷却水道的积分方程组合，便可得到整个模具稳态传热的积分方程。

设源点 s 位于模腔中面 Γ 上，场点 p 分别取在模腔中面和冷却水道表面 S_3 上，得到两组积分方程

$$C(\Delta T)=\int_\Gamma [T^*(\textstyle\sum q)-q^*(\Delta T)]\mathrm{d}\Gamma+\int_{s_3}(T^*q-q^*T)\mathrm{d}S \tag{7-63}$$

$$C(\textstyle\sum q)=\int_\Gamma \left[\frac{\partial T^*}{\partial n}(\textstyle\sum q)-\frac{\partial q^*}{\partial n}(\Delta T)\right]\mathrm{d}\Gamma+\int_{s_3}\left(q\frac{\partial T^*}{\partial n}-T\frac{\partial q^*}{\partial n}\right)\mathrm{d}S \tag{7-64}$$

在上述两式中，等号右侧第一项对应模腔中面的边界积分，第二项对应冷却水道表面的边界积分。

如果将源点 s 设在冷却水道表面上，场点 p 分别设在模腔中面和冷却水道表面上，则

对应的积分方程为

$$CT = \int_{\Gamma} [T^*(\Sigma q) - q^*(\Delta T)] \mathrm{d}\Gamma + \int_{s_3} (T^*q - q^*T) \mathrm{d}S \tag{7-65}$$

d. 边界积分方程的离散　采用二维冷却分析类似的方法对上述边界积分方程进行离散处理，模腔中面取三角形常数单元，冷却水道表面取线性常数单元。设三角形常数单元个数为 N，线性常数单元个数为 M，总体单元数为 $NE = N + M$，得式（7-63）～式（7-65）的离散形式

$$C_i(\Delta T_i) = \sum_{j=1}^{N} \int_{\Gamma_j} T^* \mathrm{d}\Gamma (\Sigma q_j) - \sum_{j=1}^{N} \int_{\Gamma_j} q^* \mathrm{d}\Gamma (\Delta T_j)$$
$$+ \sum_{j=N+1}^{NE} \int_{s_j} T^* \mathrm{d}S q_j - \sum_{j=N+1}^{NE} \int_{s_j} q^* \mathrm{d}S T_j$$

$$C_i(\Sigma q_i) = \sum_{j=1}^{N} \int_{\Gamma_j} \frac{\partial T^*}{\partial n_i} \mathrm{d}\Gamma (\Sigma q_j) - \sum_{j=1}^{N} \int_{\Gamma_j} \frac{\partial q^*}{\partial n_i} \mathrm{d}\Gamma (\Delta T_j)$$
$$+ \sum_{j=N+1}^{NE} \int_{s_j} \frac{\partial T^*}{\partial n_i} \mathrm{d}S q_j - \sum_{j=N+1}^{NE} \int_{s_j} \frac{\partial q^*}{\partial n_i} \mathrm{d}S T_j$$

$$C_i T_i = \sum_{j=1}^{N} \int_{\Gamma_j} T^* \mathrm{d}\Gamma (\Sigma q_j) - \sum_{j=1}^{N} \int_{\Gamma_j} q^* \mathrm{d}\Gamma (\Delta T_j)$$
$$+ \sum_{j=N+1}^{NE} \int_{s_j} T^* \mathrm{d}S q_j - \sum_{j=N+1}^{NE} \int_{s_j} q^* \mathrm{d}S T_j$$

在模腔中面上积分时，取 T^* 为三维拉普拉斯方程的基本解，令

$$g_{ij} = \int_{\Gamma_j} T^* \mathrm{d}\Gamma = \int_{\Gamma_j} \frac{1}{4\pi r} \mathrm{d}\Gamma$$

$$h_{ij} = \int_{\Gamma_j} q^* \mathrm{d}\Gamma = -\int_{\Gamma_j} \frac{1}{4\pi r^2} \frac{\partial r}{\partial n_j} \mathrm{d}\Gamma$$

$$g'_{ij} = \int_{\Gamma_j} \frac{\partial T^*}{\partial n_i} \mathrm{d}\Gamma = -\int_{\Gamma_j} \frac{1}{4\pi r^2} \frac{\partial r}{\partial n_i} \mathrm{d}\Gamma$$

$$h'_{ij} = \int_{\Gamma_j} \frac{\partial q^*}{\partial n_i} \mathrm{d}\Gamma = -\int_{\Gamma_j} \frac{\partial}{\partial n_i} \left(\frac{1}{4\pi r^2} \frac{\partial r}{\partial n_j} \right) \mathrm{d}\Gamma$$

在冷却水道面上积分时，取 T^* 为二维拉普拉斯方程的基本解，令

$$g_{ij} = \int_{S_j} T^* \mathrm{d}s = \int_{L_j} \int_0^{2\pi} \frac{1}{2\pi} \ln \frac{1}{r} r_j \mathrm{d}\theta \mathrm{d}l$$

$$h_{ij} = \int_{S_j} q^* \mathrm{d}s = -\int_{L_j} \int_0^{2\pi} \frac{1}{2\pi r} \frac{\partial r}{\partial n_j} r_j \mathrm{d}\theta \mathrm{d}l$$

$$g'_{ij} = \int_{S_j} \frac{\partial T^*}{\partial n_i} \mathrm{d}s = -\int_{L_j} \int_0^{2\pi} \frac{1}{2\pi r} \frac{\partial r}{\partial n_i} r_j \mathrm{d}\theta \mathrm{d}l$$

$$h'_{ij} = \int_{S_j} \frac{\partial q^*}{\partial n_i} \mathrm{d}s = -\int_{L_j} \int_0^{2\pi} \frac{\partial}{\partial n_i} \left(\frac{1}{2\pi r} \frac{\partial r}{\partial n_j} \right) r_j \mathrm{d}\theta \mathrm{d}l$$

式中　L_j——水道截面的第 j 段边界；

$r_j \mathrm{d}\theta \mathrm{d}l$——用柱坐标表示的第 j 段冷却水道表面积。

上述八式均可利用高斯积分法求解，归并系数，得

$$\sum_{j=1}^{NE} H_{ij} T_j = \sum_{j=1}^{NE} G_{ij} q_j \tag{7-66}$$

式中 $H_{ij} = h_{ij} + h'_{ij}$；$G_{ij} = g_{ij} + g'_{ij}$。

引入边界条件，求解式(7-66)，可得模腔面及水道面上的温度和热流量。根据计算结果和设计要求，调整冷却系统结构参数，使其获得最佳的冷却效果和塑件质量。

7.2.4 注射成形应力与翘曲模拟

7.2.4.1 应力模拟

注射成形 CAE 应力模拟分析的主要任务是求解驻留在塑件内部的残余应力大小及其分布。残余应力是指塑件脱模后未松弛而残留在其中的各种应力之和。残余应力主要由两部分构成：一部分是熔体流动诱导的流动应力，另一部分是塑件不均匀冷却诱导的热应力。

在塑件注射成形的充模、保压阶段，熔体的非等温、非稳态流动会产生沿流动方向的剪切应力和垂直于流动方向的法向应力。随着冷却阶段温度的迅速下降，上述两种与分子取向密切相关的应力来不及通过分子热运动（宏观上表现为分子链卷曲）得到完全松弛，而被"冻结"在塑件内部，形成所谓残余流动应力。

在冷却阶段，由于塑件中各区域的冷却速度不一致（由表及里冷速逐渐变慢）、温度分布不均匀（同一时刻，厚壁区温度高，薄壁区温度低），加之模腔的几何约束，最终造成塑件收缩不均，从而引发热应力（温度应力＋收缩应力）。尽管聚合物的热黏弹性会使塑件的热应力在模腔内以及脱模后得到某种程度的松弛，但是仍有部分热应力会遗留下来转变成所谓残余热应力。残余热应力通常比残余流动应力高出 1～2 个数量级。

此外，保压阶段过高的模腔压力、结晶聚合物的相变应力、塑件非平衡顶出的机械应力等，都有可能成为残余应力的组成部分。

过高的残余应力容易导致塑件的翘曲或扭曲变形。

（1）基本假设与简化

a. 求解残余热应力时，温度场已知；

b. 聚合物各向同性、均质，其应力和应变值足够小，两者之间近似满足线性关系；

c. 流动诱导应力与热诱导应力之间无相互作用，且忽略结晶和取向应力；

d. 塑件传热以塑件厚度方向为主；

e. 塑件脱离模腔之前，一直与模腔壁紧密接触；

f. 模具为刚性体。

（2）数学模型

目前，在分析注塑件残余热应力时，常常采用积分型热黏弹性本构方程来描述固相聚合物的应力-应变关系。

基于上述假设，可得到塑件的热黏弹性本构方程

$$s_{ij}(X,t) = \int_0^t G_1[\xi(t) - \xi(t')] \mathrm{d}e_{ij}(X,t') \tag{7-67}$$

$$s(X,t) = \int_0^t G_2[\xi(t) - \xi(t')] \mathrm{d}[e(X,t') - e_{th}(X,t')] \tag{7-68}$$

式中　　s_{ij}，s——应力偏张量和应力球张量；

　　　　　e_{ij}，e——应变偏张量和应变球张量；

　　　　　e_{th}——由温度 θ 变化引起的热应变，$e_{th}=\int_{T_0}^{T}\alpha(\theta)\mathrm{d}\theta$ ；

　　　　　α——体膨胀系数；

　　　　　T_0——参考温度；

　　　　　T——塑件实际温度；

　　　　　ξ——与已知点 $X(x，y，z)$ 位移相关的时间标量，其中，该点位移由温度随时间的变化引起，即，$\xi(t)=\int_0^t\Phi[T(X,\tau)]\mathrm{d}\tau$ ，其位移函数 $\Phi[T(X,\tau)]$ 可表示为 $\lg\Phi=\dfrac{c_1(T-T_0)}{c_2+T-T_0}$ ；

　　　　　c_1，c_2——材料常数；

　　　　　G_1，G_2——剪切松弛函数和体积松弛函数，其表达式分别为

$$G_1(t)=\frac{E}{1+\mu}\phi(t)=2G\phi(t)，\quad G_2(t)=\frac{E}{1-2\mu}\phi(t)=3K\phi(t) \tag{7-69}$$

　E、G、K、μ——弹性模量、剪切模量、体积模量和泊松比；

　　　　　$\phi(t)$——松弛函数。

式(7-69)中的松弛函数可以进一步用离散形式表示

$$\phi(t)=\sum_{k=1}^{N}g_k\exp\left(-\frac{t}{t_k}\right) \tag{7-70}$$

式中　　t_k——松弛时间；

　　　　　t——冷却时间；

　　　　　g_k——材料常数。

令式(7-69)和式(7-70)中的 $t=\xi-\xi'$，并将式(7-69)、式(7-70)代入式(7-67)和式(7-68)，得

$$s_{ij}(X,t)=2G\sum_{k=1}^{N}g_k\int_0^t\exp\left(-\frac{\xi(t)-\xi(t')}{t_k}\right)\mathrm{d}e_{ij}(X,t') \tag{7-71}$$

$$s(X,t)=3K\sum_{k=1}^{N}g_k\int_0^t\exp\left(-\frac{\xi(t)-\xi(t')}{t_k}\right)\mathrm{d}[e(X,t')-e_{th}(X,t')] \tag{7-72}$$

令

$$s_{ij}^{rel}=2G\int_0^t\exp\left(-\frac{\xi(t)-\xi(t')}{t_k}\right)\mathrm{d}e_{ij}(X,t')$$

$$s^{rel}=3K\int_0^t\exp\left(-\frac{\xi(t)-\xi(t')}{t_k}\right)\mathrm{d}[e(X,t')-e_{th}(X,t')]$$

式(7-71)和式(7-72)可简化成

$$s_{ij}=\sum_{k=1}^{N}g_k s_{ij}^{rel}，\quad s=\sum_{k=1}^{N}g_k s^{rel} \tag{7-73}$$

式中　　s_{ij}^{rel}，s^{rel}——与应力松弛有关的应力偏张量和应力球张量，后者还与材料的膨胀系数有关。

最后，利用式(7-73)可导出塑件中任一质点或任一微小单元上的残余热应力 σ_{ij} 表达式，即

$$\sigma_{ij} = s_{ij} + s \tag{7-74}$$

综合上述数学公式可知，塑件成形后的残余应力与注射材料性质（c_1，c_2，g_k）、热膨胀系数（α）、弹性模量（E）或剪切模量（G）、泊松比（μ）、松弛时间（t_k），以及塑件温度（T）、冷却时间（t）、保压压力（P）和保压时间等有关。其中，保压力可近似用式（7-74）中的应力球张量 s 表示。当材料特性一定时，塑件冷却越缓慢，则应力松弛越充分，最终残留在塑件内部的热应力就越小。

（3）初边值条件

由于保压阶段补料压实的同时，还存在压力传递和熔体的冷却、凝固，所以，塑件残余应力的计算应从模腔中熔体开始凝固瞬间起（假设熔体充模阶段不凝固），其求解初始条件为：熔体开始凝固瞬间（$t=0$），固相初始应力 σ_{ii} 等于熔体初始保压压力 $P(0)$，初始应力变化 $\Delta\sigma_{ii}=0$，固相温度 T 等于熔体初始保压（即充模结束时的）温度 $T_p(0)$。

根据基本假设和熔体冷却凝固规律，可将残余热应力的计算分解成三个阶段，其对应的边界条件分别为：

① 塑件芯部未完全冻结，针对新的凝固层，有 $\sigma_{ii}(t)=P(t)$，$\Delta\sigma_{ii}(t)=\Delta P(t)$；其中，$P(t)$、$\Delta P(t)$ 分别为 t 时刻的保压力和保压力变化；

② 模腔内熔体全部固化或浇口完全冻结，保压力对塑件不再起作用，但塑件仍然与模腔壁紧密接触。塑件在厚度方向无变化，即 $\sigma_{zz}(t)<0$，$\Delta\varepsilon_{zz}(t)=0$。注：这里用 Z 表示塑件厚度方向；

③ 继续冷却，塑件脱离模腔，此时 $\sigma_{zz}(t)=\Delta\sigma_{zz}(t)=0$。

（4）数值求解

离散上述数学模型中的 s_{ij}、s、e_{ij}、e、T、t，整理并化简，得求解残余应力的矩阵表达式

$$[K]\{\Delta U\} = \{R\}_{res} \tag{7-75}$$

式中　$[K]$——总刚度矩阵；

　　　$\{\Delta U\}$——节点位移增量列矩阵；

　　　$\{R\}_{res}$——等效残余节点力列矩阵，$\{R\}_{res}=\{R\}_p-\{R\}_{th}$；

　　　$\{R\}_p$——由保压力引起的等效载荷列矩阵；

　　　$\{R\}_{th}$——由热应变引起的等效载荷列矩阵。

在所给出的初边值条件下，利用有限元和有限差分耦合法求解式（7-75），便可获得塑件内的残余应力分布及其变化。

（5）应力模拟实例

图 7-15 是残余应力模拟分析实例的有限元模型，其中，塑件材料为聚苯乙烯（Dow 化学公司的 Styron 678E），注射温度 200℃，模具温度 55℃，充模时间 0.898s，保压力 55MPa。图 7-16 是过图 7-15 所示测试点的塑件厚度方向上的残余应力分布以及数值分析结果与物理实验结果的比较，其中实测数据为塑件脱模后测得的残余应力数据。由图 7-16 可见，数值分析获得的塑件次表层（压）应力远大于实测数据，这主要与被分析对象模型没有设计浇注系统和保压压力设置过高有关。但是不管怎样，单就塑件内部残余应力的分布趋势而言，数值计算结果与实测数据非常吻合。

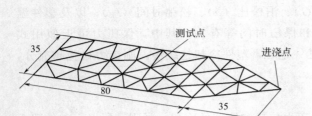

图 7-15 平板塑件的有限元模型

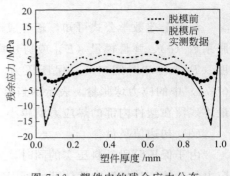

图 7-16 塑件内的残余应力分布

7.2.4.2 翘曲模拟

（1）翘曲起因

塑件翘曲的本质是由于其内部残余应力超过材料的屈服强度而产生的塑性变形。影响塑件翘曲的因素很多，大致可归结为物料性质、物料塑化、工艺参数、塑件结构、模具结构、人员操作等几个方面。

① 物料性质　物料的热物理性能、成形性能、力学性能和物料组成部分之一的聚合物结构、取向或解取向能力、结晶度、收缩率以及填充物性质等均会影响塑件成形后的残余应力与翘曲。

② 物料塑化　物料塑化是指固态物料在注射机料筒内经加热、剪切、挤压等外载荷作用而转变成熔融流体的过程。在塑化过程中，如果料筒（特别是料筒末端）或喷嘴温度过低，或物料（熔体）加热不均匀、物料（熔体）剪切和压实不充分，则会造成熔体中各区域的流动性和聚合物分子取向各异，从而给注入模腔的熔体带来较高残余应力。

③ 工艺参数　注射温度过低会造成熔体黏度增大、流动性变差、充模困难。为了保证不出现短射，势必提高注射压力，而过高的注射压力则有可能给塑件留下较高的残余应力。同理，即使熔体注射温度适宜，不合理的提高注射压力，也容易给塑件留下较高的残余应力。

保压压力过高、保压时间过长，因补料而冻结在制件内的应力会增加；反之，保压压力过低、时间过短，又会因物料压实不够和不均匀体积收缩增加而引发较大的内应力。这些内应力如果在塑件随后的冷却过程中得不到有效的释放，就会转化为残余应力。

塑件顶出过早，冷却冻结不够，强度较差，顶出力很容易转换成塑件局部残余机械应力，然后塑件在没有约束的条件继续冷却而导致翘曲。

模温过低容易导致塑件冷却过快，分子热运动能力迅速下降，其残余应力不易在脱模之前释放。

④ 塑件结构　塑件结构复杂、壁厚差异大，容易因冷却不均和收缩不均而产生较高的残余应力。

⑤ 模具结构　浇口结构、位置和浇口数量设计不当，使得熔体在各路径上的流动阻力、流动长度和流动方向不平衡，造成模腔压力分布不均和塑件内大分子链排列状态不一而产生较大残余应力。调温系统结构设计不合理和模腔传热不均匀容易造成塑件因收缩不均而产生较大残余应力。此外，塑件各部位上的顶出力不一致、顶杆分布不平衡或偏斜等也会引起较

大的局部机械应力。

⑥ 人员操作 不按规定摆放脱模塑件、模具预热不够、操作程序不规范等都有可能引起塑件的翘曲变形。

排除人员因素，塑件翘曲主要由不均匀收缩、不均匀冷却和分子取向三大部分组成，其示意分别见图 7-17～图 7-19 所示。

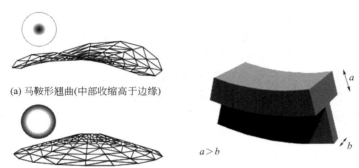

(a) 马鞍形翘曲(中部收缩高于边缘)

■ 深色部分收缩严重

(b) 拱形翘曲(边缘收缩高于中部)　　(c) 厚壁内凹(厚壁收缩大于薄壁)

图 7-17 因收缩不均产生的塑件翘曲

冷却慢

冷却快

图 7-18 因冷却不均产生的塑件翘曲

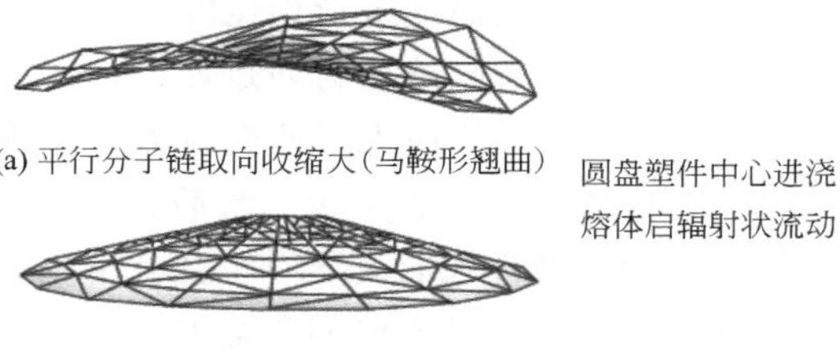

(a) 平行分子链取向收缩大(马鞍形翘曲)　圆盘塑件中心进浇 熔体启辐射状流动

(b) 垂直分子链取向收缩大(拱形翘曲)

图 7-19 因分子链取向产生的塑件翘曲

（2）翘曲模型

根据分析，塑件注射成形过程产生的应变张量可以完整地表示为

$$\varepsilon_i = \varepsilon_i^p + \varepsilon_i^T + \varepsilon_i^c + \varepsilon_i^R + \varepsilon_i^o \cdots \tag{7-76}$$

式中　ε_i——真应变；

ε_i^p——静水压产生的应变；

ε_i^T——温度分布不均产生的应变（与熔体和塑件的热膨胀系数有关）；

ε_i^c——塑件结晶收缩产生的应变；

ε_i^R——化学反应产生的应变；

ε_i^o——分子链取向产生的应变。

为了便于分析，将所有应变简化为时间或压力的函数，即

$$\varepsilon_i^k = f(t) \quad 或 \quad \varepsilon_i^k = f(P)$$

式中　$k = p$，T，e，R，$\cdots$。

在材料各向同性条件下，各种应变的表达式分别为：

$$\varepsilon_i^p = -\int_0^p \beta \mathrm{d}P, \quad \varepsilon_i^T = \int_{T_s}^T \alpha \mathrm{d}T, \quad \varepsilon_i^c = \int_{\varphi_s}^\varphi C_c \mathrm{d}\Phi, \quad \varepsilon_i^R = \int_{r_s}^r C_R \mathrm{d}R, \quad \varepsilon_i^o = \int_{\zeta_s}^\zeta C_o \mathrm{d}X$$

式中　P——静水压力；

T——塑料温度；

$\varPhi$——结晶度；

R——化学反应转化系数；

β——压缩系数；

α——热膨胀系数；

ζ——分子取向度；

C_c、C_R、C_o——与聚合物结晶、化学反应和分子链取向相关的常数；

积分下限常量（或变量）的足标 s 代表熔体固化起始时刻。

求解塑件翘曲的初始条件一般为塑件脱模后的残余应力、残余应变、分子链（或纤维）取向和脱模温度、环境温度等。其中，残余应力包括：在熔体流动充模和保压阶段产生的流动应力、塑件收缩不均产生的收缩应力、冷却不均产生的热应力和分子（或纤维）取向产生的取向应力。

同时考虑残余应力和残余应变的塑件翘曲变形数值计算公式为

$$\sum_e [K_e][\delta^e] = [R_T] + [R_s] - [R_0] \tag{7-77}$$

式中　　$[K_e]$——单元刚度矩阵；

$[\delta^e]$——单元位移列矩阵；

$[R_T]$——等效温度载荷列矩阵；

$[R_s]$——等效收缩应力列矩阵；

$[R_0]$——等效初应力（残余应力）载荷列矩阵。

其中，初应力可以看成是熔体流动和保压阶段残留的应力。

此外，在计算塑件翘曲变形时也常常采用一种基于残余应变理论的经验模型，该模型主要考虑塑件内各区域、各方向的收缩差异，其数学表达式为

$$\begin{aligned}
S^{/\!/} &= a_1 M_v + a_2 M_c + a_3 M_o^{/\!/} + a_4 M_r + a_5 \\
S^{\perp} &= a_6 M_v + a_7 M_c + a_8 M_o^{\perp} + a_9 M_r + a_{10}
\end{aligned} \tag{7-78}$$

式中　　$S^{/\!/}$——平行于熔体流动方向的线性收缩率；

$S^{\perp}$——垂直于熔体流动方向的线性收缩率；

M_v——体积收缩率；

M_c——结晶度；

$M_o^{/\!/}$——平行于熔体流动方向的分子取向度；

$M_o^{\perp}$——垂直于熔体流动方向的分子取向度；

M_r——模具温度对塑件收缩的约束；

$a_1 \sim a_{10}$——反映收缩特性的材料常数（由模塑标准实验获得）。

由于塑件翘曲的驱动力是塑件内部过高的残余应力，所以通过求解式（7-77）可获得在残余热应力、残余流动应力、残余保压应力和不均匀收缩应力作用下的塑件应力应变分布，从而预测塑件的翘曲变形。

（3）模拟步骤

利用本章各小节介绍的数学模型与计算方法，分别求解

① 熔体充模温度、压力、流速和剪切速率；

② 熔体保压的温度、压力、密度；

③ 塑件冷却阶段的温度变化及其分布；

④ 利用充模和保压数据计算纤维取向；

⑤ 塑件收缩（包括纤维取向引起的收缩和冷却固化引起的收缩）；

⑥ 计算残余应力和节点位移。

各节点位移的加权平均在宏观上即代表了塑件翘曲变形的区域分布与大小。

（4）翘曲模拟实例

通常，在注塑件残余应力中，残余热应力所占比重最大，为了简化计算，这里仅给出型腔、型芯温差对塑件翘曲影响的模拟分析实例。

图 7-20 为一个平板塑件（150mm×76mm×3mm），注射材料分别选择 ABS（GE Plastics 公司的 Cycolac 35）和 PC（GE Plastics 公司的 Lexan 143R），在表 7-1 条件下进行数值实验与物理实验，得到数值计算和物理注射结果如图 7-21 和图 7-22 所示。其中，图 7-21 的翘曲检测点位于图 7-20 所示的检测线上或检测线附近，参考点分别为两条检测线的端点；图 7-22 的翘曲检测点在图 7-20 所示的两条检测线交点上，参考点为该交点的原始坐标。

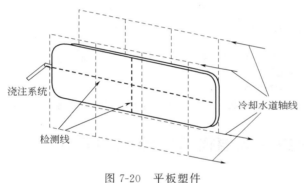

图 7-20　平板塑件

表 7-1　实验条件

工艺参数	注射材料		工艺参数	注射材料	
	ABS	PC		ABS	PC
注射温度/℃	220	280	保压时间/s	3	3
注射时间/s	0.9	0.9	冷却时间/s	20	20
注射压力/MPa	180	180	模具温度/℃	60	80
保压压力/MPa	90	90			

由图 7-21（a）和图 7-21（b）可见，随着型腔—型芯之间温差的增加，同一方向上塑件的翘曲量增加，其中，熔体流动方向（即塑件长度方向）上的翘曲量增加更快。本实例的塑件翘曲除了受不均匀模腔传热的影响外，还与聚合物分子的取向有关，表现在当模具型腔和型芯的温差相同时，塑件在熔体流动方向上的翘曲大于垂直流动方向上的翘曲。

观察图 7-22（a）和图 7-22（b）发现，当模腔截面温差不大时，数值计算的塑件翘曲值与物理实验测定的翘曲值非常接近，且变化趋势相同。此外，由于 PC 在剪切速率 $1200s^{-1}$ 的模塑条件下相对于 ABS 具有更高的剪切黏度（前者约 200Pa·s，而后者约 270Pa·s），所以，PC 的翘曲更容易受模腔截面温度变化的影响。

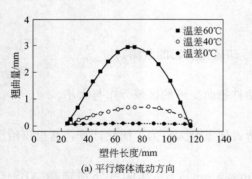
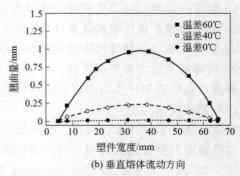

(a) 平行熔体流动方向　　　　　　　　　　(b) 垂直熔体流动方向

图 7-21　型腔-型芯温差对塑件翘曲的影响（材料 ABS）

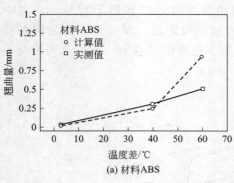
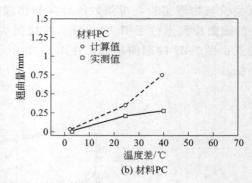

(a) 材料ABS　　　　　　　　　　　　(b) 材料PC

图 7-22　因模腔截面温差引起的塑件翘曲

7.3　塑料注射成形数值模拟主流软件简介

7.3.1　Moldflow

澳大利亚的 MOLDFLOW 公司（该公司在 2000 年并购 Ac-Tech 公司后，顺利登陆美国本土，成为名副其实的美国公司）是一家专业从事塑料注射成形 CAE 软件开发和技术咨询的公司，该公司自 1976 年发行世界上第一套注射模塑 CAE 系统以来，一直主导塑料注射成形数值模拟软件市场。提示：Ac-Tech 公司是 20 世纪著名塑料注射成形 CAE 软件 C-Mold的开发商。

Moldflow 实际上是一组系列产品，包括三大部分：面向产品设计的"注射产品优化顾问（MoldFlow Plastics Advisers，MPA）"、面向工艺设计与模具设计的"注射成形模拟分析系统（MoldFlow Plastics Insight，MPI）"和面向生产现场的"注射成形过程控制专家（MoldFlow Plastics Xpert，MPX）"。作为 Moldflow 旗舰产品的 MPI 拥有强大的数值分析、可视化前后处理和用户项目管理等能力，可对塑料制品注射成形的全过程进行数值分析模拟，其主要功能涉及：

（1）流动模拟

① MPI/FLOW　流动分析模块可以模拟热塑性塑料熔体在注射充填和保压过程中的流动行为，以优化浇口位置和工艺参数，预测制件可能出现的缺陷，自动确定流动平衡的浇注系统结构。

② MPI/Gas　气体辅助注射分析模块可以模拟模腔中塑料熔体的流动过程和气体穿透

行为，确定熔体/气体的入口数量及位置、气道结构及位置，以及优化与气辅注射相关的工艺参数（如预注熔体量、注气延迟时间等）。

③ MPI/Co-Injection 共注射分析模块用于模拟顺序共注射过程中表层/芯部材料的填充行为，以优化注射控制，改善表/芯材料结合，最大限度地提高产品的总体性能/成本比。

④ MPI/Injection Compression 压缩注射分析模块用于模拟熔体注射和模具压缩同时发生或顺序发生过程，编程控制熔体注入（充填、保压）和模具压缩（速度、力）等工艺参数。

⑤ MPI/MuCell 发泡注射分析模块模拟制件的微孔发泡（MuCell®）注塑过程，为解决制件在微孔发泡注射中的质量问题和优化注射工艺提供参考信息。

（2）冷却模拟

MPI/COOL 冷却分析模块可以模拟熔体充填、保压结束后的冷却过程，为冷却系统设计及优化提供宝贵的原始资料。

（3）结构质量模拟

① MPI/Shrink 收缩分析模块根据注射工艺和聚合物属性预测制件冷却过程中产生的线性收缩行为。

② MPI/Warp 翘曲分析模块可以预测由不均匀收缩、分子链取向和残余应力等因素引发的制件扭曲与变形。

③ MPI/Stress 残余应力分析模块可以分析塑料熔体在充填、保压、冷却各个阶段，因压力传递不均、冷却不均、模壁摩擦、分子链取向等因素造成的制件内残余应力。

④ MPI/Fiber 分子链（和/或纤维填充物）取向分析模块能够展示分子链（和/或纤维填充物）在制件中各个部位的取向与分布，以及预测塑料/纤维复合材料的合成机械强度。

（4）反应注射模拟

① MPI/Reactive Molding 反应模塑分析模块可以模拟热固树脂在各种反应性成形工艺中的流动与固化，包括热固塑料注射成形和橡胶注射成形以及聚合物传递模塑成形（RTM）和结构反应注射模塑成形（SRIM）。

② MPI/Microchip Encapsulation 微芯片封装分析模块模拟利用热固性树脂封装半导体芯片的过程，包括导线夹偏移和全线漂移。分析结果有助于设计封装包、模具、引线框架和导线，以及优化加工条件，包括模具温度、填充时间、螺杆曲线和固化时间。

③ MPI/Underfill Encapsulation 倒装晶片封装分析模块用于模拟加压覆晶封装（也称为底部灌装封装成形）过程，以预测封装材料在芯片与母板之间的流动行为。

（5）注射工艺优化

① MPI/Design-of-experiments 注射工艺优化设计模块自动利用正交模拟实验、析因模拟实验或两者混合模拟实验，对熔体温度、模具温度、注射压强、注射时间、保压时间、制件壁厚等参数进行优化。

② MPI/Optim 设备控制优化模块在综合被注材料、制件结构和注射机特性的基础上，对螺杆推进速度和保压压强进行优化设置，以使塑料熔体在流经注射机喷嘴和浇注系统并最终进入模腔时，拥有均匀的前锋速度和温度。

（6）分析模型准备

① MPI/Fusion　双面模型生成模块基于 Moldflow 的 Dual Domain™专利技术，使用户能够直接利用薄壁制件的 CAD 实体进行注射成形模拟。

② MPI/Midplane　中面模型生成模块的基础是传统中面三角形网格，非常适合于均厚薄壁制件的成形模拟。由于整个模型被近似地处理成二维面，所以模拟计算效率很高。

③ MPI/3D　3D 模型生成模块基于四面体单元网格划分技术，适合于模拟厚壁或壁厚变化大的制件注射成形，其计算结果更接近于真实成形过程。

图 7-23 是 Moldflow 支持的三种有限元分析模型示意。

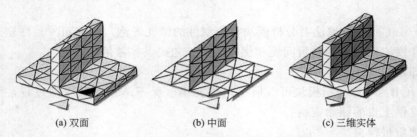

(a) 双面　　　　　　(b) 中面　　　　　　(c) 三维实体

图 7-23　Moldflow 支持的三种有限元模型

MPI 通常在图形交互方式下运行，但也可利用命令方式运行 MPI 内置的或用户自定义的命令脚本（即应用程序）。

2008 年 Moldflow 被 Autodesk 公司收购。收购后的 MPI 更名为 Autodesk Moldflow Synergy（Moldflow 协同技术平台）。

7.3.2　Moldex3D

Moldex3D 是台湾地区科盛科技公司研发并商业化的塑料注射成形计算机辅助工程分析软件。Moldex3D 主要由以下四大部分组成。

（1）Moldex3D/Solid

完全基于三维实体模型的注射熔体充模流动、保压和冷却过程模拟以及脱模塑件的翘曲分析。Moldex3D/Solid 可直接处理实体模型，特别适合于厚壁塑件或壁厚差异大、难以定义中面或具有复杂结构的塑件注射成型模拟。Moldex3D/Solid 还提供多材质注射、反应注射和封装注射成形以及纤维取向仿真分析模块。

（2）Moldex3D/Shell

基于薄壳技术的塑料注射成形模拟子系统，其最大特点是中面模型的准备时间短，仿真结果的可重复性高。Moldex3D/Shell 除了具备 Moldex3D/Solid 的全部功能模块外，还提供有薄壳气体辅助注射成形模块。

（3）Moldex3D/eDesign 和 Moldex3D/Mesh

前者相当于 Moldflow 的 MPA，即面向注射产品设计师的模流分析软件，可以简便高效地与 CAD 系统交互，快速完成产品设计验证。后者是 Moldex3D 为满足多样化的注射模拟要求而开发的多功能前处理器。该前处理器支持大多数 CAD 模型和 CAE 文件格式，同时也具有几何模型重建、实体与薄壳网格自动或手动生成功能。

（4）Moldex3D/Viewer

Moldex3D 的可视化后处理分析工具，可自动生成 HTML 与 PowerPoint 两种格式的分析报告。

7.3.3 HsCAE3D

HsCAE3D 是华中科技大学模具技术国家重点实验室华塑软件研究中心研制的注射成形 CAE 系统，主要用于模拟、分析、优化和验证塑料零件注射成形和模具设计。该系统采用国际上流行的 OpenGL 图形技术和高效精确的数值仿真技术作为其软件内核，支持如 STL、UNV、INP、MFD、DAT、ANS、NAS、COS、FNF、PAT 等十余种通用的 CAD/CAE 数据交换格式，同时支持 IGES 格式的流道和冷却管道数据交换。目前国内外流行的 CAD 软件（如 Pro/E、UG、Solid Edge、I-DEAS、Solid Works、InteSolid、Inventor 等）所生成的几何模型均可通过上述任一格式导入并转换到 HsCAE 系统中，进行方案设计、分析计算和可视化显示。HsCAE 包含了丰富的材料数据参数和上千种型号的注射机参数，保证了分析结果的准确可靠。

HsCAE 的流动过程分析模块能够预测熔体前沿位置、熔接纹和气穴、温度场、压力场、剪切应力场、剪切速率场、表面定向、收缩指数、密度场以及锁模力等物理量；冷却过程分析模块支持常见的多种冷却结构，为用户提供模腔表面温度分布数据；应力分析模块可以预测制品在出模时的应力分布情况，为最终的翘曲和收缩分析提供依据；翘曲分析模块可以预测制品出模后的变形情况，预测最终的制品形状；气辅分析模块用于模拟气体辅助注射成形过程，可以模拟中空零件的成形和预测气体的穿透厚度、穿透时间，以及气体体积占制品总体积的百分比等结果。

7.3.4 Z-MOLD

Z-MOLD 是郑州大学橡塑模具国家工程研究中心开发的具有自主知识版权的橡塑材料成形过程计算机模拟及模具优化设计集成系统。可以动态仿真和分析热塑性塑料注射成形中的充填、保压、冷却过程，以及制品的翘曲变形等。预测制品注射成形和注射模具设计中的潜在问题，优化产品设计、模具设计和注射成形工艺条件。Z-MOLD 软件主要包括：前后处理模块，中面、双面和三维充填及保压模块，冷却和翘曲分析模块，浇口和浇注系统优化设计模块等。

7.3.5 其他

（1）3DTIMON

由日本东丽工程有限公司开发并商品化的一款三维注射成形仿真系统。3DTIMON 的研发几乎与 Moldflow 同期，但早于 Moldflow 推出基于三维实体技术的模流分析子系统。有效预测制品光学性能、支持液晶高分子材料薄壳注射成形和可视化熔体在模腔内的充模流动是 3DTIMON 比较有特色的功能组件。

（2）Rem3D

Rem3D 是由法国 Transvalor 公司开发的基于 3D 实体的注射成形仿真系统。该系统不仅能够模拟标准的注射成形过程，而且还能模拟水辅注射、气辅注射、共注射、多重注射以及聚氨酯泡沫塑料的注入膨胀、热固性塑料注射、注入压缩等多种复杂的成形过程。

（3）CadMould 3D-F

CadMould 3D-F 是由德国 SIMCON 公司推出的为用户提供产品质量、模具设计和工艺过程优化的基于 3D 实体的注射成形仿真系统，其功能模块几乎涵盖了所有传统和现代的注射成形技术。

7.4 应用案例

现以 Moldflow Plastic Insight（MPI）作为案例学习平台，结合本章所学基础知识，介绍数值模拟软件在塑料注射成形中的应用。

7.4.1 MPI 操作界面与应用流程

7.4.1.1 界面布局

MPI 的操作界面布局见图 7-24。其中，MPI 的绝大部分操作都在工作区内完成，例如：CAD 模型编辑、网格划分、浇口位置设定、分析结果观察等。如果没有特殊说明，默认操作区是 MPI 的工作区。

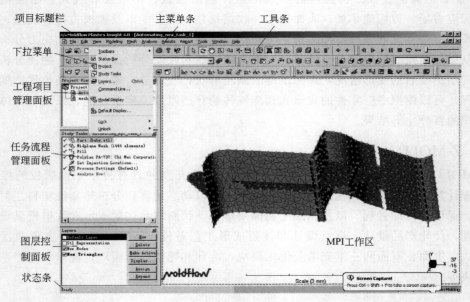

图 7-24　MPI 操作界面布局

7.4.1.2 主菜单条

MPI 采用层次结构分级组织相关菜单项。灵活应用 MPI 的主菜单、下拉菜单和弹出式菜单功能，可大大提高操作效率。其中，弹出式菜单一般用鼠标右键启动。附属在各类各级菜单项上的一些特殊标识含义如下：

"下划线"——利用＜Alt＞功能键加下划线标识的字母键，快速启动包含该字母键的菜单项操作（例如：＜Alt＞＋F，弹出文件操作下拉菜单；＜Alt＞＋F＋O，打开 MPI 项目文件）；

"灰色"——该菜单项在当前操作状态下不可用；

"▶"——该菜单项包含一个子菜单；

"…"——鼠标左键单击该菜单项将打开一个对话框；

"快捷键"——直接按对应的快捷键即可执行该菜单项代表的操作命令。

例如：编辑（Edit）菜单项（部分截图）

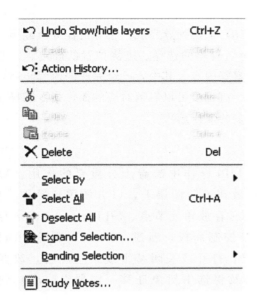

↶ Undo Show/hide layers	Ctrl+Z	撤销当前操作
↷ Redo	Ctrl+Y	重做最近一次被撤销的操作
↶ Action History...		撤销操作日志列表中的指定操作
✄ Cut	Ctrl+X	剪裁(Cut)选中对象
🗐 Copy	Ctrl+C	拷贝(Copy)选中对象
🗐 Paste	Ctrl+V	粘贴(Paste)对象
✕ Delete	Del	删除选中对象
Select By ▶		借助属性、图层、区域等方式拾取对象
Select All	Ctrl+A	拾取当前工作区中所有对象
Deselect All		放弃拾取对象
Expand Selection...		扩展拾取与当前已拾取对象相关的其他对象
Banding Selection ▶		利用窗口或围栏方式拾取对象
Study Notes...		给当前研究任务加注释

7.4.1.3 常用工具条

常用工具条中的命令图标按操作类型（标准操作、视图管理、模型建立、网格划分及编辑、分析计算和分析结果处理）组织，并具有某种操作导向作用，即可根据正在进行的工作性质及流程激活或冻结相关命令图标。例如：

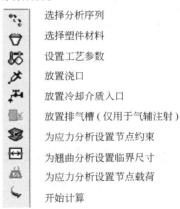

标准操作类		分析计算类	
	建立新项目		选择分析序列
	打开已有项目		选择塑件材料
	输入CAD模型		设置工艺参数
	在当前项目中建立新研究		放置浇口
	存储当前研究		放置冷却介质入口
	撤销当前操作		放置排气槽(仅用于气辅注射)
	恢复最近一次撤销操作		为应力分析设置节点约束
	撤销指定操作序列		为翘曲分析设置临界尺寸
	删除所选对象		为应力分析设置节点载荷
	编辑对象属性		开始计算
	打印激活工作区信息		
	联机帮助		
	这是什么		

7.4.1.4 工程项目管理面板

MPI按工程项目（Projection）方式组织、管理和存储与仿真分析相关的各类数据。在工程项目管理面板中，可以实现创建和管理研究任务（Study Task，即给定条件下的数值模拟实验项目）、输入（Import）CAD模型、创建新的研究任务（New Study）、生成分析报告（New Report）和逻辑文件夹（New Folder）以及查看项目统计信息（Properties）等操作。

7.4.1.5 任务流程管理面板

任务流程（Study Task）管理面板（图 7-25）上排列着完成一个分析任务所经历的主要工作流程，包括 CAD 模型的输入、网格的划分、材料的选择、进浇位置的确定、工艺参数的设置、分析计算的启动，以及分析结果的观察等内容。其中，已经完成的流程步前均标注有一个绿色的钩（"√"）。用鼠标左键双击某个流程步可以启动对应的操作指令或操作对话框，而用鼠标右键单击某个流程步则可获得更多的操作选项。

7.4.1.6 图层控制面板

图层（Layers）控制面板（图 7-26）在 MPI 操作中起着十分重要的作用。MPI 的所有对象（实体、单元、节点等）均分别存放在不同图层上，以方便用户操作。例如：图层 New Triangles 存放单元网格、New Nodes 存放单元节点、Stl Representation 存放基于 Stl 格式的 CAD 模型等。用户可以借助该控制面板，新建（New）、删除（Delete）、激活（Make Active）和更名（Rename）图层，打开或关闭某个或某些图层，改变位于当前图层上的对象显示（Display）模式，以及将选中对象迁移（注册 Assign）到当前图层。

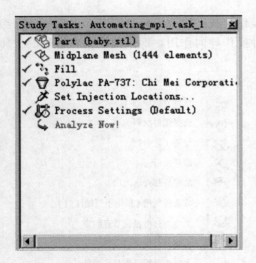

图 7-25　任务流程管理面板

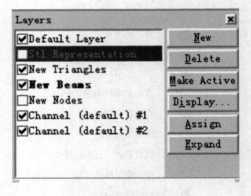

图 7-26　图层控制面板

7.4.1.7 MPI 应用流程

利用 Moldflow 分析模拟塑件注射成形的典型流程见图 7-27。在具体工程应用中，个别流程步可能会因模塑类型、分析序列、研究目的和实验要求的不同而有所增减。分析模拟结果能否用于指导模塑方案及模具设计、能否缩短试模周期、能否解决塑件生产的质量问题，在很大程度上取决于 Moldflow 使用者的专业背景和现场经验，以及分析模拟所需参数（包括材料、工艺、模具、设备等）的准确性。后者应从同生产现场密切相关的物理实验或生产调试中获取数据。

7.4.2　塑料堵盖的注射成形

堵盖塑件结构见图 7-28，材料为热塑性硫化橡胶。研究任务：了解塑件注射成形情况，

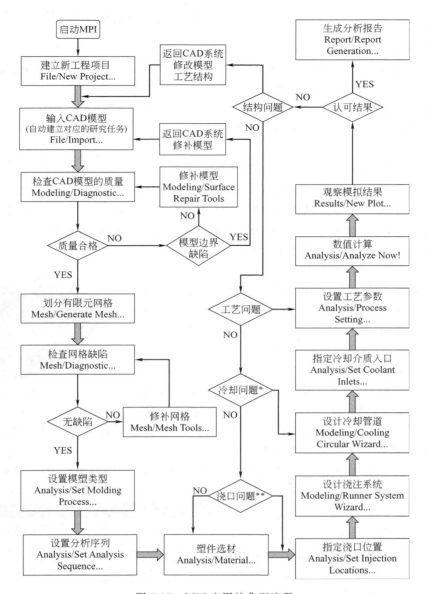

图 7-27　MPI 应用的典型流程

* 解决冷却问题的途径，除了修改冷却系统设计外，还可以更换冷却介质的种类或调节冷却介质的流速。

** 如果浇口设置正确，可以试一下更改浇注系统设计方案或其局部结构。

判断有无潜在的质量问题（例如：翘曲变形），以及提出相应的解决方案。

7.4.2.1　模拟分析前的准备

模拟分析前的准备工作主要包括：

① 创建工程项目与研究任务；

② 导入、检查和编辑塑件的 CAD 模型；

③ 划分、检查和编辑塑件的有限元网格；

④ 设定模塑类型与分析序列；

图 7-28　塑料堵盖

⑤ 选择塑件材料；

⑥ 建立浇注系统和冷却系统；

⑦ 设置成形工艺参数。

上述工作完成后，任务流程管理面板（Study Tasks）中的各流程步前方都应出现标识"√"，见图7-29。

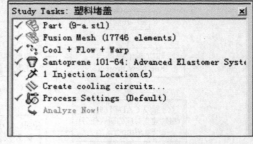

图7-29　计算分析前的准备工作

（1）创建工程项目，导入堵盖的 CAD 模型

堵盖模型可以利用当今任何一种流行的 CAD 软件系统（如 Pro/E、UG、Solidworks、AutoCAD 等）建立，然后通过 STL 或 Step 格式导入到 MPI。其中，网格模型选择双面（Fusion），尺寸单位定义为毫米（Millimeters）。导入 CAD 模型后，应及时检查模型质量（如模型的表面连通性、边界缺陷等），确认无误后，再进行有限元网格划分。

（2）为堵盖划分有限元网格

被分析模型的网格划分和编辑是准备工作中最为重要同时也是最为复杂、烦琐的环节，需要耐心和仔细。网格划分的质量将直接影响到产品的最终分析结果。图7-30是利用 MPI 默认参数自动生成的堵盖网格模型。

（3）检查和编辑网格

尽管 MPI 的网格划分功能十分强大，但是除了少数几

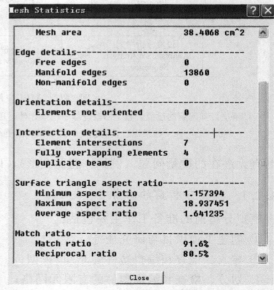

图7-30　堵盖网格模型

何形状非常规整的 CAD 模型外，几乎所有针对具体 CAD 模型生成的有限元网格或多或少都存在某些缺陷，这也属于正常现象，因为目前还没有哪一种 CAE 软件能够自动划分出完美无缺的有限元网格。质量不高的有限元网格不仅能对分析计算结果的精确性和准确性产生影响，而且当网格缺陷严重时还会导致分析计算失败。

① 统计网格划分结果信息　利用 MPI 的网格划分结果信息统计工具，可以大致了解网格自动划分的质量（例如：划分网格的实体数、边界细节、交叉和重叠单元数、单元定向、三角形单元的底高比等），然后有针对性地对网格缺陷进行修补。堵盖网格自动划分后的统计信息如图7-31所示。

提示：启动网格划分结果统计功能，鼠标左键单击工具图标 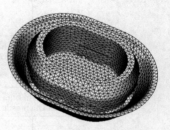，或直接拾取主菜单项"Mesh→Mesh Statistics..."。

一个高质量的基于 Fusion 模型的网格必须满足以下基本条件。

a. 连通域（Connectivity regions）数为1；

图7-31　网格划分结果统计

b. 自由边（Free edges）和非共享边（Non-manifold edges）数为 0；

c. 未定向单元（Elements not oriented）数为 0；

d. 交叉单元（Element intersections）数为 0；

e. 完全重叠单元（Fully overlapping elements）数为 0；

f. 三角形单元底高比（Aspect ratio）的数值视具体情况而定，一般最大值应控制在 10 以内；

g. 上下表面对应单元匹配率（Match ratio，仅针对 MPI 的双面模型）应大于 85％。

观察统计结果信息可知，堵盖的网格存在单元交叉、底高比过大等质量问题，需要在以下操作中逐一解决。

② 检查、编辑重叠和交叉单元　首先利用重叠单元诊断工具（Overlapping Elements）搜索出网格模型中的交叉与重叠单元。

鼠标左键单击工具图标 ∅，或拾取主菜单项"Mesh→Overlapping Elements Diagnostic…"，激活弹出对话框上的相应复选项（图 7-32），并按"显示诊断结果（Show）"键。检测出的交叉单元和重叠单元被自动放置在一个名为"诊断结果（Diagnostic results）"的图层中。

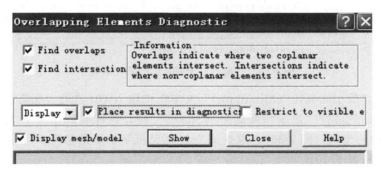

图 7-32　重叠与交叉单元诊断设置对话框

关闭图层控制面板上除"新节点（New Nodes）"和"诊断结果（Diagnostic results）"外的所有层，便可清楚地观察到如图 7-33 所示缺陷类型及其位置。其中，红色单元代表单元交叉，蓝色单元代表单元重叠。

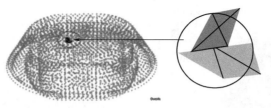

图 7-33　重叠与交叉单元位置及其局部视图

现以单元交叉为例简略介绍怎样编辑（清除）缺陷单元。激活图层控制面板上的"新三角形单元（New Triangles）"层，以便进一步观察和分析缺陷单元产生的原因及其与周围单元的关系（图 7-34）。经过同原始 CAD 模型比较发现，交叉单元产生的原因是在模型辅助面上划分了网格所致。由此可见，CAD 模型导入的质量会直接影响有限元网格的划分。

知道了缺陷产生的原因之后，再对该区域的网格缺陷进行编辑。编辑方法对本案例而言相对简单，只需将图 7-34 中的交叉单元删除即可。

③ 检查、编辑单元的底高比　三角形单元底高比过大会引起网格局部畸变，导致求解精度降低或计算失败。三角形单元底高比的概念见第 2 章图 2-12 解释。理想的底高比应控制在 10 以内，但实际上可根据网格编辑情况和研究任务要求而定。

鼠标左键单击工具图标 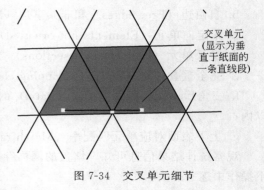，或拾取主菜单

图 7-34　交叉单元细节

项"Mesh→Aspect Ratio Diagnostic..."，弹出"诊断单元底高比"对话框见图 7-35。

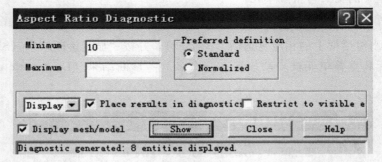

图 7-35　三角形单元底高比诊断对话框

在对话框的"最小底高比（Minimum）"文本框中输入 10，"最大底高比（Maximum）"文本框保持空白，然后按"显示诊断结果（Show）"键，这样底高比大于 10 所有三角形单元都会被 MPI 检测出来（图 7-36）。根据图 7-35 对话框下部的消息提示可知，本案例共有 8 个单元的底高比超过了 10。

结合图 7-36 中的指示条和彩色标识线快速定位底高比大于临界值 10 的三角形单元，然后借助网格编辑工具（Mesh Tools）清理底高比过大的缺陷单元。例如：找到图 7-37 所示的底高比异常单元；利用网格编辑工具中的"焊合节点（Merge Nodes）"选项合并节点 1 和 2，其中，1 为基准节点（Node to merge to）、2 为被合并节点（Nodes to merge from）。

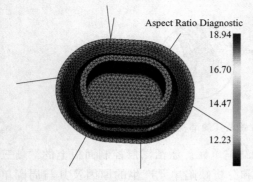

图 7-36　单元底高比诊断结果

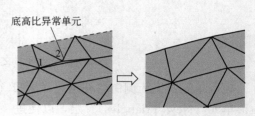

图 7-37　底高比异常单元清理举例

提示：一定要视具体情况灵活选择清理异常底高比单元的方法，例如：焊合节点、交换单元边界、重建缺陷区域的三角形单元等。

堵盖的网格模型经过一系列编辑后，基本上达到了 MPI 的分析计算要求。图 7-38 是最终的网格质量统计信息（注意同图 7-31 比较）。

（4）设置模塑类型与分析序列

模塑类型选择"热塑性塑料注射模塑（Thermoplastics Injection Molding）"，分析序列选择"冷却＋流动＋翘曲（Cool＋Flow＋Warp）"。

MPI 提供有 2 种分析序列可用于本案例塑件的翘曲研究，即：冷却—流动—翘曲（Cool-Flow-Warp，简称 CFW）和流动—冷却—流动—翘曲（Flow-Cool-Flow-Warp，简称 FCFW）。两种分析序列的差异主要在冷却分析之前的初始温度设置上：

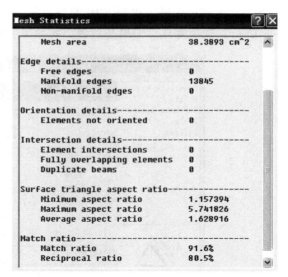

图 7-38 最终的网格质量统计信息

CFW 假设熔体充模的前沿温度恒定，冷却计算开始时，所有单元的初始化温度均为熔体前沿温度；FCFW 假设模壁温度均匀且恒定，熔体和模壁之间存在热交换，充模结束时，熔体中每个单元的瞬态温度即为该单元冷却计算开始时的初始温度。实践证明：对于预测翘曲变形，CFW 序列的计算结果更准确，所以 MPI 建议首选 Cool-Flow-Warp 分析序列。

（5）为堵盖制品选材

本案例采用的注射材料为 Advanced Elastomer Systems 公司的热塑性硫化橡胶（TPV），其牌号为 Santoprene 101-64。TPV 的全名叫硫化聚烯烃弹性体，是以动态硫化的聚丙烯（PP）与含双环戊二烯的三元乙丙橡胶（EPDM）为基材的共混物。该共混物在 $-60 \sim 130℃$ 的温度范围可保持均一性质，不易龟裂和发黏，有极佳的耐老化性及抗油脂性，无需硫化，废料可循环再用，满足塑料堵盖产品的使用要求。Santoprene 101-64 的主要成形性能见表 7-2。

表 7-2 Santoprene 101-64 的主要成形性能

性能	值	性能	值
热导率/[W/(m·℃)]	0.142	最大剪切压力/MPa	0.3
比热容/[J/(kg·℃)]	2268.00	最大剪切速率/(1/s)	40000
熔体密度/(kg/m³)	837.07		

注：表中热导率值和比热容值均为注射温度 205℃ 对应的数据。

（6）构建多腔模

构建多腔模（本案例为一模两腔）之前，应确保堵盖的网格模型无重大质量问题，否则一旦多腔模构成后，再编辑网格就非常麻烦了。此外，如果要利用 MPI 的浇注系统生成向导（Runner System Wizard）自动建立多腔模的潜伏式浇注系统，还必须首先在堵盖的网格模型上设置浇口（构建多腔模之前设置！）。MPI 系统默认的塑件拔模方向是 Z 轴正向，因此，在构建多腔模之前，还必须把堵盖模型旋转到正确的位置上。

　　构建多腔模操作既可借助 MPI 的型腔复制向导工具，也可利用主菜单上的"Modeling→Move/Copy"选项完成。如果是后者，将弹出实体移动或拷贝对话框（图 7-39），然后：

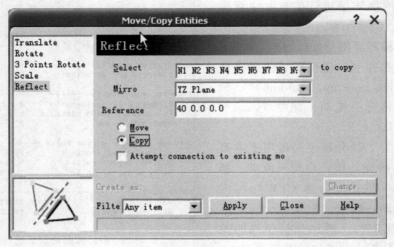

图 7-39　镜像拷贝堵盖模型的操作对话框

① 选择操作列表中的映射（Reflect）项；
② 拾取（Select）堵盖模型上的所有节点和三角形单元；
③ 选择 YZ 坐标面为映射面（Mirror）；
④ 输入映射参考点（Reference）坐标，默认为（0，0，0）；
⑤ 激活拷贝（Copy）单选按钮；
⑥ 按"应用（Apply）"键，即建立起以 YZ 坐标面为对称面的双模腔。
（7）建立浇注系统和冷却系统

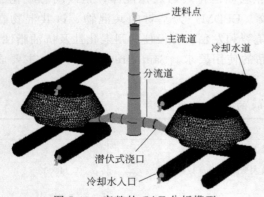

图 7-40　完整的 CAE 分析模型

浇注系统通常由主流道、分流道（多腔模特有）和浇口三大部分组成，其作用是将来自注射机的塑料熔体顺利地送入模腔，并确保充模和保压阶段的压力传递，以获得外形轮廓清晰，内在质量优良的塑料制品。作为缩短塑件成形周期、改善其成形质量的冷却系统（有时又称之为模温调节系统）是模具结构的重要组成部分。建立浇注系统和冷却系统最简单、快捷的方法就是使用 MPI 的浇注系统设计向导和冷却系统设计向导（Cooling Circuit Wizard）功能，当然也可以利用 MPI 提供的造型工具自行构建。本案例建立的浇注系统和冷却系统如图 7-40 所示。

（8）设置成形工艺参数

　　成形工艺参数设置（Process setting）既包括熔体充模、保压、冷却以及模温、开合模时间等工艺条件参数的设置，也包括模具材料、注射机控制单元等相关参数的设置，还包括 MPI 求解器参数的设置。多数情况下，可以采用 MPI 默认的工艺参数设置。成形堵盖制品的主要工艺参数设置如表 7-3 所示。

表 7-3 成形堵盖制品的主要工艺参数设置

参数名	参数值	参数名	参数值
模具温度/℃	40	保压时间/s	10
熔体温度/℃	205	冷却时间/s	20
注射时间/s	1.2	冷却介质温度/℃	25
保压压力/MPa	10		

7.4.2.2 分析结果及其应用

（1）流动分析结果

① 熔体充模时间（Fill Time） 熔体充模时间的输出结果是动态的。通过对熔体充模时间的观察，可以了解在工艺设定（或 MPI 默认）的注射时间内，熔体充模的全过程（结合动画展示）、最终的充模时间、是否存在短射现象以及熔体在模腔中的流动是否均匀（结合等值线图形）等信息。图 7-41 为熔体充模结束时的等值线图形输出，图中小方框显示的数据由 MPI 的节点（或单元）信息查询功能获得。由图可见，等值线的分布及间距比较均匀，到模腔末端且等距的熔体充填时间相同（0.9833s），这说明熔体在两个模腔中的流动平稳且均衡，基本上同一时刻充满各自的模腔。

② 充模结束时的模腔压力分布（Pressure end of filling） 充模结束时的模腔压力分布输出见图 7-42。由图可知，熔体在整个流动路径上的压力降还是比较大的，从主流道进料口的 10.07MPa 降到模腔最后充填处的 1.627MPa，其压力降达 84%。但是，两个模腔内的压力变化比较均匀（云图颜色过渡较好），且相互对应区域的颜色差别不大，说明注射压力在两个模腔内的传递基本平衡。

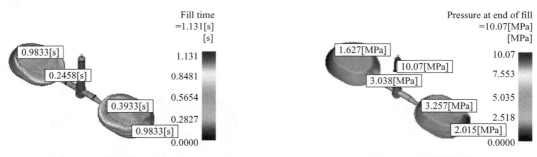

图 7-41 熔体填充时间   图 7-42 模腔压力分布

③ 进料口的压力变化（Pressure at injection location：XY Plot） 观察主流道进料口压力随时间的变化曲线，一方面可以了解进料口压力变化是否与前期工艺过程参数的设置相吻合，另一方面还可以近似了解注射压力在熔体充模和保压阶段是否传递稳定。图 7-43 是本案例的进料口压力变化曲线。

④ 熔体充模结束时的平均温度（Bulk temperature at end of fill） 该温度是综合考虑熔体传热、熔体流速和塑件壁厚等因素后的加权平均温度。通常情况下，熔体流动畅通区域有较高的平均温度，而流动严重受阻处，平均温度会急剧下降。图 7-44 展示了本案例熔体充模结束时的平均温度分布。由图可见，模腔内各处温度的变化比较均匀，无明显过热、过冷

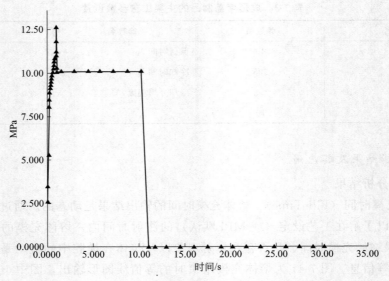

图 7-43 进料口的压力变化曲线

区；最高平均温度 205.2℃，没有超过聚合物的降解温度（260℃）。

⑤ 熔接痕（Weld line）　熔接痕的出现既影响产品外观质量，又有可能导致熔接区域的强度降低，特别是受力部位的熔接痕会造成产品结构缺陷。图 7-45 上标识的黑色线条即为堵盖成形后留下的熔接痕。将熔接痕输出叠加在熔体充模时间（Fill time）图形上还可以分析产生熔接痕的原因，从而有针对性地修改注射工艺参数、浇口位置或塑件工艺结构。由于部分熔接痕出现在堵盖表面（见图 7-46），而堵盖材料又是弹性较强的热塑性硫化橡胶，所以，在设计成形方案和模具方案时就需要引起高度重视。

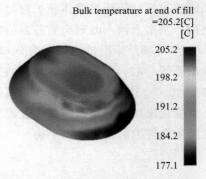

图 7-44　熔体充模结束时的平均温度

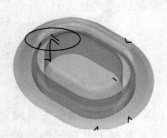

图 7-45　堵盖上的熔接痕

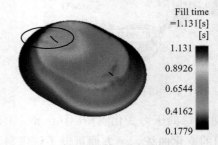

图 7-46　熔接痕与充模时间的叠加

（2）冷却分析结果

① 冷却结束时塑件壁厚截面的温度分布（Temperature profile，part）　冷却结束时，堵盖壁厚截面的温度分布如图 7-47 所示。由图可见，在工艺过程参数设定的时间内，塑件冷却效果较好，其最高温度值为 56.55℃，没有超过 TPV 材料的脱模温度（90℃），可以正常取出塑件。

② 冷却介质温度（Circuit coolant temperature） 该温度展示塑件冷却阶段结束时，冷却管道回路中介质的温度分布（见图 7-48）。通过冷却介质的温度分布，可以了解冷却系统设置及其结构是否合理，传热效果是否满足要求。正常情况下，冷却回路进出口的介质温差应小于 2～3℃，而本案例的介质温差仅 0.04℃。

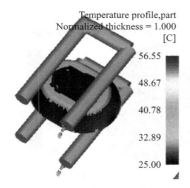

图 7-47　冷却结束时塑件壁厚温度

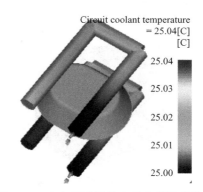

图 7-48　冷却管道回路中的介质温度分布

（3）翘曲分析结果

图 7-49～图 7-52 分别表示堵盖成形后的翘曲变形和因冷却不均、收缩不均，以及分子链取向引发的变形对堵盖总翘曲变形的贡献。其中，翘曲变形量用挠度（Deflection）值表示。

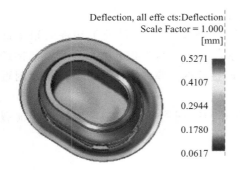

图 7-49　堵盖的翘曲

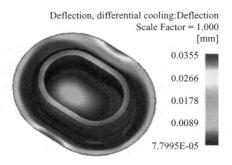

图 7-50　冷却不均对堵盖翘曲的贡献

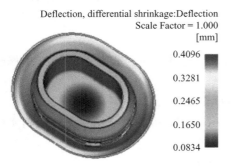

图 7-51　收缩不均对堵盖翘曲的贡献

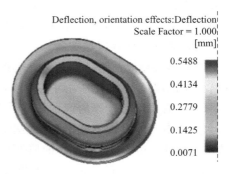

图 7-52　分子取向对堵盖翘曲的贡献

分析和比较上述四图输出的最大翘曲值可知，大分子取向和制件收缩不均是造成堵盖翘曲变形的两个主要因素。尽管如此，堵盖零件的最大翘曲量（0.5271mm）没有超过产品设计的技术要求。

7.4.2.3 堵盖成形的裂纹问题

通过对堵盖零件注射成形过程中的充模、保压、冷却、翘曲的模拟分析，预测堵盖成形潜在的质量问题可能会与熔接痕有关，实际生产的堵盖产品验证了 MPI 模拟分析的结果：熔接痕部位出现了微细裂纹，如图 7-53 所示。

图 7-53　堵盖产品上的裂纹

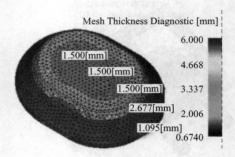

图 7-54　堵盖原始壁厚

针对本案例的堵盖产品，可以采用以下几种方法消除熔接痕或改善前沿熔体熔合质量：

① 适当增加熔接区域的塑件壁厚；

② 尽量减少塑件的壁厚差；

③ 调整浇口位置和尺寸；

④ 提高熔体的注射温度、注射速度、注射压力、保压压力，或模具温度。

根据对失效产品的解剖观察发现，堵盖裂纹区域的壁厚较小，并且处于塑件的顶出部位。产品脱模时，顶杆稍加用力，熔接痕部位就产生裂纹。在综合考虑各方面因素（包括产品结构、成形参数、模具制造等）基础上，决定采用调整塑件壁厚的方法来改善熔接痕附近的熔体流动状况，以提高熔体前沿彼此熔合的质量。

为稳妥起见，在正式调整塑件壁厚之前，再次利用 MPI 进行数值模拟实验，以验证裂纹起因探讨的正确性。

（1）检查塑件原始壁厚（见图 7-54）

提示：将厚度诊断（Mesh→Thickness Diagnostic...）输出与数据查询（Results→Query Result）结合起来检查。注意：原始壁厚值既与产品结构设计有关，也与 CAD 造型误差和 CAD 模型转换误差有关，需仔细分析。

（2）调整塑件各区域壁厚

调整塑件壁厚的方法有两种：①返回到 CAD 系统修改塑件壁厚；②直接在 MPI 中修改网格模型的厚度。本案例采用后者。

① 在需要调整壁厚的区域任选一个单元（被选中单元变色）；

② 单击鼠标右键，或拾取主菜单项"Edit→Properties..."，弹出被选中单元所依附实体（本案例为 Fusion 模型面片）的属性编辑对话框（图 7-55）；

③ 改变厚度（Thickness）下拉菜单中的选项为自定义（Specified）；

④ 输入需要改变的厚度值（例如 1.8mm）；

⑤ 给厚度属性取一个名；

⑥ 确认"应用更改值给所有共享该属性的实体（Apply to all entities that share this property）"复选框被激活（打"√"）。

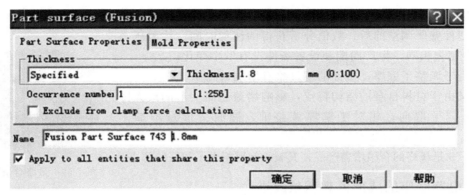

图 7-55 实体属性编辑对话框

提示：如果 Apply to all entities that share this property 复选框未激活，则意味着更改的厚度值（或其他属性值）仅适用于被选中单元对应的局部实体。

⑦ 按"确定（OK）"键。

各区域壁厚属性调整结束后，检查堵盖壁厚的情况见图 7-56。

（3）在原设定的注射工艺参数下，对壁厚调整后的堵盖重新进行成形分析；

（4）观察、比较、分析数值实验结果。

图 7-57、图 7-58 分别表示堵盖中的熔接痕分布和表面出现熔接痕的情况。同图 7-45、图 7-46 比较

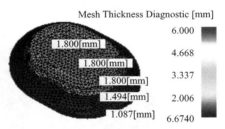

图 7-56 调整后的堵盖壁厚

发现，堵盖壁厚调整后：①熔接痕的数量减少、尺寸变小，②熔接痕不再贯穿到塑件表面。这意味着熔接痕附近的熔体熔合程度得到了有效改善，该区域的强度会随之提高。

图 7-57 堵盖上的熔接痕

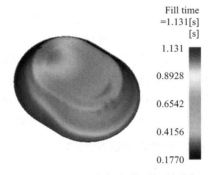

图 7-58 熔接痕与充模时间的叠加

其他分析结果的对比数据见表 7-4。

表 7-4 其他分析结果比较

对比项	塑件壁厚		对比项	塑件壁厚	
	调整前	调整后		调整前	调整后
注射时间/s	1.13	1.13	最大翘曲量/mm	0.5271	0.5392
注射压力/MPa	12.59	12.59	冷却相关的最大翘曲量/mm	0.0355	0.0377
锁模力/T	0.78	0.78	收缩相关的最大翘曲量/mm	0.4096	0.4093
塑件重量/g	6.4346	6.5450	取向相关的最大翘曲量/mm	0.5488	0.5949

由表可知：

① 塑件壁厚调整前后，数值分析获得的注射时间、注射压力和锁模力完全相同，生产周期和设备条件没有发生变化；

② 由于调整了壁厚，塑件的重量略有增加（约 1.7%）；

③ 又由于材料自身的结构特点，影响堵盖翘曲变形的最大因素仍然是分子取向；相对于壁厚调整前，翘曲变形量增加了 0.01mm，仍在产品的技术要求范围内。

图 7-59 是最终的合格堵盖产品，其裂纹问题得到了很好的解决。

图 7-59　最终合格产品

7.4.3　电器底座的成形外观质量改进

本案例的塑件为一电器底座，采用一模一腔，中央侧进浇，注射材料：三星 PP-HJ730。原始方案的成品外观有气穴，加强筋及凸耳的背面有明显的缩痕（图 7-60），并且成形周期偏长（55s）。原设计方案中的浇口位置见图 7-61 所示。研究任务：找出电器底座成形的主要问题及其改善产品质量和提高成形效率的途径。

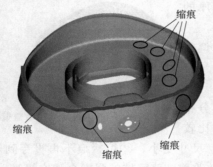

图 7-60　原产品缺陷

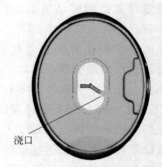

图 7-61　原浇口位置

表征三星 PP-HJ730 材料流动性的熔体黏度随温度和剪切速率变化关系见图 7-62。其中，横坐标表示剪切速率，纵坐标表示黏度；四条曲线从上到下的实验温度依次为：200℃、225℃、250℃、275℃。图 7-63 为 PP-HJ730 熔体的体积-压力-温度（P-V-T）曲线，其中，横坐标代表温度，纵坐标代表比容；五条曲线从上到下所对应的压力依次为：0、50MPa、100MPa、150MPa、200MPa。图 7-62 和图 7-63 中的数据是塑料熔体充模保压计算的必备数据之一（见本章 7.2.1 和 7.2.2 小节的相关内容）。

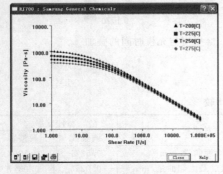

图 7-62　黏度-剪切速率-温度曲线

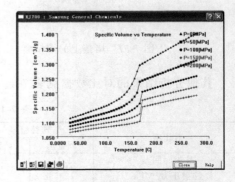

图 7-63　压力-体积-温度曲线

根据原浇口设计方案注射成形模拟的结果分别见图 7-64～图 7-70。其中，图 7-64 表示充模过程中熔体流经各区域所耗费的时间（即充模时间 Fill Time），该图的动画形式可表示熔体前沿的流动过程。分析表明：熔体充模过程中的流动不太均衡，靠近浇口区（图中深色区域）先充填，远离浇口区后充填；熔体流动的不均衡容易引起保压力分布的不均衡，从而有可能使塑件产生局部飞边。

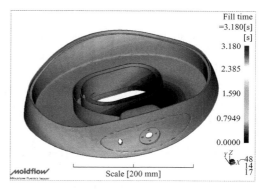

图 7-64　熔体充模时间

熔体前沿的流动过程还可用等高线（即轮廓线）变化方式表示。等高线的疏密和均匀程度一般用来判别熔体充模流动的均衡性。间距均匀表示充模流动均匀，间距突变且密集则表明充模流动出现滞流，可能会引发塑件质量问题，需加以留意，应结合温度、压力的分析数据进一步判断。由图 7-65 观察发现，电器底座的加强筋部位有明显的滞流现象，既当熔体流经此区域时速度大大减慢，导致其温度将下降较多（见图 7-66）。一旦冷料流入表面并与周边的热料融合在一块，便会引发塑件表面缺陷。

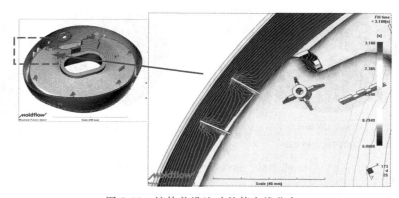

图 7-65　熔体前沿流动的等高线分布

图 7-66 为熔体流动前沿的温度分布，其中塑件外表面白亮区域对应着背部的加强筋（见图 7-65）。由图 7-66 可见，肋位两侧区域的温度差别较大（约 28℃）。通常情况下，当前沿温差大于 20℃时，熔体的融合状况会变差；并且，大的温差还会造成所涉区域的熔体体积收缩差异变大，从而有可能引发翘曲变形等质量问题。

图 7-67 是塑件成形的注射力、锁模力随时间变化曲线。从图上显示的结果数据（结合 MPI 的数据查询工具 Query Result）可知，成形电器底座所需最大注射力为 45.9MPa，最大锁模力为 118Ton，由此可作为选择注射机的依据。

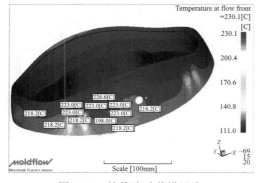

图 7-66　熔体流动前沿温度

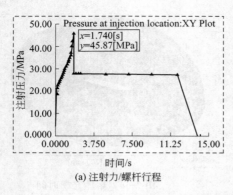

(a) 注射力/螺杆行程

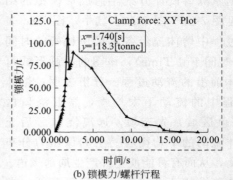

(b) 锁模力/螺杆行程

图 7-67　电器底座的注射力和锁模力

　　图 7-68 为塑件厚度方向上的冻结分数。根据查询工具 Query Result 在图 7-68(a) 上的定点检索结果可知，侧浇口在 19s 时已经基本凝固（冻结分数 0.9898），因此，19-3.2＝15.8s 为有效保压时间，其中 3.2s 为充模时间（见图 7-64）。到 42s，浇注系统流道也已凝固了 70% 多，塑件可以顶出。故电器底座的成形周期可控制在 42s＋6s（开模时间）＝48s 以内。

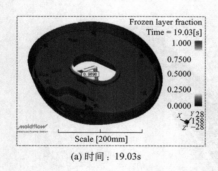

(a) 时间：19.03s　　　　　　　　　　　　(b) 时间：42.28s

图 7-68　塑件厚度方向的冻结分数

　　图 7-69 显示的分析结果表明：塑件表面缩痕较大值分布在中间环形薄肋的背面（源于肋壁根部厚度较大为 2.0mm），其余主要发生在加强筋的背面及塑件外圈的顶部。模拟计算的缩痕分布与深度同实际状况一致。

　　至此，通过 MPI 的分析模拟，明确了电器底座成形的主要问题及其改善产品质量和提高成形效率的途径：

　　① 改变浇口位置，增加浇口数量（图 7-70）；

　　② 强化保压条件；

　　③ 适当提高料温和模温。

　　按照上述思路，经多次改进成形方案，塑件外观质量问题（如流痕、缩痕、气穴和困气

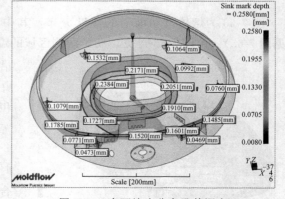

图 7-69　表面缩痕分布及其深度

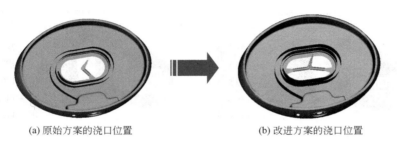

(a) 原始方案的浇口位置　　　　　(b) 改进方案的浇口位置

图 7-70　改变进浇位置

等）得到很好解决。

7.4.4　汽车空调除霜口的注射浇口定位

　　某汽车空调除霜口的结构见图 7-71，成形质量要求除霜口的隔板部位不得有明显的熔接痕迹。研究任务：结合生产实际，利用 MPI 准确定位浇口，以注射成形出隔板部位无明显熔接痕迹的除霜口塑件。

　　图 7-72 是划分网格后的分析模型，一模两腔，潜伏式浇口。注射材料：ABS（Techno Polymer 公司的 Techno ABS 130），注射工艺：熔体温度 220℃，模具温度 50℃，保压时间 10s，保压压力 39MPa。

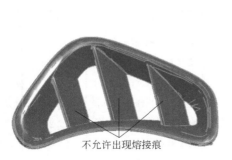

不允许出现熔接痕

图 7-71　空调除霜口

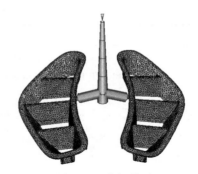

图 7-72　分析模型

　　由于除霜口结构不对称，无法利用其几何特征准确定位浇口，所以，先根据经验初定一个浇口位置进行充模分析，然后视熔接痕分布情况，适当调整浇口位置。图 7-73 为浇口位置调整前后，塑件上熔接痕的分布情况。比较图 7-73(a) 和 (b) 发现，通过浇口位置的调整，不但分布在塑件隔板区域的熔接痕得以消除，而且熔体充模速度也有所提高，最大充模

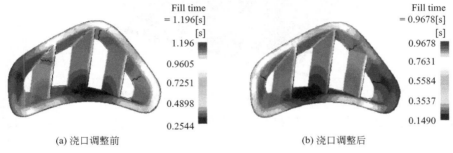

(a) 浇口调整前　　　　　　　(b) 浇口调整后

图 7-73　熔体充模结束时的熔接痕分布

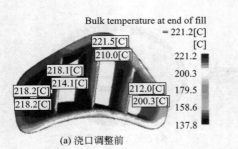
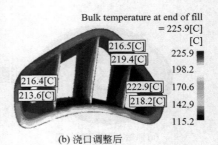

(a) 浇口调整前　　　　　　　　　　(b) 浇口调整后

图 7-74　熔体充模结束时的塑件平均温度

时间由 1.196s ［图 7-73(a)］ 变成 0.967s ［图 7-73(b)］。充模时间的缩短意味着充模期间熔体传递给模具的热量相对减少，模腔内熔体的整体温度提高 ［见图 7-74(b)，熔接痕区的温度平均提高 5～10℃］，熔体前沿相互融合状况得以改善，其形成的熔接痕强度增加。

7.4.5　汽车内饰覆盖件的成形材料选择

本实例是为某车型内饰覆盖件选材。采用一模一腔注射，侧面进浇。在满足产品使用要求的前提下，有两种聚丙烯类材料可供选择（见表 7-5）。图 7-75 为本案例采用的 CAE 模型。研究任务：根据注射时间、注射压力、最大锁模力、最大翘曲变形量和注射材料消耗量等指标确定本案例的注射材料。

表 7-5　两种材料的主要成形性能

项目	材料一	材料二	项目	材料一	材料二
制造商	Sabic EPC	Basell Polyolefins	水平方向收缩率/%	1.196	1.016
商标名	SABIC PP 108MF97	Metocene X50109	垂直方向收缩率/%	1.668	1.146
家族属性	PP	PP	热导率/[W/(m·℃)]	0.17	0.15
熔体温度/℃	220～270	220～260	比热容/[J/(kg·℃)]	2750	2819
模具温度/℃	20～60	20～40	最大剪切压力/MPa	0.25	0.25
熔融指数/(g/10min)	10	60	最大剪切速率/s⁻¹	100000	100000
密度/(g/cm³)	0.9066	0.90978			

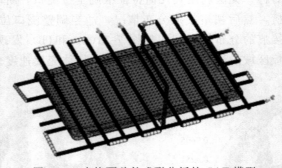

图 7-75　内饰覆盖件成形分析的 CAE 模型

为方便材料的对比、筛选，采用相同工艺参数进行覆盖件的成形模拟实验，其设置如表 7-6 所示。

图 7-76 为两种候选材料的充模时间，图 7-77 为两种候选材料的翘曲变形情况，主要项

目的考察结果如表 7-7 所示。

表 7-6　主要的工艺参数

参数名	参数值	参数名	参数值
模具温度/℃	40	保压时间/s	10
熔体温度/℃	240	冷却时间/s	20
保压压力/MPa	25	冷却水温度/℃	25

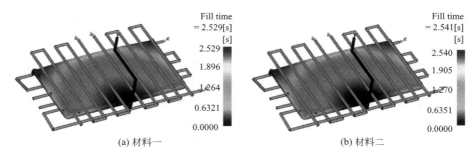

(a) 材料一　　　　　　　　　(b) 材料二

图 7-76　充模时间对比

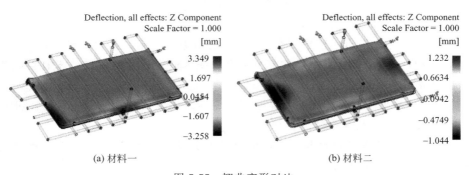

(a) 材料一　　　　　　　　　(b) 材料二

图 7-77　翘曲变形对比

表 7-7　主要考察结果的对比分析

考察项目	材料一	材料二	考察项目	材料一	材料二
注射时间/s	2.529	2.540	产品重量/g	303.742	300.202
注射压力/MPa	52.66	31.84	最大的翘曲变形量/mm	3.349	1.232
最大锁模力/t	371	263			

　　观察图 7-76、图 7-77 和表 7-7 数据可知：①材料二相对材料一的注射时间相差仅 0.011s 左右，生产周期基本一样；②材料二的注射压力和锁模力大大低于材料一，可以选择锁模力相对较小的注塑机进行生产；③材料二的产品重量减轻 3.5g，可节约原料，降低生产成本；④材料二有更小的翘曲变形，其产品质量更能满足装配要求。综合以上分析，决定选择材料二作为实际生产的注射材料。

 复习思考题

1. 简述数值模拟技术在塑料注射成形中的典型应用。

2. 说明图 7-1 中流动、保压、冷却、应力、翘曲等几大分析模块之间的依赖关系。

3. 注射成形流动模拟基于哪些假设与简化？

4. 描述塑料熔体流动状态的控制方程有哪些？其中本构关系受哪些因素影响？

5. 求解流动熔体控制方程的初边值条件有哪些？怎样设置？

6. 试分析和比较求解一维、二维、三维流动模拟控制方程的异同。

7. 在数值模拟中怎样确定熔体流动前沿的位置？

8. 注射成形保压模拟基于哪些假设与简化？

9. 求解熔体保压控制方程的初边值条件有哪些？怎样设置？

10. 保压分析的连续方程、动量方程和能量方程同流动分析的对应方程相比有何特点？你能说明其中的缘由吗？

11. 塑件冷却模拟的前提条件（即基本假设）是什么？

12. 怎样确定求解热传导模型式(7-45)的初边值条件？

13. 在注射成形冷却模拟中，塑件、模具体和冷却介质之间的关系是怎样的？

14. 在什么条件下可以采用一维冷却模拟或二维冷却模拟？

15. 利用边界元法模拟塑件的冷却过程有何优点？

16. 塑件注射成形的应力通常来自何处？塑件内的残余应力与哪些因素有关？

17. 在进行注射应力模拟时采用了哪些基本假设？

18. 简述塑件翘曲的起因及其影响因素。

19. 请定性说明式(7-78) 等号右端各项对塑件收缩的影响，从而推断残余应变的由来。

20. 你能否根据本章第 2 节数学建模所涉及的基本假设，总结或归纳出目前数值模拟技术在塑料注射成形领域的局限性。

21. 注射成形数值模拟用到了第 2 章讲授的一些基本方法，你能一一举例说明吗？

22. 简述 Moldflow 软件的特点。

23. 结合图 7-27 的典型流程和本章给出的应用实例，说明 CAE 软件怎样辅助人们解决塑料注射成形诸方面的实际问题。

参 考 文 献

[1] 柳百成等. 铸造工程的模拟仿真与质量控制. 北京：机械工业出版社，2001.

[2] 傅建，赵侠，李金燕. 发动机罩外板拉深回弹的数值模拟分析. 塑性工程学报，2007，14(5)：5-9.

[3] 李金燕，傅建，彭必友等. 基于数值模拟的等效拉延筋设计与优化. 塑性工程学报，2007，14(5)：14-17.

[4] 李金燕，傅建，彭必友等. 方形盒制件圆角处拉深破裂的数值模拟. 塑性工程学报，2006，13(6)：34-38.

[5] Shirgaokar M，Altan T. Application of Technology to Compete Successfully in Precision Forging. 4th International Seminar on Precision Forging，Nara，Japan. March 21-24，2006.

[6] 吴言高，李午申，邹宏军，等. 焊接数值模拟技术发展现状. 焊接学报，2002，23(3)：89-92.

[7] SYSWELD Engineering Simulation Solution for Heat Treatment，Welding and Welding Assembly. http://www. convia. fi/files/ESIGroup _ SYSWELD _ brochure. pdf.

[8] 肖亚航，雷改丽，傅敏士. 材料成形计算机模拟的研究现状及展望. 材料导报，2005，19(6)：13-16.

[9] 徐瑞. 材料科学中数值模拟与计算. 哈尔滨：哈尔滨工业大学出版社，2005.

[10] 董湘怀等. 材料成形计算机模拟. 北京：机械工业出版社，2002.

[11] 杜平安，甘娥忠，于亚婷. 有限元法－原理、建模及应用. 北京：国防工业出版社，2004.

[12] 王连登，傅高升，陈永禄等. 铸造过程数值模拟的研究发展概况. 福建省科协第五届学术年会数字化制造及其他先进制造技术专题学术年会论文集. 福州：《机电技术》杂志编辑部，2005：98-103

[13] 陈海清，李华基，曹阳. 铸件凝固过程数值模拟. 重庆：重庆大学出版社，1991.

[14] 王春乐. 铸钢件缩孔缩松预测方法及判据浅谈. 山西机械，2003，12：8-10.

[15] 贾宝仟，柳百成，刘蔚羽等. 砂型条件下铸件凝固过程热裂形成的流变学探讨. 铸造技术，1997，6：36-38.

[16] 梁立孚，刘石泉. 一般加载规律的弹塑性本构关系. 固体力学学报，2001，22(4)：409-414.

[17] 余家杰. 铝合金轮圈铸造参数最佳化设计. 台湾：元智大学，2003，http://miphp. nou. edu. tw/mi941411314/magic/x1/2003. pdf.

[18] 张光明. 基于 CAE 分析的压铸铝合金和镁合金工艺及模具的优化设计. 成都：西华大学，2004.

[19] 林忠钦，李淑慧，于忠奇等. 车身覆盖件冲压成形仿真. 北京：机械工业出版社，2005.

[20] 雷正保. 汽车覆盖件冲压成形 CAE 技术及其工业应用研究：[博士后研究报告]. 长沙：中南大学，2003.

[21] 曹建国，唐建新，罗征志. 摩托车后挡泥板成形过程模拟及工艺参数优化. 模具工业，2008，34(3)：6-9.

[22] 徐伟力，林忠钦，刘罡等. 车身覆盖件冲压仿真的现状和发展趋势. 机械工程学报，2000，36(7)：1-4.

[23] 栾贻国等. 材料加工中的计算机应用技术. 哈尔滨：哈尔滨工业大学出版社，2005.

[24] 傅建，谢彬，林南等. 数值模拟技术在汽轮机叶片锻成形中的应用. 锻压技术，2007，32(2)：98-101.

[25] Liu G，Zhang L B，Hu X L，et al. Applications of numerical simulation to the analysis of bulk-forming processes—case studies. Journal of Materials Processing Technology，2004，150(1-2)：56-61.

[26] Oh S I，Wu W T，Arimoto K. Recent developments in process simulation for bulk forming processes. Journal of Materials Processing Technology，2001，111(1-3)：2-9.

[27] Lin J，Dean T A. Modelling of microstructure evolution in hot forming using unified constitutive equations. Journal of Materials Processing Technology，2005，167(2-3)：354-362.

[28] Bramley A N，Mynors D J. The use of forging simulation tools. Materials and Design，2000，21(4)：279-286.

[29] 董湘怀主编. 材料加工理论与数值模拟. 北京：高等教育出版社，2005.

[30] 武传松. 焊接热过程与熔池形态. 北京：机械工业出版社，2008.

[31] 赵玉珍. 焊接熔池的流体动力学行为及凝固组织模拟：[博士论文]. 北京：北京工业大学，2004.

[32] 莫春立等. 焊接热源计算模式的研究进展. 焊接学报，2001，22(3)：93-96.

[33] Chang W S，Na S J. A study on the prediction of the laser weld shape with varying heat source equations and the thermal distortion of a small structure in micro-joining. Journal of Materials Processing Technology，2002，120 (1-3)：208-214.

[34] 吴志生，杨新华，单平等. 铝合金点焊电极端面温度数值模拟. 焊接学报. 2004，25(6)：15-18，26.

[35] Bate S K，Charles R，Warren A. Finite element analysis of a single bead-on-plate specimen using SYSWELD. International Journal of Pressure Vessels and Piping，2009，86(1)：73-78.

[36] Fan X，Masters I，Roy R，Williams D. Simulation of distortion induced in assemblies by spot welding. Proceedings of the Institution of Mechanical Engineers，Part B：Journal of Engineering Manufacture，2007，221（8）：1317-1326.

[37] 张佑生，王永智．塑料模具计算机辅助设计．北京：机械工业出版社，1999.

[38] 翟明．塑料注射成形充填过程的数值模拟、优化与控制：[博士论文]．大连：大连理工大学，2001.

[39] 刘春太．基于数值模拟的注塑成形工艺优化和制品性能研究：[博士论文]．郑州：郑州大学，2003.

[40] 石宪章．注塑冷却数值分析方法的研究与应用：[博士论文]．郑州：郑州大学，2005.

[41] Tong-Hong Wang，Wen-Bin Young. Study on residual stresses of thin-walled injection molding. European Polymer Journal，2005，41(10)：2511-2517.

[42] 奚国栋，周华民，李德群．注塑制品残余应力数值模拟研究．中国机械工程，2007，18(9)：1112-1116.

[43] Young W B，Wang J. Residual stress and warpage models for complex injection molding. Int Polym Process，2002，17(3)：271-278.

[44] 李海梅，刘永志，申长雨等．注塑件翘曲变形的 CAE 研究．中国塑料，2003，17(3)：53-58.

[45] 王鹏驹，张杰．塑料模具设计师手册．北京：机械工业出版社，2008.